图书在版编目(CIP)数据

建筑业企业工程项目管理实用手册/孙志强编著.
北京:中国建筑工业出版社,2003
ISBN 7-112-05910-0

Ⅰ.建⋯ Ⅱ.孙⋯ Ⅲ.建筑工程—项目管
理—手册 Ⅳ.TU71-62

中国版本图书馆 CIP 数据核字(2003)第 055494 号

建筑业企业工程项目管理实用手册

孙志强 编著

*

中国建筑工业出版社出版、发行(北京西郊百万庄)

新 华 书 店 经 销

北京蓝海印刷有限公司印刷

*

开本:850×1168毫米 1/32 印张:17⅞ 字数:477千字
2003 年 7 月第一版 2003 年 9 月第二次印刷
印数:3501—7500 册 定价:**36.00** 元

ISBN 7-112-05910-0
TU·5188(11549)

本社网址:http://www.china-abp.com.cn
网上书店:http://www.china-building.com.cn

U0329954

建筑业企业工程项目管理
实 用 手 册

孙志强　编著

中国建筑工业出版社

本书全面系统地介绍了北京房建建筑股份有限公司第二分公司独特的以工程项目管理为核心的闭合式联动管理体制。1998年以来,该公司曾多次获得北京市级以上优秀工程奖项和国家级奖项。

全书分三篇。上篇为工程项目管理制度,分七章介绍质量管理、环境管理、工程承包管理、物资采购管理、施工技术管理、施工现场安全管理、财务和成本管理;中篇为工程施工质量标准,分三章介绍土建工程,电气工程,给水、排水、采暖及通风工程施工质量标准;下篇为工程技术设施标准与服务标准,分四章介绍施工安全与防护措施、施工临时设施、施工技术设施、工程服务标准等。

本书内容全面,图文并茂,为建筑业企业实施工程项目管理提供了一个可资借鉴的好的范例。可作为建筑业企业项目管理人员、工程技术人员、监理人员等参考用书。

* * *

责任编辑　时咏梅　封　毅

序

　　十五年来,全国建筑业企业学习借鉴鲁布革工程管理经验,积极推行项目管理,创造性地构筑了以工程项目管理为核心的新型经营管理体制。推行项目管理,加快了企业改革和转换经营机制的步伐,培养和造就了一大批优秀的项目管理人才,也建造了一批举世瞩目的精品工程。然而,随着我国建筑市场的全面开放,特别是在我国加入WTO的新形势下,工程项目管理也面临历史的机遇和严峻的挑战,这就要求我们建筑业企业要与时俱进,开拓创新,探索一套企业市场信誉好、效益高的项目管理体制。全面提高项目管理水平,要从根本上处理好四个问题:一是必须把工程质量和成本有机地结合起来,使企业具备最基本的市场竞争力;二是必须正确处理好企业与社会、企业与环境的关系,进一步提高竞争层次;三是必须树立服务意识,形成完善的服务体系,并把售后服务质量的好坏作为衡量企业市场竞争力强弱的重要标志之一;四是必须抓住机遇,加快与国际惯例接轨。北京房建建筑股份有限公司第二分公司在项目管理体制改革中做了积极的探索和实践,他们经过多年的改革和创新,遵循工程项目管理的基本规律,总结了一套独特的闭合式联动管理方法。这种管理方法的应用,使该公司初步形成了工程项目管理的质量优势和价格优势,取得了较好的经济效益和社会效益。1998年以来,该公司共获得北京市级以上优质工程奖项15项,其中国家级奖项2项。特别是该公司率先向用户提供《用户使用说明书》和《产品质量保修卡》以及开拓绿色环保施工,受到了社会各界的好评。

　　《建筑业企业工程项目管理实用手册》的出版和发行,会给其他一些建筑业企业带来启示和帮助。在此,也希望建筑业企业继续开拓进取,勇于探索,在项目管理中不断创新、再创新,总结出更多的好经验和好做法,把工程项目管理水平提升到一个更高的层次。

姚兵

2003 年 3 月

前　言

进入 21 世纪以来,建设工程项目管理得到了空前的发展,有关项目管理的学科在发展,教育在发展,应用在发展,职业化的队伍在发展。项目管理是建筑企业成功的法宝,也是获得经济效益的源泉,落实好项目的管理,更好地形成以项目管理为中心的新型经营管理机制,对进一步促进企业管理,确保工程质量,提高建筑产品的经济、社会、环境的综合效益,对促进我国建筑业的发展有着至关重要的作用。

本手册共分为上篇,中篇,下篇。上篇主要叙述了工程项目管理的各项制度的建立,并结合实际总结了在人财物管理上的一些经验和做法。中篇主要叙述了为实现对项目施工的有效控制所制定的一些具体方法和工艺标准,本篇主要是依据国家和地方有关规范,结合本企业创优经验编写的,具有一定的实用性、通俗性和代表性。下篇主要介绍了技术与服务标准,其中的图集已获国家专利,通过图文并茂的形式,列出了创建文明工地施工现场以及在技术方面有所创新的一些具体方法和措施,结合典型事例介绍了工程保修服务的方式方法等。

希望此书的出版,能为参与工程建设的现场管理人员和实操人员提供一本实用的工作手册。尽管我们在编写过程中尽心竭力,力求通俗易懂,但由于水平有限,许多问题还需要进一步研究探讨,所以书中难免有不足、不妥之处,恳请广大读者、专家,特别是一线的管理和实操人员给我们提出宝贵意见。

本书由孙志强主编,参与编写人员有:王秋艳,刘文远,朱振利,王玉莲,王振江,刘树明,韩杰,孙玉莲,宋建刚,赵建国,白建,孙志忠,王振远。本书在编写过程中得到了建设部姚兵、北京市建委综合经济处林萌、陈建文的热情鼓励和大力帮助,北京建工学院丛培经教授为本书的出版也付出了大量的辛勤汗水,在此一并致谢。

孙志强

2003 年 3 月

目　录

上篇　工程项目管理制度

中篇 工程施工质量标准

下篇 工程技术设施标准与服务标准

14

上　篇

工程项目管理制度

1 质量管理体系与环境管理体系

1.1 企业组织机构

公司组织机构见图 1-1。

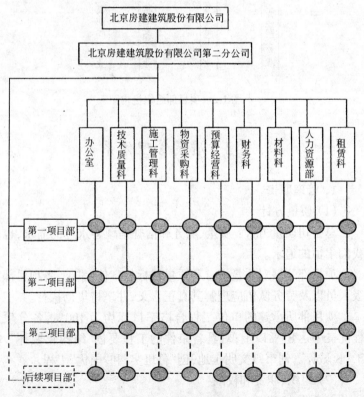

图 1-1 公司组织机构图

项目部组织机构见图 1-2。

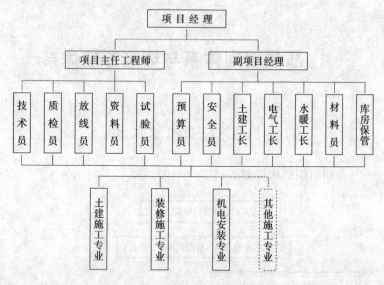

图 1-2　项目部组织机构图

1.2　质量管理体系

1. 管理职责

(1) 质量方针

总公司质量方针：质量、服务和信誉是顾客永远的需求，也是我们永恒的追求。

项目部开展对质量方针和质量目标的宣传、贯彻，各项目部各级人员以及劳务队伍应理解其真正含义，并坚持贯彻执行。

项目部所承建的单位工程合格率目标均为 100％，各分项工程优良率达 85％以上；对具备条件的工程要创"结构长城杯"，竣工"长城杯"，创市级文明工地，创"鲁班奖"和"国优"工程。

(2) 组织、职责和权限

① 项目经理

Ａ.贯彻执行国家有关方针、政策、法律、法规,对工程技术、质量、安全、生产等负全面责任。

Ｂ.负责建立、实施和保持质量管理体系,并使其有效运行。

Ｃ.负责合同评审工作及合同管理。

Ｄ.参加内部质量体系审核。

Ｅ.负责本项目部在施工程的质量、安全、事故调查、分析、上报、措施方案的制定和执行等。

Ｆ.负责组织、协调与质量有关人员的分工、协作,检查完成工作的质量。

Ｇ.负责本项目部的培训和对用户的回访与保修。

② 技术队长(技术负责人)

Ａ.贯彻执行国家的方针、政策、法律、法规,现行规范标准,对工程技术负全面责任。

Ｂ.负责图纸会审,编制施工组织设计、技术交底,并指导实施。

Ｃ.负责编制季节性施工方案,办理工程变更洽商,处理工程中的技术问题。

Ｄ.对质量问题进行调查分析,制定预防和纠正措施。

Ｅ.组织参加工程的各种检查验收工作,指导和帮助与质量有关人员提高技术管理水平。

Ｆ.指导应用统计技术,参加内部质量审核。

③ 质检员

Ａ.贯彻执行建筑工程施工质量验收统一标准和施工质量验收规范,对工程质量负全面责任。

Ｂ.做好工程的检验和试验工作,包括进货检验、过程检验和最终检验,组织参加分项工程、分部工程和单位工程的验收。

Ｃ.参加工程的质量检查验收,参加内部质量体系审核。

Ｄ.配合技术队长做好技术管理工作。

Ｅ.对质量问题进行调查、分析,检查质量措施的执行情况。

Ｆ.指导和帮助与质量有关人员提高质量管理水平。

④ 放线员

A．贯彻执行建筑施工安全规范。

B．负责工程的测量放线工作,对放线质量负全责。

C．负责指导作业班组使用标桩、轴线。

D．负责检验、测量和试验设备的校核、使用、维护和保管。

E．配合技术人员、质量人员做好质量工作。

F．参加工程有关测量放线方面的检查和验收。

G．参加内部质量审核。

⑤ 资料员

A．执行国家和市的有关规定,按京建质(2000)569 文件收集整理、保管全部工程技术资料。

B．负责向技术、质量负责人提供有关的数据。

C．参加分部分项工程的检查验收工作和内部质量审核。

D．保证工程技术资料能及时提供给上级主管部门检查验收。

E．负责工程技术资料的存档和移交工作。

⑥ 材料员

A．负责工程所需材料、设备的计划、报批、采购,并对采购质量负责。

B．负责材料、设备进场的检查验收。

C．保证采购的材料、设备在工程使用前进场,不得影响工程使用。

D．负责向资料员、技术员和质检员提供有关采购材料的证件以备存档和查阅。

E．进入现场的材料、设备,按施工平面图布置并码放整齐。

F．参加内部质量体系审核。

⑦ 试验员

A．执行国家规范、规程、标准,对工程所有试验负全面责任,参加内部质量体系审核。

B．负责工程所需原材料的取样送试工作。

C．负责砂浆、混凝土的试配、所需试件的制作及送试,将测试结果及时提供给技术质量负责人。

D．负责工程有关原材料的试验，并收集汇总施工试验单。

⑧ 保管员

A．负责进场材料的贮存、保管、保护、收发工作。

B．参加进场材料、设备的检查与验收，并做好标识工作。

C．对现场材料定期进行检查清点，做到不因材料、设备的贮存保管不当造成损失。

D．保管的材料和设备做到账、物、卡相符，进出有手续。

⑨ 安全员

A．执行国家有关安全的法律、法规、部门规章和制度，对施工现场的安全、文明、环保、环卫负全面责任。

B．进行安全交底，对进场职工进行定期安全生产教育和培训。

C．参加上级和有关部门的安全检查，对提出的问题认真改正。

D．发现施工中的隐患有权及时指出和制止，必要时责令其停工、整改，验收合格后方可复工，避免发生重大质量与安全事故。

E．随时进行安全检查，发现问题及时处理。

F．配合技术员、质量员、生产负责人的工作。

G．负责安全事故的调查、分析，查找原因，制定预防和纠正措施，经项目经理批准后组织实施。

H．负责安全资料的整理、存档，有关部门查阅时随时提供。

I．参加内部质量体系审核。

⑩ 技术员

A．全面配合技术负责人工作。

B．编制质量计划和协助编制季节性施工方案，技术交底。

C．协助技术负责人制定质量问题的纠正和预防措施。

D．指导应用统计技术。

E．参加内部质量审核。

（3）资源

项目经理负责组织本项目部人员分析研究确定执行工作所需

要的资源,并在施工时提供足够的合格资源。资源包括人员、资金、设备(各种大中小型机械、测量仪器等)、临时设施、技术和方法。

2. 质量管理体系

(1) 总则

项目部执行总公司下发的质量手册、程序文件和第三层次文件。

(2) 质量管理体系程序

质量工作具体实施方法是执行有关质量文件,包括现行国家、企业有关标准、规范、规定、技术规程,施工图纸及施工组织设计等等。另外,还应执行本公司编制的有关技术质量方面的标准性文件。

(3) 质量策划

项目部为保证质量体系持续稳定运行,确保实现质量方针和质量目标,满足顾客对工程质量的要求和规定的质量要求,必须进行质量策划。

① 施工前针对顾客要求和工程特点,编制施工组织设计,并由总公司总工批准后执行,创区优以上优质工程还应编制质量计划。

② 项目经理具有组建项目部组织机构的权限,配备专业技术管理人员,报施工管理科审批。

③ 本项目部所使用的劳务队伍、物资供应方、专业工程分包方等,均选用合格分承包方名册中或经评审合格并批准使用的分承包方。

④ 使用的质量手册、程序文件、规范、规程、标准、图集、图册等文件必须是现行的有效版本。

⑤ 根据工程特点和顾客要求,对特殊分项工程编制技术措施,施工中委派专人在现场监控或由专家现场指导。

⑥ 本项目部放线员经培训合格上岗,负责对测量仪器定期校准。对国家无规定的测量工具,执行本公司的校准、检测规定,确

保测量结果有效。

⑦ 各分项工程由专职质检员检查验证,公司质量科对分部分项工程进行监督、检查、验证。

⑧ 电梯、消防、人防等专业项目,按国家有关规定,由有资格的部门依据相应专业标准进行验收。

⑨ 项目部资料员按施工技术资料管理规定的要求,收集、标识、保存工程技术标准。

3. 合同评审

(1) 项目经理配合公司计划经营科进行合同评审,技术负责人予以协助。

(2) 评审。具体执行本公司《合同评审程序》。

(3) 合同的修订。在合同履行过程中,如果出现下列情况,需对合同进行修订:

① 顾客提出合同条款需要修改或补充时;

② 顾客要求做出重大设计变更,影响工期、造价时;

③ 因外界因素造成停工,且近期不能复工时;

④ 本公司或项目部提出合同变更,且征得顾客同意时。

(4) 记录。项目部设专人保存合同和每份合同评审的全部记录,保存期执行档案管理规定。相关表格参见《合同评审程序》。

4. 文件和资料控制

(1) 项目部设专人或兼职人员负责控制与 GB/T 19001—2000 标准要求的有关所有文件和资料。文件和资料可以任何媒体形式,如计算机软件、光盘、信函等保存,包括:

质量体系文件:质量手册、程序文件、作业指导书;

技术文件:技术标准、验收规范、工艺标准,以及外来的文件、标准和顾客提供的图纸等。

(2) 文件和资料的管理。

项目部应建立外来技术文件、资料目录清单、工程施工图纸、洽商和变更文件,由项目部负责接收登记,在下发使用时应作发文登记。

专(兼)职文件保管员负责对文件和资料进行接收、发放、标识、回收、作废等管理,文件的管理保证做到:

① 本项目部质量体系所有人员都能随时得到相应文件的有效版本;

② 在所有发放和使用处及时撤出失效或已作废的文件,此类文件应作有明显标识,防止错用、误用。

(3) 文件和资料的更改。

所有文件和资料的更改,必须由该文件原来规定的批准发布程序进行,不允许未经授权和批准的部门或个人任意更改。若发现文件内容不能指导施工时,需将修改建议上报相关部门,经授权和批准后,方可在文件、资料或其附件更改的记录中,标明更改章节、页号、更改内容、更改方法、更改日期、标识人等。

5. 采购

(1) 具体执行《采购程序》,以确保所采购的产品符合规定要求。此工作由材料员完成。

(2) 劳务外协采购。

① 项目部应根据现行版本的《劳务外协分承包方名册》选择合格的劳务队伍。若从名册外选择,则需要将能证明分承包方能力和业绩的有关资料报施工管理科审核,经主管领导批准后方可使用。

② 每年年末,项目部要对所采购的劳务队伍做出评价报施工管理科备案。

③ 劳务采购的范围包括土方工程、护坡桩或锚喷工程、主体工程、装修装饰工程、人防设备安装工程、电梯安装工程等所需要的施工队伍。

(3) 采购资料。

① 物资的分类。

A类物资:水泥、钢筋、商品混凝土、外加剂、防水材料、焊条、焊剂及大型构件、电气配电柜、电梯。

B类物资:砂、石、陶瓷、水暖器具、小型构件、单元配电箱、分户配电箱。

C类物资：A、B类以外的物资,如钢丝、焊管等等。

② 分承包的采购。

根据工程图纸,编制材料和设备的采购计划。计划应标明名称、型号、规格、数量和质量要求(适用标准的名称与编号)。

采购A、B类物资应优先选用现行版本《A、B类物资合格分承包方名册》中的供货方。若从名册外选择,需对其进行评价,报施工管理科评审,经主管领导批准后方可使用。A类物资采购计划由材料员编制,预算员、技术员配合,技术负责人审核,项目经理审批,报施工管理科备案。B类、C类物资采购计划由材料员编制,技术负责人审核,项目经理审批,项目部备案。根据项目部的实际情况,采购计划可以由预算员编制。

③ 劳务采购和物资采购均应签订合同,劳务合同中应体现对工程质量的保证承诺。物资合同应填写清楚、准确。

(4) 采购产品的验证。

① 根据采购材料和设备的重要程度,当确定需要在分承包方货源处对采购的产品进行验证时,应在采购合同中规定验证的安排以及产品的放行方式。材料进场后,由质检员、材料员、保管员验证,合格后保管员做出标识。

② 若顾客要求对本工程采购的某些材料进行验证时,项目部的保管员应配合验证。该验证不能视作项目部对质量进行了有效控制。顾客的验证不能代替按标准、规范、试验方法对材料和设备的试验与验收。

6. 顾客提供产品的控制

(1) 顾客提供的产品又称甲供,在施工合同中应明确甲供物资的名称、数量、质量要求、供货能力、供应合格物资及其全部背景资料,项目部应存档一份。

(2) 项目部技术负责人根据工程合同及工程进度编制"顾客提供物资用量计划表",经项目经理审核后报顾客或监理单位代表审批,资料由材料员保管。

（3）顾客提供的物资应在使用前进场，进场时由质检员、材料员、保管员进行验收。

（4）物资经验收合格后由保管员负责登记入账，注明"甲供"字样，并负责物资的保管、贮存和标识。具体操作执行《顾客提供产品的控制程序》。

7．产品标识

（1）标识的方式和方法。

① 物资进入施工现场经验收合格后按要求分类摆放在指定地点，根据不同类型、规格分别进行标识。

② 仓储物资可由保管员根据入库台账、材质证明及入库验收单，用标签进行标识，标签上注明：名称、规格、型号、生产厂家、供货日期及生产日期，有保质期的物资应注明保质期，对于甲方提供的物资还应注明"甲供"，以示区别。

③ 对于露天堆放的物资，在堆放附近的明显位置挂牌标识，标牌可采用铁皮或木板刷上白漆，标牌规格可自行规定，但规格不小于 200mm×150mm，并具有抗风雨能力。

（2）施工过程的标识。

① 施工过程的标识是通过印章和记录来实现的。

② 每道工序完成后，班组长填写工序交接卡，施工员按国家《建筑工程施工质量验收统一标准》中分项工程的划分原则，填写分项工程质量检验评定记录、预检记录、隐蔽工程验收记录、混凝土浇灌申请记录、开盘鉴定记录、试压记录、电阻测定记录等，记录经质检员签字后有效，此外，有施工日志、施工记录等也可做为标识。

（3）除合同或工程规定的可追溯性要求外，《建筑安装工程资料管理规程》中规定的所有原材料、成品、半成品、构配件、新产品、新工艺的使用及施工，均需提供产品可追溯性要求，建筑产品主要通过质量记录来实现，部分产品也可在产品实物上标识。

（4）标识的移置。

① 物资进场后由保管员将材质证明交资料员保存，工程竣工后随竣工资料移交顾客和公司技术科。

② 物资如需移置,其标识相应进行移置。移置由保管员负责,质检员验证标识的位置准确性。

③ 过程标识的各种记录分别由施工员、质检员、技术员保存,分阶段交资料员存档。

8.过程控制

(1) 具体操作按《过程控制程序》进行,确保直接影响质量的生产安装和服务过程在受控状态下进行。

(2) 工程开工前由项目经理组织编制施工组织设计。创"结构长城杯"工程,应编制质量计划,报技术科审核,由副总工程师批准。

(3) 由项目经理组织各专业技术人员审阅图纸,对图纸中的问题和疑点做好记录,并组织参加设计单位的图纸交底会,解决存在的问题和疑点,办理书面变更(洽商)或交底会议纪要,做为变更的依据。施工过程中需要变更的内容也应办理洽商变更,签字确认后执行,并传递到有关人员手中。

(4) 按有效的工程图纸施工,执行国家现行规范、规程、标准、图集、图册和公司的质量体系文件。各分项工程施工前,由技术负责人向承担施工任务的各工种工长和施工人员进行技术交底,并做好记录。

(5) 施工前,应编制工程用材料、半成品、工程设备的需求计划,做好记录,相应执行《采购程序》、《产品标识和可追溯性》,做好检验和试验工作。

(6) 根据工程特点及合同要求,确定满足工程用的施工设备,建立设备台账,按有关规定要求做好设备的进场检验、试运行、维护、保养等工作,对操作人员进行培训、考核、评价,合格者方可上岗。

(7) 按国家验收规范和质量验收标准做好对分部、分项和单位工程的检查验收及隐检、预检工作,并定期进行检查和抽查。如果在施工过程中出现质量问题或质量不稳定等情况,技术负责人负责查找原因,采取相应的纠正措施,质检员验证纠正的结果。

（8）按工程的实际要求，以文字标准、样件或图示等，规定技艺评定准则。

（9）现场布置，材料、机具管理，现场环保及安全，冬、雨期施工等，均应符合北京市施工现场管理的有关规定。

（10）特殊过程：包括地下防水、结构焊接、混凝土灌注桩，特殊过程的施工队伍，必须是经过行业主管部门批准的证件齐全的专业队伍，专业操作人员应持证上岗。所选用的材料来源于北京市认可的证件齐全的生产厂家，经进场复试合格后方可使用。特殊过程施工前编制好施工方案，并报公司审批。对特殊过程进行连续监控，保留监控记录。

（11）施工过程中形成的质量记录，由资料员负责收集、整理、保存，按《质量记录的控制程序》进行。

9．检验和试验

（1）进货检验和试验

① 具体操作执行《进货检验和试验程序》。

② 物资进场时，材料员组织保管员、质检员进行检查、验收，可采用抽查或全部检查的方法，检查物资的外观、质量、数量、规格、型号、几何尺寸等是否符合要求，同时还应检查有无合格证或出厂试验报告。无合格证或经检验不合格的物资禁止发放使用。

③ 在货源处对物资进行验证发现不合格时，不准进货。经检验合格的物资由保管员做好标识，登记入账，入库储存。

④ 根据《建筑安装工程资料管理规程》规定，必须进行试验的物资由试验员填写试验委托单，并按取样规定抽取试样送试。有"见证取样"的试验项目应执行《北京市建设工程施工试验实行有见证取样和送检制度的暂行规定》以及补充规定，试验员应做好送试记录，以便查询。

⑤ 因生产急需来不及检验和试验而放行，应执行下述条款：

对使用后无法追回的影响质量的主要物资，如水泥、钢材、外加剂、防水材料、焊条等一律不得紧急放行。

需紧急放行的物资应根据其使用部位及重要程序、追回的难易程度、对工期质量影响的大小,决定是否放行。

执行紧急放行时,专业工长填写"紧急放行物资申请表",经技术负责人审核,项目经理审批后执行。

执行紧急放行后,应对该物资按程序规定检试验,确定其合格与否。施工员应在施工日志中详细记录,具有可追溯性。

记录由资料员负责收集、整理。

(2) 过程检验和试验程序

① 具体操作执行《过程检验和试验程序》。

② 过程检验包括:施工试验、隐检、预检、分部分项工程检查、验收等。施工组织设计中应明确检验和试验的项目、方法、人员、合同中有特殊要求的检验试验项目,即要编制"试验计划"。

③ 过程试验分为试验室试验和现场试验两部分。需送试的项目,由试验员按《关于施工试验的试件取样送试的有关规定》(试验室进行部分)的内容分别取样送试,包括混凝土与砂浆试配、试压,钢筋焊接试验和无损检测等。有见证取样的试验项目按《北京市建设工程施工试验有见证取样和送检制度的暂行规定》及补充规定执行。现场试验由技术员组织试验员、各专业工长进行试验,试验员做好详细记录,质检员负责效果的核定。不合格品按《不合格品的控制程序》处理。

④ 因施工需要而来不及检试验或提出报告确认前,如需例外转序,由专业工长填写"例外转序申请表",技术负责人和质检员双方签字批准方可执行。质检员做标识和记录,以便追溯。

(3) 最终检验和试验程序

具体操作执行《最终检验和试验程序》,以保证最终工程质量符合规定要求。

具备以下条件方可进行最终检验和试验:

① 按照合同规定项目已经施工完毕;

② 所有的进货检验和试验、过程检验和试验已经完成;

③ 施工技术资料齐备。

由施工单位、建设单位、监理单位、设计单位、监督单位组织工程竣工验收,竣工验收通过后,按要求移交竣工资料,并做好工程竣工备案工作。

(4) 检验和试验记录

建立并保存表明工程已经检试的记录,这些记录应清楚地表明工程资料已按京建质[2000]569号文件规定整理完整,按规定移交。

10.检验、测量和试验设备的控制

具体操作执行《检验、测量和试验设备的控制程序》。检验、测量和试验设备分 A、B、C 三类进行管理。

(1) 项目部放线员负责建立 A、B、C 三类设备台账,按规定的周期或使用前经国家、北京市认可资格的法定计量检测机构进行核准和调整,国家没有规定的检测设备,按技术科下发文件执行。

(2) 经核准和调整的检测设备方可使用,由放线员进行已检测设备的标识;未经检测的设备不得使用,并有明显标识,防止错用、误用。

(3) 检测设备应带有识别校准状态的合适的标识和检定核准的记录。

(4) 检测设备的使用部门保存检测设备的核准记录。

(5) 当发现检测设备偏离核准状态时,由部门负责人或请有资质的专业人员,评定检测和试验结果是否有效,并形成文件。

(6) 使用部门或个人应确保核准、检验、测量和试验有适宜的环境条件。

(7) 使用部门或个人应确保检测设备在搬运、防护和贮存期间,其准确度和适用性完好。

(8) 检测设备的使用人员要经过培训、合格后方可上岗,非专业人员不得动用检测设备。

11.检验和试验状态

(1) 具体执行《检验和试验状态程序》。在生产、安装和服务的全过程中,应针对工程的检验和试验状态进行标识,这些状态有:

经检验和试验后合格；

经检验和试验后不合格；

经检验和试验后待决定；

未经检验和试验。

（2）标识方式：物资可用标牌标识，施工过程以检验记录、质量评定记录、竣工验收文件等标识，标识记录由资料员保存，以便需要时追溯。

（3）质检员负责本部门的标识和保护工作。检验和试验合格的物资方能投入使用，合格工序才能转序，合格工程方可交付。

12. 不合格的控制

（1）具体执行《不合格控制程序》，以防止不合格的非预期使用或安装，并控制不合格的标识、记录、评价、隔离和处置。

（2）不合格的评价和处置。

① 不合格的控制包括：

A. 工程物资的检验和试验方法，分项工程的检验评定方法，按其检测结果准确判定，一旦发现不合格要及时予以标识；

B. 做不合格记录，确定不合格范围，如：材料、名称、数量、规格、型号、时间、工程部位、施工机具、操作人员、不合格面积、分部分项和不合格事实。

② 对采购物资进货、检验和试验发现的不合格，材料员、保管员、质检员作好记录，填写不合格报告，根据不合格程序分级办理审批手续，进行处理，保管员做出标识。

③ 在施工过程中经检验发现不合格，质检员做好记录，通知技术负责人，根据不合格程度，属项目部处理的，由项目经理负责上报公司有关部门，由公司有关部门组织评审和确定处置方式。

需通知建设、设计等有关单位的不合格，由项目经理负责组织，有关单位共同评审，确定处理方式。

处置方式有：

A. 返工，使其达到规定要求；

B. 经返修或不经返修作为让步接收；

C. 降级改做它用；

D. 拒收或报废。

13．纠正和预防措施

（1）具体执行《纠正和预防措施程序》，消除实际存在的不合格或有可能发生的、潜在的不合格原因。制定的措施应与问题的重要性及所承受的风险程度相适应。

（2）纠正措施。

为防止已出现的不合格、缺陷或其他不希望的情况再次发生，消除其根源原因，应有针对性地制订纠正措施，其内容包括：

① 纠正措施制订的目的是，有效的处理顾客的意见和产品不合格报告；

② 调查产品过程和质量管理体系有关的不合格产生的原因，并记录调查结果；

③ 制定所需纠正的措施，消除不合格的根源；

④ 对纠正措施的有效性执行加以控制；

⑤ 技术负责人负责对不合格情况进行分析，制定对策，监督实施，由质检员验证结果。

（3）预防措施。

为了防止潜在的不合格、缺陷或不希望情况的发生，制定和采取预防措施。

① 利用来自各方的信息，如：影响工程质量的有关工序的评定结果、回访保修记录、顾客投诉，通过对信息分析，发现影响工程不合格的潜在原因。

② 确定针对潜在不合格采取预防措施所需的处理步骤。

③ 对所有采取的预防措施，明确责任，职权到人，以确保有效性。

14．搬运、贮存、包装、防护和交付

（1）具体执行《搬运、贮存程序》和《防护和交付程序》。此项工作由施工员负责，相关人员协助。

（2）搬运。

根据各类物资的特点,在收货、存入、领出、使用的搬运过程中采用适宜的搬运设备和工具,防止材料或设备被损坏或变质,搬运人员应熟悉搬运要求,工作中要保护标识和标牌。

(3)贮存。

① 对露天或室内仓库以及现场临时堆放的物资要提供适宜的场地,贮存条件与产品要求相适应,以防止材料设备在使用前受到损坏或变质。产品入库验收,保管和发放按管理制度执行。

② 对有时效要求的物资,应有相应的管理办法,以确保所贮存的物资不失效,超过合格贮存期的应检验,按检验结果确定使用方式。

(4)防护。

在施工和交付使用前,应做好施工过程中的分项工程成品的保护和竣工交验期的防护,防止已完工序、工程受到污染的损坏。

(5)交付。

从工程竣工到顾客接收之前,要对已竣工验收的工程进行保护,保证移交时工程完好。

15.质量记录的控制

(1)具体执行《质量记录的控制程序》,由资料员负责,其他相关人员协助。

(2)由资料员负责保存质量记录,以证明符合规定的要求和质量体系的有效运行。来自分承包方的质量记录也应成为这些资料的组成部分。

(3)工程过程中形成的质量记录,按建筑安装工程施工技术资料管理规定,即京建质[2000]569号的要求,由资料员负责积累整理、编目、报告,竣工后,按合格要求向建设方和公司档案室等移交全套资料。

(4)质量管理体系运行过程中的质量记录、所涉及的质量部门及各类人员,积累、整理、编目、保管,存档方式,按档案室管理规定执行。

(5)质量记录应字迹清楚、准确、能正确辨认,保存环境适宜、防潮、防火、防蛀、防损坏变形和丢失,便于存取和检索。

16．内部质量审核

具体操作执行《内部质量审核程序》,项目经理负责,其他所有的与质量有关的人员均参加内部质量审核。

17．培训

(1) 具体执行《培训程序》,对所有从事对质量有影响的工作人员都进行培训。

(2) 项目经理应针对项目部的培训需求,及时组织各种培训。

(3) 培训内容包括技术培训、技能培训、特殊技术或操作培训、质量管理体系文件内容的培训。

(4) 培训方式:部门自我培训,聘请专家培训,送到有资格的部门培训等。

(5) 项目部应保存培训记录。

18．服务

项目部具体执行《服务程序》,使服务满足规定要求,由项目经理负责。

(1) 项目部负责实施工程回访保修服务工作,并在保修前向顾客发放保修卡。

(2) 按回访计划规定组织回访,包括季节性回访、技术性回访、保修回访,填写回访记录,上报质量科。

(3) 按服务要求设工程保修负责人、联系电话、联络人,落实保修工作,填写保修记录。

19．统计技术

(1) 确定需求。

统计技术是用于确定控制和验证过程能力及产品特性的质量控制方法,包括以数理统计为基础的方法和思维性分析方法两类。

① 以数理统计为基础的抽样检验方法。

② 用于分析的直方图、因果图、调查表、对策表。

③ 用于过程连续监控的控制图法。

(2) 具体执行《统计技术程序》。

1.3 环境管理体系

1. 环境方针

人类只有一个地球,它为我们提供了赖以生存和发展的空间,因此,应以保护地球、造福人类为己任,坚持可持续发展战略,不断完善自身的环境行为,以谋求环境保护和基本建设的协调发展。

(1) 承诺。

① 严格遵守环境保护法律、法规及其他要求;

② 建立并保持环境管理体系,防止污染,持续改进;

③ 节能降耗,合理使用资源和能源;

④ 改进施工工艺,坚持文明施工和清洁生产,严格控制建设过程对环境的影响;

⑤ 强化环境意识,全员参与,营造绿色的建筑环境。

(2) 项目部要开展宣传、贯彻公司的环境方针和环境目标,使全体员工及相关方能够理解其含义,贯彻执行。项目部经理要根据本部门的实际情况,任命1～2人为环境管理员,其主要职责如下:

① 向项目经理负责,贯彻实施环境方针、目标;

② 向项目经理汇报体系运行情况;

③ 对重要环境岗位人员进行培训,并保留记录;

④ 收集并保存有关环境方面的信息记录,与相关方沟通;

⑤ 负责与外部各方的联络工作;

⑥ 参加环境管理体系审核。

2. 环境因素

(1) 具体执行《环境因素识别与评价程序》。

识别出工程所涉及的活动、产品或服务中能够控制或渴望施加影响的环境因素,评价出重要环境因素,及时更新环境因素,实现对环境污染的预防和有效控制。

(2) 将识别出的环境因素填入"环境因素识别排查表"并报质量管理办公室。

(3) 识别环境因素时应考虑过去、现在、将来三种时态及正常、异常、紧急三种状态,并对涉及下列六个方面的因素予以考虑:

① 向大气的排放;

② 向水体的排放;

③ 废物的排放;

④ 土地污染;

⑤ 原材料与自然资源的使用;

⑥ 社区影响及其他地方性环境问题。

(4) 重要环境因素的影响。

① 环境影响的规模;

② 环境影响的严重程度;

③ 环境影响的持续时间;

④ 环境影响发生的频率;

⑤ 国家、地方有关环境方面的法律、法规和其他要求;

⑥ 相关方的利益;

⑦ 对公司公众形象的影响。

(5) 评价方法采用打分法和是非判断法。

当承接新项目或施工过程中的活动或服务发生较大变化、或法律及其他要求更新时,应及时对环境因素补充识别,及时报质量管理办公室评价,重新确定重要环境因素。

3. 法律、法规及其他要求

(1) 具体操作执行《法律、法规与其他要求获取识别程序》,以约束自己的环境行为。

(2) 目前各项目部使用的法律法规为公司施工管理科编制的合订本,已编制目录备查,环境管理员负责将接收到的公司《法律、法规及其他要求》之外的法律、法规及其他要求通过信息传递方式反馈到施工管理科。

4．目标和指标

项目部应根据总公司制定的目标、指标,结合实际情况确定单位工程环境目标及指标。所订立的目标及指标尽量做到可以量化,对其结果可测量分析,以便持续改进。

项目部环境管理员应将本部门环境目标、指标的实施情况每季度一次报公司质量管理办公室。

5．环境管理方案

(1)制定环境管理方案的直接目的是确保环境目标和指标的实现。

(2)编制环境管理方案应满足以下要求:

① 明确实现目标、指标的职责部门;

② 明确完成的时间和进度要求;

③ 应有可行的技术措施。

(3)环境管理方案经分管领导审批后报质量管理办公室。环境管理员检查,每季度向质量管理办公室汇报完成情况一次。

6．组织结构与职责

项目部要绘制组织机构图,明确各级人员的职责,经项目经理批准后,发放到相关人员手中,以便于环境管理体系工作充分、有效实施。

(1)项目经理

① 负责贯彻执行国家环境方面的法律、法规、方针、政策。

② 负责本项目部环境管理体系的建立、保持和实施,并能够提供所需资源。

③ 任命环境管理员,并明确规定其作用、职责和权限。

④ 负责对环境管理体系进行评审,以确保体系的适用性、充分性、有效性。

⑤ 组织员工参加环境管理体系审核。

(2)技术队长

① 对项目经理负责,贯彻实施环境方针和环境目标,协助建立、完善环境管理体系,确保其有效运行。

② 负责施工过程所涉及的有关环境的法律、法规及其他要求的识别与传递。

③ 负责运行程序和对有关环境人员的培训、意识和能力的评价。

④ 负责制定纠正和预防措施，并验证结果。

⑤ 参加环境管理体系审核。

（3）质检员

① 遵守有关环境方面的法律法规，贯彻执行总公司的环境方针，保证目标和指标的顺利实现。

② 协助识别本工程的环境因素，制定环境管理方案。

③ 负责工程劳务分包方对环境管理协议的履行监督工作，并施加直接影响。

④ 协助做好体系运行控制工作。

⑤ 协助本部门各层次人员的工作并作出响应。

⑥ 参加环境管理体系审核。

（4）试验员

① 遵守有关环境方面的法律法规，贯彻执行总公司的环境方针，保证目标和指标的顺利实现。

② 识别本岗位的环境因素并进行控制。

③ 协助本部门各层次人员的工作并作出响应。

④ 参加环境管理体系审核。

（5）安全员

① 对项目经理负责，贯彻实施环境方针和环境目标，协助建立、完善环境管理体系，确保其有效运行。

② 负责对有关环境方面法律、法规及其他要求等的识别与传递。

③ 负责制定环境管理方案。

④ 负责纠正和预防措施。

⑤ 参加环境管理体系审核。

（6）会计员

24

① 遵守有关环境方面的法律法规,贯彻执行总公司的环境方针,保证目标和指标的顺利实现。

② 负责食堂的食品及环境卫生工作,协助做好相应的设施改造,保证满足环保要求。

③ 协助本部门各层次人员的工作并作出响应。

④ 参加环境管理体系审核。

(7) 资料员

① 遵守有关环境方面的法律法规,贯彻执行总公司的环境方针,保证目标和指标的顺利实现。

② 负责识别本部门的环境因素,并对项目部其他层次人员的工作作出响应。

③ 参加环境管理体系审核。

(8) 土建技术员

① 对项目经理负责,贯彻实施环境方针和环境目标,协助建立、完善环境管理体系,确保其有效运行。

② 负责制定环境管理方案,并保存记录。

③ 负责环境管理体系文件收发工作,及时传递到有关人员手中,保证运行有效。

④ 负责与外部、本部门各层次之间的信息交流,并保持渠道畅通。

⑤ 负责收集整理有关记录,以备查阅。

⑥ 协助其他层次工作。

⑦ 参加环境管理体系审核。

(9) 水暖工长

① 识别环境因素,并协助制定环境管理方案。

② 负责对水暖专业人员及相关方的环境意识培训,并施加直接影响。

③ 保存有关活动记录以备查阅。

④ 及时反馈该专业所涉及到的有关环保方面的信息,以便作出响应。

⑤ 协助其他各层次人员的相关工作。

⑥ 参加环境管理体系审核。

(10) 电气工长

① 负责识别环境因素,协助制定环境管理方案。

② 负责对电气专业人员及相关方的环境意识培训,并施加直接影响。

③ 保存有关活动记录以备查阅。

④ 及时反馈该专业所涉及到的有关环保方面的信息,以便作出响应。

⑤ 协助其他各层次人员的相关工作。

⑥ 参加环境管理体系审核。

(11) 预算员

① 遵守有关环境方面的法律法规,贯彻执行总公司的环境方针,保证目标和指标的顺利实现。

② 负责识别本岗位的环境因素,并进行控制。

③ 协助其他各层次人员的相关工作,并作出响应。

④ 参加环境管理体系审核。

(12) 库管员

① 遵守有关环境方面的法律法规,贯彻执行总公司的环境方针,保证目标和指标的顺利实现。

② 负责对油漆类、化学危险品、油类等物资的妥善保存,并做好应急准备与响应。

③ 协助本部门各层次人员的工作,并作出响应。

④ 参加环境管理体系审核。

(13) 班组长

① 遵守工地各项有关环境方面的规章制度。

② 负责向职工传达有关环保方面的知识,协助作好培训工作。

③ 协助各层次人员工作,对异常事件作出应急准备和响应,如火灾、地震等。

④ 参加环境管理体系审核。

7．培训、意识和能力

（1）具体操作执行《环境管理培训程序》，明确本项目部的培训需求，提高全员环保意识，确保重要环境岗位人员都能经过相应培训，并能胜任其担当的工作。

（2）项目部环境管理员负责：

① 劳务和分承包方进入施工现场后，环境管理员组织对环境方针、法律、法规等培训。

② 应使全体员工正确理解公司的环境方针、目标、指标、方案，明确环境管理体系的目的和作用，清楚自己的职责和权限，提高环境保护的自觉性。

③ 现场主要采取自培方式，可采用讲课、作业指导书、交底、现场指导等方式。

8．信息交流

（1）具体执行《信息交流程序》，确保项目部内部、项目部与公司之间、项目部与外部相关单位之间及时地相互沟通。

（2）内部信息交流内容包括：

① 有关环境因素的信息；

② 重要环境因素信息，包括对重要环境因素的控制情况，与重要环境因素相关的运行与活动的控制中的重要信息；

③ 环境法律、法规及遵守情况；

④ 环境目标、指标、方案及完成情况；

⑤ 内审、管理评审、外部审核信息；

⑥ 监测、测量结果，不符合与纠正情况；

⑦ 应急准备与响应情况；

⑧ 环境培训情况；

⑨ 公司领导有关环境管理工作的指示、决定、要求等；

⑩ 公司各部门、各单位环境管理工作岗位之间的日常联络、常规报表、通报等；

⑪ 环境管理体系各运行控制程序的执行情况。

（3）外部信息交流内容包括：

① 来自社区居民的投诉和环保机构的信息；

② 来自环境法律、法规和其他要求的信息；

③ 来自市场及业主的信息；

④ 来自行业、协会的信息；

⑤ 来自供方和承包方的信息；

⑥ 来自上级主管单位和地方主管部门的信息；

⑦ 其他外部相关方的信息；

⑧ 公司的环境方针和环境要求向外部传递的信息。

（4）交流方式

环境管理员负责收集本项目部的信息以"信息交流单"的形式传递到办公室及有关科室，并对传递到项目部的信息给予响应。

9．环境管理体系文件

本公司环境管理体系文件包括环境管理手册、程序文件、作业指导书。

10．文件控制

（1）具体操作执行《文件控制程序》，确保本项目部对体系有效运行具有关键作用的岗位都得到有关文件的现行有效版本。

（2）项目部设专人对文件和资料的发放及收文进行管理，若因破损而影响使用时，可向发放部门提出更换要求，实行交旧换新。

（3）文件和资料的更改。所有文件和资料的更改，必须由该文件原来规定的批准发布程序进行，不允许未经授权和批准的部门和个人任意更改。若发现文件内容不能指导施工时，可将修改建议上报相关部门，经授权和批准后，方可在文件和资料或其附件更改的记录中标明更改的章节、页号、更改内容、更改方法、更改日期、标识人等。

11．运行控制

公司将运行控制要求建立的程序分解为8个程序执行。

（1）噪声控制程序

① 施工场界噪声极限见表 1-1

施工场界噪声极限　　　　　　　表 1-1

施工阶段	主 要 噪 声 源	噪声极限（分贝）	
		白　天	夜　间
土 石 方	推土机、挖掘机、装载机等	75	55
打　桩	各种打桩机	85	禁　止
结　　构	搅拌机、振捣棒、电锯等	70	55
装　修	吊篮、升降机、运石机等	65	55

② 噪声控制主要措施

A. 对所有机械及工具进行维修与保养，不超负荷运转，避免集中使用。

B. 振捣混凝土时，避免振动钢筋，防止钢筋位移及噪声排放，尽量选用低噪声环保型振捣棒，用后及时清理干净。

C. 模板搭设、拆除时，避免直接用大锤敲打。不在脚手架上往下扔物体，防止噪声。

D. 搭设封闭式木工棚。

（2）粉尘污染防治控制程序

① 污染源：土方、裸露地表、块体材料切割、地面清扫、易飞扬材料的装卸、现场打磨、垃圾堆放等。

② 控制措施

A. 设专人洒水降尘。

B. 尽量增大现场道路硬化面积，未硬化部位可视具体情况进行临时绿化处理。

C. 车辆进出场不得超载，散装材料要有覆盖措施，防止飞扬遗洒，带泥土车辆需经过冲洗，否则不准进出场。

D. 切割块体材料如混凝土、面砖等采用湿作法。

E. 垃圾场处封闭处理，防止飞起扬尘。

③ 监测：以目测无明显扬尘为准。

（3）废弃物管理程序

废弃物分类见废弃物清单。现场废弃物进行分类标识；每月进行统计；对进场工人进行教育。对垃圾进行分类并予以保存。在现场进行本方面的宣传教育。废干电池不得乱丢，要集中存放，如保存在库房内，统一交公司办公室处理。有害废弃物运输必须执行国家有关法规，利用密闭容器装存，防止二次污染。处置危险废弃物要求承包方或接纳处提供营业许可证或当地环保部门颁发的许可证等有效证件。每年对废弃物处置的场所进行检查，确定废弃物是按有关规定得到处理消纳，并与收购、接纳场所建立随时沟通的关系。

(4) 化学品和危险品管理程序

① 管理对象：油类、油漆、涂料、沥青、防水卷材、聚胺脂类防水涂料、稀料、汽油、聚苯板、乙炔气体、环氧树脂、石油液化气、香蕉水、氧气、107胶、生漆、防锈漆、棉丝、木材、塑料布、防冻剂、脱模剂、混凝土外加剂、亚硝酸纳等。

② 材料员根据"采购计划"选择合格的供应方，查询有关资料，要求供应方提供MSDS(化学物质安全数据表)。

③ 运输危险品的车辆必须设置危险品识别标识；禁止危险品混入非危险品中运输；配备相应的灭火器材，严禁烟火；遇热、遇潮，易燃烧、爆炸或产生有毒气体的物品在装运时应采取隔热、防潮措施。

④ 项目部应有油品、化学品及其他易燃、易爆危险品台账；设专业库房、专用场地；专人保管；库房要加强消防及明火管理，严禁吸烟；储存期间应对包装容器经常检查封口是否严密，桶身有无锈蚀、渗漏及变形之处，如有应及时采取补救措施。

⑤ 预防措施及紧急情况处理：保管员要学习相关方面的MSDS，了解其性质及应急措施，一旦发生紧急情况，立即组织力量采取抢救措施。

(5) 废水管理程序

① 现场设置隔油池、沉淀池，沉淀水可利用为洗车水；卫生间设置化粪池。

② 雨水管和其他污水管分开使用;管网周围严禁放置化学品、油品、固体废弃物等污染源;严禁向两水管中倾倒各种污染物与污水。

③ 生活废水应排入污水管网,提倡节约用水。食堂残余食用油与剩饭菜应专门收集整理,严禁倒入下水管,尽量使用无磷洗涤剂冲洗餐具,生活废水排放口周围严禁放置及倾倒各类化学品与油类,以防止污染水体。

(6) 资源、能源管理程序

① 生活用水、电与施工用水、电分开计算,并将节水节电指标列入环境管理方案中。金融街7号楼工程成功地对井点降水的二次利用。既节约水资源又产生良好的经济效益,其他类似工程可以参考实施。现场要有节水节电的宣传标识,以增强员工节水节电意识。杜绝长明灯、长流水现象,设专人对用电设备、用水设施进行管理。

② 在进行工艺和设备选型时,需考虑资源节约和污染预防,优先采用技术成熟的能源和资源消耗低的工艺技术和设备。

③ 项目部要制定纸张使用管理方法;纸张尽量双面使用,双面使用过的纸方可视为废纸;废纸集中存放,全面回收。目前,各项目部均配备计算机,在条件允许时,文件往来尽量使用软盘,达到节约自然资源的目的。

④ 施工组织设计中要体现对物资的节约措施,并在施工中具体执行。钢筋下料要集中,合理套裁。木材禁止大材小用,逐渐过渡到以钢代木。浇筑混凝土时控制标高、厚度,可以掺加粉煤灰外加剂以节约水泥用量。

⑤ 加强现场料具管理,防止材料锈蚀、变形、损坏、丢失。严格执行定额耗料制度,避免浪费现象发生。

(7) 供方/承包方环境管理程序

① 项目部要对有可能构成重要环境因素的物资供方、运输承包方与劳务队伍进行管理、监督和考核,施加有效的直接影响。对一般环境因素的物资供方,劳务分承包方应以信函、宣传品或其他

方式施加有效的间接影响。

②采购员在签订供货合同前应与对环境产生重大影响的供方(如供应水泥、化工材料的单位)签订"环境管理协议书"。现场验收物资要有环保方面的检查,将结果记入物资验收记录。

③项目经理应与运输分承包方和劳务分承包方签订"环境管理协议书",监督检查落实各项环保措施的情况。可以将相关的作业指导书借其参考,相关手续执行《文件控制程序》。

④项目部环境管理员负责对物资供方、劳务承包方定期考核、评价,并将结果传递到施工管理科。

(8)施工机械运行控制程序

①国家明令禁止使用的淘汰的能耗高、技术含量低、对环境污染大的机械,禁止进入现场。

②分承包方要保证使用的机械性能良好,运转正常,如果出现机械零件松动,运转有异响、振动及有漏油、漏水、漏气现象,要尽快维修处理,否则退出施工现场。

③维修保养过程中产生的废油、废油棉丝、废油手套等废弃物不得随地乱丢,应放到指定地点。

④四环路以内混凝土量在100m³以上的施工现场,必须使用预拌混凝土。

12. 应急准备与响应

(1)具体操作执行《应急准备与响应程序》,确定工程中各种紧急情况并制定应急措施,预防和减少对环境造成的污染。

(2)应急响应的重点:易燃易爆品、化学品、有明火的作业面、油库等。

(3)项目部要配备足够数量、品种的应急器材,如灭火器、塑料苫布、发电机等,以备火灾、爆炸、突发停电时应急使用,应急器材要定时检查、做好标识,防止失效。建立群众性义务消防组织,由安全员负责加强本方面的培训,增强自防自救能力,必要时可进行消防演习,保留记录。

(4)紧急情况出现后,发现人立即报告,必要时可报警,项目部立即组织自救,威胁人身安全情况时,应首先确保人身安全、迅速组织脱离危险区域或场所,采取紧急措施,截断电源和可燃气体(液体)的输送,防止事态扩大。

(5) 项目部每月对易燃易爆品、油品及化学危险品的储存、使用及有关操作进行现场检查,针对可能发生的紧急情况,有计划地对应急、准备和响应程序及作业指导书的要求与内容进行教育培训,使有关人员掌握必要的操作知识与技能。

13. 监测和测量

(1) 具体操作执行《环境监测与测量管理程序》。

(2) 施工管理科负责对现场场界噪声进行监测,将测量结果返回项目部,噪声控制措施详见《噪声控制程序》,其他项目(如废水)需监测时,由施工管理科委托地方环保监测部门进行监测,项目部保留记录。

(3) 由环境管理员负责对本部环境管理体系运行情况相关目标、指标及管理方案实施完成情况进行日常监控,保留监控记录,每季度将结果报质管办。

14. 不符合纠正和预防措施

(1) 具体操作执行《不符合纠正与预防措施程序》。加强对不符合的控制,消除已出现的不符合或潜在不符合产生的根源,纠正和预防不符合的发生。

(2) 不符合来源:

① 监测、监控、监督中发现的不符合;

② 内审、外审、管理评审中发现的不符合;

③ 相关方的抱怨、要求;

④ 紧急情况或事故发生时;

⑤ 其他来源,如同行业类似不符合,媒体报道不符合等等。

(3) 针对不符合情况,由技术负责人牵头组织调查、分析原因、记录结果,并制定适当的纠正和预防措施。

(4) 纠正和预防措施要具有经济性、可行性、合理性。

15．记录

（1）具体操作执行《环境管理记录程序》，以确保记录符合要求，提供环境管理体系有效运行的客观证据。

（2）环境记录包括：环境因素识别评价记录；法律法规获取识别记录；内外信息的交流产生的各种记录；监测、测量的记录；培训记录；运行控制程序所需的各种记录；不符合预防与纠正措施记录；应急准备与响应记录；文件控制记录；内审，管理评审记录。

（3）环境管理员负责本部门环境记录的收集、整理、编目和保管，以便于查找。记录填写要真实、内容完整、字迹清晰、项目齐全、标识明确，需签字确认的应由指定人签字，不得由他人代签，以具备相关活动、产品和服务的可追溯性。

（4）环境记录可以呈任何媒体形式，如文字、磁带、软盘、照片、表格等。环境记录保存期限为三年，超过保存期限的记录按有关规定销毁，并填写"作废文件销毁记录"。

16．环境管理体系审核

（1）具体操作执行《环境管理体系审核程序》。

（2）项目经理负责组织所有与环境管理有关的人员，备好各种记录，接受审核员的环境管理体系审核。

17．管理评审

（1）具体操作执行《环境管理评审程序》。

（2）环境管理员负责向项目经理提供评审资料，项目经理参加公司的管理评审会，评审资料一般包括：

① 方针、目标、指标及方案的完成情况，重要环境因素控制情况；

② 环境管理体系运行是否符合法律、法规及其他要求，并提出改进建议；

③ 内部审核结果；

④ 相关方的投诉、抱怨和关心的问题；

⑤ 项目部在体系中需解决的问题。

（3）管理评审结果记录由环境管理员保存。

2 工程承包管理

2.1 权限与职责

1. 经营部部门主管

（1）受聘于主管经理,负责工程的招投标工作,协助各项目部审核概、预算的编制,确保工程合理收支,组织完成经济签认、竣工结算的编制及工程款的核实与拨付。

（2）负责与建设单位签订工程施工合同及合同备案,对工程中所需要的分包、劳务分包的专业工程等进行招标,与中标单位签订合同,工程完成后审定结算等。参与市场部、采购部所组织的工程材料招投标,在工程开工前进行工程中标预算与施工预算的对比,并编制成本指标下达项目部,签订内部指标合同,工程完工后负责核实结算。

（3）认真完成主管经理交办的各项工作,协调联络对口的外部关系,为项目部创造工作条件,检查项目部各种经济合同的执行情况,对完成分包项目的结算进行复核。

（4）负责上报上级公司下发的统计报表,认真积累、总结预算方面的基础数据,为公司今后的发展提供经济方面的主要数据。

（5）每月检查项目部预算人员的工作 2 次,召集工作会 1 次,不定期抽查,对发现的问题进行处理。

（6）审核签认各项目部向工程分包方的拨付款,并监督检查。

（7）控制项目部的资金使用情况,上报主管经理。

（8）管理本部门的日常事务,抓好科员的廉政建设,协助配合本公司其他部门的工作。

(9) 遵守公司的各项规章制度。

2. 预算员

(1) 所有经营预算人员均受聘于部门主管,享受公司确定的待遇,统一调配在各项目工程中任职。

(2) 负责编制和上报工程的概(预)算,工程材料计划和定额耗料计划。对在施工程的成本指标进行全方位的控制。编制月进度款结算表并上报监理和建设单位签认。编制并上报本公司所要求的各种报表。

(3) 在工程施工过程中,根据成本的各项指标对工程成本进行优化控制,使工程在确保质量、进度的前提下,尽量降低消耗,减少成本支出。

(4) 积极配合并完成部门主管所交给的各项工作,使公司的材料管理顺畅有序进行。

(5) 遵守公司的各项规章制度

2.2 工程投标管理

1. 机构与分工

由主管经理、经营部、施工管理部、市场部组成投标小组,在接到工程招标文件后,由主管经理牵头,以经营部为主,对外接洽工程有关事宜,并编制工程投标书。施工管理部负责编制施工组织设计和招标文件要求提交的公司的各种资料,市场部负责进行市场调研、提供工程材料价格行情,由经营部汇总填报表格,经主管经理审核后,密封、递送。

公司在参加工程投标时,主管经理有抽调其他部门及项目经理部的专业人员配合编制投标文件的权力,所抽调的人员必须按要求全力配合。

2. 工作程序及实施细则

一般工作程序大致分为:接到招标任务后投标报名,填写投标资格预审表,参加发标会,领取招标文件和图纸,组织人员编制投标书,办理投标保函(根据招标方要求办理),提出疑问并参加答疑会,编制完成投标概算书,完成成本预测及内部审核汇总,上报主管经理,在投标小组会上由总经理确认,填报递送,开标后中标签合同。无论中标与否,投标资料都应存档,不得随意处理。

(1) 投标过程主要依据《中华人民共和国招标投标法》、北京市工程招投标程序及办法、建设单位所提供的招标文件、图纸及资料等进行。

(2) 投标资格文件的准备与报名。

向建设单位提交反映本企业实力的公司简介和资质文件。由经营部向总公司计划经营部索取有关证书复印件。加盖总公司公章,装订成册。装订文件内容及顺序如下:

① 封皮:要美观大方,用彩色打印,加公司标志和图片;

② 目录:要清楚、准确;

③ 简介(前言):主要阐述公司概况和介绍突出的获奖工程;

④ 营业执照:注意年检栏应有本年度的市工商局年检章和手填日期,如总公司正在办理年检、日期非本年度时,应向建设单位说明,请总公司出据文字说明并加盖公章;

⑤ 资质证书;

⑥ 信用等级证书(AAA级);

⑦ 安全认可证;

⑧ 质量、环保、安全的贯标证书和认证证书;

⑨ 其他证书:用户满意企业(工程)、重合同守信誉单位等。

⑩ 获奖工程证书:近5年所施工的工程证书,所获得的有影响力的工程获奖证书,加彩色图片和简单的文字说明。

⑪ 施工现场环保、文明施工的图片和上级领导的视查照片等。

⑫ 其他有说服力的相关资料。

文件要做到清楚、整洁、齐全、有效。证书应用计算机扫描打印以达到最佳效果。

接到投标报名日期的准确时间后,由经营部主管提前与总公司经营部联系,领取 IC 卡,准时到北京市建设工程发包承包交易中心报名。报名是否成功是能否参加投标的首要条件,必须认真对待。在电脑操作后要再重复一次,复核无误后再拔出 IC 卡,等报名结束打印出报名表,确认报名成功。

(3) 参加发标会,领取招标文件

① 接到获准参加投标通知后,由经营部筹备本工作。按通知要求准时参加。参加人员包括主管经理、部门主管、技术质量部主管等,提前一天审批好要交纳的招标押金(工程投标保证金)。做好两手准备,既带支票又带现金,在交付押金时要索取有效收据。

② 会中认真听取并记录好招标方在文件中所没有提到的其他问题及事项,重点是招标方在本次招标中所要求的必要条件,如工期、现场狭小的处理,扰民及其他外界因素的影响,在报价中要考虑的问题等。记录好参加本次招标的其他投标单位以便分析对手的实力,考虑公司在本次投标中所处的位置。推敲招标方最感兴趣的话题。

③ 招标方所发的招标资料应包含招标文件,图纸,统一投标表。

以上文件、表格必须清点,核对份数;对照图纸目录清点核对图纸张数。出现短缺或不清楚,及时向招标方提出并要求补齐或更换。

④ 办理资格预审。在领取资格预审表后,首先由经营部带着资格预审表到集团总公司经营部填写、盖章。

资格预审表按时递交招标方,其步骤为:

首先填写《投标资格预审通知书》一式 2 份,并加盖总公司图章;其次索要投标登记本(蓝皮本);最后按规定时间递交给招标单位并与其一起到标办登记。

⑤ 组织编制实施细则

领取回来的招标文件,复印分发给投标小组中的各个相关部门,详细审阅后,在研讨会上由各部门根据分工情况提出存在的问题及解决方案,由经营部主管组织预算专业人员编制投标预算书,并由主管经理会同经营部主管根据研讨会上提出的问题做最后调整。由技术科编写施工组织设计,市场部按本工程所需的材料、设备等进行询价后交由经营部参考,不清楚或不理解处做好记录,交由经营部汇总,在答疑会统一提出问题,在招标文件规定的截止时间前递送招标方。招标方答疑会所做的答复,招标方会后出具的回复文件(答疑文件),将做为招标文件的补充。在概算编制过程中各部门人员要相互配合,向经理提供本工程的特点、难点,及时通报信息,为夺标打基础,技术与预算人员要经常碰头解决问题,避免遗漏。

⑥ 勘察现场。

按招标文件中的时间、地点,准时参加招标方组织的勘察现场会。由技术科和经营部主要人员参加,会中重点听取招标方的介绍。察看现场时要认真观察并做好记录。及时提出模糊的问题,及时发现影响工程造价的外界因素。回来后共同分析,充分考虑到现场因素对报价的影响。

⑦ 汇总上报。

各参加部门要在投标的截止日期前1~2天完成文件编制,并做好审核、复核工作。具体工作如下:

A. 专业预算员完成计算量后自行复核一次,经营部门主管再进行计算性的复核,其重点为影响工程造价的大项,并要和以往同类工程的单项工程量对比,差异较大时要重新核算,以保证准确性。

B. 根据市场部提供的大宗材料价、设备价等编制预算,确认无误后,汇总各专业报价及三材指标,打印好初稿。预算编制完成后,按公司内部指标核算中的要求,计算好本工程的预测成本值,填好标准表。技术科负责施工组织设计的上报工作。

C. 由经营部牵头向主管经理汇报并组织投标前的决策会,请总经理、主管经理及各口主管的主要参加人员到会,会中经营部主管做简要汇报,对标价进行交底,共同分析标价并与成本预测值比较研究,分析利润大小,确定是否让利,做出最终投标决策。

(4) 填报并递交标书。总经理、主管经理确认后,由经营部汇总调整工程标书,最终汇总填报投标书,其程序如下:

① 整理好预算书,打出汇总表。如有让利,打好《降价函》(包括计算书)按标准格式操作。

② 填写表 2-1 和表 2-2 各一式 3 份。首先复印出一份作为草稿。填写好后找 2 位以上本部门的人员帮助检查,核实无误后,由经营部主管再检查一遍,确认无误后再在正式表上填写。要求内容完整、无涂改、字迹端正、清楚,必须用碳素笔或钢笔书写,不得用其他笔填写,以免被视为废标。

投 标 书

表 2-1

工程名称:＿＿＿＿＿＿＿＿＿＿＿＿＿＿＿＿＿＿＿＿＿

投标单位:＿＿＿＿＿＿＿＿＿＿＿＿＿＿＿＿＿(盖章)

企业所有制类别:＿＿＿＿＿＿ 等级:＿＿＿＿＿

企业法人代表:＿＿＿＿＿＿＿＿＿(盖章)

编制日期　　　　　年　　　月　　　日

北京市建设工程招标投标管理办公室制

总建筑面积			总 工 期	
计划开工日期	年　月　日		计划竣工日期	年　月　日
报价总金额(大写)				￥
主 要 材 料 总 用 量				
材 料 名 称	钢材(t)	其中钢筋(t)	水泥(t)	板枋材(m³)
定　额　量				
图　纸　量				
对招标文件的确认和意见				
对报价需要说明的问题				
投标书附件				

注:本表由投标单位填写。正本一份,副本二份。

钢材、钢筋用量按招标文件规定填写,水泥、板枋材用量按定额量填写。

单项工程名称			建筑面积(m²)		材料名称		钢材(t)	其中钢筋(t)	水泥(t)	板枋材(m³)
结构类型	地下	地上	檐高(m)		定额量					
层数	地下	地上	质量标准		图纸量					

	总　　价	单项工程总价(元)	单价(元/m²)	直接费和其他费(元)	其　　　中		
					人工费(元)	设备费(元)	暂估费(元)
单项工程名称							
其 中	土 建 工 程						
	给 排 水 工 程						
	采 暖 工 程						
	通 风 工 程						
	电 气 工 程						
	电 梯 工 程						
	煤 气 工 程						
	包 干 费						
技 术 措 施 费							

注：本表由投标单位填写。正本一份，副本二份。

　　钢材、钢筋用量按招标文件规定填写，水泥、板枋材用量按定额量填写。

　　③文件密封程序如下：需提前与总公司经营部联系好封标时间，携带以下资料：

　　A．投标文件清单目录；

　　B．填写好的投标表 2-1 和表 2-2 各 3 份；

　　C．投标档案袋、密封条各 1 个；

D. 投标预算书一式 2 份(如有让利含降价函一份);

E. 施工组织设计一式 2 份;

F. 本公司的实力证明及项目经理资质证书(与本制度的第 2 条中的成册文件相同);

G. 对招标工程的响应书(格式自制,内容为对工期、质量的承诺);

H. 向总公司索要开标用的法人委托书等。

一般封标由总公司经营部负责密封工作,填写标袋外的内容,按标办的要求或招标文件的特定要求盖章密封。经营部主管要在密封前再清点一次装入的全部文件,核实无误后密封。以上文件要复印一份存档。

(5) 参加开标。一般开标日即为送标时,必须按招标方所定的地点和时间准时参加开标。

重要工程请本公司总经理参加,一般工程要请总公司经营部部长参加。本公司主管经理、经营部主管、相关人员在开标前应确定参加人数(总人数为 3~4 人)。要求选派的法人委托人(委托书中被委托的人员)要有一定开标经验,口齿清楚,表达能力强,嗓音宏亮(开标时需唱标)。

必须携带复印好的投标书、法人委托书、本人身份证、记录本、自制的投标汇总记录表(见表 2-3),以便记录各家的报价。

投标报价汇总记录表

工程名称: 表 2-3

投标单位名称						标　底
总　面　积						
总　工　期						
总　报　价						
钢　　材						
钢　　筋						
水　　泥						
板　枋　材						

开标程序按标办所制定的《开标程序及办法》录入电脑。在开封唱标报价时的注意事项为:

① 开标前招标方要验明参加开标人员的身份(提交委托人的身份证);

② 宣读投标书的人员先宣读投标文件目录,当众清点文件份数,将投标书的表2-1和表2-2交标办主管人一份、招标方负责人一份,本人持一份宣读,报价数字读两遍,分别为第一遍读大写,第二遍读数字;

③ 各家唱标报价完毕,公布标底后,各家在汇总表上签字确认。

(6) 中标和废标。

如工程中标,在接到招标方的中标通知后,由经营部领回中标通知书并到总公司盖公章,送交招标方。未中标工程发未中标通知书。中标与否均要向招标方索要招标抵押金,由经办人带票据办理。

中标工程由经营部签订合同,签订完成后,与招标单位到标办办理备案手序。编制工程数据汇总情况表,存档备用。

3. 罚则

处罚一般采取自罚形式。按所罚金额,其本人分摊70%,部门主管分摊30%,主管经理分摊部门主管的30%。投标过程中所涉及的人员要做到不离岗,吃住在公司,直至投标完毕。如因事必须向主管请假,得到批准后才能离开。如因工作不仔细造成损失,按损失额做出相应处罚。如本人知错不报,被主管或主管经理发现,将加倍处罚。如因工作不细导致工程未中标,其责任人罚一个月工资,重者直至开除,其部门主管降一级。泄露招标数据,串通他人出卖公司利益者,立即开除,情节严重的追究法律责任。

2.3　工程概、预算与结算管理

1. 概、预算与结算的编制

经营部主要负责此项工作。主管经理抓全面,最终确定造价;

部门主管主要审核预算员所做的工程各项量与价,核实并做出分析;预算员负责完成具体计算工程量、套价及汇总工作。

（1）编制依据

① 现行的定额和相关的文件及费用标准。

② 专业的施工图集、工具书等。

③ 市场部所提供的相关材料、设备的市场价格。

④ 工程蓝图。

⑤ 招标文件、答疑会文件或交房标准等(非招标工程按甲方要求)。

⑥ 施工方案。

（2）情况交底要求

① 承接到工程以后,由经营部主管组织编制人员熟悉工程所处地理位置和环境情况,充分阅读和理解招标文件。对招标文件有不理解或说明不清楚的地方,必须以书面形式要求招标人出具明确答复,不得以口头或电话形式解答。深入新的工程所在现场进行实地察看是否有环境及人为因素对工程造成不利影响。避免签订合同后发现时,甲方不承担费用。

② 充分熟悉图纸。对工程结构、构造、细部做法,要做到心中有数。对不理解处要会同技术人员加以明确,避免计算工程量或套用定额时漏算或定价不准。

③ 工程量计算底稿要区分±0.00以下结构、±0以上结构、装修分别计算,要计算准确、字迹清楚。计算式、分项内容、部位要清晰可查,稿纸统一并装订完整。见表2-4。

④ 充分理解定额子目的设置及包含的内容,套用定额子目要合理,估价项目要切合实际,不重算、不漏算,严格按招标文件要求的图纸或交房标准规定的范围和做法。

⑤ 按招标文件规定或市造价处文件规定的标准取费,写好编制说明,并与类似工程各项指标做比较。

⑥ 本公司工程预算的统一标准格式和排列顺序如下:

A. 封皮:应美观大方,彩色打印,加公司标志和图片,上部写

明工程名称和概算书,下为本公司全称,加盖公章;

工程量计算表 表 2-4

工程名称: 　　　　　　　　　　　　　　　类别:

定 额 号	分项名称	单　　位	工 程 量	计 算 分 式

　　B. 目录:应清楚、准确;

　　C. 编制说明:阐述编制依据、标准、图纸情况、不清问题的处理、概算范围等;

　　D. 造价汇总表(预算软件);

　　E. 三材汇总表;

　　F. 土建、水、电等工程概算书,按汇总表中的排列顺序装订整齐;

　　G. 钢筋工程计算书;

　　H. 甲方要求的其他与造价有关的资料。

汇总编制完成后,按上述规定程序递交复审,最后装订成册。一般最少做 3 份,留存 1 份,上交建设单位 2 份。

2．工程概、预算和结算的实施过程管理

(1) 在工程开工前,按公司规定程序,由公司委派项目经理部的预算人员。经营部主管要向预算人员交底,提供工程由招标至施工合同的资料,并进行讲解,以使其初步了解该工程的情况。

(2) 派到项目部的预算人员要及时将文件转发到项目部贯标员手中,由其复印转发给项目经理、技术队长和施工员,由项目经理组织对招标文件、交房标准及施工合同的学习,使管理人员明确施工内容及范围。对甲方及监理人员在工程施工过程中提出的超出合同约定内容要求或不合理要求,及时给予正面回复。

交底会的内容如下:

① 交底的依据、工程施工范围;

② 拟分包的专业项目(土方、降水、打桩等);

③ 工程各部位的主要工程量;

④ 招标中图示不明确处的预算是如何考虑的;

⑤ 需要调整并重新确认的项目;

⑥ 特殊的工艺、材料、设备,需要测算的项目和在结算时要按实调整的项目。

(3) 洽商管理。

① 甲方下发的正式变更洽商必须有收文记录。

② 对上报甲方的正式洽商与洽商概算书,必须通过发文手续上报甲方,还要留下一份相同底稿以防丢失。

③ 临时洽商必须有甲方负责人签字。由项目经理或技术负责人负责以后正常洽商的追认。

④ 预算人员要根据工程施工进度经常与技术负责人商讨施工工艺,及时发现甲方要求的做法与交房标准要求的不同之处。预算人员参与审核技术部门所写工程变更签认单,避免日后因做法问题对造价产生不利影响。

⑤ 及时计算每份洽商的增减账,按甲方要求或不定期地核对

并签认,为结算工作打基础。

(4) 工程材料与设备价格的确认。

工程施工主要材料及设备价格的确定大致分为两种:第一种是甲方询价后下发的限价通知单;第二种是由乙方报价、甲方与监理单位确认的材料单价。由乙方自主报价的,不再调整材料设备价,只调整量。

① 甲方下发的材料限价通知单应及时通知采购部门进行市场询价(对非指定厂家材料要进行材料招标)。如果甲方所限价格经市场询价认为不合理,应及时通知甲方,并要求甲方提供报价单位或请其变更限价。

② 乙方询价上报甲方或监理单位确认的材料价格按以下程序办理:

A. 提出材料的数量、规格、型号。

B. 交公司采购部进行招标,按《采购部规章》执行,汇总出报价表,由相关人员签字确认。

C. 提交主管经理商定填写报表。

D. 上报甲方及监理确认。

E. 甲方及监理回复后装订归档。

③ 不进行认价的按公司相关制度执行。

以上工作中如出现分歧,应书面上报公司部门主管和主管经理协助解决。

(5) 工程索赔管理。

在工程施工中由于甲方原因或政府部门政策变动等影响,造成工程的停(缓)建、窝工,设计图纸修改造成工程量增加等,均要对甲方进行索赔。在施工合同中应有明确的规定。我方由预算员牵头,项目部经理、经营部主管参加,按以下步骤办理:

① 搜集有关证明材料,使证据有力。

② 组织有关人员分析索赔的可行性,写好索赔报告。

③ 数额较大时,上报公司主管经理、总经理。

④ 获得公司领导的批准后,正式向监理公司、甲方或委托咨

询机构递交索赔报告。

⑤ 经营部主管、项目经理参加索赔,必要时请主管经理参加。

⑥ 如经数次谈判没有结果,甲方不给予明确答复时,由经营部向公司请示,确需仲裁时要向有关机构申诉。

⑦ 不可抗力和连续不定期的停水、停电造成的损失,每次都要办理签认,每月报建设单位。

(6) 工程进度月报管理。

工程进度月报按合同约定的付款部位或监理的要求编写,填报的表格用建委的标准表样,电脑打印由预算员负责,附当月完成工程量的预算书,在每月 25 日前编制完成,由预算员报监理机构签认后交由甲方最终定价。此月报一式三份,甲方、监理各一份,本部门留存一份。每月向公司经营部上报所签认的进度款表,以便公司掌握拨付情况。月进度表与成本报表一起在每月 8 日前报到公司。

(7) 工程结算。

在工程竣工验收后,应及时开出工程结算通知单通知甲方,由经营部和预算员牵头,项目经理组织完成此项工作,预算员整理好工程中的结算资料,由公司进行汇总编制。如尚有部分未签认的洽商应由其经办人负责追缴,按本部门的工作程序及要求递交、审核、存档。

竣工结算文件包括(但不限于)以下内容:

① 封皮应美观大方,用彩色打印,加上公司标志和图片,上部写明工程名称和结算书,下为本公司全称并加盖公章。

② 目录应清楚、准确。

③ 编制说明:阐述所编制的依据、标准、结算的范围等。

④ 造价汇总表(预算软件标准格式)。

⑤ 三材汇总表。

⑥ 土建水电等工程,取费在前、结算书在后,按汇总表中的排列顺序装订。

⑦ 工程验收单。

⑧ 汇总好的整套变更、洽商(分专业整理,统一编号)

⑨ 索赔文件确认书。

⑩ 工程材料认价单(经甲方、监理确认)或限价单。

⑪ 钢筋工程计算书。

⑫ 其他与造价有关的资料。

如有扣减或在结算中未含的项目,应单列并说明之。

(8) 相关的结算依据文件:

相关的结算依据文件有招标文件、投标预算书、中标通知书、施工合同、承诺书、补充协议书等。结算编制完成后,由经营部向主管经理汇报,并组织召开结算前的汇报会,请总经理、主管经理及各口主管到会,会中经营部主管作简要汇报,对结算进行交底,各部门共同分析,与成本值比较,研究决策,分析利润大小,做出最终结算。

按工程结算审核程序与甲方进行核对并结算,各专业分别审核。在过程中甲方或委托审计的部门提出的异议或者否认的结算内容,应在提出可靠资料后向审核方说明,协商解决。如协商无效,应向公司对口部门请示,请有关领导出面帮助解决。尽量协商解决,不要与甲方发生纠纷,以免影响公司的业务。

工程结算完成后,由经营部负责办理结算手续,签订结算单(按甲方要求的形式)。完成后交本公司财务部、主管经理各一份,本部门留档一份。

2.4 合同管理

1. 合同管理流程

(1) 在确定合同签订意向后,由经营部与合同的另一方谈判,拟订合同草案。

(2) 谈定内容后交法律顾问复核确认。

(3) 法律顾问审定后交主管经理核定。

(4) 经主管经理同意后签字盖章。

(5) 分发各部门。

(6) 履约完成后结算。

2. 分类与实施

(1) 工程总包施工合同(与建设方签订的合同)

在工程中标后由经营部负责与建设方签订,合同格式为建设部和国家工商行政管理局制定的标准范本,按要求填写(一般要用铅笔填写一份草稿)。参照文件主要有招标文件、投标报价书、中标通知书、相关招标合同的范本等。

填写用词要准确,使用合同规范语言书写。填写后由经营部报人力资源部复核,复核后报主管经理批复,送交建设单位并进行磋商,谈定后再正式抄写。按要求一般为 8 份,即正本 2 份,副本 6 份。合同的正文要做到无涂改、无错别字、由经营部主管复核无误后,报集团总公司经营部盖章。其步骤如下:

① 总公司在合同正副本封面盖章,在签署栏盖总公司合同专用章、法人代表人名章,委托代理人签字。填写合同备案登记表标准表一式 4 份。

② 由本公司经营部递交建设单位盖章确认。

③ 与建设单位约定备案时间,领取支票(交印花税用)。

④ 与建设单位经办人到招标办合同处办理备案手续,我方经办人应是有合同员证的人员,并须携带本人的合同员证。

⑤ 办理程序按标办的统一要求。购买印花税后贴在合同正本上。登记备案后,由标办盖章,统一编号。

⑥ 合同分发部门有,建设单位留存正本 1 份副本 3 份,除标办一份外,其余交公司财务部 1 份,项目部 1 份,本部门留存 1 份。

(2) 合同的终止与保修合同管理

在工程完工后领取核验单,由项目部通知经营部办理保修合同。用《建设工程施工合同示范文本》上的《房屋建筑工程质量保修书》。按要求填写后,另加工程合同终止备案登记表,一式 4 份,按前述步骤递交、盖章、签订。

(3) 分包工程合同(我公司对专业公司的分包合同)。本项适用于土方、防水、桩基、门窗等专业性强的分项工程,使用相应专业特定的合同范本。

(4) 劳务合同(与劳务分包公司签订)。在按我公司招标程序选取分包单位后,要与劳务分包公司签订合同。其中含廉政管理协议和材料管理协议。

(5) 材料供应合同(材料采购部门定)。

(6) 聘任合同(人力资源部定)。

(7) 指标合同(内部控制合同)。

以上合同由经营部办理,主管复核,无误后报法律顾问审核,再报主管经理批示盖章,步骤如下:在签署栏盖公司公章、法人代表人名章,委托代理人签字;分包方盖章确认;合同分发由经营部办理:主管经理1份、财务部1份、项目部1份、本部门留存1份。劳务合同及聘任合同应交人力资源部一份。

3.合同变更与违约管理

按《合同法》和《建设工程施工合同(示范文本)》中的条件,具有变更与违约条件时,由经办人与对方联系解决。

(1) 由于我方所做的调整或建设单位做的变更,应提前书面通知对方,进行磋商,达成一致后续签补充协议。如造成经济损失,变更的一方负赔偿责任。

(2) 由于供方的变更、违约,由经办人办理并提出损失数额的可靠证据,依法进行追究直至挽回经济损失。

4.合同的结算管理

凡经公司批准签署的正式分包合同、材料与设备采购合同等,都应办理结算。

(1) 合同结算的要求

① 当合同付款到总价的80%时,要待办理完结算后再付剩余款项。

② 结算时首先由经办人或项目部填写好规定的表格,再报经营预算部审查,技术科验收合格,最后由公司主管经理审批。结算所用表格见表2-5、表2-6、表2-7。

分包合同结算审核表　　　　　　表 2-5

工 程 名 称			合 同 编 号	
供 方 全 称			分包项目名称	
合 同 价			结 算 价	
审 定 造 价			分包方确认(签章)	
简 要 说 明		附件要有验收单、合同、结算资料和计算表		
项目部意见	资 料 员		库 房 材 料	
	预 算 员		技术负责人	
	安 全 员		项 目 经 理	
公司复审意见	材料部主管		技术部主管	
	财务部主管		经营部主管	
	主 管 经 理			
	总 经 理			

分包工程(供货)结算情况表　　　　表 2-6

合同名称：　　　　　　　　　供方名称：

合同编号：　　　　　　　　　工期履行情况：

保修时间：　　　　　　　　　质量履行情况：

序 号	费 用 名 称	金额(元)	简 要 说 明
1	合同价		
2	增减价		
3	结算价		
4	结算中应扣款		
	其中：保修款		
5	已付款		
6	欠付款(3-4-5)		
其他需要说明的事项			

52

工 程 名 称		分 包 项 目	

分包队伍名称：

核定工程量方法	
核定工程总量	

详图及计算公式：

计算人		核定人		项目负责人	

公司核定：

分包项目 负责人		预算科		主管经理	

备注：

(2) 应提供的结算文件为

① 双方确认的所有工程洽商及相应的预算书；

② 工程竣工验收资料(延误工期或者质量未达到合同要求的项目应提供相应的明确责任的说明)；

③ 其他与结算相关的双方确认的协议、备忘录、扣款与罚款等；

④ 结算明细表和汇总表；

⑤ 原合同文本。

(3) 办理结算的程序

① 工程完工或物资供应到现场后，由项目部工程预算负责人提出办理结算。结的凭据必须是原始资料，并且我方授权人已签字认可，否则不予受理。应审核结算价格，并填写表 2-1 和表 2-2。

② 经营部、公司主管经理审核完毕并签字，即视为工程结算审批生效。经办人将上述文件、附件和完整的结算资料提交财务部。财务部复审确认后，再按要求付款。

③ 结算办理的时间要求：

A．分包工程竣工后(即完成工程合同所有内容，并经公司技术部、项目部和供方三方验收)，项目部应在 15 个工作日内提交竣工验收资料(较大型或复杂项目可以放宽至 20 个工作日)。

B．工程预算负责人应在 20 个工作日内完成资料的收集整理和结算的审定。

④ 所有结算办理完成后，经办人员将所有结算资料交公司档案资料管理员存档，以备价格查询。

5．履约检查

公司主管经理全面检查合同的履行情况，经营部主要检查分包工程的履行情况，财务部检查材料合同履行付款情况，发现项目经理部管理人员与分包方有弄虚作假的情况，应根据情节对责任人和分包方进行处罚。各负责人应认真检查，及时上报。如未按以上条款执行，扣责任人 200 元以上的罚款。

2.5 工程材料管理

公司的主要材料、大宗材料实行"四统一"，即统一计划、统一采购、统一供应、统一核算。企业的绝大部分主要材料通过公司材料部进入企业，再分流入项目部。

1. 材料计划

工程开工前由公司经营部会同项目部预算员向公司提交一份一次性材料计划，作为供应备料的依据。在施工过程中，依据工程进度情况、工程变更及调整后的施工预算，及时向公司材料部提供调整后的月计划(必要时提供周计划)，作为动态管理的依据。

2. 材料的使用与发放

为了有效控制工程材料成本，提高材料使用的计划性及合理性，达到降低消耗、降低成本的目的，公司的材料管理主要实行定额耗料和限额领料制度。公司管理层负责下达定额耗料指标并进行管理；项目部根据公司下达的指标实行限额领料制度。

(1) 定额耗料程序

① 定额耗料适用于公司承接的一切工程项目。

② 定额耗料的编制依据是现行的北京市施工预算定额。

③ 定额耗料的确定：各项目部在工程施工前或分项工程施工前，由预算员、技术员、施工员根据施工图、现行施工定额编制一份《定额耗料计划单》上报公司经营部。

由经营部负责审核并上报主管经理，经审核无误后按工程的部位下发到项目部执行。

④ 定额耗料一般分为±0以下工程、主体工程、内装修工程、外装修工程、室外工程等几个部位。

⑤ 待该工程部位完成后，由项目部负责按实际消耗情况填写《分部分项工程定额材料消耗与实际消耗对比表》上报公司经营部，并应有详细的节超分析。由项目部作出对班组的奖惩。

⑥ 工程竣工后由公司经营部负责填写完整的定额材料消耗

与实际消耗对比表,并写出节超原因报告上报公司主管经理。由公司作出对项目部的奖惩。

(2) 限额领料制度的执行程序

① 限额领料制度适用于公司所有作业班组。

② 限额领料单的编制:项目部接到公司下达的定额耗料单后,预算员会同项目部技术员、施工员按施工流水段分部位做出调整后的切实可行的限额领料单(此处的调整指应扣除新工艺、技术革新、节约措施的节约量)。

③ 限额领料单的执行:限额领料单应一式三份,注明部位、领用班组,一份交作业班组作为领料凭证,一份交库房作为发料凭证,一份留底。班组必须设专人持限额领料单领料,在领料过程中双方必须做好分次领用记录并签字。

④ 库房必须严格按限额单数量发放,如中途工程量有变更或临时调整施工段或因浪费导致不够用时,应用专业工长通知预算员核实,然后由预算员填写补充限额领料单,库房凭补充限额领料单方可发放材料。

⑤ 流水段完成后,将填写完毕的限额领料单返回预算员,由预算员、专业工长、库房共同分析节超原因,写出文字性说明并存档。

⑥ 定额耗料单的部位完成后,由预算员汇总限额领料单,填写《分部分项工程材料消耗与实际对比表》,并做相应的文字说明,上报公司经营部。

⑦ 除此以外,还应向公司报项目月消耗材料表。

⑧ 各负责定额耗料人员,应认真填写表格和签字,不得代签。领料单必须由各专业班组长签字,如发现代签的则给予处罚。

⑨ 小工程也遵照以上制度。非工程用材料及零工用材料报经营部。以1000元以上的为准。五天内经营部给予答复,到时如不答复,罚责任人200元。特殊情况电话通知,后补手续。

(3) 用料单使用过程中的注意事项

① 气候影响需要中途变更施工项目引起的用料变化。

② 因施工部位变化,班组的施工项目需要变更做法引起用料

变化。

③ 因材料供应不足,班组原施工项目的用料需要改变品种、规格。

④ 兄弟班组临时参与会战的用料处理。

⑤ 发生两个以上班组合用一台搅拌机,原则上仍应分班组核算材料。

(4) 定额用料单回收结算考核

定额用料单的回收结算顺序是: 验收→结算→分析→记台账→按月统计班组用料情况。

① 验收用料单工长验收工程项目和工程量;质量员验收工程质量;材料员验收活完脚下清;预算员验收工程量。根据验收合格的单据回收用料单。

② 结算定额用料单:

预算员结算班组实际用料数量、实际完成项目和工程量,据实调整定额用料量,与班组实际用料对比,结算出班组盈亏,分析盈亏原因,做出报告。根据已经结算的用料单分别登记用料单编号、工程项目、工程量及材料节超量的分班组台账,并于每月末汇总各班组用料台账。所用表格见表 2-8 至表 2-12。

限额材料计划单 表 2-8

工程名称:

分项工程名称			预算工程量	
核　实　人			预　算　员	
主要材料名称	规　格	单　位	计划用量	

注: 本表一式 3 份,预算、技术、库房各一份。

限 额 领 料 单　　　　　　　　　　　表 2-9

工程名称：

使用部位	材 料 名 称	规　格	单　位	限额发放量	实 际 用 量

预算员：　　　　库房：　　　　执行班组：

分部分项工程材料节超对比表　　　表 2-10

工程名称：　　　　　　　　执行班组：

分项工程名称	单位	数量				
			材料名称			
			规　格			
			单　位			
			计　划			
			实　际			
			节　超			

分项工程名称	单 位	数 量	材料名称			
			规　格			
			单　位			
			计　划			
			实　际			
			节　超			
			计　划			
			实　际			
			节　超			
			计　划			
			实　际			
			节　超			
			计　划			
			实　际			
			节　超			
			计　划			
			实　际			
			节　超			
			计　划			
			实　际			
			节　超			

竣工工程材料结算报告

表 2-11

工程名称：

建筑面积：

合同指标额：
实际完成额：
节　超　额：
上报部门签认：　　　　　项目经理：

公司经营主管：　　　　　　　　材料部主管：

竣工工程材料用量结算汇总表

表 2-12

工程名称：　　　　　　　　建筑面积：

主要材料名称	单位	规格	实际总用量	与计划比节超	其　　中		实　　际	
					工程用	临舍用	其他用量	单方用量
水　泥（例）	t	325 级						
	t	425 级						
	t	525 级						

主要材料名称	单位	规格	实际总用量	与计划比节超	其 中		实 际	
					工程用	临舍用	其他用量	单方用量
会签栏	主管经理				项目经理			
	预算主管				预 算 员			

2.6 工程分包和劳务选择管理

1．甲方分包管理

对于甲方分包项目的分包单位进场，必须提供承包资质、人员名册、承包合同等资料，还要交付总包合同约定的配合费，并由项目安全员负责签订安全合同后，方可正式施工。

2．内部分包项目管理

由项目部上报公司所要进行分包的项目及劳务，请公司领导审批后，由经营部按公司所制定的招标程序组织招标。

(1) 分包工程及劳务招标的程序：

① 提出分包项目；

选择队伍(厂家)，考查后纳入招标范围；

② 编写、发放招标文件；

③ 回标、开标、评标；

④ 二次谈判价格；

⑤ 定标；

⑥ 签订合同；

⑦ 完工结算(按单项工程分包的工程或劳务,应提前 15～20 天上报经营部(必须附有相应图纸和说明,并填写表 2-13)。

分包工程上报审批表　　　　　　　表 2-13

(一千元以上项目)

工 程 名 称	
分包项目名称	
计划采用分包方式	
分 包 内 容	
主 要 工 程 量	
计划开竣工时间	
项目经理签认	
经 营 部 签 认	
是否采用招投标	
确定的经办部门	
主管经理批示	

(2) 投标单位的选定和投标单位资格的确定：由招标经办部门选取分包单位,或由其他部门推荐,经经营部和主管经理审核后确定。确定后的竞标单位或厂家一般不少于 3 家,填写表 2-14 后报经理审核,同意签字后发标。

(3) 招标文件编制

一般的材料、设备的招标采用附件 1 的标准招标文本,发标人员根据项目具体情况填写,经技术部门审查确认后可以直接发标；采用非标准文本的招标文件必须经过相关技术部门、经营部(工程招投标为主管经理)审批后才可以发标。招标文件中的技术要求作为招标文件的附件,必须附在招标文件之后。具体的技术要求由相关的技术部门编写。如需要按图施工(或制作)的,还应将施工图纸作为招标文件的附件,一并发给投标单位。

投标单位审批表 表 2-14

工程名称: 招标项目内容:

单 位 名 称						
企 业 性 质						
技术经济实 力重视程度	很 好	很 好	很 好	很 好	很 好	很 好
	好	好	好	好	好	好
	一 般	一 般	一 般	一 般	一 般	一 般
	较 差	较 差	较 差	较 差	较 差	较 差
工程或产品质量						
是否合作过,效果如何						
项 目 部 意 见						
公司技术部意见						
公司经营部意见						
主管经理意见						

招标文件中的报价单,由发标部门编制统一的报价明细单、确定报价明细项目,作为投标书的附件之一,并要求投标方报价时按此格式和明细项目填写,然后加盖投标单位公章(有多张报价单的,投标单位要在每页报价单上盖章)。

(4) 发标

招标文件准备完成后,由发标部门正式发标,发标时必须有标书起草部门和相关技术部门的人员参加,在约定的发标时间开始发标。首先召集投标单位,由发标部门的相关项目负责人对标书进行简单的讲解,技术部门对标书中的技术要求、投标及报价要点进行讲解;无特殊情况不再另行组织标书的答疑活动。

(5) 回标与开标

回标必须按照招标文件中规定的时间送到接收处,超过回标时间仍未送到的标书视为无效标书,不再接收。标书回复后 24 小时内必须由该项目投招标负责人组织开标,开标时必须有三个(或以上)部门同时在场,由开标负责人填写投标报价汇总表见附表1-3,各部门经办人签字确认。

外地公司由于地域原因不能按时回标时,可以通过传真把标书发回或通过特快专递把标书按时送回。

(6) 定标过程

① 施工方案复杂、技术性较强的投标工程或材料、设备采购项目,必须在投标定标之前召开施工方案或材料设备选用会,由投标方对各自的施工方案、材料设备使用的优缺点、标书报价情况等进行讲解并答疑,方案确定后再进行报价的比较。

② 对于施工方案或材料、设备,经过定标会仍不能确定时,必须对投标方的施工案例、材料、设备的生产情况进行考察。

(7) 考察厂家

① 考察厂家必须由技术部、经营部、项目部共同参加,对企业生产情况、应用情况进行统一考察。

② 考察后由招标项目负责人编制考察厂家的情况报告,呈报主管经理和公司领导审批。根据考察报告的审批意见及定标会的定标意见,确定最后中标单位。

(8) 罚则

招标完成后签订公司统一的分包合同范本及廉政协议,合同报本公司主管经理、财务、项目经理部、承包方各一份,经营部保留原件一份。

① 没有发放到的,罚责任人200元。

② 由项目经理发放到财务会计、库房、预算。其他合同(包括机械设备、材料合同)发放到项目经理。

③ 由项目经理发放到资料室、库房、预算、会计和技术质量科,不发放的罚责任人200元。

3. 工程分包单位安全文明施工与保修

(1) 程序与标准

① 在分包方与我方签订的施工合同中,同时签订以下合同作

为附件：①安全文明施工补充协议；②工程质量保修协议及附表。完成后由项目部负责办理结算手续，交经营部复核。公司财务部、主管经理各一份，本部门留一份存档。

② 保修款结算应包括(但不限于)以下文件：

A．我方确认的完工验收单(技术科管理制度)；

B．项目部应提供相应的明确保修期中的问题说明；

C．其他与结算相关的双方确认的协议、备忘录、扣罚款等；

D．结算明细表和汇总表；

E．原合同文本。

(2) 结算办理程序

① 工程完工后，由项目部提出保修结算条件，公司保修负责人已签字认可，审核保修结算造价，并填写有关表格。

② 经办人依据保修结算审批程序办理，经相关部门、公司主管经理审核完成，即视为工程结算审批生效。经办人将上述文件及附件和完整的结算资料提交给财务部。财务部在复审确认后按要求付款。

③ 公司主管经理全面检查合同的履行情况，经营部主要检查分包工程的履行情况，财务部检查合同价格履行情况。

(3) 罚则

如发现各相关管理人员与分包方有弄虚作假的情况，根据情节对责任人员和分包方进行处罚。

以上条款各负责人都应做到，认真检查，及时上报。如未按以上条款执行，罚责任人50元以上的罚款，严重者开除。

4. 零工管理

各项目经理部有分包工程的，除管理人员与后勤人员外，不得出现日工。如果有出日工的，派工后及时将零工表、工资表返工地会计一份，必须有主管人员签字，经项目经理、会计核实后签字生效。如当天不及时返回的，扣主管人或责任人100元。技工工资35元/工，壮工工资25元/工，技工干壮工活的按30元/工计。每月工资，一律按月进度情况，由公司施工管理部检查质量，确认后支付工资。各项目经理部的工资,必须经过公司总经理、主管经理、财务、经营等各部门审定签字后下发。

5. 自检与联检

每月各部门自检工地的自己所管部门的工作 2 次,公司组织一次联检。经营部在下工地检查时,如发现项目经理部管理人员与分包工程队有弄虚作假的情况,开除分包工程队,并扣除管理人员当月工资和月奖。以上条款各负责人都应做到,认真检查,及时上报。如未按以上条款执行,扣罚责任人 50~200 元。

附件1 招标文件

招标书编号：_____

招　标　文　件

工程名称：_____

招标单位：(盖章)北京房建建筑股份有限公司第二分公司

招标项目：_____

发标时间：_____年____月____日

1. 简介

_____工程项目总建筑面积____ m²,结构____层数____

主要工程量表　　　　　　　　　　附表 1-1

名　　称	单　位	工程量	技术要求	开竣工日期	备　注

现拟采用邀请招标方式对_____
进行招标,望贵公司积极参与投标。

2. 招标项目的内容及技术要求(附后)

3. 投标须知

(1) 投标书须盖公司公章、密封、盖封口章,否则视为无效。

（2）投标单位如有疑问请书面来函，招标单位在 1 天内书面答疑。

（3）本招标文件（含补充招标文件、答疑文件）是签订合同的主要依据。

（4）凡是获得本招标文件的投标单位，均应当对招标文件保密。

（5）投标书内容不全、字迹模糊、难以辨认或未按规定填写的视为废标。

（6）各投标单位在开标前，必须对投标文件及报价严格保密，各厂家之间不得相互串通，如有违反将取消投标资格。

（7）招标答疑人

技术标书：＿＿＿＿＿＿电话：

经济标书：＿＿＿＿＿＿电话：

（8）投标方应提供完整的投标书一份，按标书约定的时间、地点送达接标人处。

（9）投标书逾期送达的视为废标。

4．招投标程序：

（1）发标：

定于＿＿＿＿年＿＿月＿＿日＿＿时至＿＿时发标，并进行现场答疑。

（2）回标；

投标书送达时间：＿＿＿＿年＿＿月＿＿日＿＿时

投标书送达地点：＿＿＿＿＿＿＿＿＿＿＿＿＿＿＿＿

投标书接收人：＿＿＿＿＿＿＿＿＿＿＿＿＿＿＿＿＿

回标时，将图纸等一并送回。

（3）开标：

各家投标书送达之后按开标程序开标。

（4）评标及定标：

由我方组织相关专业人员及领导分别对投标书进行综合评价，决策定标。

5．投标文件要求：(但不限于以下文件)

(1) 公司简介；

(2) 营业执照、公司资质、相关证书、证件等的复印件并盖单位公章；

(3) 法人授权委托书(原件)；

(4) 报价单；

(5) 投标单位承诺书；

(6) 其他需详加说明的事项及资料。

6．报价说明

(1) 本次招标实行最终总报价竞标,望贵公司给出极具竞争力的优惠价。

报 价 单 附表 1-2

名　称	规　格	单　位	数　量	单　价	总　报　价
					(此报价包含材料费、人工费、安装费、运费等所有费用)

(2) 附图：

_____的平面、剖面全部图纸,采用的材质说明,制作说明等。

(3) 以上所有产品的品质保证

① 质量保证书：

② 安装保证书：

③ 保修保证书：

投标单位名称(盖章)：　　　　　　　　时间：

7．承诺书

致：北京房建建筑股份有限公司第二分公司

本公司经考察现场和认真研究招标书内容条款、技术规范后,自愿接受招标书的要约条件(个别有异议之处另附说明),自愿参加该工程的招标。本公司承诺如下：

（1）一旦中标,本公司将按照招标书及合同规定履行责任和义务。

（2）我方同意从规定的接收投标书之日起 60 天内遵守本投标书,在此期限满之前的任何时间,本投标书一直对我方有约束力,且随时接受中标。

（3）在签署合同协议之前,贵方的中标通知书和本投标书将构成约束我们双方的契约。

（4）本公司保证投标书的一切附件的真实性和科学性,并按招、投标书及其附件要求履行本公司责任。

（5）本公司理解贵方并无义务必须接受你们所收到的价格最低的投标书或其他任何的投标书。同意贵方不需要公布中标价及对中标作出任何解释。

投标单位法人代表:（签字盖公章）＿＿＿＿＿＿＿＿＿＿

公司名称:＿＿＿＿＿＿＿＿＿＿＿＿＿＿＿＿＿＿＿＿＿

地　　址:＿＿＿＿＿＿＿＿＿＿＿＿＿＿＿＿＿＿＿＿＿

日　　期:＿＿＿年＿＿月＿＿日

投标报价汇总表

附表 1-3

工程名称:　　　　　　　　　　招标项目内容:

投标单位名称					
项 目 名 称					
报 价 单 价					
总　　价					
让 利 价					
最 终 定 价					
项目部意见					
公司技术部					
公司经营部					
主管经理意见					

70

安全文明施工补充协议

发包单位(甲方)：北京房建建筑有限公司第二分公司

施工(分包)单位(乙方)：＿＿＿＿＿＿＿＿＿＿＿＿

协议书起止时间：＿＿＿＿＿＿＿＿＿＿＿＿

本协议保证金：＿＿＿＿＿＿＿＿＿＿＿＿元

一、协议原则条款

第一条 为加强我公司的施工项目现场管理,保障建设工程施工顺利进行,确保安全生产和文明施工,签订本协议。

第二条 本协议要求甲乙双方共同执行现行的建设部有关规章和管理规定,执行北京市有关建筑施工的法规、规章。施工单位在施工中要认真执行《建筑施工安全检查标准》JGJ 59—1999、《北京市政府 72 号令》、《ISO 14001 环保体系》、《北京市建筑施工现场安全防护基本标准》、《北京市建设工程施工现场管理基本标准》、《北京市建设工程施工现场环境保护工作基本标准》、《北京市建设工程施工现场保卫工作基本标准》、《北京市建设工程现场管理补充生活设施及卫生防疫管理标准》、《北京市建设工程施工现场文明安全施工补充标准》、《北京市建设工程施工现场管理办法》等。

第三条 本协议要求甲乙双方共同执行"公通字(2001)97号"规定、房建二公司制定的《工程文明安全施工管理制度》,乙方的特殊工种和各专业人员必须持有效的上岗证。

第四条 本协议适用于所有的建筑、安装、装修、装饰、市政等工程施工活动,所有现与房建二公司合作的施工单位必须签订本协议。

第五条 乙方负责对工程施工现场进行管理,并设专职安全员 1~2 名。由乙方负责对建设工程施工现场实施统一管理,乙方负责管理分包范围内的建设工程施工现场。因甲方违章指挥造成事故的,由甲方负责;乙方不服从甲方管理、违章指挥、违章作业造成事故的,由乙方承担直接责任。

第六条 甲方项目经理部有责任协助乙方搞好施工现场的文明安全管理。分包单位之间的管理关系以书面形式确定。

第七条 甲方与乙方办理交接验收手续时,对安全设施等出具书面要求。

第八条 甲方对进入现场的机械设备实施统一管理,并为其提供安全良好的施工条件。乙方的机械设备必须做到设备状况完好,保证安全使用。

第九条 乙方的现场管理达标和创建文明安全工地活动是管理能力的直接体现,如达不到甲方的要求将取消以后的合作关系。

第十条 按甲乙双方签订的主体及分包施工合同中规定,合同总价 5% 为现场安全文明施工保证金,甲方从第一次给乙方付工程款时扣除保证金,工程结算时一次结清。如实际发生金额从保证金中扣除而不足时,甲方有权从结算款中扣除。

二、文明安全施工检查条款

第十一条 乙方自查:在进驻施工现场后制定创建文明安全工地计划,甲方每月组织一次文明安全施工检查,检查结果作为对乙方业绩考核的重要依据。

第十二条 甲方专职安全员每天对现场进行巡视检查,对重要工序进行监控,发现安全隐患和违反文明施工规定的情况,及时提出整改意见,并有权根据本协议奖罚条款对乙方进行奖罚。

第十三条 乙方必须积极配合甲方各职能部门的检查和政府职能部门的检查,在检查者提出意见时,分包单位必须马上整改到位,并将整改报告报送工地项目经理部。

第十四条 如有违反政府法令法规的情况并造成不良影响的,发生一次将扣除乙方 20% 安全文明施工保证金;同一事件发生二次将扣除责任单位 50% 安全施工保证金,并撤换乙方责任人;同一事件发生多次时,将全部扣除安全施工保证金。

  第十五条 如有违反政府法令法规的情况被政府职能部门勒令停工,将一次扣除责任单位100%的安全文明施工保证金,并根据停工造成的损失保留对责任单位索赔的权利。

  第十六条 乙方如违反本协议要求,不服从甲方管理,甲方可直接处罚。视乙方违反程度,第一次对责任单位提出批评并处罚。甲方安全员和公司施工检查小组对施工现场发现的违反政府法令法规的情况,可视情节严重程度对责任单位提出人民币1000元以上的处罚决定。

  第十七条 如多次发生违反施工现场管理规定的,扣除乙方全部保证金,终止分包合同,并根据造成的损失保留对责任乙方索赔的权利。

  第十八条 上述处罚决定由项目部经理签字确认即可生效,并以书面形式通知乙方,从支付乙方工程款中扣除。

  甲方(盖章)   乙方(盖章)

  签字: 签字:

  时间: 时间:

3 物资采购管理

3.1 材料与设备采购管理

1. 职责与权限

(1) 采购部主管的职责

① 受聘于主管经理,负责材料、设备的采购工作,认真完成主管经理交给的各项工作,为项目部施工创造良好条件,并对项目部各种供货合同的执行情况进行复核。

② 负责材料、设备的招标、评标、签订合同以及供货工作。

③ 负责采购后材料票据的整理和与供方的结算。

④ 每月对项目部材料管理工作进行 2 次核查,并不定期抽查,对发现的问题及时进行处理。

⑤ 管理本部门的日常事务,抓好科员的廉政建设,对本公司其他部门的工作进行专业配合。

⑥ 遵守公司的各项规章制度。

(2) 采购员职责

① 受聘于部门主管,由部门主管直接领导。

② 及时准确完成采购任务,负责每天填写材料台账,填写支票支出登记账和现金登记账,负责外欠材料款登记,做到日记月结。

③ 积极配合并完成部门主管交给的各项工作,使公司的材料管理能够顺畅有序进行。

④ 遵守公司的各项规章制度。

2．材料、设备采购供应

（1）材料、设备采购的工作流程

材料、设备采购的工作流程见图 3-1。

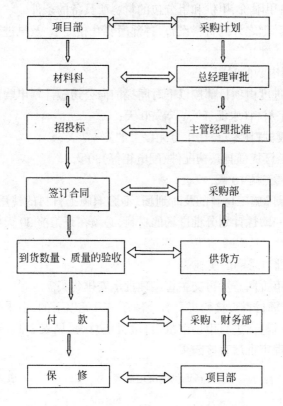

图 3-1　材料设备的采购工作流程

（2）材料、设备采购计划

① 各项目部根据施工进度计划和施工方案编制材料采购计划单。材料采购申购单由各项目预算员根据按工程需用材料的品名、规格、型号、数量及使用时间进行编制，由计划人员和专业工长签字，技术队长审核，项目经理审批签字，然后送交公司办公室，并由办公室主任转给总经理批准，签字后交材料科长查库，对已有的材

料作减量调整后,再送到采购部安排采购。

② 材料、设备进场计划的制订应充分考虑以下因素:采购招投标及订立合同的时间;生产周期;运输周期;安装、验收周期;交叉作业时间;甲限价、甲供和甲分包的材料所具备的条件。

在进场计划之外的材料设备,各部门要互相提示,及早进行招投标。

③ 计划申购的时限

按工程进度由项目部按以下时间提前向公司做计划申购:

A. 大宗材料(水泥、砂、石等)20 天;

B. 一般材料(零星,在 1 万元以下的)3~7 天;

C. 加工订货(门窗、构配件、配电箱等)30 天;

D. 机械工具 10 天;

E. 为保障施工材料的及时到场,不影响施工材料的使用,属于单位工程一次性计划分批进场的材料,必须在开工前 30 天申报计划。

(3) 审批与采购的实施

总经理审批同意后再交主管经理批示安排购买。

① 小金额材料直接购买。对金额在一万元以下的,由采购部对最少 3 家材料商进行市场询价后,填报汇总表,见表 3-1。经分公司主管经理审批后直接购买。

材料询价情况汇总表　　　　　　　　　　表 3-1

工程名称:

厂家名称	品牌	联系电话	材料名称	规格	单位	数量	报价单价	洽谈价	付款方式	成交金额	质量等级	备注

工程名称：

厂家名称	品牌	联系电话	材料名称	规格	单位	数量	报价单价	洽谈价	付款方式	成交金额	质量等级	备注
主管经理			采购经办人				预算科					

② 大宗材料招标购买。金额在一万元以上的材料,采用招标方式办理。

采购部分类制定招标计划,包括招标文件的起草、发标、开标、组织评标、合同签订,货物到货周期的监控及跟踪。该计划获得领导批复同意后,按以下程序办理招标:考核并选择厂家,纳入招标范围;编写、发放招标文件;回标、开标、评标;二次谈判价格;定标;签订合同;结算。

A. 投标单位的选定

投标单位资格的确定:由采购部门选取单位或其他部门推荐单位送主管经理审核,确定后的竞标单位或厂家一般不少于3家,填表报经理审核,同意签字后发标。

B. 招标文件编制

一般的材料、设备招投标文本采用标准招投标文本,发标人员根据项目具体情况填写,经相关技术部门审查确认后可以直接发标;采用非标准文本的招投标文件必须经过技术、经营等部门(工程招投标需要主管经理审批后才可以发标)。招标文件中的技术要求作为招标文件的附件必须附在招标文件之后,具体的技术要求由技术部门编写,如要按图施工(或制作),还应将施工图作为招标文件的附件,一并发给投标单位。

招标文件中的报价单由发标部门编制统一的报价明细单格式、确定报价明细项目,作为标书的附件,并要求投标方报价时按此格式和明细项目填写,然后加盖投标单位公章(有多张报价单的,投标单位要在每页报价单上盖章)。

C. 发标过程

招投标文件准备完成后,由发标部门正式发标,发标时必须有标书起草部门、相关技术部门的人员参加,在约定的发标时间开始发标。召集投标单位,由发标部门的相关项目负责人对标书进行简单讲解,技术部门对标书中的技术要求、投标及报价要点进行讲解。无特殊情况不再另行组织标书的答疑活动。

D. 回标、开标

标书必须按照投标文件中规定的时间回到接收处,超过回标时间仍未送达的标书视为无效标书,不再接收。标书回复后 24 小时内必须由该项目投招标负责人组织开标,开标时必须有三个(或以上)部门主管同时在场,由开标负责人填写开标情况汇总表,各部门经办人签字确认。

外地公司由于地域原因不能按时回标时,可以通过传真把标书发回或通过特快专递把标书按时送回。

E. 定标过程

施工方案复杂、技术性较强的投标工程或材料、设备采购项目,必须在投标定标之前召开施工方案或材料设备选用会,由投标方对各自的施工方案、材料设备的使用优缺点、标书报价情况进行讲标、答疑,方案确定后再进行投标报价的比较。如果施工方案或材料、设备经过定标会仍不能确定时,必须对投标方的施工案例、材料、设备的生产情况进行考察后再确定。

F. 厂家考察

厂家考察必须由技术部、经营部、项目部共同参加,对企业生产情况、应用情况进行统一考察。考察后由投招标负责人编制考察厂家的情况报告,呈报主管经理和公司领导审批。根据考察报告的审批意见及定标会的定标意见,确定最后中标单位。

招标文件见附件 1。

(4) 合同签订与结算

① 签订合同

合同由采购部办理，主管复核无误后报法律顾问审核，再报主管经理批示盖章；在签订栏盖公司公章、法人代表人名章，委托代理人签字；供方盖章确认。合同分发由采购部办理，交主管经理1份、财务部1份、项目部1份、本部门留存1份。

② 合同的变更、违约管理

合同变更与解除由经办人与对方办理。

A．由于我方所做的调整或建设单位变更，应提前通知供方，并要做书面通知，与其进行磋商，达成一致后要续签补充协议，如造成经济损失，要求变更的一方负赔偿责任。

B．由于供方的变更、违约，由经办人办理，出具损失数额的可靠证据，包括直接损失和间接损失，并依法进行追究，直至损失挽回为止。

③ 合同的结算

凡经公司批准、签署的正式材料、设备采购合同，都应办理结算。

A．结算价与合同价完全一致时，结算报财务部审查后即可完成。技术科验收合格后，公司领导不再签字。

B．结算价与合同价不一致时，结算由经办人负责报经营部或采购部审查，公司主管经理审批后方可完成结算。

合同结算审核表见表3-2；分包工程（供货）结算表见表3-3。

合同结算审核表 表3-2

工 程 名 称			合 同 编 号		
供 方 全 称			材 料 名 称		
合 同 价			结 算 价		
审 定 价			分包方确认（签章）		
简 要 说 明		附件要有验收单、收货单结算资料和计算表			
项目部意见	资 料 员			库 房 材 料	
	预 算 员			技术负责人	
	项 目 经 理				

公司复审意见	材料部主管		技术部主管	
	财务部主管		采购部主管	
	主 管 经 理			
	总 经 理			

分包工程(供货)结算表 表 3-3

合同名称： 供方名称：

合同编号： 工期履行情况：

保修时间： 质量履行情况：

序 号	费 用 名 称	金额(元)	简 要 说 明
1	合同价		
2	增减价		
3	结算价		
4	结算中应扣款		
	其中：保修款		
5	已付款		
6	欠付款(3-4-5)		
其他需要说明的事项			

④ 货物验收

可分数量和质量验收两方面由专业工程师负责监控货物到现场以质量验收,库房材料人员验收数量。项目部请监理与甲方共同确认质量。

质量验收一般分为外观质量的验收、安装后质量的验收和投入使用后的质量验收。甲供材料设备和三方合同的材料、设备的外观质量及安装后质量的验收由项目部负责,其他部门配合;同时邀请甲方、监理单位共同验收。使用过程中质量的验收由质检员负责。

⑤ 加工订货质量管理

A. 加工订货材料采购质量

项目预算人员和技术人员对加工订货材料要逐项审核,细心核对订货材料的品名、规格、型号、数量,确认无误后,向材料采购人员或向厂家做技术交底。

B. 采购部要和各项目有关人员一起考察厂家,应考察厂家的供货能力、质量保障能力、经济实力、垫款能力、检测手段和材料试验机构,了解厂家的信誉度等。

C. 厂家和供货方要提供产品合格证、营业执照、材质证明及工程要求的各种资料。

D. 严格履行经济合同手续和程序,合同中应有交货期限、交货地点和交货方式、垫款能力及付款方式、违约责任、出现质量问题的经济责任。技术要求比较高的材料,提前取样(或厂家和供货方送样品),由项目技术人员检查认定,按所送样品订货。

F. 材料采购人员要做好市场调查和预测工作,做到"三比一算",以集中批发为主,就近零星采购。要选择几家材料作对比,确认质量无误。发现不合格的材料,要按合同要求及时找厂家洽谈,做退货、或换货、或包赔损失的处理。

⑥ 材料设备的付款方式

A. 一般不支付预付款,如因行业等其他原因确需支付预付款的,其预付款的最高限额为合同总价的 30%(分批执行的合同,预付款按第一批材料设备的总价确定预付款)。

B. 货到现场通过首次验收后,付款总额不宜超过合同总价的 80%。

C. 保修款一般不低于合同总价的 5%。

D. 由于特殊情况合同中约定的全额付款方式应在合同签订前报主管经理批示。

材料设备款的支付按《财务部制度》执行。

⑦ 保修

保修工作依据合同及招投标中材料、设备供应商承诺的保修范围、保修年限、保修办法组织材料供应商全面承担产品的保修责任。

甲方直接供货工程,要单独签订保修合同。分包施工单位要对其材料、设备施工安装全面进行保修承诺,扣除5%到10%的工程款作为保修金,待保修期满验收合格后支付。

供应商的保修期一般应长于我方对甲方承诺的保修期。

⑧ 材料采购合同、材料台账、材料外欠款管理

按工程项目签字的合同,分别建立台账,分别存放(见表3-4)。必须做到每天填写台账,每月登记外欠款表(见表3-5)。各项目部材料欠款每月上报主管经理一份。还款前由经手人填写,还外欠款审批表,经手人签字,报主管经理和总经理批示。

采购材料台账 表 3-4

材料类别	名称	规格	单位	数量	单价	金额	付款方式	进场时间	供方名称	联系方式

_____月外欠款明细 表 3-5

编号	日期	供方名称	单位	数量	金额	经手人	车号	备注	

⑨ 罚则

一般采取自罚形式。按所罚金额,本人分摊70%,部门主管分摊30%,主管经理分摊部门主管的30%。如因工作不仔细造成损失,按损失额做出相应处罚。如本人知错不报,被主管或主管经理发现,将加倍处罚。情节严重者或拿回扣者马上开除,部门主管

降一级。串通他人出卖公司利益的立即开除,情节严重的追究法律责任。

有下列情况者给予经济处罚:

A.计划单规格、型号不清楚,审核人和审批人对计划单审核不清,审批人不负责任签字的;

B.属于材料查库不清或不负责任,或查完库、库房存有的材料而未调工地,给工地施工进度造成影响的;

C.没有按计划使用时间进场影响工程使用、造成损失的;

D.材料采购没有及时招标,致材料没按使用时间进场。

3.2 库存材料管理

公司库存材料分两级管理:公司设材料总库;项目部设材料库。材料总库承担各施工项目的材料供应、调剂和配套;项目部材料库负责项目本身的材料收、发、保管和监督使用。

1.库房材料管理制度

(1) 材料计划

① 材料计划程序:工程如需使用材料,项目部预算员首先要根据施工图纸进行材料分析核算,计划各项材料用量和规格,按施工的不同阶段和实际进度进行分期分批申购材料。

② 预算员要根据公司使用材料申购单的要求填写所需申购材料。申购前应与所在工地的库管员如实核查数量,填写申购单。申购单要由所在工地的项目经理、技术队长、库管员签字确认,报公司材料科。

③ 材料科接到材料申购单后及时转给总库库管员,库管员根据申购单计划的材料名称、规格、数量、品牌进行查库,如实填写所查材料库存实际数量并签字确认,交由公司总经理审批,由采购科采购或总库进行调拨。

(2) 材料入库必须经过检验和验收,核实数量及质量

① 材料验收的依据是计划申购单、发票、产品质量证书、生产

技术标准、说明书、保修卡等。

② 对不同材料数量的验收分别采用计数、检尺、过磅的方法。

③ 按不同材料的质量要求进行质量验收,可采取外观目测、量具、检验、取样送检和封样对比的方法,对有特殊要求的材料应会同专业工长和技术人员共同进行。取样送检由项目部质检员负责。

④ 必须做好验收记录。经验收合格的材料及时办理入库手续。不合格的不得入库,应及时通知采购人员及有关部门处理,按待验物资妥善保管。

(3) 材料保管规定

① 入库材料必须按照不同性能和技术保管要求进行保管。易散失、易燃易爆、剧毒及贵重的物资应专库、专柜保管;露天存放易变质、变形的材料应采取防护措施。

② 库区的布局应分区规划、布置有序。

③ 入库材料堆放要按不同材料的系列、品种、规格、质量分别码放,要标志明显,堆放符合技术保管规程,不超高,不超重。

④ 库存材料要定期检查,按照技术保管要求及时进行保养,发现变质损坏材料应按公司规定及时处理。

⑤ 库存材料要定期盘点,盘点要有记录,盈亏有报告。材料账目调整必须按权限规定经过审批,不得擅自涂改。

⑥ 库房、料棚、库区经常保持清洁,无杂草、无垃圾。

(4) 材料出库规定:

发料前保管员应认真审核用料计划申购单,按照各部门和各项目部材料计划的名称、规格、数量发料。各部门领取材料必须由指定的专人领料。

① 材料出库应与领料人当面点清,做到数量准、手续清。

② 如需往各工地调拨材料,应由库管员开具出门证。

③ 材料发放要先进先出,推陈储新。

④ 对超储、积压材料要及时向主管部门汇报,采取措施。

(5) 安全保卫与防火规定

① 库房库管员对库房负有安全防范责任,对出库物资行使检

查权利。

② 经常检查电器及线路的使用符合安全用电的要求,避免发生火灾。

③ 发现隐患及时采取措施,防患于未然。

(6) 热爱本职工作,在工作岗位有重大贡献的人员,公司给予一定的奖励;凡违反以上材料管理制度的,酌情进行自罚或处罚,部门主管负连带责任,自罚其金额的 30%。

2.库房管理实施方法

(1) 库存材料管理分类及材料统一单位

① 用于工程并构成工程的各种材料

A.主要材料

a.钢材:圆钢、螺纹钢、线材、方钢、扁钢、角钢、工字钢、槽钢、钢板、铁板、螺旋钢管、焊管、镀锌钢管等。

b.水泥:各种袋装、散装水泥。

c.地材:砖、瓦、灰、砂、石、陶粒等。

d.建材:各种瓷砖、石棉瓦、水磨石制品、保温材料、耐火材料、水泥制品(水泥方砖、草坪砖等)、石膏制品、陶粒制品等。

B.辅助材料

a.五金类:各种钉、栓、销、母、垫、铁丝、火烧丝、钻头、锤头、板牙、锯片、焊条、焊料、开孔器、门窗配件及各种铁件等。

b.化工类:各种油漆、稀料、腻子、涂料、颜料(石膏粉,色粉等)、各种粘合剂、防水涂料、防水剂、酸类、碱类、盐类、各种油料及有机化工材料。

c.电料:各种开关、开关面板、插头、插座、各种线鼻子、仪表、仪器(接触器、断路器、空开、电度表等)、电线、电缆、配电箱、配电柜、线槽、线管、线盒、各种灯具、日光灯管、灯泡等。

d.水暖类:各种水暖管件、阀门、PVC 管件、PPR 管材、消防器材等及各种采暖、通风、卫生、煤气等配件。

e.其他材料:指不构成工程或产品实体,但有助于工程的形成,或便于施工生产使用的各种材料。如:海绵、密封条、氧气、乙炔气、各种塑料胶带、三角带、油刷、滚刷、砂布、网格布、电焊帽、各种手套等。

f. 配件：各种设备和机械配件、汽车配件等。

② 材料统一单位(见表3-6)

材料统一单位   表 3-6

单 位	符 号	材 料 名 称
吨	t	砂石、水泥、钢材类、粉煤灰、白灰等、821腻子、石膏粉、白灰粉等
公 斤	kg	铁丝、钉子、焊条、涂料、油漆、小线、棉丝、塑料布、油麻、彩布条、火烧丝、绳子等
米	m	电缆、电线、PVC管等
平方米	m²	玻璃、地砖、墙砖、方砖、壁布、油毡、彩板、纸面石膏板等
立方米	m³	陶粒、聚苯板、焦渣等
个		水暖件、灯泡、灯口、面板、插头、插座、管卡子、螺母、锥螺纹套管、消防器材、弯管器、弯头、三通、消防按钮、锁母、根母、接头、套管、安全帽、铆钉、各种配件、射钉、盒尺、线坠等
根		锯条、钎子、钻头、锤头、焊锡条、笔、三角带、塑料管、泵管、麻绳等
套		日光灯、卫生洁具、吊卡、涨栓、消防箱、井盖、轴承等
张		三合板、五合板、桌子、压花板等
付		合页、板牙、手套、插销、扣吊等
条		螺栓、内外胎、安全带、毛巾等
块		红机砖、电表、空开、刀闸、石棉瓦、各种仪器仪表等
台		水平仪、经纬仪、空调、电视、射钉枪、配电箱、电扇等
盘		胶带、胶布、美纹纸、生料带、网格布等
把		手电、锁、铁锹、扫帚、笤帚、拖布、各种刷子、焊把、割枪等
瓶		墨汁、氧气、乙炔气等
片		壁纸刀片、暖气片、切断机刀片、刨刀等

备注：表格中未含的，按五金手册计量单位执行。

86

（2）材料验收和入库

① 材料验收

由采购员采购的材料,总库库管员必须按照采购的单据逐一验收,材料名称、规格、型号和数量均当时核对,按产品质量要求验收质量。如有特殊要求的材料和设备,要与相关专业工长和技术人员共同验收,并向供货方收取产品合格证、说明书、检验报告及材料明细单据和票据。

A. 根据采购的单据核对名称、规格、数量,注意外观检查,若有短缺损坏情况,应当场向采购员提出退货或更换。

B. 入库物资在进行验收前,首先要将供货方提供的质量证明书或合格证、磅码单、发货材料明细表及票据等进行核对,检查是否与单据相符。

C. 数量验收:数量检验要在物资入库时一次进行,并与送货员或采购员共同验收。实际检验的数量为实收数。

D. 质量检验:一般只做外观形状和外观质量检验的物资,可由库管员自行检查;如机械、设备配件等材料,应由材料申购人和专业工长、技术人员共同验收质量,验收合格方可入库。

② 材料验收中常见问题的处理方法

证件不齐全,数量与规格不符合要求,质量不合格的材料,不得入库,单独存放并及时通知采购员或供货厂家补齐、换货或退货。

③ 材料入库

验收合格后,应及时填写入库单(填写内容有名称、来源、规格、单位、数量、单价、金额、运输车号),由购货人或采购员签字,转给采购员一联。如果采购的材料已付款,将入库单绿联(即第三联)转给采购员。如果属于外欠材料款,则将入库单的红联(即第二联)转给采购员。库管员应保证及时将材料分类码放上架。入库单表格见表3-7。

（3）材料出库

① 材料审批、查库及备料

四联入库单 表3-7

科目：　　　　年　月　日　　　对方科目　编号

名　称	来　源	规　格	单　位	数　量	单　价	金　额

会计_____　保管_____　验收_____　交物人_____　制票_____

A．材料审批

各项目部及各部门将写好的材料计划单交给公司办公室，由办公室人员转交材料科，库管员按照材料计划申购单计划的材料规格、数量查账、查库，将库存的材料数量填入材料计划申购单，上交总经理审批。

B．查库

材料计划单到达材料科后，库管员应及时根据材料计划单所列材料的规格、型号、数量与实物核对，将实际需要采购量填写清楚，将计划申购单上交总经理，审批签字后进行调拨或交采购员采购。

C．备料

库管员按材料计划申购单的数量进行备料，备完后要进行核实，以防差错，随后与车队取得联系定运输车，把备好的材料运往相应项目部。

② 材料出库手续

A．调出材料手续

根据调出材料的名称、规格、数量、单位、单价及金额填写材料调出单，注明车号、司机姓名、调往所需材料项目部，经清点确认后，领料人签字，库管员签字，总库库管员将出库单的红联和绿联交给领料人带到工地，由工地的库管员签字，将总库出库单的绿联留在工地，作为依据；红联返回总库。持总库库管员开据调出材料出门证(注明材料名称，数量，附加出库单)才可出门。出门证见表3-8。

88

出　门　证　　　　　　　　　　表 3-8

年　　月　　日

单 位 名 称		车　　号	
货　　物		数　　量	
经 手 人		审 批 人	

B．出库材料手续

a．公司基地内部领料,根据出库材料的名称、规格、数量、单位填写材料出库单,注明材料使用部位,经领料人清点确认后方可做出库手续。各部门领取材料必须由本部门指定人员持领料单办理材料出库手续。出库单见表 3-9。

四联出库单　　　　　　　　　表 3-9

科目　　　　　年　月　日　　　　对方科目　　　　编号

名　称	规　格	单　位	数　量	单　价	金　额	用途或原因

批准人＿＿＿＿　会计＿＿＿＿　保管＿＿＿＿　领物人＿＿＿＿　制票＿＿＿＿

b．领取各种机械、设备配件、钢锯条、灯泡等,应按以旧换新的原则办理材料出库。

c．各部门领取劳保用品,由部门主管提供领料计划和明细表,经主管经理审批后方可领取。

(4) 材料退库

各项目部剩余的材料要退回总库,应办理材料退库手续,由库管员用红笔开调出单。总库库管员在接收材料时,应检查材料的质量,如实上账。如有不合格的材料,应写报废报告,清点确认后入库。

(5) 材料报废

检查出的过期、变质和损坏材料,要登记清楚,分种类,分品种,分规格,按数量、单价、金额登记出材料的详细清单,并写出报废申请报告,说明报废的原因,上交材料科长,由材料科长递交给主管经理审阅,再交总经理审批方可报废。

(6) 库房盘点

① 库房盘点要求

A. 库房盘点要做到三清、三有(即数量清、质量清、账目清;盈余有原因、事故有报告,调整账表有依据)。

B. 边检查、边记录,发现问题逐项落实,限期解决变质、损坏、受潮等现象。

C. 检查码放是否合理,下垫上苫是否符合要求,有无漏雨和积水现象。

D. 检查库房的安全、保卫、消防是否符合要求,执行制度是否认真。

E. 检查计量器具是否准确。

② 库房盘点方法

A. 定期盘点:每年年末或工程竣工后,对库房和现场材料进行全面彻底盘点,做到有账有物,把数量、规格、质量主要用途搞清楚。

B. 统一安排检查的项目和范围,防止重查和漏查。

C. 统一盘点表格、用具,确定盘点截止日期、报表日期。

D. 安排盘点人员,检查出入库材料手续和日期。

E. 代管材料应有特殊标志,分别报表,便于查对。

(7) 材料存储保管

① 库房材料码放要科学化,按物资分类的不同要求合理布局,整齐统一。充分利用库房采取立体多层分放;按材料和物品的体形不同,采用五五成行、或五十成行、层层码放、串串码放、存整码零等不同方式码放,货架上码放做到上放轻、下放重、中间放常用,以便于收发、清点,过目知数。

A. 五金类的存放要求

a. 按品种、规格、型号、质量,整洁有序地码放在货架上。

b. 存放时应保持包装完整,不得与酸、碱等化工材料混放,防止锈蚀。

c. 发放应掌握先入先出的原则。

B. 水暖类的存放要求

a. 按品种、规格、型号、顺序整齐码放,交错颠倒重叠码放,(散热器应有底垫木,高度不超过 1m)。

b. 对于小口径及丝扣配件,要保持丝扣完整,防止磕碰、受潮和积尘。

C. 橡塑制品的存放要求

a. 按品种、规格、型号码放整齐,存放在货架上或吊挂墙壁上,以防雨、防晒、防高温。

b. 严禁与酸、碱、油类及化学药品接触,防止浸蚀、老化。

c. 发放应掌握先入先出的原则,防止变形及老化。

D. 陶瓷制品的存放要求

a. 按品种、规格、等级、生产厂家等分别存放在仓库或料棚内。如临时露天存放,应选择平坦、坚实、不积水的场地。

b. 码放时应根据产品形状,采取顺序、平码、骑缝、压叠码放,高度不得超过四件。各种瓷砖应按包装立放,高度不得超过五层。要有专人监护。

E. 其他材料的存放要求

a. 按品种、规格、等级顺序码放在干燥通风的库房内;禁止与潮湿及挥发物品(酸、碱、盐、石灰、油脂及酒精等)放在一起。

b. 装车运输时应小心易碎物品(如:玻璃等),切忌摇晃和碰撞;装卸搬运时应轻拿轻放。

② 库区原材料、成品、半成品和废料要按区域码放,不应妨碍通行和装卸,以利于消防和安全。码放材料应加垫木和垫板,严禁随意堆放和码垛。

A. 大堆材料的存放要求

a. 红机砖应成丁、成行;耐火材料不得淋雨受潮;各种水泥方

砖及平面瓦不得平放。

b. 砂、石、灰、陶粒等存放成堆,场地平整,不得混杂,石渣要下垫上苫,分档存放。

B. 水泥的存放要求

a. 库内存放:水泥库要具备有效的防雨、防水、防潮措施;专人管理,分品种、型号堆码整齐,不得靠墙,垛高不超过 10 袋;抄底使用,先进先出。

b. 露天存放:临时露天存放必须具备可靠苫、垫措施,做到防水、防雨、防潮、防风。

c. 散灰存放:应存放在散灰罐内。没有散灰罐时应设封闭的专库存放,并具备可靠的防雨、防水、防潮等措施。

C. 钢材的存放要求

a. 须按规格、品种、型号、长度分别存放。

b. 码放要整齐,做到一头齐、一条线。原材料、成品、半成品及剩余料应分类码放,不得混堆。

D. 木材的存放要求

a. 应在干燥、平坦、坚实的场地堆放,以便防腐防潮。

b. 选择堆放地点时,应尽可能远离危险品及有明火的地方,设"严禁烟火"标志,防止火灾。

③ 化工类的存放要求

易燃易爆和化工产品应单独设库,做好防火和各种安全措施。

A. 按品种、规格、存放在干燥、通风、阴凉的库房内,应与火源、电源隔离。

B. 保持包装完整及密封,码放位置要平稳牢固,防止倾斜与碰撞;应先进先发,严格控制保存期。

C. 严格的防火、防水措施,对于剧毒品,危险品(氧气等),须设专库存放,并有明显标志。

(8) 安全保卫防火的方法

① 库管员每日上、下班前,要检查库房周围是否有不安全的因素存在,门窗与锁是否完好,如有异常情况应及时向保安人员反

映。

②库房严禁明火及吸烟,禁止携带火种进库。保管员对入库人员有监督、检查的义务。

③领料人员和其他人员不得随意进出库房,如需领料人员进库搬运的材料,要在库内点交清楚,以防出现差错和丢失。

④库管员在离库时应锁门,不得擅离职守,工作时间不得将钥匙乱放乱扔。

⑤任何人不得随意将私人物品存入库内。

3.3 施工现场材料管理

1.现场材料管理规范

(1)施工所需各类材料,自进入施工现场保管、使用后,直至工程竣工、余料清退出现场,均属于施工现场材料管理的范畴。

(2)必须由材料库管员进行现场材料的管理工作,材料员的配置应满足生产及管理工作正常运行的要求。

(3)现场要有切实可行的料具管理规划、各种管理制度及办法。在施工平面图中应标明各种料具存放位置。

(4)项目部材料员必须按施工用料计划严格进行验收,并做好验收记录,有关资料(送料凭证、合格证、材质证明等)必须齐全。

(5)必须设有两级明细账,现场的库存材料应账物相符,定期进行材料盘点。

(6)项目部材料员负责外欠材料账款的统计、运输单据统计与核实。

(7)施工用料发放规定:

①施工现场必须建立限额发料制度和履行出入库手续;

②在施工用料中,主要材料和大宗材料必须建立台账;

③凡超限额用料,必须查清原因,及时签补限额材料计划单;

④及时登记工地材料使用单,及时进行材料核算,将每日材

料出入库数量和库存数量登记清楚；

⑤ 对外包施工队所领材料应单独记账，及时向公司财务科和材料科反映其明细和金额。

(8) 现场使用材料管理规定

① 水泥库内外应及时清用落地尘。

② 砂浆与混凝土倒运时，必须有防撒落措施。搅拌站及施工现场的落地混凝土应及时清用。

③ 砖、砂、石及其他散料必须随用随清，不留料底。

④ 合理使用钢材、木材和其他料具，严禁随意截锯。

⑤ 及时回收现场剩余料具及包装容器，妥善保管并及时清退。

(9) 项目部材料会计要及时登记材料账目，做到日清、月结，及时向上级主管部门上报材料报表。

(10) 凡违反以上现场材料管理制度的，按照以下规定酌情进行自罚和处罚（负责部门主管应负连带责任，自罚其金额的30%）。

① 违反现场材料管理制度而造成现场材料管理混乱的；

② 未执行限额领料制度的；

③ 由于管理不严而造成材料丢失和损坏的；

④ 由公司联检查出的问题和失误，责任人不进行自罚，由公司做处罚；

⑤ 违反材料出入库手续，私自少开、多开或任意涂改的，要全额赔偿并予以辞退，情节严重的，送交公安部门处理；

⑥ 对进场材料不认真验收，造成经济损失的，其损失由其个人赔偿；

⑦ 违反操作规程，擅自外借、转租料具造成料具损坏和经济损失的；

⑧ 违反制度，擅自处理废旧料具及包装容器的；

⑨ 违反公司制度，以物谋私，给公司造成经济损失的；

⑩ 违反公司规定吃回扣的，一经发现要予以辞退，情节严重

的报交公安部门处理。

2．现场材料管理实施方法

（1）材料计划申购单审批

项目部库管员接到预算员计划单后,应查看库房存料,核实规格、型号后,在计划单上如实填写库房的实际库存量,库管员和预算员在材料计划申购单上签字,项目经理审批,用传真机传给公司办公室。如果已到日期材料还未进场,应通知公司材料科催促及时进场。

（2）材料验收及入库

材料进场后,材料员应对照计划单规格、型号、数量进行材料验收,核对材料是否与计划单相符,向送货人要材质单、合格证等。有特殊技术质量要求的材料应找专业人员进行验收,合格认可后方可入库。

① 材料数量验收。材料进场按发货单清点数量,清点时要检查每一种材料是否合格,如果不合格,应及时通知采购员退换;有的材料按检尺进场,就应以检尺验收,按检尺实际数量入库;如钢筋、水泥砂石料等材料验收时采用过大地磅方法,按实际磅单签票,做到材料按实入库。

A．根据采购员送到工地材料的单据核对名称、规格、数量,注意外观检查,若有短缺损坏情况,应当场向采购员提出退货或更换。

B．入库材料在进行验收前,首先要对供货方提供的质量证明书或合格证、磅码单、发货材料明细表及票据等,进行核对,检查是否与实物相符。

C．应验收及时,不能拖拉,不能边验边发。待全部验收完毕、办清入库手续后才可发放。

D．数量验收要在物资入库时一次进行,应当由送货员或采购员进行验收,以实际检验的数量为实收数。

E．质量检验:一般只做外观形状和外观质量检验的物资,可由库管员自行检查。如属机械、设备配件,应由材料计划人员、有关专业工长、技术人员共同验收质量,以保证其质量。

② 材料验收中发现问题的处理方法。在材料验收中,如发现证件不齐全,数量、规格不符,质量不合格等,库管员不得将材料入库,要及时通知采购员或提供厂家补换或退货。

③ 材料入库手续

A. 验收合格的外欠款材料,开四联入库单(填写内容:名称、规格、单位、数量、单价、金额)。已付款材料直接填写工地材料使用单。

B. 外欠款材料填完材料入库单后,把材料入库单的绿联返回总库,作为总库的依据,由采购员或公司车队司机带回,交给总库库管员。

C. 库管员填写入库单时,应标明欠款数,并在每个月的月初列出外欠款明细及汇总表,按公司规定时间上报公司财务科。

(3) 材料出库

材料出库前应根据计划单查清所需材料使用部位及计划数量,在出库单上记清使用工程部位、使用班组。合同外领料的应单独记账。手续办好后,当面与领料人清点数量。双方认可后,才能把材料领走。到每月底报公司财务科一份需扣款的明细及金额。

① 备料:所需材料的备料、发料,应按"先进先出"的原则,防止陈旧材料压库过期或变质而带来经济损失。

② 核实:为防止差错,备料后必须核对,填好的出库单与备好的材料的名称、规格、数量等是否与出库单吻合(在出库单上注明使用材料分包队名称,如属于合同外计划料,应在出库单上注明),如吻合方可出库。

③ 点交所有出入库材料,都要当面清点清楚,由领料人签字。

④ 材料出门应开出门证,一式两份,领料人员签字后,领料人员与总库库管员各持一份。

⑤ 凡是有回收价值的材料,必须要求领料人员以旧换新。对回收的旧材料单独存放保管,以防与新的材料混合或丢失。

(4) 材料退库

已领出的材料未用或竣工剩余材料需要退库,应办理材料退库手续。具体办理方法如下:按照材料的数量、规格、型号、单价及金额,用红色圆珠笔,垫上红色复写纸,填写入库单一式四联。使用过或不能使用的材料应单独填写退库单,清点核实后,方可退回总库。

(5) 库房的盘点

① 施工现场的材料须定期盘点,检查库存的数量与材料会计账上的数量是否相符。

② 盘点的同时,应检查材料质量有无变质、损坏、受潮等现象,如有,应及时解决。

③ 检查计量器具是否准确。

④ 检查库房的安全、消防是否符合要求。

(6) 库房的保管

现场材料大多属于露天存放,与总库保管方法不同,但都应按照材料性能的不同,采取不同的保管措施,防止浪费,方便收发,有利施工。

库房材料码放要科学化,按物资分类的不同要求、合理布局,整齐统一。由于库房面积小,要充分利用库房采取立体多层分放。不同种类分别码放。货架码放做到"上放轻、下放重、中间放常用",应使用便于收发,清点,过目知数的码放方法。

(7) 库房的清洁与消毒

库房应地面干净、干燥。库管员应定期清扫地面,扫地时不应洒水,以防物品因此受潮。在必要时对库房进行消毒。

3.4 周转材料管理

1. 周转材料管理人员职责

(1) 保管员职责

① 进、出、发放的材料数量、规格、名称登记准确,不错记、不乱记。

② 尽职尽责地把好质量关、数量关,质量不合格的材料不能入库,无法修复的周转材料绝对不能与好料混放。

③ 出场的周转材料必须按规定办理手续后方可运出。

④ 负责各种周转材料的保存及管理,完成各种材料的归类及码放。

⑤ 对进场材料严格验收,对损坏修复的材料必须严格检查,作好登记,以备计算维修费。

⑥ 保管员对周转材料分类、分段保管,各种周转材料与保管员挂勾,责任落实到人,做到各尽其责。

(2) 记账员职责

① 发放各种周转材料的票据要齐全,数量、规格、单位要清楚。

② 各种周转材料按不同规格分类记账,金额、数量不误记、不错记,书写数量、金额字迹清楚。

③ 做好各项目日和月度报表,建立健全各种分类账及项目部台账,做到账物相符。

④ 建立台账。对各种周转材料分门别类建立各种台账,按不同规格分别记账,并做到账面整洁,账与物相符,不漏记错记。

台账分下列三类:

A.周转材料类:即脚手管、脚手架管卡子、脚手板、支撑各种钢塑模板等;

B.设备类:主要包括各种大型设备、小型机器设备、工具等;

C.办公用品及生活用品类:主要包括办公用具(如办公桌、椅子、电脑、电话等)、生活用品类(主要包括空调、风扇、冰箱等)。

2.周转材料的分类管理

(1) 在工作中常用的周转材料包括钢模板、大模板、塑模板、脚手板、钢支撑、脚手管、钢阴阳角、塑阴角、安全网等。

(2) 周转材料按其自然属性可分为钢制品和木制品两大类;按使用对象可分为混凝土工程用周转材料、结构及装修工程用周转材料和安全防护用周转材料三类。

（3）在分类管理中，对易生锈的周转材料，应采取单独存放、及时刷油与刷漆、定期检查等措施，延长使用期限。

3．周转材料的现场管理

（1）根据工程需要及时配套提出适量和适用的各种周转材料。根据不同周转材料的特点建立相应的现场管理制度和办法。如果任意在现场取走周转材料，对当事人给予一定的经济处罚；加速周转，以较少的投入发挥尽可能大的效益。

（2）加强维修保养，对现场存放的所有周转材料除垢、刷油或采取其他办法，使之处于随时可投入使用的状态。对损坏的周转材料进行修复，使之恢复或部分恢复原有的功能。

（3）对不可修复的周转材料，按照使用的配套要求进行大改小或长改短处理。

（4）露天存放周转材料应采取排水措施，材料下面要有30～40cm厚的支垫，垛位间距有通风道，堆放高度一般不超过3m，垛位方正，按规格大小分类码垛。

4．周转材料调入与调出

调入材料必须有专人验收，数量准确，好坏分开，对损坏的程度及部位逐个登记清楚，记入台账。工程中损坏的周转材料按原值赔偿。

对调入材料票据的管理：使用回执票及保管员验收票，编制调入材料单登记账。每月将调入材料单、使用单位回执票和保管员验收票一同装订保管，并附调入票据表，备以后查账使用。

调出周转材料票据的管理：对调出材料，制票员依照保管员发出材料的规格、数量编制调出票，一式四份，交材料使用单位两份，给材料使用单位回执一份，返记账员一份，留存根一份。只有每月底使用单位与发出材料单位的数量相符时，方可上报主管部门。

5．周转材料内部使用租赁制度

（1）租赁管理的内容：根据周转材料成本测算日租价并与工程周转材料费收入相适应。租赁周转材料应明确品种、规格、数量,附有租用明细表以便查核。租赁材料设备单见表3-10。

材料设备租赁单 表3-10

租赁单位： 年 月 日编号

名 称	规 格	计量单位	数 量	日租价	车 号	备 注

材料会计_____ 复核_____ 保管_____ 验收人_____

（2）承租方租用周转材料必须明确租用日期、租用费及租金的结算方式。

（3）回收周转材料进行外观质量验收，看是否刷油除垢，要拆卸检查，做好验收登记。丢失损坏由承租方按规定赔偿。如无法修复，管体有死弯、砸扁、开裂的按原值的70%赔偿；板面打眼的模板按原值的30%赔偿并收取维修费；各种周转材料有轻微损坏、不需用机械仅用手工即可修复的，按原值的10%收维修费。损坏维修收费明细见表3-11。

损坏维修收费明细表 表3-11

工程名称：

月	日	材料名称	扣款类别	数量	单位	单价	金额	备注

（4）租金的结算：租金的结算期限一般自提运的次日起至退租之日止，按日历天数，逐日计取、按月结算。承租方实际支付的租赁费包括租金和赔偿费两项。租赁明细表见表3-12。

租赁明细表 表3-12

租用单位：

租赁日期	名称	规格	单位	数量	归还日期	归还数量	使用天数	未归数量	单位	金额

（5）月终结算租赁费及损坏赔款汇总表的编制：本月使用单

位周转材料及设备租赁费及损坏、维修赔款之和,就是本月使用单位的全部租金。月终租用单位租赁费汇总表见表3-13。

月终租用单位租赁费汇总表 表 3-13

承 租 单 位	本月材料及设备租赁费	本 月 损 坏及 维 修 费	本月供不应求租赁费	备　　注

承租方主管＿＿＿＿＿　　出租方主管＿＿＿＿＿　　制表人＿＿＿＿＿

4 人力资源管理

4.1 员 工 聘 用

实行员工择优聘用、竞争上岗、以岗定薪的人力资源管理制度。

(1) 因工作需要必须增加人员的,由各科室、各部门负责人向人力资源部提出申请,人力资源部向主管经理汇报,主管经理向总经理汇报,经领导批准后,由人力资源部办理相关事宜。

(2) 人力资源部必须对应聘人员的品德、业务水平、身体健康状况严格审查,有些专业还要进行业务考试,合格者方可录用。新聘人员试用期为三个月,合格者方可办理正式录用手续,成为公司正式员工。

(3) 在试用期内发现新聘人员与应聘条件不符且无工作能力者,或不能遵守公司各项规章制度者,用人部门报人力资源部可以解聘。

(4) 试用人员,先到人力资源部报到,并提交本人的以下资料,存入人力资源部:

① 户口本、身份证和医院体检表(户口本、身份证存复印件,原件验完后交回本人)。

② 如果以前在其他单位工作过,要求出具调离、停职、退休等证明材料。如果是刚毕业的高中、中专、大专、大学学生,必须有毕业证书和学历证书(复印件存档,原件验完后退回本人)。

③ 个人近期免冠黑白照片或彩照一张(留档用)。

④ 个人简历一份。

⑤ 个人荣誉证书、职称证书等其他材料(复印件存档,原件验完交回本人)。

(5) 公司不予录用的人员

① 患有高血压、精神病、各种传染病者。

② 患有认定不能从事本专业岗位工作疾病者。

③ 曾被刑事拘留、判刑、劳教且不能证明已确实改过自新者。

④ 曾被本公司开除者。

(6) 公司各级人员聘用程序及要求

公司副总经理、总工程师、项目经理,由总经理聘任;各部门负责人、各科长由各部门主管经理聘任,并报总经理批准;各科室科员及部门员工,由主管经理提名,总经理批准,部门负责人或科长聘任。各项目部管理人员由项目经理聘任,报总经理批准。

(7) 新录用的员工,从正式上班第三天开始与公司签订"劳动合同书"、"岗位聘用协议书"和"安全生产协议书"。协议书经公司盖章,委托代理人和受聘人签字后生效。协议书、合同书一式两份,公司人力资源部与新聘人员各一份,双方需共同遵守。

(8) 新聘用的大、中专毕业生服务期限违约赔偿的有关规定

① 在本市新招聘的大、中专毕业生必须为本公司服务三年,如三年内离职,需向公司交纳 5000 元培训费。

② 招聘的外地大学生需向公司交纳 3000 元的保证金,合同或协议期满后连同利息返还给本人。利息按签订日期的银行利率计算。如因其本人不能胜任或其他原因,公司提前解除协议的应退还保证金。

4.2 员工劳动纪律

(1) 员工要遵守公司的各项规章制度

(2) 员工必须遵守下列规定

① 遵守国家的法律、法规,做一个合格的公民,优秀的员工。

② 热爱企业,忠于职守,服从领导,团结一致,勤奋敬业,开拓

进取。

③ 不得担任其他同行企业的职务,不得另做与本企业本职务类似的业务。

④ 不得泄漏业务或职务上的机密或以公司名义在外招摇撞骗,不得借职务之便贪污浪费、营私舞弊,接受贿赂。

⑤ 工作时间不得擅离岗位,有确切理由必须临时离岗时,须向部门负责人办理请假手续。

⑥ 工作时间不得与外界熟人或亲朋好友会见,如确实有重要事情,必须经部门负责人批准,且不得在办公场所商谈。

⑦ 不得招引闲杂人员进入公司或逗留在办公场所。

⑧ 不得携带爆炸物品、危险品、违禁品进入公司。

⑨ 不得擅自将公司的物品带出公司。

⑩ 工作时间严禁看与业务无关的书籍、杂志或其他信息载体。

⑪ 工作时间不得大声喧哗、吵闹、打架、斗殴、闲聊,以免影响其他人正常工作。

⑫ 工作不得故意拖延、消极怠工,要全身心投入,提高工作效率。

⑬ 同事间要团结,通力协作,精益求精,提高自己的综合素质。

⑭ 每天要保持室内和办公责任区的卫生。

⑮ 工作时间不得随意接打与本职工作无关的电话。

⑯ 按照规定时间上下班,不得无故迟到早退。

⑰ 不得借职务之便向外人索要非法钱物。

⑱ 员工每天工作时间以公司规定的冬,夏季作息时间为准,但因工作需要和工作未完成的,必须自动加班。

(3) 对迟到、早退、旷工的处罚规定

① 迟到、早退

A. 以上班时间为准,5 分钟以后到 30 分钟之内到达的为迟到,超过 30 分钟的,按旷工处理。

B．每迟到一次罚半日工资款，开罚款单，由受罚人交到财务室。

C．以下班时间为准，提前5分钟下班的属早退，如有特殊情况(如在外检查工地、开会等不能按时回公司)除外。

② 旷工

A．没有请假手续或未请假而擅自离岗、未到岗的，按旷工处理，罚本人当日工资款2倍，由本部门开罚款单，交到财务室。

B．无故连续两日旷工，或一年旷工五次以上者，由部门领导开具名单到人力资源部办理解除聘用协议。

(4) 请假

员工请假分为事假、病假、工伤假、婚假、丧假、产假。

请假人应提前填写请假单报领导审批，批准后方可离开岗位。如果遇到突发事件确实来不及请假，要以通讯方式及时向领导汇报，主管领导可委托代理人为其办理请假手续，否则按旷工处理。请假一天以内的报主管科长或部门负责人批准。请假2天以上由科长报主管领导批准。

(5) 休假

员工休假必须以不影响公司、本部门和个人承担的工作为原则，事先申请，经批准后方可执行。

4.3 劳动合同管理

(1) 公司招聘的员工试用期满后，在公司同意留用的第二天，人力资源部与其本人签订劳动合同、岗位聘用协议书和安全生产协议书，上述协议均为一式两份，双方各执一份。

(2) 员工与公司原则上每年签订一次合同书和协议书，由人力资源部保管。年底前人力资源部要对员工进行一次考查，在双方达成一致的前提下续签或终止合同。必须对所有聘用的员工建立个人档案，由人力资源部负责保管。

(3) 公司人力资源部负责协调公司与员工的劳动关系。

4.4　待　遇

(1) 公司所有员工统一实行年薪制,其中包括年薪、办公费、车辆使用费、保险金和相关福利费。

(2) 试用期员工不享受年薪制。

4.5　项目部人员管理

(1) 各项目部根据工程规模和具体实际情况需聘用人员时,由项目经理提出书面申请报人力资源部,人力资源部审查后报主管经理核查,最后报总经理批准。

(2) 所有项目部的员工档案,由公司人力资源部统一管理。

(3) 项目部人员的辞退、任免,原则上由项目经理负责,但必须以书面形式报人力资源部,经总经理批准后再办理相关手续。

4.6　职 称 评 定

(1) 职称评定必须符合以下要求

① 各种申报初级职称,如技术员、会计员等必须具有高中以上的学历,且在本专业任职 3 年以上。

② 申报中级职称必须具有中专或大专以上学历,且在助理级任职 5 年以上,高中毕业申报中级职称必须有突出业绩,且任助工 6 年以上。

③ 申报高级职称必须具备大专以上学历,任中级职称 5 年以上。

④ 申报的职称要与其学历和专业相符。

(2) 新聘用的中专生,工作满 3 年的可以参加助工评审,大学生毕业工作满 3 年的,可申报工程师评审。

(3) 除以上职称评审外,申报人申报其他专业的全国统一考试,必须经公司领导批准。

4.7 培　　训

(1) 公司指定人员参加自己举办的各种教育培训,除有特殊情况外,不得拒绝参加。

(2) 内部培训内容

① 讲解公司的发展史和人事制度的相关内容,普及法律知识,突出道德教育。

② 本岗位的工作要求、业务范围和技术特点,安全生产知识。

③ 员工要不断研究学习本职技能,提高自己的工作熟练程度和效率,积极参加岗位培训。

④ 根据工作需要,可指定德才兼备的管理人员继续深造,接受高一层次的培训,充实其管理和业务上的能力,以更好地完成本职工作。

⑤ 聘请专家或教师来本公司进行专业辅导或专题演讲,提高基本素质。

(3) 人力资源部要在年初向公司提出全年的工作计划,根据公司的规模和业务需要,及时补充计划内容,办理培训方面的相关手续。

4.8 奖　　罚

(1) 员工有如下情形之一者,公司予以奖励

① 在制度或技术上提出合理化建议和创新项目,经公司采纳,确有成效者;

② 遇有突发事件敢于挺身而出、敢于负责、不畏危险者;

③ 发现不良行为予以制止,使公司免受损失者;

④ 揭发检举损害公司利益者;

⑤ 维护公司重大利益,甘冒风险执行任务,避免公司重大损

失者;

⑥ 获得国家级或市级奖励者;

⑦ 品行端正,工作勤奋正直,能完成公司交给的重大或特殊任务者;

⑧ 对公司有特殊贡献者。

(2) 有下列情况之一者,公司给予罚款及行政警告处分:

① 迟到、早退者;

② 无故不参加集体活动者;

③ 留公司以外人员住宿者;

④ 仪表仪容不整者;

⑤ 办公区内大声喧哗、吵闹、嬉戏,影响他人工作者;

⑥ 上班时间擅离职守、消极怠工者;

⑦ 因个人过失,导致工作失误者;

⑧ 不服从上级主管人员工作安排者;

⑨ 不遵守着装规定者;

⑩ 不按时填报日报表者;

⑪ 不按时关灯、关水、关机造成浪费者;

⑫ 到项目部大吃大喝或向分包队及其他人、其他单位索要财物者;

⑬ 不执行公司或上级有关指示,导致公司利益受损者;

⑭ 工作中酗酒影响本职或他人工作者;

⑮ 未经许可擅自离岗者;

⑯ 因玩忽职守,致使设备或材料遭受损坏者。

(3) 有下列情况之一者,公司给予加倍罚款及行政记过处分或开除留用:

① 因擅离岗位,使公司受较大损失者;

② 损坏涂改重要文件者;

③ 玩忽职守使公司蒙受重大损失者;

④ 不服从主管领导,不执行领导安排者;

⑤ 一个月有二次旷工者;

⑥ 与分包队或其他人串通一气,蒙骗公司致使公司受损失者。

(4) 有下种情况之一者,公司予以开除:

① 在公司内外殴打、恐吓同事,扰乱社会秩序者;

② 偷窃公司或同事的财物者;

③ 兼任其他职务或在外参与与本公司同类业务者;

④ 一年中旷工超过 5 天者,或无故旷工 2 天者;

⑤ 传播影响公司名誉的谣言或挑拨同事间关系者;

⑥ 滥用、伪造公司印章、信件、合同者;

⑦ 用刀具和危险品恐吓公司员工者;

⑧ 故意泄漏公司及本专业技术机密者;

⑨ 参加非法组织者;

⑩ 工作期间被刑事拘留者;

⑪ 利用公司名誉在外招摇撞骗,使公司蒙受损失者;

⑫ 每月连续 3 天无故不填日报表者;

⑬ 违反国家法律或法规者。

4.9 调动与解聘

(1) 如因工作需要,公司可对任何部门科室人员进行调动,被调员工必须积极配合。

(2) 各部门、各科室根据工作需要,对本部门、本科室人员减少或增加时,先填写申请表报人力资源部,经主管经理报总经理批准后方可办理增减手续。

(3) 因个人原因要求调动的,应向公司写书面报告,经领导批准后,由人力资源部按规定办理。

(4) 员工接到调令后,要与人力资源部和相关人员办理交接手续,5 天内到新工作岗位报到。

(5) 科室人员或部门人员调走后新员工未到岗,由部门负责人暂时委派其他人临时管理。

（6）员工的调动、解聘、开除，本人必须与有关部门办理相关交接手续，经人力资源部确认后由财务结算。当事人必须在当天离开公司。

（7）员工有下列情况之一时，公司予以解聘：

① 因不可抗力使公司运行不景气时；

② 公司的业务性质发生变化或机构调整，造成减员又无适当工作安排时；

③ 实行竞争上岗被淘汰时；

④ 确实不能胜任工作或有违章违纪情况时；

⑤ 劳动合同、聘用协议到期。

5 施工技术管理

5.1 图纸会审与工程洽商管理

1. 图纸会审

(1) 由企业总工程师主持图纸会审。

(2) 会审前技术人员要认真熟悉和学习施工图。有关专业要进行翻样。结合施工能力和设备、装备情况找出图纸疑点。对现场有关的情况要进行调查研究。

(3) 在会审中,技术人员和专业人员审查图纸中存在的问题,减少或消灭漏项,确保施工中不因图纸错误形成障碍。

(4) 图纸会审要抓住以下几个重点:

① 是否是经有关部门批准的设计单位;是否正式签署的施工图;设计是否符合国家有关现行政策,是否综合本地区的实际情况。

② 工程的结构是否符合安全、消防、可靠性、经济合理的原则,有哪些合理的改进意见。

③ 设计是否考虑施工单位的技术特长和机械装备能力,施工现场条件是否满足施工需要。

④ 图纸各部位尺寸、标高是否统一,图纸说明是否一致,设计的深度是否满足施工要求。

⑤ 工程的建筑、结构、设备安装、管线工程等各专业图纸之间是否有矛盾,钢筋细部节点与水电和其他的预埋节点是否符合施工要求。

⑥ 各种管道的走向是否合格,是否与地上、地下建筑物、构筑

物相交叉。

　⑦大型构件和设备吊装能否满足安全施工的要求。

　(5)会审记录是施工文件的组成部分,与施工图具有同等效力,要由建设单位、设计单位和施工单位签字,并及时上报公司技术部门和经营部门。

　图纸审查记录表见表 5-1,设计交底记录表见表 5-2。

图纸审查记录　　　　　　　　　　　表 5-1

图 纸 审 查 记 录		编号	
提出单位		提 出 人	
问题提出内容			

注:由参加会审单位审查、整理、汇总设计图纸审查中的问题,向有关单位各报一份。

设计交底记录 表 5-2

设 计 交 底 记 录		编号	
		共 页 第 页	
工程名称		日期	年 月 日
时 间		地点	
序 号	提出的图纸问题	图纸修订意见	设计负责人
各单位技术 负责人签字	建 设 单 位		（建设单位公章）
	设 计 单 位		
	监 理 单 位		
	施 工 单 位		

注：由施工单位整理、汇总、各与会单位会签，并经建设单位盖章，有关单位各保存一份。

2．工程洽商

（1）凡施工过程中遇到做法的变动、材料代用或施工条件发生变动等情况，均应通过工程洽商予以解决。为纠正施工图中的错误也可用洽商解决。工程洽商是施工图的补充，与施工图有同等作用。

（2）工程洽商由项目技术负责人经办，但对影响主要结构、建筑标准、增减工程内容的洽商，应由公司总工程师出面与设计单位达成协议，由设计单位出施工图。工程洽商内容若超出合同，现场预算员应写出报告上报公司经营部门，批准后签订协议。

（3）工程洽商文件要先洽商后实施，无特殊情况不得后补。

（4）工程洽商的内容应明确、具体，语言要准确、肯定，深度要满足施工的要求。

（5）工程洽商必须签字齐全。属施工图变更洽商，要有建设、设计、监理和施工单位签字。洽商文件办完后，必须及时转发给项目部预算员、资料员，并上报公司经营部门和技术部门。

（6）工程洽商不得涂改，每个单位工程的洽商要按办理的日期、顺序排列，统一编号、存档。

设计变更洽商记录表见表5-3。

设计变更洽商记录　　　　　　　　　表 5-3

设计变更、洽商记录	编号		
工 程 名 称	日期	年　月　日	

记录内容：

签字栏	建 设 单 位	监 理 单 位	设 计 单 位	施 工 单 位

注：由洽商提出方填写并注明原图纸号，有关单位会签并各保存一份。

114

5.2 施工组织设计管理

1. 总则

(1) 施工组织设计是指导拟建工程项目进行施工准备和施工的全局性技术经济文件,是编制施工计划、施工方案、工程预算、组织施工和实现科学管理的重要依据。新建、改建、扩建的建筑物和构筑物以及市政工程均要编制施工组织设计。根据设计阶段和工程对象,编制施工组织总设计、单位工程施工组织设计、分部工程施工方案。

(2) 严格执行建设程序,确保施工方案的实施;充分利用空间及时间,科学合理地安排施工工序;组织流水作业施工,提高合同履约率。认真执行施工技术规范、规程、规定、标准,采用新技术,新工艺,新材料,贯彻执行企业"工法"。

(3) 充分发挥本企业优势,不断提高机械化、工厂化、标准化施工水平,减轻劳动强度,提高劳动生产率,在保证工程质量和安全生产、文明施工的同时,节约资源、降低工程成本。

(4) 施工总平面图分基础施工、主体施工、装修施工三个阶段编制。编制施工总平面图时应尽可能使用周边永久性建筑设施,节约施工现场用地,合理储存物资。

(5) 充分考虑施工对周围环境的影响,在降低噪声、减少扰民、控制扬尘、环境绿化、能源利用、交通运输等方面采取相应的技术措施。

(6) 技术负责人必须组织施工人员认真学习施工组织设计、理解并遵照执行。施工组织设计和施工方案必须经过审批。对擅自改动、违反施工组织设计和施工方案造成损失的单位或责任人,追究其责任。施工组织设计内容需要变动的,应经公司总工同意并重新审批。

2. 施工组织总设计

(1) 施工组织总设计的对象是若干个相联系的单位工程组成

的建筑群或大中型工期较长的建设项目,用以规划和控制施工全过程的综合性文件,在初步设计得到批准后进行编制。

(2) 施工组织总设计内容包括:

① 工程概况;

② 施工总体部署;

③ 主要施工方法;

④ 采用新工艺、新材料需要进行科研、试验的项目;

⑤ 施工准备计划;

⑥ 施工总控进度计划(施工总控制网络计划);

⑦ 各项需要量计划;

⑧ 施工总平面图;

⑨ 主要技术管理措施;

⑩ 施工用水、用电设计;

⑪ 主要经济技术指标的测算。

3.单位工程施工组织设计

(1) 新建、扩建、改建的建筑物、构筑物、市政工程,均要编制单位工程施工组织设计。单位工程施工组织设计编制主要依据施工组织总设计、施工图、合同及开竣工日期的要求。

(2) 单位工程施工组织设计的主要内容包括编制依据、工程概况、主要工程量、施工组织与施工方法、单位工程施工进度计划、工作计划、水电方案设计、分期的材料、劳动力、机具用量表、单位工程施工平面图、保证工程质量、安全、环保、环卫、消防、测量、资料等技术组织措施、季节性施工的保证措施、技术经济指标的测算。

4.分部分项工程施工方案

分部分项施工方案根据施工组织设计确定,对工程中的主要项目编制施工方案、测量放线方案、降水方案、基坑支护方案、土方工程方案、地下防水施工方案、钢筋工程施工方案、模板工程施工方案、混凝土工程施工方案、脚手架施工方案、砌筑装修施工方案、屋面工程施工方案、门窗工程施工方案、设备暖卫施工方案、电气安装工程施工方案、冬期施工方案、雨期施工方案。对新材料、新工艺、新技术的使用和大跨度、深基础等结合现场实际条件编制。内容包括：工程概况、施工组织、施工方法、施工进度、质量、安全、消防等主要技术组织措施。

5．施工平面图的设计与管理

（1）施工平面图分施工总平面图和单位工程施工平面图,包括用地范围,拟建建筑的位置和尺寸,原有地上建筑物及地下设施的位置和尺寸,水电线路,排水系统,变压器位置,消防设备,交通道路的平面布局,临时宿舍和临时设施,永久性及半永久性测量坐标位置,材料成品及半成品存放位置,大中型机械的位置。

（2）对施工现场要做好充分的调查研究,摸清情况,科学合理安排场地空间,正确使用并保护好原有市政设施。临时设施要尽量避开拟建建筑物位置,尽量减少临时设施的工程量。要将材料的堆放场地布置在运距最短、容易运输的部位,避免二次搬运。必须考虑安全防护、现场管理、环境保护、现场保卫及各项文明施工的标准准。临时设施要符合防火标准,现场设不小于 3.5m 宽的环行消防路,生产、生活设施不准混在一起,要单独设置生活区。

（3）施工总平面图比例为 1∶1000 或 1∶2000。单位工程施工平面图比例为 1∶200 或 1∶500。要绘制阶段性的施工平面图:分基础工程、结构工程、装修工程。施工平面图要随施工组织设计的调整而调整。

6．施工组织设计(施工方案)的编制和审批

（1）施工组织设计(施工方案)要由编制人、审批人签字,未经审批不得实施。施工组织设计要在开工之前作好审批工作,各项施工方案在各项工序施工前进行编制并作好审批,冬期施工方案在每年 11 月 5 日之前编制完毕并通过审批,雨期施工方案在每年 6 月 5 日之前编写完毕并通过审批。

（2）由几个公司承包大型工程的施工组织总设计,由建设项目总承包单位主持,有关公司参加。单栋面积大于 3 万 m^2 的重点工程和小区工程的施工组织总设计,由公司总工程师主持编制,施工项目经理、公司技术科共同负责编制,相关科室参加,编制完毕后由总工程师和主管生产副经理共同审批。

(3) 单位工程施工组织设计或施工方案由项目部技术人员编制,上报公司技术科审核,交由公司总工程师审批。

(4) 对于专业化的施工组织设计和施工方案,由专业施工部门负责编制,并由专业部门总工程师进行审批,然后报公司总工程师审批。

(5) 施工组织设计(施工方案)在公司审批后,还要到消防局进行审批。国家重点工程或单栋面积 3 万 m² 以上的工程,大型能源、电讯、交通枢纽等工程,市消防局认定应当审批的其他工程要到市消防局进行审批。对于单栋建筑 1 万 m² 以上不足 3 万 m² 的建筑、高度在 24m 以上的工程,其施工组织设计(施工方案)要到当地区、县消防局备案。

7. 施工组织设计的贯彻与管理

(1) 按表 5-4 的内容将编制好的施工组织设计上报公司技术主管审批。

施工组织设计审批表 表 5-4

工 程 名 称		结 构 形 式	
面 积		层 数	
建 设 单 位		施 工 单 位	
编 制 部 门		编 制 人	
编 制 时 间		报 审 时 间	
审 批 部 门		审 批 时 间	
审 批 人			

审批意见:(填写讨论的主要结论包括应修改的部分)

（2）施工组织设计、施工方案批准后，由编制人（现场技术人员）向施工人员进行交底。

（3）施工组织设计经交底后，各专业要分别组织学习，按分工及要求落实责任范围，加强使用中的管理。

5.3 技 术 交 底

1. 总则

（1）技术交底的目的是明确交底人和接受交底人的责任，使参加施工的负责人、工程技术员、作业班组，明确所担负的任务或项目的特点及技术要求、质量标准、安全措施，以便更好的组织施工。

（2）技术交底必须在单位工程图纸综合会审的基础上进行，要在开始作业前完成，并为施工留出准备时间。

（3）技术交底以书面形式进行，加以口头解释。交底人和接受交底人履行交接签字手续，并存档妥善保管。

2. 技术交底内容与要求

（1）基本要求

① 工程施工技术交底必须执行工程质量验收标准和施工、技术操作规程的相应规定，也要符合各行业制定的有关规定、准则以及所在地方的具体政策和法规的要求。

② 工程技术交底必须执行国家的各项技术标准和企业内部标准。

③ 技术交底要符合与实现施工图中的各项技术要求，特别是当设计图纸中的技术要求高于国家验收规范要求时，要做更为详细的交底和说明。

④ 要符合并体现上一级技术领导的技术交底的意图和具体要求。

⑤ 要符合和实施施工组织设计及施工方案的各项要求，包括技术措施和进度要求等。

⑥ 对不同人员的交底内容、深度和说明方式要有针对性。

⑦ 技术交底要全面、明确、突出重点。对怎么做,执行什么标准,技术要求如何,施工工艺,质量标准,安全注意事项等,要分项具体说明,不能含糊其词。

⑧ 在施工中使用的新技术、新工艺、新材料,要进行详细技术交底,交代如何作样板间等事宜。

(2) 总工程师交底内容

总工程师向公司技术质量部门、项目经理、项目技术负责人交底内容包括:

① 工程概况、各项技术经济指标和要求;

② 主要施工方法、关键性的施工技术及实施中存在的问题;

③ 特殊工程部位的技术处理细节及注意事项;

④ 新技术、新工艺、新材料、新结构施工技术要求、实施方案及注意事项;

⑤ 网络计划、进度要求、施工部署、施工机械、劳动力安排与组织;

⑥ 总包与专业分包单位之间相互协作配合关系及有关问题的处理;

⑦ 施工质量和安全技术,应尽量采用本单位推行的工法等标准化作业。

(3) 公司技术质量部门、项目部经理等交底内容

公司技术质量部门、项目经理、项目技术负责人向项目部工程负责人、质量检查员、安全员技术交底内容包括:

① 工程概况和当地地形、地貌、工程地质及各项技术经济指标;

② 设计图纸的具体要求、做法及其施工难度;

③ 施工组织设计和施工方案的具体要求及其实施步骤与方法;

④ 施工中的具体做法,采用什么工艺标准和哪几项企业工法;关键部位及其实施过程中可能遇到问题与解决办法;

⑤ 施工进度要求、工序搭接、施工部署与施工班组任务确定；

⑥ 施工中所采用的主要施工机械型号、数量及其进场时间、作业程序安排等有关问题；

⑦ 新工艺、新结构、新材料的有关操作规程、技术规定及其注意事项；

⑧ 施工质量标准和安全技术具体措施及注意事项。

(4) 向班组交底内容

项目技术负责人向各专业班组长和各工种工人技术交底内容

① 侧重交清每一个作业班组负责施工的分部分项工程的具体技术要求和采用的施工工艺或企业内部工法；

② 各分部分项工程施工质量标准；

③ 质量通病预防办法及其注意事项；

④ 施工安全交底及应采取的具体安全措施。

(5) 分部分项工程技术交底主要内容

分部分项工程技术交底的主要内容包括：

① 施工准备；

② 作业条件；

③ 工艺操作流程；

④ 施工工艺；

⑤ 质量标准；

⑥ 应注意的质量问题；

⑦ 安全措施；

⑧ 成品保护及需交底的其他事项。

3．技术交底的实施

(1) 施工技术负责人在施工前根据施工进度以及审批后的施工组织设计、施工方案，按部位和操作项目，向各工长及班组进行书面技术交底，填写技术交底记录表，见表5-5，存档，保管。

(2) 分部分项技术交底材料由施工技术员、质量检查员、工长和班组长各持一份，并要有一份存入技术资料档案。要有一份技术交底资料挂在施工现场的施工部位。

技 术 交 底 记 录		编号	
工程名称		施工单位	

交底提要：

交底内容：

技术负责人		交底人		接受交底人	

(3) 单位工程的各分部分项工程施工完后,由项目部技术负责人将技术交底原件收回(不少于 5 份),归入施工技术资料档案。

5.4 工程测量管理

1. 总则

(1) 工程测量是做好施工技术准备,确保工程质量的主要环节。项目部必须由持证上岗的专业人员负责测量工作。测量人员必须执行测量规范要求及工作程序。

(2) 施工前认真熟悉设计图纸,根据移交的测量资料做好复测工作,施工中认真控制测量精度,做好记录。完工后做好竣工测量。做到及时准确的提出测量成果,以满足施工和竣工验交的需要,并做好原始记录。施测人员坚持签字制度,不得随意涂改和损坏工程测量原始资料和测量成果。资料应整理存档。

2. 施工测量的基本准则和要求

(1) 测量放线工作的基本准则

① 认真学习与执行国家法令、政策与规范,为工程服务,对按图施工与工程进度负责。

② 遵守先整体后局部的工作程序。

③ 必须严格审核测量起始依据的正确性,坚持测量作业与计算步步有校核的工作方法。

④ 测法要科学、简捷,精度要合理、相称。

⑤ 定位放线工作必须执行经自检、互检合格后由有关主管部门验线的工作制度;此外还要执行安全、保密等有关规定,用好管好设计图纸与有关资料;实测时要当场作好原始记录,测后要及时保护好桩位。

⑥ 紧密配合施工,发扬团结协作,不畏艰难,实事求是,认真负责的工作作风。

(2) 测量验线工作的基本准则

① 验线工作要主动,从审核测量方案开始,在施工的各主要

阶段前均要对施工测量工作提出预防性的要求,防患于未然。

② 验线的依据要原始、正确、有效。设计图纸、变更洽商、起始定位及其他已知数据,是施工测量的基本依据。若其中有错,在测量放线中是难以发现的,后果将不堪设想,故必须保证准确。

③ 仪器和钢尺必须按计量有关规定进行检定和检校。

④ 验线的精度要符合规范要求,主要是:仪器的精度要适应验线要求并校正完好;必须按规程作业,观测误差必须小于限差,观测中的系统误差应采取措施进行改正;验线本身应先行复合(或闭合)校核。

⑤ 必须独立验线,验线工作要尽量与放线工作不相关,主要包括观测人员、仪器、测法及观测路线等。

⑥ 验线部位的关键环节与最弱部位包括:定位依据桩位及定位条件;场地平面控制网、主轴线及其他控制桩(引桩);场区高程控制网及 ±0.000 高程线;控制网及定位放线中的最弱部位。

⑦ 验线方法及误差处理:场区平面控制网与建筑物定位,应在平差计算中评定其最弱部位精度,并实地验测。精度不符合要求时应重测;细部测量可用不低于原测量放线的精度进行验测,验线结果与原放线成果之间的误差处理如下:①两者之差若小于 $1/\sqrt{2}$ 限差时,对放线工作评为优良;②两者之差略小于或等于 $\sqrt{2}$ 限差时,对放线工作评为合格(可不必改正放线成果,或取两者的平均值);③两者之差超过 $\sqrt{2}$ 限差时原则上不予验收,要害部位严禁验收。次要部位可令其局部返工。

(3) 测量记录的基本要求

① 测量记录要求原始、真实、数字准确、内容完整、字体工整。

② 记录要填在规定的表格中,开始要先将表头所列各项内容填好,并熟悉表中所载各项内容与相应的填写位置。

③ 记录要当场及时填写清楚,不允许先写在草稿纸上后转抄,以免转抄错误,保持记录的"原始性"。采用电子记录手薄时,要打印出观测数据。记录数据必须符合法定计量单位。

④ 字迹要工整、清楚。记错或算错的数字,不准涂改或擦去

重写,应将错数画一斜线,将正确数字写在错字的上方。

⑤ 记录中数字的位数要反映观测精度,水准读数要读至毫米(如某读数为 1.33m 时,则要记成 1.330m,不应记做 1.33m)。

⑥ 记录过程中的简单计算(如取平均值)要在现场及时进行,并做校核。

⑦ 记录人员要根据所测数据与现场实况,以目估法随时校对观测所得到的数据,以求及时发现观测中的明显错误。

⑧ 草图、点志记图等,应当场勾绘,方向、有关数据和地名等要一并标注清楚。

⑨ 测量记录多有保密内容,要妥善保管,工作结束后及时上交有关部门保存。

(4) 测量计算的基本要求

① 测量计算的基本要求是依据正确、方法可取、计算有序、步步校核、结果可靠。

② 外业观测成果是计算工作的依据。计算工作开始前,要对外业记录、草图等认真仔细地逐项审阅与校核,以便熟悉情况并及早发现与处理记录中可能存在的遗漏、错误等问题。

③ 计算过程均应在规定的表格中进行,按外业记录在计算表格中填写原始数据,严防抄错。填好后,要换人校对,以免发生转抄错误。

④ 计算中必须作到步步有校核。各项计算前后联系时,前者经校核无误后,后者方可开始。校核方法以科学、简捷为原则。常用的方法有:

A. 复算校核将计算重复一遍,条件许可时最好换人校核,以免因习惯性错误而"重蹈旧辙"使校核失去意义。

B. 总和校核,例如水准测量中,终点对起点的高差,要满足 $\Sigma h = \Sigma a - \Sigma b = H_终 - H_始$。

C. 几何条件校核,例如在闭合导线计算中,调整后的各内角之和要满足 $\Sigma\beta_理 = (n-2)180°$。

D. 变换计算方法校核例如坐标反算中,按公式计算和计算器程序计算两种方法。

⑤ 计算中所用数字要与观测精度相适应,在不影响成果精度的情况下,要及时合理地删除多余数字,以提高计算速度。删除多余数字时,宜保留到有效数字的后一位,以使最后成果中有效数字不受删除数字之影响。删除数字要遵守"四舍六入五凑偶"的原则。

3. 测量仪器和工具的使用与管理

(1) 各项目部如需使用测量仪器和工具,必须经项目经理签字,公司技术部门批准后方可到库房领取,领取后定期维护,妥善保管。

(2) 测量人员必须熟悉、掌握并严格遵守测量专业操作规程,充分了解仪器的性能,使用前进行检验校正。

(3) 精密仪器只能由专业测量人员使用,在使用过程中,坚守岗位,避免仪器受振、倾倒和碰撞。

(4) 雨天或烈日下测量应打伞,测量仪器和工具应经常保持清洁,及时擦拭,定期上油。

(5) 发现误差较大或损坏时,及时向项目部负责人提出报告,进行维修校对,并进行鉴定,不得擅自拆修。

(6) 测量仪器必须由现场测量员保管,注意防晒、防淋、防尘和防潮。

(7) 坏的或报废的测量仪器交由公司技术部门审核,确认后上报主管经理。正常损坏的,则从库房领取或换取;人为损坏或故意损坏的,要照价赔偿。

(8) 测量仪器使用、维修、校对,在出库时必须建立档案。返回公司时,必须完好无损。精度准确。随档案一起入库保存。

4. 定位测量及标桩保护

(1) 由测绘院定位测量,交付建设单位,在开工后由建设单位、监理单位和施工单位一同进行复验,确认无误以后,由建设单位、监理单位、施工单位签字。施工单位根据工程的性质、平面控制网和测定的桩点,测设定位桩点,将桩点引至即将开挖的基坑3m以外进行保护。定位交接桩必须填写交接桩记录表,存入工程技术档案。

（2）标桩保护：标桩点要设在基坑 3m 以外，深埋 1m。为确保测量工作顺利和方便施工，由现场测量员负责对标桩加以保护，永久性的标桩一定要设置牢固，并设明显标志，注明"测量标桩、注意保护"字样。繁忙地区加设护桩。如果因对标桩保护不好影响了施工，对现场测量员予以 100～200 元罚款。

（3）施工范围内需要搭设临时建筑物或堆放材料时，要与现场测量员商量，以免损坏测量标桩或影响测量视线。

5．楼层测量和标高传递

（1）主体工程的轴线控制和标高引测依据为已测量的平面控制网和高层控制网。使用水准仪校核标高传递；使用经纬仪校核轴线投测。

（2）首层放线前需校核控制主轴线，"井"字线合格后方可向首层施工面投测。"井"字线投测施工面后经再次校核，闭合后方可据以进行细部轴线测设。

（3）楼层水平标高 50 线抄测前必须校核场地高程控制网，合格后在首层钢筋上投测出正 50 线。墙体拆模后及时抄测正 50 线，校核后作为全楼标高传递的起始线。标高传递使用钢尺从首层起始正 50 线竖向量取，由三处分别向上传递。施工层抄平前，要首先校核首层向上传递作业的三个标高点，当误差小于 3mm 时，以其平均点引测水平线。如图 5-1 所示，利用两台水准仪，两根塔尺和一把 50m 钢尺，依次将 3 个标高基准点由激光洞口传递到待测楼层，并用公式(1)进行计算，得该楼层的仪器的视线标高，同时依次制作本楼层统一的标高基准点，并对各点进行联测。高差满足 2mm 的精度要求后，方能使用。用红三角标记。这些点即为该楼层的标高基准点，从而依次进行各项测量工作。

公式：

$$H_2 = H_1 + b_1 + a_2 - a_1 - b_2 \tag{1}$$

式中　H_1——首层基准点标高值；

　　　H_2——待测楼层基准点标高值；

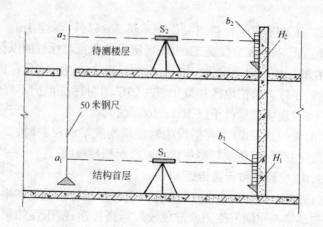

图 5-1　楼层基准标高测量法

a_1——S_1 水准仪在钢尺读数；

a_2——S_2 水准仪在塔尺读数；

b_1——S_1 水准仪在钢尺读数；

b_2——S_2 水准仪在塔尺读数；

6. 变形与沉降观测

(1) 凡在施工程因地基或结构本身复杂,有可能产生不均匀沉陷时,由于基坑开挖或降水,有可能引起施工现场附近建筑物变形或沉陷,都应设置临时变形或沉降观测点进行观测。

(2) 需设置观测点的建筑物,开工前做好变形观测设计方案,并及时敷设测标,提出具体要求,以便施工中进行观测。永久性的观测点,应根据设计要求敷设好,工程竣工后连同资料一并交回建设单位。

(3) 临时变形观测点观测时间,一般在基坑和降水工程开工前,观测 2～3 次,每次相隔 10 天左右。开工后应根据工程进度定期观测,并做好记录、存档。

7. 测量资料

(1) 测量成果的计算资料必须做到记录真实、字迹清楚、计算

128

正确,尽量做到格式统一,妥善保管、存档。

(2) 原始资料记录必须清楚,不得涂改或后补,测量记录应按规定填写。凡纳入工程档案的,按规定要求的内容整理好后交公司技术部门存档,不按此规定的要给予罚款。

5.5 工程试验管理

1. 试验管理

(1) 管理要求

① 试验人员必须持证上岗,无证者不得从事试验工作。

② 现场必须具备混凝土、砂浆标准养护条件。

③ 对所试验项目必须建立台账。如试验不合格,应及时向技术负责人报告。

(2) 施工现场试验员职责范围

① 结合工程实际情况及时委托原材料试验,提出各种配合比申请,根据现场实际情况调整配合比。各种原材料的取样方法、数量必须按照现行标准规范执行。委托各种原材料试验,必须填写委托试验单。委托试验单的填写必须项目齐全、字迹清楚、不得涂改。项目内容包括:材料名称、产品牌号、产地、品种、规格、到达数量、使用单位、出厂日期、进场日期、试件编号、要求试验项目。钢材试验除按试验要求填写外,凡送焊接试件者,必须注明钢的原材试验编号。原材与焊接试件不在同一试验室试验时,尚需将原材试验结果抄在附件上。

② 随机抽取施工过程中的混凝土、砂浆拌合物,制作施工强度检验试块。试块制作时必须有试块制作记录。试块必须按单位工程连续统一编号,试块应在成型24小时后用墨笔注明委托单位、制模日期、工程名称及部位、强度等级及试件编号。凡需在标养室养护的试块,立即做好标准养护,并做好干湿度记录。

③ 及时索取试验报告单,转交给工地技术负责人。

④ 用统计方法分析现场施工的混凝土、砂浆强度及原材料的

情况。

⑤ 在砂浆和混凝土施工时,要预先测定砂石含水率,在技术负责人的指导下,计算和发布分盘配合比,并填写混凝土开盘鉴定,记录施工现场环境温度和试块养护温湿度。

⑥ 委托试验结果不合格,要按规定送样进行复试,复试仍不合格,应将试验结论报告技术负责人,及时研究处理方法。

(3) 现场试验员工作守则

① 不断学习业务,提高业务水平,严格执行规范、规定、标准。

② 工作认真,不辞辛苦,认真做好施工试验记录,定期报告。

③ 试验、取样工作中不弄虚作假,不敷衍应付,遵守职业道德,对工程的全部试验数据敢于做出保证。

④ 搞好和材料供应、施工班组协作关系,当好技术主管的得力助手,把好工程质量关。

2. 水泥

(1) 水泥的相关规定

① 水泥出厂质量合格证和试验报告单应及时整理,试验单填写做到字迹清楚、项目齐全、准确、真实,且无未了事项。

② 水泥应先试验后使用,要有出厂质量合格证或试验单。需采取技术措施处理的,应满足技术要求并经技术负责人批准后方可使用。

③ 水泥出厂质量合格证和试验报告单不允许涂改、伪造、随意抽撤或损毁。

④ 合格证、试(检)验单或记录单的抄件(复印件),应注明原件存放单位,并有抄件人、抄件(复印)单位的签字和盖章。

⑤ 水泥应有生产厂家的质量证明书,并应对其品种、标号、包装(或散装仓号)和出厂日期等进行验收。

⑥ 有下列情况之一者必须进行复试,混凝土应重新试配。

A. 用于承重结构的水泥;

B. 无出厂证明的;

C. 水泥出厂超过三个月(快硬硅酸盐水泥为 1 个月),复试合格可按复试强度使用;

D. 对水泥质量有怀疑的;

E. 进口水泥。

⑦ 水泥复试项目:抗压强度、抗折强度。

(2) 水泥出厂质量合格证的验收和进场水泥的外观检查

① 水泥出厂质量合格证的验收

要由生产厂家的质量部门提供给使用单位,作为证明其产品质量性能的依据。生产厂家在水泥发出日期起 7d 内寄发,并在 32d 内补报 28d 强度。资料员应及时催要和验收,水泥出厂质量合格证中应含品种、标号、出厂日期、抗压强度、抗折强度、安定性、初凝时间、试验标准等项内容和性能指标。各项应填写齐全,不得错漏。水泥强度应以标养 28d 试件试验结果为准,故 28d 强度补报单为合格证的重要部分,不能缺少。

如批量较大,在厂方提供合格证时,可制作复印件备查或做抄件,抄件应注明原件证号、存放处,并有抄件人签字及抄件日期。水泥质量合格证备注栏内由施工单位填明单位工程名称及工程使用部位,并加盖印章。

② 水泥进场应进行外观检查

A. 标志:水泥袋上应清楚标明工厂名称、生产许可证编号、品种、名称、代号、强度等级、包装年月日和编号。散装水泥应提交与袋上标志相同内容的卡片和散装仓号,设计对水泥有特殊要求时,应查是否与设计相符。

B. 包装:抽查水泥的重量是否符合规定。绝大部分水泥每袋净重为 50±1kg。注意散装水泥的净重,以保证水泥的合理运输和掺量。

C. 产品合格证:检查产品合格证的品种、强度等级等指标是否符合要求,进货品种是否与合格证相符。

D. 进场水泥应查看是否受潮、结块、混入杂物或将不同品种强度等级的水泥混在一起,检查合格后入库储存。

(3) 水泥的取样试验及试验报告

① 水泥试验的取样方法和数量

A. 水泥试验应以同一水泥厂、同强度等级、同品种、同一生产时间、同一进场日期的水泥,200t 为一验收批,不足 200t 时,亦按一验收批计算。

B. 每一验收批取样一组,数量为 12kg。

C. 取样要有代表性,一般可以在 20 个以上的不同部位或 20 袋中取等量样品,总数至少 12kg,拌和均匀后分成两等份,一份由试验室按标准进行试验,一份密封保存备校验用。取样专用工具:内径 ϕ19mm 长 30cm 的钢管,并端锯成斜口磨锐。

D. 散装水泥:对同一水泥厂生产同期出厂的同品种、同强度等级的水泥,以一次进场的同一出厂编号的水泥为一批,但一批总量不得超过 500t。随机地从不少于 3 个车罐中各采取等量水泥,经混拌均匀后,再从中称取不少于 12kg 水泥作检验试样。

E. 公司技术部门应分别按单位工程取样。

② 常用五种水泥的必须试验项目

A. 水泥胶砂强度(抗压强度、抗折强度)。

B. 水泥安定性。

C. 初凝时间。

③ 水泥试验单内容、填制方法和要求

水泥试验报告单中,委托单位、工程名称、水泥品质及强度等级、出厂日期、厂别及牌号、取样地点等,应由委托人(工地试验员)填写,其他部分由试验室根据试验结果进行填写。

水泥试验报告单是判定一批水泥材质是否合格的依据,是施工技术资料的重要组成部分,属保证项目,报告单要求做到字迹清楚,项目齐全、准确、真实、无未了项(没有项目写无或划斜杠)。试验室的签字盖章齐全。如试验中,某项填写错误,不允许涂抹,应在错误上划一斜杠,将正确的填写在其上方,并在此处加盖印章或试验章。

领取水泥试验报告单时,应看试验项目是否齐全,必试项目不能缺少(强度以 28d 龄期为准),试验室有明确结论和试验编号,签字盖章齐全,还要注意看试验单上各试验项目数据是否达到规范规定的标准值,是则验收存档,否则及时报有关人员处理,并将处理结论附于此单后,一并存档。

3.钢筋

(1)钢筋有关规定

① 钢筋出厂质量合格证和试验报告应及时整理,试验单填写做到字迹清楚、项目齐全、准确、真实、且无未了事项。

② 钢筋出厂质量合格证和试验报告单不允许涂改、伪造、随意抽撤或损毁。

③ 钢筋质量必须合格,应先试验后使用,有出厂质量合格证或试验单。需采取技术处理措施的,应满足技术要求并经有关技术负责人批准后,方可使用。

④ 合格证试(检)验单或记录的抄件(复印件),应注明原件存放单位,并有抄件人,抄件(复件)单位的签字和盖章。

⑤ 钢筋应有出厂质量证明书或试验报告单,并按有关标准的规定抽取试样做机械性能试验,进场时应按炉罐(批)号及直径分批检验,查对标志、外观检查。

⑥ 下列情况之一者,还必须做化学成份检验

A.原出厂证明书或钢种、钢号不明的。

B.有焊接要求的进口钢筋。

C.在加工过程中发生脆断、焊接性能不良和机械性能显著不正常的。

⑦ 有特殊要求的还应进行相应专项试验。

⑧ 集中加工的钢筋,应由加工单位出具的出厂证明及钢筋出厂合格证和钢筋试验单的抄件。

(2)钢筋出厂质量合格证的验收和进场钢筋的外观质量检查

① 钢筋出厂质量合格证的验收

钢筋产品合格证由钢筋生产厂质量检验部提供给用户单位,用以证明其产品质量,已达到的各项规定指标。合格证要求填写

齐全,不得漏填或填错,同时应填明批量,如批量较大时,提供的出厂证又较少,可做复印件或抄件备查,并注明原件证号存放处,同时应有抄件人签字和抄件日期。

质量合格证上备注栏内由施工单位填明单位工程名称和工程使用部位。如钢筋在加工厂集中加工,其出厂证及试验单应转抄给项目部。

钢筋进场,经外观检查合格后由技术负责人、材料采购员、保管员分别在合格证上签字,注明使用工程部位后,交资料员保管,合格证应放入材质与产品检验卷内,在产品合格证分目录表上填好相应项目。

② 进场钢筋的外观质量检查

A. 应逐批检查钢筋尺寸,不得越过允许偏差。

B. 钢筋表面不得有裂纹、折叠、结疤、耳子及夹杂。盘条允许有压痕及局部的凸块、凹块、划痕、麻面,但其深度或高度不得大于 0.20mm。带肋钢筋表面凸块不得超过肋筋高度。钢筋表面上其他缺陷的深度和高度不得大于所在部位尺寸的允许偏差。冷拉钢筋不得有局部缩颈。

C. 钢筋表面氧化铁皮的重量不大于 16kg/t。

D. 带肋钢筋表面标志清晰明了(包括强度级别、厂名和直径数字)。

(3) 钢筋的取样试验和试验报告

① 热轧钢筋

A. 钢筋原材试验应以同厂别、同炉号、同规格、同一交货状态、同一进场时间,每 60t 为一验收批,不足 60t 时,亦按一验收批算。

B. 每一验收批中,取试样一组(2 根拉力、2 根冷弯、1 根化学分析)低碳钢热轧圆盘条时,拉力一根。

C. 取样方法:

a. 试件从两根钢筋中截取,每根钢筋截取一根拉力、一根冷弯,其中一根再截取化学试件一根。低碳钢热轧圆盘条冷弯试件应取自不同盘。

b. 试件在每根钢筋距端头不小于 500mm 处截取。

c. 拉力试件长度为 $5d_0 + 200$mm。

d. 冷弯试件长度为 $5d_0 + 150$mm。

e. 化学试样采取方法

（a）分析用试屑可采用刨取或钻取方法。采取试屑以前,将表面氧化铁皮除掉。

（b）自轧材整个横截面上刨取或者自不小于截面的 1/2 处对称刨取。

（c）垂直于纵轴线钻取钢屑的,其深度应在钢材轴心处。

（d）供验证分析用钢屑必须有足够的重量。

② 冷拉钢筋:应由不大于 20t 的同级别、同直径冷拉钢筋组成一个验收批,每批中抽取 2 根钢筋,每根取 2 个试样,分别进行拉力和冷弯试验。

③ 钢筋的必试项目

A. 拉力试验(屈服强度、抗拉强度、伸长率)。

B. 冷弯试验(冷拔低碳钢丝为反复弯曲试验)。

C. 化学分样:主要分析硫(S)碳(C)磷(P)锰(Mn)硅(Si)。

D. 钢筋试验的合格判定:钢筋的物理性能和化学成分各项试验。如有一项不符合钢筋的技术要求,则应取双倍试件进行复试,再有一项不合格,则该验收批钢筋判为不合格。不合格的钢筋不得使用,并要有处理报告。

E. 钢筋试验报告单的内容、填制方法和要求

钢筋试验报告单委托单位、工程名称及部位、委托试样编号、试件种类、钢材种类、试验项目、试件代表数量、送样日期、试验委托人,由工地试验员填写。

钢筋试验报告单中试验编号、名项试验的测算数据、试验结论和报告日期,由试验人员依据试验结果填写清楚、准确,试验、计算、审核及负责人员签字要齐全。满足以上要求的试验报告才能生效。

钢筋试验报告单是判定一批材质是否合格的依据,要求做到字迹清楚、项目齐全、准确、真实、无未了项(没有项目写无或划斜杠),试验室的签字盖章齐全。

领取钢筋试验报告单时,应看试验项目是否齐全,必试项目不能缺少,试验应有明确结论和试验编号,签字盖章齐全。要注意看试验单上各试项目数据是否达到规范规定的标准值,是则验收存档,否则及时取双倍试样做复试或报有关人员处理,并将复试合格单或处理结论附于此单后并存档。

4. 砂子与石子

(1) 砂、石有关规定

① 砂石使用前应按产地、品质、规格、批量取样进行试验,内容包括:筛分析、紧密度、表观密度、含泥量、泥块含量。

② 用于配置有特殊要求的混凝土,还需做相应的项目试验。

③ 砂石质量必须合格,应先试验,后使用,还要出厂质量合格证或试验单。需采取技术处理措施的,应满足技术要求,并应经有关技术负责人(签字)批准后,方可使用。

④ 合格证,试(检)验单或记录单的抄件(复印件)应注明原件存放单位,并有抄件人、抄件(复印)单位的签字盖章。

⑤ 砂石应有生产厂家的出厂质量证明书,并应对其品种和出厂日期等检查验收。

⑥ 有下列情况之一者,必须进行复试,混凝土应重新试配。

A. 用于承重结构的砂石。

B. 无出厂证明的。

C. 对砂石质量有怀疑的。

D. 进口砂石。

(2) 砂、石试验的取样方法和数量

① 砂石试验的取样方法和数量:

A. 砂子试验应以同一产地、同一规格、同一进场时间、每400m³ 或 600t 时为一验收批,不足 400m³ 或 600t 时亦按一验收批计算。

B. 每一验收批取试样一组,砂数量为 22kg,石子数量为 40kg(最大粒径为 10、15、20mm)或 80kg(最大粒径 31.5、40mm)。

C. 取样方法。

在料堆上取样时,取样部位均匀分部,取样前先将取样部位表层铲除,然后由各部位抽取大致相等的试样,砂 8 份(每份 11kg 以上),石子 15 份(在料堆的顶部、中部、和底部各由均匀分布的 5 个不同的部位取得),每份 5~10kg(20mm 以下取 5kg 以上,31.5、40mm 取 10kg 以上)搅拌均匀后缩分成一组试样。

从皮带运输机上取样时,应在皮带运输机机尾的出料处,用接料器定时,抽取试样,并由砂 4 份试样(每份 22kg 以上),石子 8 份试样,每份 10~15kg(20mm 以下 10kg,31.5 和 40mm、15kg),搅拌均匀后分成一组试样。

D. 建筑施工企业应按单位工程分别取样。

E. 构件厂,搅拌站应在砂子进厂时取样,并根据储存,使用情况定期复验。

② 砂、石试验的必试项目

A. 筛分析;

B. 密度;

C. 表观密度;

D. 含泥量;

E. 泥块含量。

③ 试验方法及合格判定:

砂、石试验各项达到普通混凝土用砂、石的各项技术要求的为合格。

④ 砂、石试验单的内容,填制方法和要求:

砂、石试验报告单中,委托单位、工程名称、产地及品种、收样日期、代表数量等由试验委托人填写,其他部分由试验室人员依据试验测算结果,填写清楚、准确、齐全并给出明确结论,签字盖章齐全。

砂、石试验报告单是判定一批砂、石材质是否合格的依据,报告单要求做到字迹清楚、项目齐全、准确、真实、无未了项(没有项目写无或划斜杠),试验室的签字盖章齐全。

5.轻集料有关规定

(1) 轻集料(分为工业废料、天然料、人工料)试验

① 轻集料必须检验项目:松散密度、颗粒级配、抗压强度、吸水率、天然轻集料还需检验含泥量。

② 轻砂检验项目:松散密度、颗粒密度、细度模数、吸水率。

③ 轻集料质量检验的各项指标必须满足规定,如不符合要求则复查。复查不合格时,采取改善措施,保证符合使用要求。

(2) 取样

以同一产地、同一品种、同规格轻集料,每 $300m^3$(或 $500m^2$)为一批,不足者,亦为一批论,试样可以从料堆锥体自上到下的不同部位,不同方向 10 个点抽取,但要注意避免抽取离析的面层材料。从袋装料抽取试验时,应从 10 袋的不同位置和高度中抽取,抽取的试样拌合均匀,按四分法缩到试验所需的用料量。

(3) 试验单的内容及填制

试验单的委托单位、工程名称、种类、产地、收样日期、代表数量由委托单位填写,应认真填写清楚,无遗漏、缺陷或错误。试验编号、试验日期、报告日期、试验项目、结论由试验室负责填写,数据应真实,结论要明确,负责人、审核、计算、试验人签字齐全,并加盖试验室印章。

轻集料试验报告单是判定一批轻集料材质是否合格的依据,报告单中要求做到字迹清楚、项目齐全、准确、真实、无未了项、试验室的签字与盖章齐全。

6.砖

(1) 砖的有关规定

① 应及时整理砖的出厂质量合格证和试验报告单,试验单填写要字迹清楚、项目齐全、准确、真实、且无未了事项。

② 砖的出厂质量合格证和试验报告单不允许涂改、伪造、随意抽撤和损毁。

③ 砖质量必须合格,应先试验后使用,有出厂质量合格证或

试验单。需采取技术处理措施的,应满足技术要求并经技术负责人批准后方可使用。

④ 合格证、试(检)验单或记录单的抄件(复印件)应注明原件存放单位,并有抄件人,抄件(复印)单位的签字和盖章。

⑤ 用于承重结构或对其材质有怀疑时,应进行复试(必试项目为强度等级)。

(2) 砖出厂质量证明书的验收和进场砖的外观质量检查

① 出厂质量合格证应由生产厂家质检部门提供,作为砖质量合格的依据,其中品种、强度等级、批量及平均抗压强度、最小抗压强度、抗折强度、试验日期等项目要填写清楚、准确。批量较大时,可做符合要求的抄件或复印件。

② 进场经外观检查的砖,在成品堆垛中抽样,使所取的砖样能均匀分布于该批成品堆垛范围中,并具有代表性,然后抽取。外观检查的砖样为 20 块。

(3) 砖的取样试验及其试验报告

① 砖取样应以同一产地、同一规格。

② 取样数量见表 5-6。

砖 的 取 样 数 量 表 5-6

项　　　目	取样数量(块)		备　　注
	烧 结 砖	非烧结砖	
强度等级	10	10	
冻融	5	5	另备对比 5 块
吸水率和饱和系数	5	5	
泛霜	5	—	
石灰爆裂	5	—	
耐水	—	5	

③ 取样方法

A. 按预先确定好抽样方案在成品堆垛中随机抽取。

B. 试件的外观质量必须符合成品的外观指标。

C．若对试验结果有怀疑时，可加倍抽取试样进行复试。

④ 砖的必试项目及其合格判定

A．砖的必试项目为：强度等级。

B．砖必试项目合格判定：符合砖技术的相应指标为合格，如不合格，应取双倍试样进行复试；如再不合格，该验收批判为不合格。

⑤ 砖试验报告单的内容、填制方法和要求：

砖试验报告单中，委托单位、试验委托人、工程名称及部位、砖种类、强度等级、生产厂、取样编号、取样代表量等应由试验委托人填写，其他部分由试验室人员依据试验测算结果填写，要求清楚、准确。

砖试验报告单是判定一批砖材质是否合格的依据，报告单要求字迹清楚、项目齐全、准确、真实、无未了项、试验室签字、盖章齐全。

7．防水材料的有关规定

（1）水性沥青基防水涂料取样方法和数量

以同一生产厂、同一品种、同一等级的涂料 10t 为一验收批，不足 10t 的，按一批进行抽检。每验收批取样 2kg。

取样方法：在该批中随机抽取整桶样品，逐桶检查外观质量，将取样的整桶样品搅拌均匀后，用取样器在液面上、中、下三个不同水平部位取相同量的样品，进行再混合，搅拌均匀后，装入样品密器中，并做好标志。

必试项目：延伸性、柔韧性、耐热性、不透水性、粘结性、固体含量试验。

（2）聚氨脂防水涂料取样方法及数量

① 以同一生产厂、同一品种、同一进场时间的甲组分，每 5t 为一验收批，不足 5t 亦为一验收批，乙组分按产品重量配比相应增加。

② 每一验收批按产品的配比取样，甲乙组分样品总重为 2kg。

③ 取样方法：在该批中随机抽取整桶样品，抽样的桶数应不

低于根号下 $n/2$,将取样的整桶样品搅拌均匀后,用取样器在液面上、中、下三个不同部位取相同量的样品,进行再混合,搅拌均匀后,装入样品容器中,样品容器应留有约 5%的空隙,密封并做好标志。

④ 必试项目:拉伸强度、断裂时的延伸率、低温柔性、不透水性、固体含量。

(3) 石油沥青油毡取样方法和数量

① 以同一生产厂、同一品种、同一编号、同一等级的产品不超1500 卷为一验收批。

② 取样方法:从每一验收批中随机抽取一卷,切除距外层卷头 2500mm 部分后,顺纵向截取长度为 500mm 的全幅卷材两块,一块做物理性能试验用,另一块备用。

③ 必试项目:拉力试验、耐热度、不透水性、柔度。

(4) 弹性体沥青防水卷材取样方法及数量

① 以同一生产厂,同一品种、同一标号的品种不超过 1000 卷为一验收批,将取样的一卷卷材切除距外层卷头 2500mm 后,顺纵轴切取长为 500mm 的全幅卷材试样二块,一块做物理性能检验试件用,另一块备用。

② 必试项目:拉力试验、断裂延伸率、不透水性、耐热度、柔度。

(5) 三元乙丙防水卷材取样方法及数量

① 以同一生产厂、同一规格、同一等级的卷材,不超 300 卷为一验收批。

② 在一验收批中抽取 3 卷,经规格尺寸和外观质量检验合格后,任取合格卷中的 1 卷,截取端头 300mm 后,纵向截取 1.8m,作为测定厚度和物理性能试验样品。

③ 必试项目:拉伸强度、拉断伸长率、不透水性、低温弯折性。

8.外加剂

(1) 外加剂的有关规定

① 凡本公司施工的工程必须使用持有"北京市建筑材料使用认证书"的防冻剂,严禁使用未经认证和产品包装未加贴防伪认证标志的防冻剂产品。

② 外加剂必须有厂家的质量证明书,包括:厂名、品名、包装、质量、出场日期、性能和使用说明,使用前应进行性能试验。

③ 及时整理外加剂出厂质量合格证和试验报告单,试验单填写做到字迹清楚,项目齐全、准确、真实、无未了项。

④ 外加剂出厂质量合格证和试验报告单不允许涂改、伪造、随意抽撤或损毁。

⑤ 外加剂质量必须合格,应先试验后使用,要有出厂质量合格证或试验单。需采取技术处理措施的,应满足技术要求并应经技术负责人批准(签字)后方可使用。

⑥ 合格证、试(检)验单或记录单的抄件(复印件)应注明原件存放单位,并有抄件人,抄件(复印件)单位的签字和盖章。

(2) 外加剂出厂质量合格证的验收和进场产品的外观检查

① 外加剂进场必须有生产厂家的质量证明书,其中厂名、产品名称及型号、包装质量、出厂日期、主要特性及成份、适用范围及适宜掺量,性能检验合格证(均匀性指标及掺外加剂混凝土性能指标)、储存条件及有效期、使用方法及注意事项等项要填写清楚。准确、完整。应附"北京市建筑材料试用人证书"复印件。确认外加剂产品与质量合格证物件相符合。摘取一份防伪认证标志,附贴于产品出厂质量合格证上,归档保存。

② 进场产品的外观检查

首先是确认防伪认证标志,然后对照产品出厂质量合格证书检查产品的包装有无防潮、变质、超过有效期限,并抽测重量。

(3) 外加剂的试验及试验报告

① 试验项目及其所需试件的制作和数量

外加剂使用前必须进行性能试验,并有试验报告和掺外加剂普通混凝土(砂浆)的配合比通知单。

混凝土试件制作及养护参照《普通混凝土拌合物性能标准试

验方法》进行，但混凝土预养温度为 20±3℃。

② 外加剂试验报告的内容、填制方法和要求

委托单位、委托人、工程名称、用途、样品名称、产地、厂别、试样收到日期、要求试验项目等由试验委托人填写；其他部分由试验室人员依据试验测算结果填写清楚、准确、完整。

领取外加剂试验报告单时，应验看要求试验项目是否试验齐全，各项试验数据是否达到规范规定值和设计要求，结论要明确，试验室编号、签字、盖章要齐全。

（4）粉煤灰取样方法及数量

① 以 200t 相同等级、同厂别的粉煤灰为一批，不足 200t 时亦为一验收批，粉煤灰的计量按干灰（含水率小于 1%）重量计算。

散装取样：从不同部位取 15 份试样，每份试样 1~3kg，混合拌匀，按四分法缩取比试验需用量大一倍的试样（称为平均试样）。

袋装粉煤灰取样：从每批中抽 10 袋，并从每袋中各取试样不小于 1kg，混合拌匀，按四分法缩取比试验所需量大一倍的试样（称为平均试样）。

② 细度、烧失量、需水量比。

9. 施工试验

（1）回填土

① 回填土取样数量

A. 柱基，抽查柱基的 10%，但不少于 5 点。

B. 基槽管沟，每层按长度 20~50m 取 1 点，但不少于 1 点。

C. 基坑，每层 100~500m² 取 1 点，但不少于 1 点。

D. 挖方、填方、每 100~500m² 取 1 点，但不少于 1 点。

E. 场地平整，每 400~900mm² 取 1 点，但不少于 1 点。

F. 排水沟，每层长度 20~50m 取 1 点，但不少于 1 点。

G. 地（路）面基层，每层按 100~500m² 取一点，但不少于 1 点。各层取样点应绘制取样平面位置图，标清各层取样点位。

② 取样方法：

A. 环刀法：每层进行检验，应在夯实层下半部用环刀取样。

B. 罐砂法：用于级配砂石回填或不宜用环刀法取样的工质。

③ 试验

A. 必试项目：干密度。

B. 环刀法试验：在环刀内壁涂一薄层凡士林,刀口向下放在土样上,将环刀垂直下压,并用切土刀沿环刀外侧削土样,边压边削,至土样高出环刀,用钢丝锯整平环刀两端土样,擦净环刀外壁,称环刀和土的总质量,并取出土测定含水量。

C. 罐砂法试验

a. 根据试样最大粒径按规范要求选定试坑尺寸。

b. 将选定的试坑地面整平。

c. 按确定的坑直径划出试坑口轮廓线,在轮廓线内下挖至要求深度,将落于坑内的试样装入盛土容器中,称试样质量,精确至5g,并测定含水量。

d. 容砂瓶内注满砂,称密度测定器和砂的总质量。

e. 将密度测定器倒置于挖好的坑口上,打开阀门,标准砂注入试坑,当注满试坑时,关闭阀门,称密度测定器和余砂的总质量,并计算注满试坑所用的标准砂质量,在注砂过程中不应震动。

④ 试验报告

A. 填写。土壤干密度试验报告表中委托单位、工程名称、施工部位、填土种类、要求最小干密度,应由施工单位填写清楚、齐全,步数(层数)、取样位置草图由取样单位填写清楚。

B. 收验、存档。领取试验报告时,应检查报告是否字迹清晰、无涂改、有明确结论,试验室盖章、签字齐全,如有不符合要求的应由试验室补齐,涂改处盖试验章,注明原因,不得遗失,试验报告取回后应归档保存好,以备查验。

C. 合格判定。填土压实后的干密度,应有 90% 以上符合设计要求,其余 10% 的最低值与设计值的差,不得大于 $0.08g/cm^3$,且不得集中。

试验结果不合格,应立即上报领导及有关部门及时处理。试验报告不得抽撤,应在其上注明如何处理,并附处理合格证明,一

144

起存档。

(2) 砌筑砂浆

① 试配申请和配合比通知单

砌筑砂浆的配合比都应经试配确定,现场试验员应从现场抽取原材料试样,根据设计要求向有资质的试验室提供试配申请,由试验室通过试配来确定砂浆的配合比,砂浆的配合比应采用重量比。

② 砌筑砂浆原材料的要求

A. 水泥:应有出厂合格证明。

B. 砂:砌筑砂浆用砂宜采用中砂,应过筛,不得含有草根等杂物。

C. 石灰膏:砌筑砂浆用石灰膏应由生石灰充分熟化而成,熟化时间不得少于 7d。

D. 水:拌制砂浆的水应采取不含有害物质的纯净水。

③ 配合比通知单是由试配单位根据试验结果选配最佳配合比填写签发的,施工中要严格按配合比计量施工,施工单位不能随意变更,配合比通知单应字迹清晰、无涂改、签字齐全等,施工单位应验看,并注意通知单上的备注和说明。

④ 必试项目、试验及养护

A. 稠度试验:将拌合好的砂浆一次注入稠度测定仪的筒内,砂浆表面约低于筒口 10mm,向下移动滑杆使锥体尖端与砂浆表面接触,固定滑杆,调整零点,然后放松旋钮,使圆锥体自由落入砂浆中待 10s 后,从刻度盘上读出下沉距离,(精确至 1mm)即为砂浆稠度。

B. 抗压强度试块制作:在专用试模的内外壁,涂刷薄层机油或脱模剂,向试模内注入砂浆至高出试模 6~8mm,当砂浆表面开始出现麻斑状态时,将高出部分削去抹平。

C. 养护:试件在 20±5℃环境停置 24±2h 拆模,拆模前要先编号,写上施工单位、工程名称及部位、强度等级、制模日期,标养试块移至标养室 28d,送压。同条件的要在施工地点养护。

⑤ 抗压试验报告

A．试块留置：砌筑砂浆以同一强度等级、同一配合比、同种原材料，每一楼层(基础可按一个楼层计)为一取样单位，砌筑超过250m³，以每250m³为一取样单位，余者亦为一取样单位。每一取样单位标准养护试块的留置组数不得少于一组(每组六块)，还应制作同条件养护试块、备用试块各一组。试样要有代表性，每组试块(包括相对应的同条件养护试块和备用试块)的试样必须取自同一次拌制的砌筑砂浆拌合物。

B．砂浆试块试压报告

砂浆试块试压报告单中，上半部项目应由施工单位填写齐全、清楚，施工中没有的项目应划斜线或填写"无"。

其中工程名称及部位要写详细、具体，配合比要依据配比通知单填写，水泥品种及强度等级、砂子产地、细度模数、掺和料及外加剂要据实填写，并和原材料试验单、配合比通知单符合。作为强度评定的试块，必须是标准养护28d的试块，龄期28d不能迟或早，要推算准确试压日期，填写在要求试压日期栏内，交试验室试验。领取试压报告时，应验看报告是否字迹清晰、无涂改、签章齐全、结论明确、试压日期与要求试压日期是否符合、同组试块抗压强度的离散性和达到设计强度的百分数是否符合规范要求，合格者存档，否则应通知有关部门和单位处理或更正后再归档保存。

(3) 混凝土配合比申请单和配合比通知单

凡工程结构用混凝土，应有配合比申请单和试验室签发的配合比通知单。如果施工中主要材料有变化，应重新申请试配。

① 试配的申请：工程结构需要的混凝土配合比，必须经有资质的试验室通过计算和试配来决定，配合比要用重量比。

② 取样：应从现场取样，一般水泥50kg、砂80kg、石子150kg，有抗渗要求时加倍。

③ 混凝土配合比申请单：混凝土配合比申请单中的项目都应填写，不要有空项，没有的项目填写"无"或划斜杠，混凝土配合比申请单至少一式三份，其中工程名称要具体，注明施工部位。

④ 配合比通知单

由试验室试配。选取最佳配合比填写签发,在施工中要严格按此配合比计量施工,不得随意修改。领取配合比通知单后,要验看是否字迹清晰、签章齐全、无涂改、与申请要求符合,并注意配合比通知单上的备注说明。

混凝土配合比申请单及通知单是混凝土施工试验的一项重要资料,要归档妥善保存,不得遗失、损坏。

⑤ 混凝土必试项目及试验、养护

A. 稠度试验、强度试验。

B. 试块的标准养护:采用标准养护的试块成形后应覆盖其表面,以防止水分蒸发,并在温度为 20±5℃ 情况下,静置一昼夜至两昼夜,然后编号、拆模。拆模后的试块应立即放在温度为 20±3℃,湿度为 90% 以上的标准养护室中养护,无标准养护室时,混凝土试块可在温度为 20±3℃ 的不流动水中养护。同条件养护的试块成形后应覆盖其表面。标养试块拆模后,不仅要编号,而且各试块上要写清混凝土强度等级,代表的工程部位和制作日期。

⑥ 混凝土试验资料包括混凝土配合比申请单、混凝土配合比通知单、混凝土试件试压报告、混凝土试件抗压强度统计评定表、预拌混凝土出厂合格证、防水混凝土的配合比申请单、通知单、防水混凝土抗渗试验报告、有特殊要求混凝土的专项试验报告。

(4) 钢筋焊接试验的必试项目

① 按焊接种类划分

A. 点焊:抗剪试验、抗拉试验。

B. 闪光对焊:抗拉试验、冷弯试验。

C. 电弧焊接头:抗拉试验。

D. 电渣压力焊:抗拉试验。

E. 预埋件 T 形接头埋弧压力焊:抗拉试验。

F. 钢筋气压焊:抗拉试验、冷弯试验。

② 焊接钢筋试件的取样方法和数量

A. 点焊

a. 凡钢筋级别、规格、尺寸均相同的焊接制品,即为同一类型制品,同一类型制品每 200 件为一验收批。

b. 热轧钢筋点焊,每批取一组试件(每组 3 个)做抗剪试验。

c. 冷轧低碳钢丝点焊,每批取 2 组试件(每组 3 个),其中一组做抗剪试验,另一组对较小直径钢丝做拉伸试验。

d. 取样方法:试样应从每批成品中切取;试件应从外观检查合格的成品中切取。

B. 钢筋电弧焊接头

a. 钢筋加工单位:同一焊工、同一钢筋级别和规格、同一类型接头、同一焊接参数,每 300 个接头为一验收批,不足 300 个接头时,按一批计算。

b. 每一验收批取样一组(3 个试件)进行拉力试验。

c. 取样方法:试件应从每批成品中切取;对于装配结构节点的钢筋焊接接头,可按生产条件制作模拟试件;模拟试验结果不符合要求时,复验应从成品中切取试件,其数量与初试时相同。

C. 钢筋闪光对焊接头

a. 钢筋加工单位:同一工作班、同一焊工、同一钢筋级别和规格、同一焊接参数,每 200 个接头,作为一个验收批,不足 200 个接头时亦按一批计算。

b. 施工现场:每单位工程同一焊工,同一钢筋级别、规格,同一焊接参数,每 200 个接头算一验收批,不足 200 个接头时亦按一批计算。

c. 每一验收批中,取样一组(3 个拉力试件,3 个弯曲试件)

d. 取样方法:试件应从每批成品中切取;焊接等长的预应力钢筋,可按生产条件制作模拟试件;模拟试验结果不符合要求时,复验应从成品中切取试件,取样数量和要求与初试时相同。

D. 钢筋电渣压力焊

a. 在一般构筑物中,同钢筋级别与同规格的同类型接头,每 300 个接头为一验收批,不足 300 个接头时,亦按一批计算。

b. 在现浇钢筋混凝土的框架结构中,每一楼层的同一钢筋级

别,同一规格的同类型接头,每300个接头为一验收批,不足300个接头时按一验收批计算。

c.每一验收批取试样一组(3个试件),进行拉力试验。

d.取样方法:试件应从成品中切取不得做模拟试件;若试验结果不符合要求时,应取双倍数量的试件进行复试。

E.预埋件钢筋T形接头埋弧压力焊

a.同一工作班内,以每300件同类型接头为一验收批,不足300件亦按一批计算。

b.一周内连续焊接时,可以累计计算,每300件同类产品为一验收批,不足300件时,亦按一批计算。

c.每一验收批取试样一组(3个试件),进行拉力试验。

d.取样方法:试件应从每批成品中切取,若从成品中取的试件尺寸过小,不能满足试验要求时,可按生产条件制作模拟试件,试验结果不符合要求时,应取双倍数量的试件进行复验。

F.钢筋气压焊

检验方法为200个接头为一批,不足200个仍为一批。每批接头切取6个试件,做强度试验和冷弯试验、强度试验,若有一个试件不符合要求,应取双倍试样进行试验。若仍有一个试件不合格,则该批接头判为不合格品。

③ 钢筋焊接试验报告

钢筋焊接试验报告中,上部分内容应由施工生产单位按实际情况填写齐全,不要有空项,其余部分由试验室填写。

④ 施工现场应具备仪器

A.试块用混凝土试模及数量

抗压用 150mm × 150mm × 150mm 至少 4 组,100mm × 100mm×100mm 至少 4 组。

抗渗用(顶面×底面×高)175mm×185mm×150mm 至少 2 组。

抗压用 70.7mm×70.7mm×70.7mm 至少 4 组。

B.环刀

体积有 60cm³ 和 100cm³ 两种规格。其直径×高分别为：100cm³ 为 80mm×20mm 及 60cm³ 为 62mm×20mm 至少 5 个。

C．坍落度筒

上口直径 100mm，下口直径 200mm，筒高 300mm，上部左右有提手，下部有踏脚板，振捣棒直径 16mm，长 600mm，头部半球形。

D．SC-145 砂浆稠度仪 1 台。

E．天平：称量 500g，感量 0.1g1 台；称量 200g，感量 0.01g1 台。

F．其他：削工刀、铝盒、刷子若干。

⑤ 施工现场标养室

为满足施工现场试块的标准养护条件(温度 20±3℃，湿度≥90%)，需要建立施工现场标养室。夏季采用喷水降温，冬季采用电炉加热。

5.6 冬期施工管理

1. 北京地区冬期施工气温特点和阶段划分

(1) 按照混凝土结构工程施工及验收规范的规定，凡室外日平均气温连续 5 天稳定低于 5℃，即进入冬期施工。

① 初冬阶段施工：平均温度为 0°左右，最低气温在 -5℃ 左右，为初冬阶段施工，此阶段采用地蓄热法施工。

② 严冬阶段施工：平均温度 -5℃ 左右，最低气温在 -10℃ 左右为严冬阶段施工，此阶段采用高蓄热法施工。

③ 寒流阶段施工：平均气温在 -10℃ 左右，最低气温可达 -16℃ 时为寒流阶段施工，此阶段除采用高蓄热法施工外，还要加强保温措施。

(2) 在次年初春连续 7 昼夜不出现负温度，冬期施工转入常温施工。

2．冬期施工准备及要求

（1）项目部要在冬期到来以前编制好冬期施工方案,报公司技术部门审核,公司总工程师审批,批准后实施。

（2）冬期到来前要做好外加剂购进计划,由公司采购部门取得样品,转公司技术部门负责试验,并写出质量报告后,方可购进使用。

（3）公司技术部门必须做好冬期施工特殊工种的培训工作,培训合格后方可上岗,要在冬期施工前完成。

（4）施工现场要做好搅拌站的封闭,封闭材料要保证防寒要求,搅拌站入冬前必须准备好加热水箱和锅炉等设备。

（5）由公司设备部门与劳动局联系,做好冬期施工锅炉的年检,并做出安全鉴定。

（6）做好施工现场各种露明水管、消火栓的保温。

3．混凝土工程冬期施工技术要点

（1）混凝土受冻的临界强度,硅酸盐水泥或普通硅酸盐水泥配置的混凝土为设计强度等级的 30％,矿渣硅酸盐水泥配置的混凝土为设计强度等级的 40％。

（2）在冬期浇筑混凝土各类外加剂的使用,要符合国家标准《混凝土外加剂应用技术规范》中的规定。

（3）混凝土冬期施工的养护原则是要全面推广综合蓄热法施工。综合蓄热法的基本措施。

① 保护混凝土初温措施,主要控制以下三个环节:

A．混凝土的出机温度,在冬期施工中,混凝土要使用热水搅拌,强度等级低于 52.5 的普通硅酸盐水泥、矿渣硅酸盐水泥水加热温度不大于 80℃。

B．混凝土装卸运输的热损失,现场混凝土搅拌,一般直接采用混凝土输送泵直接输送到作业面,所以冬期到来前要做好输送泵泵管的保温措施。

C．混凝土浇筑热损失,在混凝土浇筑完后,要及时做好覆盖和短时加热措施。

② 常用模板的保温措施：

A．当前常用的大钢模和组合钢模板的保温做法是在模板背面镶装聚苯乙烯泡沫板和四周包裹岩棉被的方法来实现对构件、墙体的保温。

B．顶板模板采用短时加热措施。

③ 混凝土的养护保温措施：

在冬期施工中，混凝土拆模后要及时涂刷养护剂，并及时用塑料薄膜包裹。在严冬气候下，要多包裹 1～层岩棉被，顶板在浇筑完混凝土后就要及时覆盖和加热。

④ 防冻早强剂必须选用有市建委"实用认证书"的产品，对所选用的外加剂要经过试验，配比一律由试验室下发，施工者不得擅自使用。

⑤ 钢筋的锥螺纹加工时要采用水溶性切削润滑液。当气温低于 0℃时，还要掺入 15%～20%亚硝酸钠，必须保证钢筋丝头及连接套螺纹的干净和完好无损。

4. 一般工程冬期施工技术措施

（1）土方与基础工程：

① 在冬期开工的基础工程，要在上冻前开挖，开挖后的基槽要及时覆盖草帘保温，并有切实的防火措施。如不能在上冻前开挖的工程采取松土保温措施，厚度不小于 30cm。

② 基础结构不能与垫层连续进行时，必须考虑负温对地基的冻害影响。在基础施工未进行前，垫层的保温层不要揭去，防止地基受冻。

③ 回填土要用 50mm 筛孔过筛，随下随夯，下班前做好覆盖保温，当气温低于 -10℃时不要施工。

④ 冬期挖方要按规定方坡，并保持边坡平直，防止反复冻融，分层脱落。

⑤ 入冬前做好土壤防冻保温，确保桩位土壤不受冻。

（2）砌筑工程：

① 空心砖在负温下砌筑时不要浇水，但要加大砂浆稠度，稠

度一般控制在 10~12cm,砖在砌筑前表面不准有冰霜。

② 冬期施工砌筑工程要采用防冻砂浆,掺加防冻剂,砂浆上墙温度不准低于+5℃,为保证砂浆温度,要用热水搅拌,且水温不高于 80℃。

③ 冬期砌筑时,每日砌筑后要覆盖保温。

(3) 抹灰及装饰工程:

① 室内抹灰要采用热做法,确保施工温度在 5℃ 以上,砂浆禁止掺盐。并要保证持续 10d,+5℃ 以上室温,才可以停止供热。

② 室外抹灰砂浆不准低于+5℃上墙,为此必须采用热水拌合。

(4) 防水工程

卷材防水屋面冬季施工时,要选择风和日暖的晴天,气温不要低于+5℃,铺贴防水的基层要有一定的强度和干燥程度,铺前要做粘接试验。

(5) 水暖工程

凡竣工工程楼内不能通暖时,卫生设备、采暖设备试水后必须把内部及存水弯中的水放净,避免冻胀。

(6) 管道工程

① 管道接口采取如下措施

A. 给水管道石棉水泥接口,温水拌合,水温不小于 50℃,膨胀水泥用 35℃ 热水拌砂浆。在工程施工中,气温低于-5℃ 以下,应采取防冻措施,回填不冻土保温。

B. 排水管道用水泥砂浆接口时,用热水 35~70℃,砂子加温不超过 40℃,施工好的接口要覆盖养护。

C. 钢管电弧焊接口在负温下施工时,管子焊接应当在预热后施焊,预热宽度为 2~3cm,焊完后禁止击打,管道接口合龙焊接要在正温进行。

② 冬期进行水压试验,采取如下防冻措施

A. 管身进行胸腔回填土,可以适当填高,有暴露管接口和管段要进行覆盖,以防冻坏。

B. 水试压临时管线均用保温材料缠包,有截门的地方也要缠包,试验要做到及时供水、打压、试验完毕,把水全部放净,避免冻坏设备。

C. 气温较低、管径较小、试水压较小时,为防止产生冻结,特殊情况下,经允许在水中掺少量食盐防冻(一般情况下不要用食盐),打压完后用清水冲洗管道。

5. 冬期施工质量控制

(1) 冬期施工中必须对钢筋加强管理和质量检查,钢筋在加工运输过程中必须防止刻痕或碰伤,要清理钢筋表面的冰雪和污垢。

(2) 冬期施工期间,必须控制好外加剂的加量,施工现场由试验员负责,将外加剂称量和装袋,在打混凝土开盘后设专人负责添加。

(3) 施工现场由试验员负责测量混凝土的出机、入模和养护温度,填写测温记录并计算验证是否符合要求,出现异常现象要及时上报项目经理采取对策,确保工程质量。

(4) 混凝土试块除按常温下留置外,还要增设二组与结构混凝土同条件养护试块。

6. 冬期施工技术管理及安全消防要求

(1) 冬期施工方案的编制要求

① 公司各项目部要在冬期到来前 1 个月编制施工方案,并报公司技术部门审核,公司总工审批。批准后项目部要严格按施工方案的要求,提前开展各项准备工作。

② 冬期施工方案的内容包括编制依据、工程概况、施工准备和材料设备的供应计划、主要项目施工方法、测温制度、工程质量保证措施和安全措施。

③ 冬期施工方案的重点是解决具体的保温养护措施,热工计算和质量保证措施,必要时要有附图说明。

(2) 将各种测温记录和测温孔平面图及时归类汇总。

(3) 冬期施工混凝土试块,每次做不少于四组,两组做标准养护,(其中一组备用),两组做同条件养护(一组做检验受冻前的强度是否达到临界强度要求,另一组用以检验转入常温 28d 养护强度)。

(4) 冬期施工测温管理

① 各项目部由试验员负责冬期施工的测温工作,并于测温前由公司技术部门组织测温培训、经考试合格、才能上岗。

② 项目部要为试验员的工作创造条件,备齐必要的工具,主要工具有:测温百叶窗(规格不小于 300mm×300mm×400mm,安装于建筑物 10m 以外,距地 1.5m), -20~100℃ 的棒式温度计,测温白铁管等。

③ 冬季施工测温范围及次数

A.大气温度、环境温度每昼夜 6 次。

B.水泥、水、砂、石等原材料温度,每工作班 2~4 次。

C.混凝土或砂浆出机温度、入模或上墙温度每工作班 2~4次。

D.混凝土养护测温,在强度未达到 3.5MPa 以前,每 2h 测定一次,达到以后每 6h 测定一次。

E.砌砖、室内抹灰的环境温度,每工作班 2 次。

④ 施工现场技术负责人要对测温的结构预先绘制平面图或立面图,对各个测温孔进行编号,交试验员施测。

⑤ 测温孔的设置,要选择测温变化大,容易散失热量,构件易受冻的部位,测温孔口不要迎风设置,测温后的孔口用棉花堵塞。

⑥ 测温孔的设置部位,梁内测温孔要垂直于梁轴设置,孔深为梁高的 1/3。板内测温孔要垂直于板面设置,孔深为板厚的 1/3~1/2,并不小于 5cm。平面数量按每 20~25m² 一个。墙柱测温孔一般与水平面成 30°夹角。

⑦ 测温试验员和技术负责人的职责:

A.试验员要根据技术负责人布置,完成每日应测的点位和次数。

B.试验员要对测温资料的准确性负责。

C. 技术负责人及时汇总测温记录,核对混凝强度增长情况,为施工拆模提供技术依据。

D. 技术负责人要对冬施技术措施的各个环境负责,写出书面交底材料。

E. 技术负责人应经常了解混凝土的温度情况,对不能保证规范规定的温度要及时向施工负责人反映,并提出解决措施。

⑧ 施工现场对外加剂的掺配要指定专人负责,冬施前公司技术部门,要完成对外加剂掺配人员的培训和考试。

⑨ 施工现场技术负责人和掺配人员要了解所使用的各种外加剂的性能和保管要求。

⑩ 掺外加剂要设专人计量,按试验室配比,分装小袋。

⑪ 加外加剂的混凝土要根据外加剂说明书延长搅拌时间,无具体要求者,湿掺不少于 2 分钟,干掺不少于 3 分钟。

(5) 冬期施工安全防火要求

① 土方开挖严禁在冻土层下掏挖取土。

② 冬期施工锅炉要在入冬前,由设备部门同当地劳动局完成锅炉年检,锅炉在生火前,要对锅炉的阀门、水管、汽管、压力表、安全阀、水表等进行全面检查。司炉人员必须由当地劳动局专门培训,并持有上岗操作证的人员担任。

③ 不同性质的外加剂要分类堆放。有毒品或可能引起其他灾害的物品,要根据使用说明书,单独存放,由施工现场库官员专门管理。

④ 脚手架要及时清扫积雪,斜道要设防滑条,施工现场由安全员成立脚手架检查小组,随时对脚手架进行全面检查。

⑤ 高处作业人员不准穿硬底及带钉的鞋,力求衣着灵便,所有高处作业人员要系好安全带。

⑥ 施工现场要对易燃物品专门堆放,易燃物品堆放区和施工现场要设置足够的消防器材。

⑦ 现场所有消火栓要设明显的标志,消火栓附近不准堆积物件,地上消火栓,要在入冬前做好保温措施,现场设消防水箱和消

防水泵,保证消火栓的用水水源,并在入冬前做好保温。

(6) 冬期施工必须符合《建筑工程冬期施工规程》JGJ 104 规定。

5.7 雨期施工技术管理

1. 总则

(1) 为保证雨期施工的工程质量和施工安全,雨施前要认真编制《雨季施工方案》,报公司技术部门审核,公司总工审批,批准后实施。

(2) 雨施期间,要随时掌握气象情况,重大吊装、高空作业、大体积混凝土浇筑等都要事先了解气象预报,确保作业安全和保证混凝土质量。

2. 道路与场地

(1) 施工现场的主要道路,结合设计中的正式道路来布置,按正式道路标准提前安排施工。

(2) 如不能利用正式道路时,主要暂设道路应将路基碾压坚实,做好硬化及排水设施,确保雨季道路畅通。

(3) 在做施工技术准备时,应根据工程场地地形设置综合排水设施,确保防洪、排涝和施工废水的排除。

(4) 防止四邻地区的水流入场地,排水沟坡度不小于 5‰。

(5) 现场所有场地都应分层碾压密实,严禁积水,防止雨季下沉。

3. 临时设施

(1) 现场临时设施的搭设,要做好雨期的防漏、避雷等措施。

(2) 雨季到来前,应对各类仓库、变配电室、机具料棚、食堂、宿舍(包括电气线路)等进行全面检查,加固补漏。

4. 脚手架

(1) 各类脚手架都必须严格按照《钢管脚手架安全技术规范》(GBJ 130—2001)进行设计、搭设,搭设完的脚手架,必须经过现场安全员验收,方可使用,如架子未经验收就已使用,对直接责任人进行罚款和安全教育。

（2）雨期施工前,要对各类脚手架进行全面检查。

（3）雨期施工前,要对各类架子的防洪排水设施进行清理和修复,确保排水有效。

（4）雨期施工中,要对各类架子区域的根部及建筑物拉接牢固情况进行检查,确保垫设位置正确,平稳牢固。

（5）雨期施工中,要经常检查脚手板,尤其是斜坡道的脚手板及防滑条,确保架板稳固。

（6）施工现场高型架子,要有防雷保护设施,防雷地线的电阻应不大于 4Ω。

（7）现场要成立检查小组,由安全员负责,在大风、大雨后必须进行全面检查,做出记录。

5．土方与基础工程

（1）土方与基础工程赶在雨季施工时,要编制切实可行的施工方案、技术质量措施和安全技术措施。报公司技术部门审核,公司总工审批,批准后执行。土方开挖前要准备好防洪器材和排水机械设备。

（2）挖土前要在工作区域四周做好挡水埂、排水沟,防止区域以外的水流入基槽,土方开挖要从上到下分层分段依次进行,随时做成一定坡势,以利集水外排,基底成型时,要在基层,同时做好排水沟、集水井等抽排系统。

（3）雨期施工中,要严防滑坡和边坡塌方,边坡坡度应比常规施工时适当减缓,堆放材料与坑边的距离,干燥密实土不小于2.5m,松软土不小于 4m,下雨时要随时检查支撑和边坡情况,防止浸水滑坡塌方。

（4）要严防基底浸水引起地基土结构的破坏,清底时要根据基底土质情况预留适当厚度的覆盖土层以防雨淋。

（5）混凝土基础施工时必须随时准备遮盖挡雨和排出积水,以防雨水浸泡、冲刷、影响质量,箱形基础、筏形基础的底板上,要

158

增设基水坑。

（6）桩基施工前，要平整场地，钻孔桩基础要随钻、随盖、随灌混凝土，每日下班前不宜留有桩孔，以防止灌水塌孔。

（7）回填土应在晴天进行，要严格控制土的含水量，必要时可预存一部分干土，使其能达到要求的含水量和密实度。

6．砌筑工程

（1）雨期施工期间要严格控制砂浆的稠度，受雨冲刷而失浆的砂浆，要加灰搅拌后才能使用。

（2）雨期施工期间，砌筑前要检测各种砖或砌块的含水率，黏土空心砖的含水率为15%。

（3）雨期施工期间每日收工时，要覆盖砌体表面，防止突然降雨冲走砂浆。

（4）下雨时，禁止露天砌筑作业，在小雨中必须砌筑时，要减小砂浆稠度，每天砌筑高度不要超过1.2m。

7．混凝土工程

（1）雨期施工期间，要检测砂、石含水率，并调整施工配合比的加水量，严格控制塌落度，确保混凝土的强度。

（2）下雨时，已入模振捣成形的混凝土，要及时覆盖，防止受雨水冲淋。

（3）合模后如不能及时浇筑混凝土，要在模板上口加以覆盖，防止模内积水和水溶性脱模剂被雨水冲刷而流失影响脱模及混凝土表面质量。

（4）在浇筑混凝土时，若突然遇雨，要在梁、板的1/3或2/3处做好临时施工缝。雨后继续施工时，要在结合部位涂抹砂浆后再进行浇筑。

（5）在雨季施工中，现场钢筋原材、成品钢筋必须架空放置，并加以覆盖，防止钢筋锈蚀而影响工程质量。

8．吊装工程

雨期塔吊使用前必须检查避雷及接地、接零保护是否有效，雨后必须及时检查塔吊基础的沉降情况。

9. 屋面工程

（1）屋面工程施工时，要抢晴天施工，严禁在雨中进行防水施工作业。

（2）在铺贴防水层时，做好找平层含水率的测试和粘结试验，以确保防水层铺粘质量。

（3）凡穿越保温层、找平层的孔洞，要做好临时封闭遮盖。

（4）雨水斗、水落管等应争取及早安装，以防止屋面雨水向外墙冲刷，污染外装修。

10. 装饰工程

（1）室外抹灰和饰面镶贴要随时准备遮挡，防止突然降雨冲刷。

（2）各种门窗、细木制品、石膏线条、纸面石膏板、石膏覆面复合板以及其他轻质隔墙材料严禁雨淋、浸水或受潮。

（3）大理石、花岗岩等天然石材，存放时要避免水浸，以防止泛黄污染。

（4）外墙涂料要在晴天组织施工，认真测定基层含水率，以防质量隐患。

11. 暖、卫、煤气、电工程

（1）地下的暖、卫、煤气、电工程，为防止沟槽灌水，要做好防洪排水设施，准备好抽排机具，暖沟进户口要设置临时挡水封闭。

（2）通过屋面的暖、卫、煤气、电等立管，在施工中要随时做好管口临时遮挡封闭。

（3）高层建筑在结构完成后要及时做好避雷设施。

（4）电气安装管内穿线以前，应从上往下对管路吹扫，防止管内存有积水。

12. 材料、构件储存及保管

（1）各种材质的门窗及其配件、细木制品等要在干燥场所存放，雨期施工期间要水平放置，下面垫好调平的垫木，距地不小于40cm，叠放高度不要超过1.8m。

（2）砂子、石子、陶粒等松散材料，堆放周围要加以维护，并设置排水沟。

(3) 空心砖、加气混凝土块和各种砌块的码放场地不得积水,多孔轻质,吸水性强的块材,码放后要覆盖。

(4) 珍珠岩、膨胀蛭石,石膏粉和其他有防水、防潮要求的材料,要放在干燥环境的料棚内。

(5) 各种混凝土构件的存放场地,一定要碾压坚实,周围做好排水设施,垫木要支垫平整、牢固。

(6) 空心构件孔内存水时,安装前要排除存水,已安装的空心楼板,因水、电安装剔凿的孔洞必须及时补好或临时遮挡。

(7) 电石、油类、化学品、易燃易爆品等,要设专人保管,每天进行全面检查。

13. 机械设备

(1) 现场机械设备操作棚,必须搭设牢固,防止漏雨、溯雨和积水。

(2) 用电的机械设备要做好接地、接零保护装置,保护接地不大于 4Ω,防雷接地不大于 10Ω。

(3) 电动机械设备和手持式电动工具,都要安装漏电保护器,漏电保护器的容量要与机械设备的容量相符,并要单机专用。

(4) 塔吊基础要做好排水管道,防止积水下沉。

(5) 立塔的同时要做好安全接地装置。

14. 电气设备

(1) 现场用电必须按照《施工现场临时用电安全技术规范》的规定实施。

(2) 在雨期施工前,要对现场所有动力及照明线路,供配电,电气设施进行一次全面检查。

(3) 配电箱、电闸箱等要采取防雨、防潮、防淹、防雷等措施,并要经常检查和摇测。

(4) 各种电气动力设备必须经常进行绝缘,接地、接零保护的摇测,严禁带隐患运行,动力设备的接地线不得与避雷地线在一起。

(5) 线路架设及避雷系统敷设时,严禁在雷电、降雨天气中作业。

5.8　技术资料管理

1. 总则

(1) 本规定适用于工业与民用建筑工程,在北京地区施工时遵照执行。

(2) 在施工过程中,存档的各种图纸、表格、文字、技术交底、变更、洽商等,技术文件资料是评定施工单位的重要依据,也是评定工程质量、竣工核验的重要依据。

(3) 本规定未尽事宜按照建筑安装工程技术资料管理规定执行。

2. 施工技术资料主要内容

(1) 建筑工程单位工程竣工、施工技术资料项目

① 施工审批手续,包括开工审批手续、地质勘探报告、施工许可证。

② 施工组织设计、施工方案、设计方案审批手续,在审批当中检查的各种记录。

③ 施工技术交底,本公司实行谁交底谁负责的原则。

④ 原材料、半成品、成品出厂质量证明、检验报告:

A. 钢筋出厂质量证明书(合格证、检验报告);

B. 钢筋试验报告;

C. 水泥出厂质量证明书;

D. 水泥试验报告单;

E. 砂、石试验报告单;

F. 砖出厂质量证明书;

G. 砖试验报告单;

H. 焊条、焊药(剂)、合格证;

I. 结构用钢材及配件出厂质量证明书;

J．结构用钢材试验报告单；

　　K．防水材料出厂质量证明书、产品鉴定书、使用认证书；

　　L．防水材料复试报告单；

　　M．预制构件、配件、合格证；

　　N．混凝土外加剂出厂合格证、产品鉴定书、使用认证书；

　　O．混凝土外加剂性能试验报告。

　　⑤ 施工试验记录：

　　A．回填土、灰土、砂和砂石，无机混合料试验报告单及回填施工密实度、检验记录；

　　B．砌筑砂浆配合比通知单；

　　C．砌筑砂浆试验报告单；

　　D．混凝土配合比通知单；

　　E．混凝土试压报告单；

　　F．混凝土强度统计评定表；

　　G．防水混凝土抗渗试验单；

　　H．商品混凝土出厂合格证及现场取样试验报告单；

　　I．冬期施工混凝土同条件养护试件报告单；

　　J．钢筋连接(包括挤压，锥螺纹及其他)焊接试验报告单(含焊工合格证复印件)；

　　K．预制(含工地预制)构件，外挂板等混凝土构件钢筋,可焊性的实验报告；

　　L．防火试水检验报告；

　　M．现场预应力试验检验报告；

　　N．钢结构焊接、焊缝及探伤试验检验报告；

　　O．垃圾道检测报告；

　　P．烟风道检测记录。

　　⑥ 施工记录：

　　A．施工日志；

　　B．地基处理记录；

　　C．地基探扦记录；

D．桩基施工记录；

E．混凝土开盘鉴定；

F．混凝土浇灌申请书；

G．混凝土浇筑及试件制作记录；

H．结构吊装记录；

I．沉降观测记录；

J．施工测温记录；

K．工程质量事故报告及处理记录。

⑦ 工程预检记录：

A．工程定位及复测记录；

B．基槽验线记录；

C．模板预检记录；

D．楼层抄测记录；

E．楼层50线预检记录；

F．设备基础预检记录；

G．放样检查记录；

H．预制构件吊装预检记录；

I．混凝土施工缝留置与处理记录。

⑧ 隐蔽工程验收记录：

A．地基验槽检查记录；

B．基础主体结构钢筋隐检记录；

C．现场结构焊接隐蔽检查记录；

D．防水、防渗隐检记录。

⑨ 结构验收证明：

A．基础结构验收单；

B．主体结构验收单。

⑩ 工程变更洽商：

A．图纸会审记录；

B．工程变更、洽商记录。

⑪ 质量评定：

A．分项工程质量评定；

B．分部工程质量评定；

C．单位工程质量评定。

⑫ 竣工资料：

A．竣工验收鉴定书；

B．竣工图；

C．竣工资料档案移交证明书。

（2）单位工程设备安装技术资料项目

① 各专业图纸施工组织设计和施工方案及审批手续。

② 各专业施工技术交底。

③ 各专业图纸会审记录及工程洽商、变更记录。

④ 建筑采暖卫生、给排水安装资料。

A．材料、设备合格证，检验报告：

a．各种管材、管件、保温、防腐、焊条等出厂质量合格证；

b．大型设备，水箱、水罐、锅炉、水泵、风机、风机盘管、热交换器、暖风机、散热器、卫生器具及配件等设备具有合格证；

c．阀门、仪表、调压装置、压力表等出场质量合格证。

B．主要设备、配件、产品进场验收记录。

C．预检记录：

a．管道、设备的垂直度、坡度、坐标、标高、预留位置、支架安装等预检记录；

b．设备基础坐标、标高、规格、尺寸、孔洞位置、预检记录；

c．预埋铁的规格、尺寸、位置，设备基础打灰与土建办理交接手续。

D．隐蔽工程验收记录：

a．直埋于地下或结构中的管道隐检记录；

b．暗敷于沟槽、管井、吊顶及不进人的设备层内的管道、配件及设备隐检记录；

c．外敷保温、隔热层的管道设备隐检记录。

E．施工试验记录：

a. 强度试验记录,承压管道、阀门、设备和密闭箱罐,单项强度试验记录,分系统、分区段安装完后系统强度试压记录;

b. 开式水箱、雨水、排水管道及配件的灌水试验记录;

c. 给水、消防、暖气做吹洗记录;

d. 给水消防、卫生器具及排水系统通水记录,排水管道通球记录;

e. 安全阀、水位计、减压阀及水处理等附属装置运行调试记录;

f. 各种伸缩器预拉伸记录;

g. 单机设备及设备系统运转记录。

⑤ 建筑电气设备安装工程。

A. 材料和设备合格证:

a. 高低压成套设备及配电柜,动力照明箱,高低压大型开关(柜)、电机、应急电源等设备出厂检验合格证;

b. 硬母线、电线、馈线、天线、通讯缆线、电缆低压设备及附件,大型灯具等出厂合格证;

B. 电气、通讯、电视设备、仪表、器件、安装检查记录。

C. 明配管预检、开关、插座、灯具位置预检、高低压电源、进口出口和变配电装置及其他设备位置预检。

D. 隐蔽工程验收记录:

a. 结构内线、管道隐蔽记录;

b. 接地埋设及焊接防腐,隐蔽记录;

c. 不进人吊顶内管路,直埋电缆和避雷引下线,隐蔽记录。

E. 工序三检制的记录。

F. 绝缘电阻,接地电阻测试记录。

G. 通讯、信号、电视设备安装和调整试验,试运转记录。

⑥ 通风与空调工程。

A. 材料、设备合格证:

a. 设备和成品的出厂合格证;

b. 制冷系统管材、管件、防腐及保温材料出厂合格证;

c. 风管及管件,制作和安装所使用各种板材合格证。

B. 材料、产品设备进场验收记录。

C. 制冷及冷水系统管道试验记录。

D. 空调调试记录。

⑦ 质量评定,各专业分项工程质量评定和分部工程的质量评定。

⑧ 竣工资料。

A. 各专业竣工图纸和各专业外线竣工测量成品。

B. 各专业竣工资料档案移交手续。

⑨ 技术资料执行现行《建筑安装工程资料管理规程》。

6 施工现场安全管理

6.1 总 则

(1) 本规定适用于公司所属的各施工项目部、开发加工厂和各职能部门的安全技术管理,是企业安全生产管理的基本规定,也是企业安全生产的主要依据,所属单位必须遵照执行。

(2) 下属各单位要认真运用安全系统工程的基础理论,开展安全方针目标管理,按规定建立、健全安全生产保证体系及责任体系。

安全方针是责、权、利挂钩到人,保安全层层把关,实行重奖严罚制度。

安全目标是死亡、重伤、人为机械事故为零;重伤率低于8‰。

6.2 安全机构的职责

公司设安全科,项目部设安全员。

(1) 认真贯彻执行安全生产方针、政策、法规,在计划、布置、检查、总结、评比生产的同时,组织实施项目安全工作规划目标及计划,组织落实安全生产责任制。

(2) 参与编制和审批施工组织设计、施工方案和工艺,根据项目工程的特点,主持项目工程的安全技术交底。

(3) 定期组织施工现场安全生产检查,发现施工不安全问题及时制定措施并解决,对上级提出的安全生产与管理方面的问题,要定时、定人、定措施予以解决。

（4）健全和完善用工管理手续，录用外包队时要严格按有关规定申报，并组织职工上岗前安全教育，加强劳动保护工作，保障职工的健康与安全。

（5）领导所属班组，搞好安全活动日的活动，组织班组学习安全操作规程，教育工人正确使用防护用品，并检查执行情况。

（6）一旦发生事故，及时上报上级安全组织，并做好现场保护与抢救工作，配合事故调查，认真落实防范措施，吸取事故教训。

（7）对新工艺、新产品、新技术、新材料、新设备，新的施工方法必须制定相应的安全技术措施和安全操作规程。

（8）特种作业人员必须做到持证上岗，经常参加各种培训和年终考核。

（9）加强食堂管理，搞好饮食卫生，预防传染病和食物中毒，做好安全防火、安全用电，防暑降温等工作。

（10）严格执行现行的安全法规、规定、条例、标准和要求，及时解决施工中的安全隐患问题，对造成安全事故的责任者按有关规定进行处罚。

6.3　安全技术管理

（1）编制施工组织设计必须符合施工组织设计编制标准，安全技术措施应根据工程特点、施工方法、劳动组织和作业环境进行有针对性的编制，保证安全措施有针对性，防范措施科学合理。

（2）施工现场道路、上下水及采暖管道，临时用电和电气线路，材料的堆放，临时设施等平面布置，均要符合安全、卫生、防火要求。

（3）施工用电组织设计编制应符合 JGJ 46—1988 技术规范要求。

（4）各种机电起重设备的安全限位装置，必须齐全有效，并建立维修、保养、试验、验收制度。

（5）脚手架、井字架、吊篮、龙门架及各种施工架、防护架、安全网的搭设必须按现行规程、规范的要求执行,使用前必须经项目部安全员检查验收合格,并办理签字手续,使用期间设专人负责维修保养,发现异常情况及时向现场负责人汇报。拆除时,编制施工顺序,经审批后进行。

(6)编制脚手架搭设方案,绘制平面图、立面图、剖面图和搭设说明时都应相应提出安全技术措施。50m 以上外架要有计算书,并向有关技术人员交底。

(7)采用新工艺、新技术、新设备、新施工方法及本工种的工序转移都要制定相应的安全措施,并提出安全技术操作要求。

(8)对于爆破、吊装,暂设电气,深基础、安装和拆除等特殊工程要编制单项施工方案。

(9)施工现场的井坑、沟槽、孔洞、施工口,高压电附近都要设置防护围栏、盖板和安全标志。在人员、车辆通行处,夜间要设警示灯。所有防护设施未经现场安全员批准,不得随意拆除或移动。

(10)开工前,安全员必须把安全技术措施及规定向施工人员做详细交底,并制定安全协议书。协议书内容应根据施工特点、作业环境、注意事项等内容填写,经双方签字、生效存档。

(11)狠抓施工现场管理,做到优质、安全、文明施工的标准化、制度化、规范化、科学化管理,争创市级文明安全工地。

6.4 安全教育和培训制度

(1)安全员要定期召开安全教育会,使全体职工树立"安全第一、预防为主"的思想,遵守公司各项规章制度。

(2)新工人进场要进行公司、项目、班组三级教育,学习掌握安全内容、安全法规、安全管理制度、操作规程,以及现场施工各阶段安全须知,经考试合格后方可上岗。

(3)电工、焊工、架子工等特种作业人员必须持证上岗,并配备劳动保护的所需品。

(4)对新设备、新技术应由有关技术部门制定安全技术规程,对调换工作岗位的职工进行专门培训,合格后方可上岗工作。

(5) 定期轮训各级领导干部和安全管理人员,提高他们的政策水平、安全技术管理水平,以便做好安全工作。

(6) 项目部每周一上午利用一小时对职工进行安全消防保卫等综合教育,教育要有书面交底和签字。

(7) 利用生活区写安全标语、口号、工地板报、挂报等多种形式,宣传"安全第一、预防为主"的安全生产方针、政策,强化安全意识,营造安全生产的声势和气氛。

6.5 安全纪律

(1) 施工人员要热爱本职工作,爱岗敬业,遵守公司及项目部的各项规章制度。

(2) 职工要遵守项目部的各项劳动纪律,自觉接受安全检查人员的监督检查。施工作业时思想要集中,坚守工作岗位。未经许可,不准从事与本工程无关的作业。不准酒后上岗,不得在禁止烟火的场所动火。

(3) 严格执行各种安全技术操作规程,项目部技术和施工管理人员不得违章指挥,对违章作业的职工有责任予以制止。

(4) 正确使用各类防护装置和防护设施,对各类防护装置和防护设施、安全警告标志等,不得任意拆除或挪动。

(5) 必须严格遵守和执行本公司项目部制定的有关安全要求和安全制度,正确执行安全技术交底审批、试验、验收制度。

(6) 认真落实安全技术交底,做好班前教育,不得违章指挥或冒险蛮干。进入施工现场要戴好安全帽,高空作业要系好安全带。

(7) 杜绝监守自盗,一经发现,情节较轻的给予 200~500 元罚款,情节较重的处以 1000 元~5000 元的罚款,情节严重的交由公安机关处理。

6.6 安全检查制度

(1) 公司每月定期对项目部进行一次检查。项目部每周对班组进行一次检查。各班组每天对施工现场和专业施工段进行检查。

(2) 专业检查包括:查制度、查施工人员安全思想教育和认识、查安全措施、查隐患、查项目安全组织机构、查事故处理情况、查制度落实情况。

(3) 对检查出的问题要及时改正,对责任者要按有关规定处理。违章者要参加培训班学习,考试合格后方准上岗。

(4) 项目部每周要对重点工程及危险部位加强检查,并设安全员专门负责。

(5) 工地安全员和外包兼职安全员每天要对工地进行巡回检查,发现不安全的现象和苗头要及时纠正解决,处理不了的问题要立即上报,以求问题能够及时得到妥善解决。认真填写好施工安全日记和每天的日报表。

(6) 项目部其他管理人员也要在检查施工当中,检查安全生产情况。做到自检、互相检、交接检相结合。

(7) 施工现场内要有安全标志和安全防火设置,标志和设置不得随意移动。

6.7 安全防护制度

(1) 预留洞口的防护措施:1.5m×1.5m 以下孔洞,应设置通长的钢筋网片。1.5m×1.5m 以上孔洞,四周必须设两道防护栏杆,中间支挂安全网。

(2) 阳台防护措施:阳台口必须设两道防护栏杆,栏杆应与结构拉牢,防止松动。

(3) 楼梯口防护措施:楼梯踏步及休息平台边必须设两道牢

固的防护栏杆。

(4) 通道及出入口防护措施：设置安全通道，通道上用 5cm 厚脚手板铺严，通道高度，不低于 6m，通道下保证车辆通行。

(5) 楼层临边四周，楼梯侧边、平台侧面周边应搭设两道防护栏杆。

(6) 使用材料，转运平台，要严格控制材料堆放重量，材料堆放不得超过栏杆高度，平台上面不准往下掉任何材料。

(7) 洞口、出入口、楼梯口与电梯井口的防护。

① 洞口临边防护：洞口临边、预留洞口、垃圾道、烟道等预制构件随层安装，阳台口栏杆随结构安装，临时防护设两道护身栏。

② 出入口护头棚高度为 3～6m，两侧各宽出 1m，顶部满铺 5cm 脚手板。临边垂直运输进料口，安装自动防护门。

③ 楼梯口利用正式栏杆，代替临时栏杆，若施工条件允许经批准可采用两道钢质临时护身栏。

④ 楼层四周两道护身栏，立挂安全网或设挡脚板。

⑤ 沟、槽、坑周边设两道护身栏，高度为 1.2m。

⑥ 非标屋顶、石棉瓦、三合板、刨花板等棚顶处设禁止攀登标志。

⑦ 电梯井口、采光井口、螺旋式楼梯口除必须设有防护栏杆外，还应在井内首层固定一道安全网，并每隔四层固定一道安全网，层层铺设脚手板。

⑧ 在安装阳台时应尽可能把栏板同时安装好。如不能及时安装栏板，要在阳台三面严密防护，其高度要高出阳台 1m 以上，直到装好栏杆后方可拆除防护。

6.8 安全达标管理

(1) 安全管理检查

工地安全员在施工中要认真做好施工现场安全工作监督、检查、实行目标管理,制定总的安全目标(控制目标、安全达标、文明施工)并将目标分解到人,责任落实、考核到人。

(2) 文明工地检查

施工现场应做到安全生产,不发生隐患,实行文明施工,做城市文明"窗口"。文明施工检查应包括现场围档、封闭管理施工场地、材料堆放等内容,并将现场防火列为保证项目作为检查重点。生活区卫生设施(如食堂、厕所、饮水、保健、急救)和施工现场标牌、消防保卫牌、安全生产牌、文明施工牌、五版二图、治安综合治理等应标志明显。30m 以上高层建筑,随层要设消火箱、栓、带、枪、消防水源和设施,每层应留有消防水源出口。

(3) 脚手架的安全检查

脚手架是建筑施工的主要措施,从脚手架上坠落的事故占高处坠落一半,主要原因有两种,一种是脚手架倒塌;一种是脚手架上缺少防护设施。因此,应根据施工条件及施工工艺不同,采用形式不同的脚手架。脚手架形式有:落地式脚手架、悬挑式脚手架、门型脚手架、挂脚手架、吊篮脚手架、附着式脚手架等。

(4) 基坑支护安全检查

建筑施工伤亡事故中坍塌事故比例大,主要原因有开挖基坑基槽未按土质情况设置安全边坡和做好固壁支撑。基坑的支护,应在检查现场基坑、基槽施工情况,摸清地下情况的基础上,制定施工方案并设置安全边坡或固定支撑。对于较深的沟坑,必须进行专项设计和支护,随时检查,发现问题立即采取措施,消除隐患,按规定在坑槽周边不堆放物料和施工机械,确保边坡稳定。

(5) 模板工程安全检查

针对模板工程施工管理的主要问题,列入检查项目,要求模板施工前,要进行模板支撑设计,编制施工方案,并经技术部门批准。设计不仅有计算书,而且还要有细部构造大样图。对材料规格、间距及剪刀撑设置等均应详细说明。方案应包括模板的制作、安装及拆除等施工程序、方法及安全措施。模板支撑完毕后,必须由技术负责人按设计要求检查验收,然后才能浇筑混凝土。在混凝土

174

未达到设计强度时,楼板上堆物不得过多,不得超负荷。模板支撑拆除前必须确认混凝土强度,达到设计要求并经申报批准后才能进行。模板堆放高度一般不超过 2m,存放必须有稳固措施。

(6) 三宝及四口防护检查

三宝指安全帽、安全带、安全网,四口指楼梯口、预留洞口、电梯井口、通道口。通过多年实践,对三宝佩戴架设完整、四口防护应做到定型化和工具化,具体做法应该符合《建筑施工高处作业安全技术规范》有关规定。

(7) 施工用电检查

随意拉线、现场照明不使用安全电压,是造成伤亡事故的原因之一。施工现场必须采用 TV—S 系统设置专用的保护零线,使用五芯电缆配电系统,采用"三级配电两级保护"规定开关箱。必须装设漏电保护器,实行"一机一闸",从而增加临时用电的安全性。

(8) 施工现场提升机检查

提升机有两种,一种是专为解决物料垂直运输的提升机,龙门架、井字架,另一种是外用电梯(人货两用电梯)。

物料提升机机型较多,绝大多数不是定型产品,尤其是低架提升机多为公司自己制作,存在设计不合理,管理责任不明确的弊端,所以发生事故较多。事故主要原因有:一是自己制造,自己使用,设计不合理,产品没有主管部门认定;二是安全装置不能满足规范规定、流于形式;三是缆风绳或与建筑物连接不符合要求,使用中架体晃动、失稳;四是安装后不经验收,给使用带来隐患,工艺落后,没有检测的手段,形成了只能用,无管理,检查验收流于形式。因此,应对架体、制作、限位保险装置、架体稳定、提升钢丝绳、楼层卸料平台防护等经常进行检查,并将吊篮及安装验收列为保证项目进行重点检查。

(9) 外用电梯(人货两用电梯)检查

室外电梯多以齿条传动架体与建筑物结构附着保证架体的稳定,载重量一般为 1000kg。操作人员必须通过专门培训,上班前按规定检查制动、各部位装置、楼笼门和围护门等处电器联锁装置是否灵敏可靠,不可超载使用。在施工过程中必须按说明书要求预先设计连接方式和垂直间距,并在施工方案中确定各层卸料口的防护门制作与管理问题。

(10) 塔吊检查

在使用中常常因安全限位(四限位两保险)不齐全不可靠造成事故。"四限位"指力距、超高、变幅、行走的限位装置。"两保险"指吊钩和卷筒保险装置、高塔的附墙装置。必须按说明书要求,不能随意变动或中途拆除。塔吊安装拆除中也发生过多起倾翻事故,主要是没有预先提出作业方案、队伍素质不高、没有安装拆除资格、没有按要求作业等造成的。

(11) 起重吊装安全检查

主要指建筑施工中的结构安装和设备安装工程,起重吊装是专业性很强的危险性很大的工作。一些事故发生的主要原因是:第一,没有针对施工作业条件、工程实际情况编制施工作业方案,或方案过于简单,不能具体指导施工;第二,对选用的起重机械或起重扒杆没有进行检查或试吊,使用中不能满足要求;第三,钢丝绳选用不当或地锚埋设不符合设计要求;第四,司机、指挥、起重工未经培训,不懂专业知识;第五,高处作业无防护措施等。为此,起重吊装检查的内容主要是制定施工方案,起重扒杆、钢丝绳、地锚、构件吊点以及司机、指挥均应列为保证项目,进行重点检查。

(12) 施工机械检查

发生伤亡事故较多的有 10 种中小型机械设备,虽然与大型设备相比较其危险性较小,但由于它数量多、使用广泛,所以发生的事故较多。但因设备较小,所以往往在管理上被忽视。在进行安全检查时,要求像大型设备一样。进入施工现场必须经过建筑安全监督管理部门验收,确认符合要求,发给准用证或有验收手续方可使用。不能把不合格的机械运到现场使用。施工机械必须按照《施工现场临时用电安全技术规程》的要求去管理和施工。除做保护接零外,必须设置漏电保护装置,确保安全使用,严禁违章作业。

6.9 临时用电安全管理

（1）安装、维修或拆除临时用电工程，必须由电工完成，电工技术等级应与工程的难易程度和技术复杂性相适应。

（2）施工工程中不得在高、低压线路下方施工。高、低压线路下方，不得搭设作业棚，建造生活设施，或堆放构件、架具、材料及其他杂物等。

（3）在建工程(含脚手架具)的外侧外边缘与外电架空线路的边线之间必须保持安全操作距离，最小安全距离见表 6-1 数值。

在建工程外边缘与外电架空线路边线最小安全距离　　表 6-1

外电线路电压	1kV 以下	1~10kV	35~110kV	54~220kV	330~500kV
最小安全操作距离(m)	4	6	8	10	15

（4）施工现场的机动车道与电架空线路交叉时，架空线路的最低点与路面的垂直距离应不小于表 6-2 数值。

架空线路的最低点与路面的垂直距离　　表 6-2

外电线路电压	1kV 以下	1~10kV	35kV
最小垂直距离(m)	6	7	7

（5）旋转臂架式起重机的任何部位或被吊物边缘与 10KV 以下的架空线路边线水平距离不得小于 2m。

（6）施工现场开挖非热管道沟槽边缘与埋地外电缆沟槽边缘之间的距离不得小于 0.5m。

（7）对达不到(3)、(4)条中规定的最小距离时，必须采取防护措施，增设屏障、遮栏、围栏或保护网，并悬挂醒目的警告标志牌，在架设防护设施时应有电气工程技术人员、专职安全人员在场负责监护。

（8）对防护措施无法实现时，必须与有关部门协商，采取停电、迁移外电线路或改变工程位置等措施，否则不得施工。

（9）在外电架空线路附近挖沟槽时，必须防止外电架空线路的电杆倾斜、悬倒，应会同有关部门采取加固措施。

（10）在施工现场专用的个性点直接接地的电力线路中必须采用 TN-S 接零保护系统。电气设备的金属外壳必须与专用保护零线连接。专用保护零线（简称保护零线）应用作接地线。配电室的零线由第一级漏电保护器电源侧的零线引出。

（11）城防、人防隧道等潮湿或特别恶劣施工现场的电气设备，必须采用保护接零。

（12）当施工现场与外电线路共同使用同一供电系统时，电气设备应根据当地的要求作保护接零或作保护接地，不得一部分设备作保护接零、另一部分设备做保护接地。

（13）作防雷接地的电气设备，必须同时作重复接地。

（14）在只允许作保护接地的系统中，因条件限制，接地有困难时，应设置操作和维修电气装置的绝缘台，并必须使操作人员不致偶然触及外物。

（15）施工现场的电力系统严禁利用大地作相线或零线。

（16）正常情况下，下列电气设备不带电的外露导电部分，应做保护接零。

① 电机、变压器、电器、照明器具及手持电动工具的金属外壳。

② 电气设备传动装置的金属部件。

③ 配电屏与控制屏的金属框架。

④ 室内、外配电装置的金属框架及靠近带电部分的金属围栏和金属屋门。

⑤ 安装在电力线路杆（塔）上的开关、电熔器等电气装置的金属外壳及支架。

（17）施工现场所有用电设备，除作保护接零外，必须在设备负荷线的首端外设置漏电保护装置。

（18）施工现场的起重机、井字架及龙门架等机械设备，若在相邻建筑物、构筑物的防雷装置的保护范围以外，在表 6-3 规定范围内，则应安装防雷装置。

地区的平均雷暴日 (d)	机械设备高度 (m)	地区的平均雷暴日 (d)	机械设备高度 (m)
≤15	≥50	≥40＜90	≥12＜120
＞15＜40	≥132	≥90 有雷害特别严重地区	

施工现场内机械设备需要安装防雷装置的规定是:若最高机械设备以上的避雷针,其保护范围按 60°计算,能够保护其他设备且最后退出现场,则其他设备可不设防雷装置。

(19)配电屏(盘)或配电线路维修时,应悬挂停电标志牌,停送电必须由专人负责。

(20)电力 400/200V 发电机组的排烟道必须伸出室外,发电机组及其控制配电室内严禁存放贮油桶。

(21)发电机组电源与外电线路电源联锁,严禁并列运行。

(22)架空线路必须采用绝缘铜线或绝缘铝线。

(23)架空线必须设在专用电杆上,严禁架设在树木、脚手架上。

(24)经常超过负荷的线路、易燃易爆物邻近的线路及照明线路,必须有过负荷保护。

(25)电缆干线应采用埋地或架空敷设,严禁沿地面明敷,并应避免机械损伤和介质腐蚀。

(26)电缆穿超越建筑物、构筑物、道路、易受机械损伤的场所,引出地面从 2m 高度至地下 0.2m 外,必须加设防护套管。

(27)橡皮电缆架空敷设时,应沿墙壁或电杆设置,并用绝缘子固定,严禁使用金属裸线作绑线。固定点间距应保证橡皮电缆能承受自重所带来的荷重。橡皮电缆的最大弧垂距地不得小于2.5m。

(28)室内配线必须采用绝缘导线。

(29)配电箱与开关箱应装设在干燥、通风及常温场所,不得装设在有严重损伤作用的瓦斯、烟气、蒸汽、液体及其他有害介质中,不得装设在易受外来固体物撞击、强烈振动、液体侵溅及热源烘烤的场所,否则,需作特殊保护处理。

(30) 配电箱和开关箱的金属箱件、金属电器安装板、箱内电器的不应带电金属底座外壳,必须作保护接零。保护零线应通过接线端子板连接。

(31) 配电箱、开关箱必须防雨、防尘。

(32) 配电箱、开关箱内的电器必须可靠完好,不准使用破损、不合格的电器。

(33) 每台用电设备应有各自专用的开关箱,必须实行"一机一闸"制,严禁有同一个开关电器控制二台及二台以上用电设备(含插座)。

(34) 开关箱中必须装设漏电保护器。

(35) 开关箱内的漏电保护器的额定漏电动作电流应不大于30mA,其额定漏电动作时间应不大于 0.1s。使用于潮湿和有腐蚀介质场所的漏保护器应采用防溅型产品。其额定漏电动作电流应不大于 15mA,额定漏电动作时间不小于 0.1s。

(36) 配电室、开关箱中、导线的进线口和出线口,应设在箱体的下底面,严禁设在箱体的上顶面、侧面、后面或箱门处,进、出线应加护套分路成束并做防水弯,导线不得与箱体进出口直接接触,移动工式电箱和开关箱进出线必须采用橡皮绝缘电缆。

(37) 进入开关箱的电源线严禁用插销连接。

(38) 对配电箱、开关箱,进行检查维修时,必须将其前一级相应的电源开关分闸断电,并悬挂停电标志牌,严禁带电作业。

① 送电程序:总配电箱——分配电箱——开关箱;

② 停电程序:开关箱——分配电箱——总配电箱。

(39) 熔断器的熔体更换时,严禁用不符合原规定的熔体代替。

(40) 施工现场中,一切电动建筑机械和手持电动工具的选购、使用、检查和维修必须遵守下列规定。

① 选购的电动建筑机械、手持电动工具和用电安全装置,符

合相关的国家标准、专业标准和安全技术规程,并且有产品合格证和使用说明书。

② 建立和执行专人负责制,并定期检查和维修保养。

③ 保护零线的电气连接要符合要求,对产生振动的设备其保护零线的连接点不少于两处。

④ 在做好保护接零的同时,还要按要求装设漏电保护器。

(41) 需要夜间作业的塔式起重机,设置正对工作面的投光灯。塔身高于 30m 时,应在塔顶和臂架端部装设防撞红色信号灯。

(42) 外用电梯轿箱的内外,均应安装紧急停止开关。

(43) 外用电梯轿箱所经过的楼层,应设置有机械或电气联锁装置的防护门或栅栏。

(44) 每日工作前必须对外用电梯和升降机的行程开关、限位开关、紧急停止开关、驱动机械和制动器等进行空载检查,正常后方可使用。检查时必须有防坠落措施。

(45) 焊接机械应放置在防雨和通风良好的地方,焊接现场不准堆放易燃易爆物品。交流弧焊机变压器的一次侧电源线长度不应大于 5m,进线处必须设置防护罩。

(46) 使用焊接机械必须按规定穿戴防护用品,对发电机式直流弧焊机的换向器,应经常检查和维修。

(47) 在坑洞内作业,夜间施工中自然采光差的场所,应设一般照明或混合照明。停电时必须装设自备电源的应急照明。

(48) 对有爆炸和火灾危险的场所,必须按危险场所等级选择相应的照明器。

(49) 照明器具和器材的质量,均应符合有关标准、规范的规定,不得使用绝缘老化或破损的器具和器材。

(50) 一般场所宜选用额定电压为 220V 的照明灯。以下特殊场所应使用安全电压照明灯:

① 隧道、人防工程、有高温灯具安装低于 2.4m 等场所;

② 在潮湿和易触及带电体场所;

③ 在特别潮湿、锅炉或金属容器内的照明。

6.10　高空作业安全管理

（1）高空作业的安全技术措施及所需料具，必须列入工程的施工组织设计。

（2）施工前应逐级进行安全技术教育及交底，落实所有安全技术措施和人身防护用品，未经落实时不得进行施工。

（3）攀登和悬空高处作业人员以及搭设高处作业安全设施的人员，必须经过专业技术培训，专业考试合格后方可上岗，并必须进行体格检查。

（4）施工时对高处作业的安全技术措施，如发现有缺陷及隐患时，必须及时解决。危及人身安全时，必须停止作业。

（5）雨雪天进行高处作业时，必须采取可靠的防滑、防冻措施。

（6）防护棚搭设与拆除时应设警戒区，设专人监护，严禁上下同时搭设与拆除。

（7）悬空安装大模板，吊装第一块构件，吊装单独的大中型预制构件时，必须站在操作平台上操作。

（8）模板支撑和拆卸时悬空作业，必须遵守下列规定：

① 支模应按规定的作业程序进行，模板未固定前不得进行下一道工序，严禁在连接件、支撑件上攀登，禁止在上下同一垂直面上装拆模板，结构复杂的模板，装拆应严格按照施工组织设计的措施进行；

② 支设高度在3m以上的柱模板，四周应设斜撑，并应设立操作平台，低于3m的可使用马凳操作；

③ 支设悬挑形式的模板时，应有稳固的立足点。支设临空构筑物模板时，应搭设支架或脚手架。模板上有预留洞时，应在安装后将洞盖上。混凝土板上拆模应进行防护。高处拆模作业，应配置登高用具或搭设支架。

（9）钢筋绑扎时的高处作业，必须遵守下列规定：

① 绑扎钢筋和安装钢筋骨架时,必须搭设脚手架和马道;

② 绑扎圈梁、挑梁、挑檐、外墙和边柱等钢筋时,应搭设操作平台和张挂安全网。悬空大梁钢筋的绑扎,必须在满铺脚手架的支架或操作平台上操作;

③ 绑扎立柱墙体钢筋时,不得站在钢筋骨架上,或攀登骨架上下。3m 以内的柱钢筋,可在地面或楼面上绑扎。整体竖立绑扎 3m 以上的柱钢筋,必须搭设操作平台。

(10) 混凝土浇筑时的高处作业,必须遵守下列规定:

① 浇筑离地 2m 以上框架,过梁,雨笼和小平台时,应设操作平台,不得直接站在模板或支撑件上操作。

② 浇筑拱形结构,应自两边拱脚对称地相向进行,浇筑储仓,下口应先行封闭,并搭设脚手架以防人员坠落。

③ 特殊情况下如无可靠的安全设施,必须系好安全带或架设安全网。

(11) 高处进行门窗作业时,必须遵守下列规定:

① 安装门窗、油漆及安装玻璃时,严禁操作人员站在樘子上及阳台栏板上操作。门窗临时固定,封填材料未达到强度,以及电焊时,严禁手拉门窗攀登;

② 在高处外墙安装门窗,无外脚手架时,应挂安全网,无安全网时,操作人员应系好安全带操作;

③ 进行各项窗口作业时,操作人员的重心应位于室内,不得在窗台上站立,必要时系安全带。

(12) 悬挑式钢平台应按现行的相应规范进行设计,其结构构造应能防止左右晃动,计算书及图纸应编入施工组织设计。

(13) 钢模板及部件拆除后,临时堆放处离楼层边沿不应小于 1m,堆放高度不得超过 1m,楼层边口、通道口、脚手架边缘等处,严禁堆放任何拆下物件。

(14) 由于上方施工可能坠落物件,或处于起重机把杆回转范围之内的通道,在其受影响的范围内,必须搭设顶部能防止穿透的双层防护廊。

（15）安全防护设施的验收应按类别逐项查验，施工工期内还应定期进行抽查。

6.11 施工机械安全管理

1. 施工机械安全使用

（1）建筑安装企业及其附属的工业生产和维修单位的机械应按其技术性能的要求使用。缺少安全装置或安全装置失效的机械设备不准使用。

（2）严禁拆除机械设备上的自动控制机构和力矩限位器等安全装置及监控、指示表、警报器等自动报警、信号装置。其调试和故障的排除应由专业人员负责进行。

（3）处在运行运转中的机器，严禁对其进行维修、保养或调整等作业。

（4）机械设备应按时进行保养，当发现有漏保、失修或超载带病运转等情况时，应停止其使用。

（5）机械设备的操作人员必须身体健康，并经过专业培训考试合格，在取得有关部门颁发的操作证或特殊工种操作证后，方可独立操作。

（6）对于违反安全操作规程的命令，操作人员有权拒绝执行，由于发令人强制违章作业，造成事故者，应追究发令人的职责，甚至追究刑事责任。

（7）机械作业时，操作人员不得擅自离开工作岗位或将机械交给非本机操作人员操作。严禁无关人员进入作业区和工作室。工作时思想要集中，严禁酒后操作。

（8）机械操作人员和配合作业人员，都必须按规定穿戴劳动保护用品，高空作业必须系安全带，不得穿硬底鞋和拖鞋，严禁从高处往下投掷物件。

（9）进行日作业两班及以上的机械设备，均需实行交接班制，操作人员要认真填写交接班记录。

（10）机械进入作业地点后，施工技术人员应向机械操作人员进行施工任务及安全技术措施交底。操作人员应熟悉作业环境和施工条件，听从指挥，遵守现场安全规则。

（11）现场施工负责人应为机械作业提供道路、水电、临时机械或停机场地等必需的条件，消除对机械作业有妨碍或不安全的因素，夜间作业必须设置充足的照明设备。

（12）在有碍机械安全和人身健康的场所作业时，机械设备应采取相应的安全措施。操作人员必须配备适用的安全防护用品。

（13）当使用机械设备与安全发生矛盾时，必须服从安全的要求。

（14）当机械设备发生事故或未遂恶性事故时，必须及时抢救，保护现场并立即报告领导进行处理。

（15）起重机械的布置、施工进度计划要求，以及现场布置固定式垂直运输设备（如井架、门架），需结合建筑物的平面形状、高度和构件的重量，考虑机械的负荷能力和服务范围，做到便于运输，便于组织分层、分段流水施工，便于楼层和地面的运输，并使其运距缩小。塔式起重机等有轨起重机轨道的布置，要结合建筑物的平面形状和四周的场地条件综合考虑，以确定一侧布置还是两侧布置，是否需要转弯设施等，使材料和构件能直接运至任何使用地点，避免出死角，还要做好路基四周的排水布置。

（16）塔式起重机必须由具备资质的同时配备有合格证的塔式起重机司机操作。施工现场必须固定信号指挥人员，挂钩人员也应相对固定，吊索具的配置应齐全、规范、完好有效。

（17）从事塔式起重机拆装、顶升的施工单位，必须具备资质，同一台设备的拆装和顶升作业，必须由同一施工单位完成，安装完毕后各部门必须认真履行验收手续。

（18）施工组织设计应有机械使用过程中的定期检测方案。

（19）施工现场应有施工机械安装、使用、检测、自检记录。

（20）塔式起重机的路基和轨道的铺设及起重机的安装，必须符合国家标准及原厂使用规定，并办理验收手续。经检验合格后方可使用,使用中定期进行检查。

(21) 塔式起重机的安全装置(四限位、两保险)必须齐全、灵敏、可靠。

(22) 施工电梯地基、安装和使用,须符合原厂使用规定,并办理验收手续,经检验合格后方可使用。使用中,定期进行检测。

(23) 施工电梯的安全装置必须齐全、灵敏、可靠。

(24) 必须搭设防砸、防雨的专用卷扬机操作棚。固定机身必须设牢固地锚,传动部分必须安装防护罩,导向滑轮不得用开口拉板式滑轮。

(25) 操作人员离开卷扬机或作业中停电时,应切断电源,将吊笼放至地面。

(26) 搅拌机应搭防砸、防雨操作棚,使用前应固定,不得用轮胎代替支撑。移动时,必须先切断电源。启动装置、离合器、制动器、保险链、防护罩等应齐全完好,使用安全可靠。搅拌机停止使用料斗升起时,必须挂好上料斗的保险链。维修、保养、清理时必须切断电源,设专人监护。

(27) 钢筋加工机械的安装必须坚实稳固,保持水平位置。固定式机械应有可靠的基础。移动式机械作业时,应楔紧行走轮。室外作业应设置机棚,其中应有堆放原料、半成品的场地。加工较长的钢筋时,应有专人帮扶,并听从操作人员指挥,不得任意推拉。作业后,应堆放好成品,清理场地,切断电源,锁好电闸箱。

2.施工机械安全管理

(1) 塔式起重机

① 塔式起重机的安装、顶升、拆卸必须按照原厂规定进行,并制订安全作业措施,由专业队(组)在队(组长)统一指导下进行,同时要有技术和安全人员在场监护。

② 塔式起重机安装后,在无荷载情况下,塔身与地面的垂直度偏差值不得超过3‰。

③ 塔式起重机专用的临时配电箱,宜设置在轨道中部附近。电源开关应合乎规定要求。电缆卷筒必须运转灵活、安全可靠,不

得拖揽。

④ 塔式起重机必须安装行走、变幅、吊钩高度等限位器和力矩限制器等安全装置,并保证灵敏可靠。对有升降式驾驶室的塔式起重机,断绳保护装置必须可靠。

⑤ 塔式起重机的塔身上,不得悬挂标语牌。

⑥ 检查轨道应平直、无沉陷,轨道螺栓无松动,排除轨道上的障碍物,松开夹轨器并向上固定好。

⑦ 作业前重点检查项目:

A. 机械结构的外观无异常情况,各传动机构运转应正常。

B. 各齿轮箱、液压油箱的油位应符合规定范围。

C. 主要部位连接螺栓应无松动。

D. 钢丝绳磨损情况及穿绕滑轮应符合规定。

E. 供电电缆外皮应无破损。

F. 起重机在中波无线电广播发射天线附近施工时,凡与起重机接触的作业人员,均应穿戴绝缘手套和绝缘鞋。

G. 检查电源电压应达到 380V,其变动范围不得超过 ±20V,送电前,启动控制开关应在零位。接通电源,检查金属结构部分无漏电后方可上机。

H. 空载运转,检查行走、回转、起重、变幅等各机构的制动器、安全限位、防护装置等,确认正常后,方可作业。

I. 操纵各控制器时应依次逐级操作,严禁越档操作。在变换运转方向时,应将控制器转到零位,待电动机停止转动后,再转向另一方向。操作时力求平稳,严禁急开急停。

J. 吊钩提升接近臂杆顶部,小车行至端点或起重机行走接近轨道端部时,应减速缓行至停止位置。吊钩距臂杆顶部不得小于 1m,起重机距轨道端部不得小于 2m。

K. 动臂式起重机的起重、回转、行走三种动作可以同时进行,但变幅只能单独进行。每次变幅后应对变幅部位进行检查。允许带载变幅的在满荷载或接近满荷载时,不得提升重物,严禁自由下降。重物就位时,可用微动机构或使用制动器使之缓慢降落至地面。

L. 提升的重物平移时,应高出其跨越的障碍物 0.5m 以上。

M. 两台起重机同在一条轨道上或在相近轨道上进行作业时,应保持两机之间任何接近部位(包括吊起的重物)距离不得小于 5m。

N. 主卷扬机不安装在平衡臂上的上旋式起重机作业时,不得顺一个方向连续回转。

O. 装有机械式力矩限制器的起重机,在每次变幅后,必须根据回转半径和该半径时的允许载荷,对超载荷限位装置的吨位指示盘进行调整。

P. 弯轨路基必须符合规定要求,起重机转弯时应在外轨轨面上撒上砂子,内轨轨面及两翼涂上润滑脂,配重箱转至转弯外轮的方向。

Q. 严禁在弯道上进行吊装作业或吊重物转弯。

R. 作业后,起重机应停放在轨道中间位置,臂杆应转到顺风方向,并放松回转制动器。小车及平衡重心应移到非工作状态位置。吊钩提升到离臂杆顶端 2~3m 处。

S. 将每个控制开关拨至零位,依次断开各路开关,关闭操作室门窗,下机后切断电源总开关,打开高空指示灯。

T. 锁紧夹轨器,使起重机与轨道固定,如遇八级大风时,应另拉缆风绳与地铺或建筑物固定。

U. 任何人员上塔帽、吊臂、平衡臂的高空部位检查或修理时,必须佩带安全带。

⑧ 塔式起重机路基:

A. 起重机的路基必须经过平整夯实,基础必须能够承受工作状态和非工作状态下的最大荷载,并能满足起重机的稳定性要求。

B. 碎石基础道碴厚度不小于 25cm,道碴粒径 20~40mm,钢轨两侧道木之间必须填满道碴,平整捣实。

C. 路基外侧应开挖排水沟,保证路基无积水。

D. 起重机在施工期内,每周或雨后应对轨道路基检查一次,发现不符合规定时,及时调整。

⑨ 塔式起重机轨道:

A. 起重机轨道应可靠地通过垫块与道木联结。在使用过程中轨道不得移动,轨道每间隔 6m 设轨距拉杆一道。

B. 起重机轨道铺设必须严格按照原厂使用规定或轨距偏差不得超过其名义值的 1‰。

C. 在纵向、横向上钢轨顶面的坡度不大于 1‰。

D. 两条轨道的接头必须错开,错开距离不小于 1.5m,钢轨接头间隙不大于 4mm,接头处应架在轨枕上,不得悬空,两端高差不大于 2mm。

E. 距轨道终端处必须设置极限位置阻挡器,其高度应不小于行走轮半径。

(2) 搅拌机

① 作业场地要有良好的排水条件,机械近旁应有水源,机棚内应有良好的通风,采光及防雨、防冻条件,并不得积水。

② 固定式机械要有可靠的基础,移动式机械应在平坦坚硬的地坪上用方木或撑架架牢,并保持水平。

③ 气温降到 5℃ 以下时,管道、泵、机内均应采取防冻保温措施。

④ 作业后,应及时将机内、水箱内、管道内的存料、积水放尽,并清洁保养机械,清理工作场地,切断电源,锁好电闸箱。

⑤ 装有轮胎的机械,转移时拖行速度不得超过 15km/h。

⑥ 固定式搅拌机的操纵台应使操作人员能看到各部工作情况,仪表、指示信号准确可靠,电动搅拌机的操纵台应垫上橡胶板或干燥木板。

·⑦ 移动式搅拌机长期停放或使用时间超过三个月以上时,应将轮胎卸下妥善保管,轮轴端部应做好清洁和防锈工作。

⑧ 传动机构、工作装置、制动器等,均应紧固可靠,保证正常工作。

⑨ 骨料规格应与搅拌机的性能相符,超出许可范围的不得使用。

⑩ 空车运转、检查搅拌筒或搅拌叶的转动方向、各工作装置的操作、制动,确认正常后方可作业。

⑪ 进料时,严禁将头或手伸入料斗与机架之间察看或探摸进料情况,运转中不得用手或工具等物伸入搅拌筒内扒料出料。

⑫ 料斗升起时,严禁在其下方工作或穿行。料坑底部要设料斗的枕垫,清理料坑时必须将料斗用链条扣牢。

⑬ 向搅拌筒内加料应在运转中进行;添加新料必须先将搅拌机内原有的混凝土全部卸出后才能进行。不得中途停机或在满荷载时启动搅拌机,反转出料者除外。

⑭ 在作业中,发生故障、不能继续运转时,应立即切断电源,将搅拌筒内的混凝土清除干净,然后进行检修。

⑮ 作业后,应对搅拌机进行全面清洗。操作人员如需进入筒内清洗时,必须切断电源,设专人在外监护,或卸下熔断器,并锁好电闸箱,然后方可进入。

⑯ 作业后,应将料斗降落到料斗坑。如须升起则应用链条扣牢。

(3) 卷扬机

① 安装时,基底必须平稳牢固,设置可靠的地铺,并应搭设工作棚。操作人员的位置应能看清指挥人员和拖动或起吊的物件。

② 作业前检查卷扬机与地面固定情况、防护设施、电气线路、制动装置和钢丝绳等,全部合格后方可使用。

③ 使用皮带和开式齿轮传动的部分,均须设防护罩,导向滑轮不得用开口拉板式滑轮。

④ 以动力正反转的卷扬机,卷筒旋转方向应与操纵开关上指示的方向一致。

⑤ 从卷筒中心线到第一个导向滑轮的距离,带槽卷筒应大于卷筒宽度的15倍,无槽卷筒应大于20倍。当钢丝绳在卷筒中间

位置时,滑轮的位置应与卷筒轴心垂直。

⑥ 卷扬机制动操纵杆的行程范围内不得有障碍物。

⑦ 卷筒上的钢丝绳应排列整齐。如发现重叠或斜绕时,应停机重新排列。严禁在转动中用手、脚去拉、踩钢丝绳。

⑧ 作业中,任何人不得跨越正在作业的卷扬机钢丝绳。物件提升后,操作人员不得离开卷扬机。休息时,物件或吊笼应降至地面。

⑨ 作业中,如遇停电,应切断电源,将提升物降至地面。

(4) 木工机械

① 带锯机

A. 作业前,检查锯条。如锯条齿侧的裂纹长度超过 10mm,锯条接头处裂纹长度超过 10mm,以及连续缺齿两个和接头超过三个的锯条,均不得使用。裂纹在以上规定内必须在裂纹终端冲一止裂孔。锯条松紧度调整适当后,先空载运转,如声音正常、无串条现象时,方可作业。

B. 作业中,操作人员应站在带锯机的两侧。跑车开动后,行程范围内的轨道周围不准站人。严禁在运行中上、下跑车。

C. 原木进锯前,应调好尺寸,进锯后不得调整。进锯速度应均匀,不能过猛。

D. 在木材的尾端越过锯条 0.5m 后,方可倒车。倒车速度不宜过快,要注意木槎、节疤碰卡锯条。

E. 平台式带锯作业时,送料、接料配合要协调。送料、接料时不得将手送进台面。锯短料时,应用推棍送料。回送木料时,要离开锯条 50mm 以上,并须防止木槎、节疤碰卡锯条。

F. 装设有气力吸尘罩的带锯机,当木屑堵塞吸尘管口时,严禁在运转中用木棒在锯轮背侧清理管口。

G. 锯机张紧装置的压砣(重锤),应根据锯条的宽度与厚度调节档位或增减副砣,不得用增加重锤重量的办法克服锯条口松或串条等现象。

② 圆盘锯

A. 锯片上方必须安装保险挡板和滴水装置。在锯片后面,离齿 10~15mm 处,必须安装弧形楔刀。锯片的安装,应保持与轴同心。

B. 锯片必须锯齿尖锐,不得连续缺齿两个。裂纹长度不得超过 20mm。裂缝末端应冲止裂孔。

C. 被锯木料厚度,以锯片能露出木料 10~20mm 为限。夹持锯片的法兰盘的直径应为锯片直径的 1/4。

D. 启动并待转速正常后,方可锯料。送料时不得将木料左右晃动或高抬。遇木节要缓缓送料。锯料长度应不小于 50mm。接近端头时,应用推棍送料。

E. 如锯线走偏,应逐渐纠正,不得猛扳,以免损坏锯片。

F. 操作人员不得站在锯片旋转离心力面上操作,手不得跨越锯片。

G. 锯片温度过高时,应用水冷却。直径 600mm 以上的锯片,在操作中应喷水冷却。

③ 平面刨(手压刨)

A. 作业前,检查安全防护装置必须齐全有效。

B. 刨料时,手应按在料的上面,手指必须离开刨口 50mm 以上。严禁用手在木料后端送料跨越刨口进行刨削。

C. 被刨木料的厚度小于 30mm,长度小于 400mm 时,应用压板或压棍推进。厚度在 15mm、长度在 250mm 以下的木料,不得在平刨上加工。

D. 被刨木料如有破裂或硬节等缺陷时,必须处理后再施刨。刨旧料前,必须将料上的钉子、杂物清除干净。遇木杈、节疤要缓慢送料。严禁将手按在节疤上送料。

E. 刀片和刀片螺丝的厚度、重量必须一致,刀架夹板必须平整贴紧,合金刀片焊缝的高度不得超出刀头,刀片紧固螺丝应嵌入刀片槽内,槽端离刀背不得小于 10mm。紧固刀片螺丝时,用力应均匀一致,不得过松或过紧。

F. 机械运转时,不得将手伸进安全挡板里侧去移动挡板或

拆除安全挡板进行刨削。严禁戴手套操作。

④ 压刨床(单面和多面)

A. 压刨床必须用单向开关,不得安装倒顺开关,三、四面刨应按顺序开动。

B. 作业时,严禁一次刨削两块不同材质、规格的木料,被刨木料的厚度不得超过 50mm。操作者应站在机床的一侧,接、送料时不得戴手套,送料时必须先进大头。

C. 刨刀与刨床台面的水平间隙应在 10~30mm 之间。刨刀螺丝必须重量相等,紧固时用力应均匀一致,不得过紧或过松,严禁使用带开口槽的刨刀。

D. 每次进刀量应为 2~5mm,如遇硬木或节疤,应减小进刀量,降低送料速度。

E. 刨料长度不得短于前后压滚的中心距离,厚度小于 10mm 的薄板,必须垫托板。

F. 压刨必须装有回弹灵敏的逆止爪装置,进料齿轮及托料光轮应调整至水平和上下距离一致,齿轮应低于工件表面 1~2mm,光轮应高出台面的 0.3~0.8mm,工作台面不得歪斜和高低不平。

(5) 电焊机与乙炔气焊机

① 电弧焊

A. 焊接设备上的电机、电器、空压机等,应按有关规定执行,并有完整的防护外壳。二次接线柱处应有保护罩。

B. 现场使用的电焊机应设有可防雨、防潮、防晒的机棚,并备有消防用品。

C. 焊接时,焊接工和配合人员必须采取防止触电、高空坠落、瓦斯中毒和火灾等事故抢救安全措施。

D. 严禁在运行中的压力管道、装有易燃易爆物品的容器和受力构件上进行焊接和切割。

E. 焊接铜、铝、锌、锡、铅等有色金属时,必须在通风良好的地方进行,焊接人员应戴防毒面具或呼吸滤清器。

F. 在容器内施焊时,必须采取以下措施:容器上必须有进、出风口并设置通风设备;容器内的照明电压不得超过 12V。焊接时必须有人在场监护。严禁在已喷涂过油漆或塑料的容器内焊接。

G．焊接预热焊件时,应设挡板隔离焊件发生的辐射热。

H．高空焊接或切割时,必须挂好安全带,焊件周围和下方应采取防火措施,并有专人监护。

I．电焊线通过道路时,必须架高或穿入防护管内埋设在地下。如通过轨道时,必须从轨道下面穿过。

J．接地线及手把线都不得搭在易燃、易爆和带有热源的物品上。接地线不得接在管道、机床设备和建筑物金属构架或轨道上,接地电阻不大于 4Ω。

K．雨天不得露天电焊。在潮湿地带作业时,操作人员应站在铺有绝缘物品的地方并穿好绝缘鞋。

L．长期停用的电焊机,使用时,须检查其绝缘电阻不得低于 0.5Ω,接线部分不得有腐蚀和受潮现象。

M．焊钳应与手把线连接牢固,不得用胳膊夹持焊钳。清除焊渣时,面部应避开被清的焊缝。

N．在载荷运行中,焊接人员应经常检查电焊机的温升,如超过 A 级 6012、B 级 8012 时,必须停止运转并降温。

O．施焊现场的 10m 范围内,不得堆放氧气瓶、乙炔发生器、木材等易燃物。

P．作业后,清理场地、灭绝火种、切断电源、锁好电闸箱、消除焊料余热后,方可离开。

② 交流电焊机

A．应注意初、次级线,不可接错,输入电压必须符合电焊机的铭牌规定。严禁接触初级线路的带电部分。

B．次级抽头连接铜板必须压紧,接线柱应有垫圈。合闸前详细检查接线螺帽、螺栓及其他部件应无松动或损坏。

C．移动电焊机时,应切断电源,不得用拖拉电缆的方法移动焊机,如焊接中突然停电,应切断电源。

③ 直流电焊机

Ａ．旋转式电焊机

ａ．新机使用前,应将换向器上的污物擦干净,使换向器与电刷接触良好。

ｂ．启动时,检查转子的旋转方向应符合焊机标志的箭头方向。

ｃ．启动后,应检查电刷和换向器,如有大量火花时,应停机查原因,经排除后方可使用。

ｄ．数台焊机在同一场地作业时,应逐台启动,并使三相载荷平衡。

Ｂ．硅整流电焊机

ａ．电焊机应在原厂使用说明书要求的条件下工作。

ｂ．使用时,须先开启风扇电机,电压表指示值应正常,仔细察听应无异响。停机后应清洁硅整流器及其他部件。

ｃ．严禁用摇表测试电焊机主变压器的次级线圈和控制变压器的次级线圈。

④ 埋弧自动、半自动焊机

Ａ．检查送丝滚轮的沟槽及齿纹应完好。滚轮、导电嘴(块)磨损或接触不良时应更换。

Ｂ．检查减速箱油槽中的润滑油,不足时应添加。

Ｃ．软管式送丝机构的软管槽孔应保持清洁,定期吹洗。

⑤ 对焊机

Ａ．对焊机应安置在室内,并有可靠的接地(接零)。如多台对焊机并列安装时,间距不得少于 3m,并应分别接在不同相位的电网上,分别有各自的刀型开关。

Ｂ．作业前,检查对焊机的压力机构应灵活,夹具应牢固,气、液压系统无泄漏。确认正常后,方可施焊。

Ｃ．焊接前,应根据所焊钢筋截面,调整二次电压,不得焊接超过对焊机规定直径的钢筋。

Ｄ．断路器的接触点、电极应定期光磨、二次电路全部连接螺栓应定期紧固。冷却水温度不得超过 40℃;排水量应根据温度调节。

E. 焊接较长钢筋时,应设置托架。配合搬运钢筋的操作人员,在焊接时要注意防止火花烫伤。

F. 闪光区应设挡板,焊接时无关人员不得入内。

G. 冬期施工时,室内温度应不低于 8℃。作业后,放尽机内冷却水。

⑥ 点焊机

A. 作业前,必须清除两电极的油污。通电后,机体外壳应无漏电。

B. 启动前,首先应接通控制线路的转向开关和调整好极数。接通水源、气源、再接通电源。

C. 电极触头应保持光洁,如有漏电时,应立即更换。

D. 作业时,气路、水冷系统应畅通。气体必须保持干燥。排水温度不得超过 40℃,排水量可根据气温调节。

E. 严禁在引燃电路中加大熔断器。当负载过小使引燃管内电弧不能发生时,不得闭合控制箱的引燃电路。

F. 控制箱如长期停用,每月应通电加热 30min。如更换闸流管,亦应预热 30min。正常工作的控制箱的预热时间不得少于5min。

⑦ 乙炔气焊

A. 乙炔瓶、氧气瓶及软管、阀、表均应齐全有效,紧固牢靠,不得松动、破损和漏气。氧气瓶及其附件、胶管、工具上均不得沾染油污。软管接头不得用铜质材料制作。

B. 乙炔瓶、氧气瓶和焊炬间的距离不得小于 10m,否则应采取隔离措施。同一地点有两个以上乙炔瓶时,其间距不得小于10m。

C. 新橡胶软管必须经压力试验。未经压力试验的或代用品及变质、老化、脆裂、漏气及沾上油脂的胶管均不得使用。

D. 不得将橡胶软管放在高温管道和电线上,或将重物或热的物件压在软管上,更不得将软管与电焊用的导线敷设在一起。

软管经过车行道时应加护套或盖板。

E. 氧气瓶应与其他易燃气瓶、油脂和其他易燃、易爆物品分别存放,也不得同车运输。氧气瓶应有防震圈和安全帽,应平放不得倒置,不得在强烈日光下曝晒,严禁用行车或吊车吊运氧气瓶。

F. 开启氧气瓶阀门时,应用专用工具,动作要缓慢,不得面对减压器,但应观察压力表指针是否灵敏正常。氧气瓶中的氧气不得全部用尽,至少应留 49kPa 的剩余压力。

G. 严禁使用未安装减压器的氧气瓶进行作业。

H. 安装减压器时,应先检查氧气瓶阀门接头不得有油脂,并略开氧气瓶阀门吹除污垢,然后安装减压器。人身或面部不得正对氧气瓶阀门出气口,关闭氧气瓶阀门时,须先松开减压器的活门螺丝(不可紧闭)。

I. 点燃焊(割)炬时,应先开乙炔阀点火,然后开氧气阀调整火焰。关闭时应先关闭乙炔阀,再关闭氧气阀。

J. 在作业中,如发现氧气瓶阀门失灵或损坏不能关闭时,应让瓶内的氧气自动逸尽后,再行拆卸修理。

K. 乙炔软管、氧气软管不得错装。使用中氧气软管着火时,不得折弯软管断气,应迅速关闭氧气阀门,停止供氧。乙炔软管着火时,应先关熄炬火,可用弯折前面一段软管的办法来将火熄灭。

L. 冬季在露天施工,如软管和回火防止器冻结时,可用热水、蒸汽或在暖气设备下化冻。严禁用火焰烘烤。

M. 不得将橡胶软管背在背上操作。焊枪内若带有乙炔气和氧气时不得将焊枪放在金属管、槽、缸、箱内。

氢氧并用时,应先开乙炔气,再开氢气,最后开氧气,再点燃。熄灭时,应先关氧气,再关氢气,最后关乙炔气。

N. 作业后,应卸下减压器,拧上气瓶安全帽,将软管卷起捆好,挂在室内干燥处,并将乙焕发生器卸压,放水后取出电石篮,剩余电石和电石渣,应分别放在指定的地方。

(6) 钢筋加工机械

① 钢筋调直机

A．料架、料槽应安装平直，对准导向筒、调直筒和下切刀孔的中心线。

B．用手转动飞轮，检查传动机构和工作装置，调整间隙，紧固螺栓，确认正常后，启动空运转，检查轴承应无异响，齿轮啮合良好，待运转正常后，方可作业。

C．按调直钢筋的直径，选用适当的调直块及传动速度。经调试合格，方可送料。

D．在调直块未固定、防护罩未盖好前不得送料。作业中严禁打开各部防护罩及调整间隙。

E．当钢筋送入后，手与曳轮必须保持一定距离，不得接近。

F．送料前应将不直的料头切去，导向筒前应装一根 1m 长的钢管，钢筋必须先穿过钢管再送入调直前端的导孔内。

G．作业后，应松开调直筒的调直块并回到原来位置，同时预压弹簧必须回位。

② 钢筋切断机

A．接送料工作台面应和切刀下部保持水平，工作台的长度可根据加工材料长度决定。

B．启动前，必须检查切刀应无裂纹，刀架螺栓紧固，防护罩牢靠。然后用手转动皮带轮，检查齿轮啮合间隙，调整切刀间隙。

C．启动后，先空运转，检查各传动部分及轴承运转情况，正常后方可作业。

D．机械未达到正常转速时不得切料。切料时必须使用切刀的中下部位，紧握钢筋对准刀口迅速送入。

E．不得剪切直径或强度超过机械铭牌规定的钢筋和烧红的钢筋。一次切断多根钢筋时，总截面积应在规定范围内。

F．剪切低合金钢时，应换高硬度切刀，直径应符合铭牌规定。

G．切断短料时，手和切刀之间的距离应保持 150mm 以上，如手握端小于 4mm 时，应用套管或夹具将钢筋短头压住或夹牢。

H．运转中，严禁用手直接清除切刀附近的断头和杂物。钢

筋摆动周围和切刀附近,非操作人员不得停留。

Ｉ. 发现机械运转不正常、有异响或切刀歪斜等情况,应立即停机检修。

Ｊ. 作业停机后,用钢刷清除切刀间的杂物,进行整机清洁保养。

③ 钢筋弯曲机

Ａ. 工作台和弯曲机台面要保持水平,并准备好各种芯轴及工具。

Ｂ. 按加工钢筋的直径和弯曲半径的要求装好芯轴、成型轴、挡铁轴或可变挡架,芯轴直径应为钢筋直径的2.5倍。

Ｃ. 检查芯轴、挡块、转盘应无损坏和裂纹,防护罩紧固可靠,经空运转确认正常后,方可作业。

Ｄ. 作业时,将钢筋需弯的一头插在转盘固定销的间隙内,另一端紧靠机身固定销,并用手压紧,检查机身固定销子确实安在挡住钢筋的一侧,方可开动。

Ｅ. 作业中,严禁更换芯轴、销子和变换角度以及调速等作业,亦不得加油或清扫。

Ｆ. 弯曲钢筋时,严禁超过本机规定的钢筋直径、根数及机械转速。

Ｇ. 弯曲高强度或低合金钢筋时,应按机械铭牌规定换算最大限制直径并调换相应的芯轴。

Ｈ. 严禁在弯曲钢筋的作业半径内和机身不设固定销的一侧站人。弯曲好的半成品应堆放整齐,弯钩不得朝上。

Ｉ. 转盘换向时,必须在停稳后进行。

④ 钢筋冷拉机

Ａ. 根据冷拉钢筋的直径,合理选用卷扬机,卷扬钢丝绳应经封闭式导向滑轮并和被拉钢筋方向成直角。卷扬机的位置必须使操作人员能见到全部冷拉场地,距离冷拉中线不少于 5m。

Ｂ. 冷拉场地在两端地锚外侧设置警戒区,装设防护栏杆及警告标志。严禁无关人员在此停留。操作人员在作业时必须离开钢筋至少 2m 以外。

C．用配重控制的设备必须与滑轮匹配,并有指示起落的记号,没有指示记号时应有专人指挥。配重框提起时高度应限制在离地面 300mm 以内,配重架四周应有栏杆及警告标志。

D．作业前,应检查冷拉夹具,夹齿必须完好,滑轮、拖拉小车应润滑灵活,拉钩、地锚及防护装置均应齐全牢固,确认正常后,方可作业。

E．卷扬机操作人员必须看到指挥人员发出信号,并待所有人员离开危险区后方可作业。冷拉应缓慢、均匀地进行,随时注意停车信号或见到有人进入危险区时,应立即停拉,并稍稍放松卷扬钢丝绳。

F．用延伸率控制的装置,必须装设明显的限位标志,并要有专人负责指挥。

G．夜间工作照明设施,应设在张拉危险区外;如必须装设在场地上空时,其高度应超过 5m,灯泡应加防护罩,导线不得用裸线。

H．作业后,应放松卷扬钢丝绳,落下配重,切断电源,锁好电闸箱。

⑤ 预应力钢筋拉伸设备

A．采用钢筋配套张拉,两端要有地锚,还必须配有卡具、锚具。钢筋两端须墩头,场地两端外侧应有防护栏杆和警告标志。

B．检查卡具、锚具及被拉钢筋两端墩头,如有裂纹或破损,应及时修复或更换。

C．卡具刻槽应较所拉钢筋的直径大 0.7～1mm,并保证有足够强度,使锚具不致变形。

D．空载运转,校正千斤顶和压力表的指示吨位,定出表上的数字,对比张拉钢筋所需吨位及延伸长度。检查油路应无泄漏,确认正常后方可作业。

E．作业中,操作要平稳、均匀。张拉时两端不得站人。拉伸机在有压力情况下,严禁拆卸液压系统上的任何零件。

F．在测量钢筋的伸长和拧紧螺帽时,应先停止拉伸,操作人员必须站在侧面操作。

G. 用电热张拉法带电操作时,应穿绝缘胶鞋和戴绝缘手套。

H. 张拉时,不准用手摸或脚踩钢筋或钢丝。

I. 作业后,切断电源,锁好电闸箱。千斤顶全部卸荷,并将拉伸设备放在指定地点进行保养。

(7) 混凝土振捣器

① 使用前检查各部件连接应牢固、旋转方向正确。

② 振捣器不得放在初凝的混凝土、地板、脚手架、道路和干硬的地面上进行试振。如检修或作业间断时,应切断电源。

③ 插入式振捣器软轴的弯曲半径不得小于 50cm,并不得多于两个弯。操作时振动棒应自然垂直地沉入混凝土,不得用力硬插、斜推或使钢筋夹住棒头,也不得全部插入混凝土中。

④ 振捣器应保持清洁,不得有混凝土粘结在电动机外壳上妨碍散热。

⑤ 作业转移时,电动机的导线应保持有足够的长度和松度。严禁用电源线拖拉振捣器。

⑥ 用绳拉平板振捣器时,拉绳应干燥绝缘,移动或转向时不得用脚踢电动机。

⑦ 振捣器与平板应保持紧固,电源线必须固定在平板上,电器开关应装在手把上。

⑧ 在一个构件上同时使用几台附着式振捣器工作时,所有振捣器的频率必须相同。

⑨ 操作人员必须穿戴绝缘胶鞋和绝缘手套。

⑩ 作业后,必须做好清洗、保养工作。振捣器要放在干燥处。

(8) 磨石机

① 工作前,应详细检查各部机件的情况,磨石、磨刀安装牢固可靠,螺栓、螺母等联接件必须紧固;传动件应灵敏可靠,不松旷,使用前进行润滑。

② 使用前仔细检查电气系统,导线、开关绝缘良好,熔断丝容量适当,电缆线应用绳子悬挂起来,不得随机械移动在地上拖拉。

③ 工作前应进行试运转,运转正常后,方可开始工作。

④ 长时间作业,电动机或传动部分过热时,必须停机冷却后再用。

⑤ 每班作业结束后,要切断电源,盘好电缆,将机械擦拭干净,停放在干燥处。

⑥ 操作人员在工作中必须穿胶鞋、戴绝缘手套。

⑦ 任何检查修理,必须在电机停止转动后才能进行。电气部分应由电工修理,所有接线工作也应由电工担任。

⑧ 停车后每天进行日常保养,各部轴销、油孔进行润滑保养。

(9) 蛙式打夯机

① 蛙式打夯机适用于夯实灰土和素土的地基、地坪以及场地平整,不得夯实坚硬或软硬不一的地面,更不得夯打坚石或混有砖石碎块的杂土。

② 两台以上蛙夯在同一工作面作业时,左右间距不得小于5～10mm。

③ 操作和传递导线人员都要戴绝缘手套和穿绝缘胶鞋。

④ 检查电路应符合要求,接地(接零)良好。各传动部件均正常后方可作业。

⑤ 手把上电门开关的管子内壁和电动机的接线穿入手把的入口处,均应套垫绝缘管或其他绝缘物。

⑥ 作业时,电缆线不可张拉过紧,应保证有3～4m的余量,递送人员应依照夯实路线随时调整,电缆线不得扭结和缠绕。作业中需移动电缆线时,应停机进行。

⑦ 操作时,不得用力推拉或按压手柄,转弯时不得用力过猛,严禁急转弯。

⑧ 夯实填高土方时,应从边缘以内10～15cm开始夯实2～3遍后,再夯实边缘。

⑨ 在室内作业时,应防止夯板或偏心块打在墙壁上。

⑩ 作业后,切断电源,卷好电缆,如有破损应及时修理或更换。

(10) 手持电动工具

电动工具按其触电保护分为Ⅰ、Ⅱ、Ⅲ类。Ⅰ类工具在防止触电保护方面不仅依靠基本绝缘,而且还包含一个附加安全预防措施。其方法是将可触及的可导电的零件与已安装的固定线路中的保护(接地)导线联接起来。因此这类工具使用时一定要进行接地或接零,最好装设漏电保护器。Ⅱ类工具在防止触电的保护方面不仅依靠基本绝缘,而且它还提供双重绝缘或加强绝缘的附加安全预防措施。没有保护接地或依赖安装条件的措施,即使用时不必接地或接零。Ⅲ类工具在防止触电保护方面依靠由安全特低供电和在工具内部不会产生比安全特低电压高的高压,其额定电压不超过50V,一般为36V,故工作更加安全可靠。

手持电动工具在使用中,除了根据各种不同工具的特点、作业对象和使用要求进行操作外,还应共同注意以下事项。

① 为保证安全,应尽量使用Ⅱ类(或Ⅲ类)电动工具。当使用Ⅰ类工具时,必须采用其他安全保护措施,如加装漏电保护器、安全隔离变压器等。条件未具备时,应有牢固可靠的保护接地装置,同时使用者必须戴绝缘手套,穿绝缘鞋或站在绝缘垫上。

② 使用前应先检查电源电压是否和电动工具铭牌上所规定的额定电压相符。长期搁置未用的电动工具,使用前还必须用500兆欧表测定绕组与机壳之间的绝缘电阻值。

③ 操作人员应了解所用电动工具的性能和主要结构,操作时要思想集中、站稳,使身体保持平衡,并不得穿宽大的衣服,不戴纱手套,以免卷入工具的旋转部分。

④ 使用电动工具时,操作者所使用的压力不能超过电动工具所允许的限度,切忌单纯求快而用力过大,致使电机因超负荷运转而损坏。另外,电动工具连续使用的时间也不宜过长,否则微型电机容易过热,甚至烧毁。一般电动工具在使用2h左右即需停止操作,待其自然冷却后再行使用。

⑤ 电动工具在使用中不得任意调换插头,更不能不用插头,而将导线直接插入插座内。当电动工具不用或需调换工作头时,

应及时拔下插头,但不能拉电源线拔下插头。插插头时,开关应在断开位置,以防突然起动。

⑥ 使用过程中要经常检查,如发现绝缘损坏,电源线或电缆护套破裂;接地线脱落,插头插座开裂,接触不良以及断续运转等故障时,应立即修理,否则不得使用。移动电动工具时,必须握持工具的手柄,不能用拖拉橡皮软线来搬动工具,并随时注意防止橡皮软线擦破、割断和轧坏,以免造成人身事故。

⑦ 电动工具不适宜在含有易燃、易爆或腐蚀性气体及潮湿等特殊环境中使用,并应存放于干燥、清洁和没有腐蚀性气体的环境中。对于非金属壳体的电机、电器,在存放和使用时应避免与溶解性油或有机溶剂接触。

3. 施工电梯的安装与拆卸

(1) 施工电梯安装与拆卸

① 电梯立柱的纵向中心至建筑物的距离,应按照说明书,以及现场的施工条件确定,优先选择较小距离,以利整机的稳定。

② 安装和拆卸过程中,要有专人统一指挥,并熟悉图纸,安装程序及检查要点。

③ 装上两节立柱后,要在其两个方向调整垂直度,并把平衡重、梯笼就位。

④ 调试梯笼、调试导向滚轮与导轨间隙,以电梯不能自动下滑为限,并在离地面10m高度以内,做上下运行试验。

⑤ 随立柱的升高,必须按规定进行附壁连接,第一道附壁杆距地面应为10m左右。以后每隔6m(按说明书规定)做一道附壁连接,连接件必须紧固,随紧固随调整立柱的垂直度,每10m偏差不大于5mm。顶部悬臂部分不得超过说明书规定的高度。

⑥ 在立柱加节安装时,梯笼内可以载两个安装工人和安装工具供使用,因此时尚没安装上限位保险,所以必须控制梯笼的上滚轮不得超过离齿条顶部50cm处。另外因梯笼处于无配重运行,工作时,还必须用钢丝绳做保险,把梯笼顶部与钢丝绳牢固连在立柱上;向下运行时,应靠梯笼自重分段逐节下滑,每下滑一个标准

节,停车一次,以免超速刹车发热。

⑦ 立柱接至全高后,装上天轮轨将梯笼升高到离天轮 1.5m 左右,钢丝绳绕过天轮其垂下端与平衡铁用卡子(绳夹)固定,当钢丝绳直径为 18.5mm 时,应使用 Yb-20 型号的卡子不少于 4 个,间距按 100~120mm 卡牢。当配重碰到下面缓冲弹簧时,梯笼顶离天轮架的距离应不小于 300mm。

⑧ 安装完毕进行整机运行调试,荷载试验按照《建筑机械技术试验规程》进行,合格后方能投入使用。

⑨ 在拆除平衡铁之前,必须对升降机及附壁杆制动器的间隙、主传动机构的运行进行检查,确认正常后,方可拆除。

⑩ 梯笼升至柱顶,使平衡铁落地,然后再点动慢慢上升到 50cm 左右,梯笼不发生下滑即可开始按顺序拆除。

⑪ 先把平衡铁拆下放平,拆下钢丝绳及天轮组。

⑫ 把梯笼开至接近柱顶处拆除立柱标准节。此时梯笼处于无平衡重运行,应按第 6 条中的措施进行。每拆除两个标准节,随之把附壁支撑架同时拆下,拆下的附件装入梯笼时,其吊重不能超载。因无配重,电梯负荷时间太长会产生过热,这给安装和拆除工作带来一定危险(此时因无平衡重,载重量应折减 50%)。

⑬ 安装拆卸附壁杆,以及各层通道架设铺板时,梯笼应随之停置在作业层的高度,不得在拆卸过程中同时上下运行。

⑭ 安装和拆除人员必须按高处作业要求,挂好安全带。

(2) 施工电梯的使用安全要点

① 电梯应按规定单独安装电力接地保护和避雷装置。

② 电梯底笼周围 2.5m 范围内,必须设置稳固的防护栏杆。各停靠层的过桥和运输通道应平整牢固,出入口的栏杆应安全可靠。

③ 限速器、制动器等安全装置必须由专人管理,并按规定进行调试检查,保持灵敏可靠。

④ 必须由经考核取证后的专职电梯司机操作。

⑤ 电梯每班首次运行时,应空载及满载试运行,将梯笼升离

地面1m左右停车,检查制动器灵敏性,确认正常后方可投入运行。

⑥ 梯笼乘人载物时应使荷载均匀分布,严禁超载使用。

⑦ 应严格控制载运重量,在无平衡重时(如安装及拆卸时)其载重量应折减50%。

⑧ 电梯运行至最上层和最下层时仍要操纵按纽,严禁以行程限位开关自动碰撞的方法停车。

⑨ 当电梯未切断总电源开关前,司机不能离开操纵岗位。作业后,将电梯降到底层,各控制开关扳至零位,切断电源,锁好闸箱和梯门。

⑩ 风力达6级及以上应停止使用,并将梯笼降到底层。

⑪ 多层施工交叉作业同时使用电梯时,要明确联络信号。

⑫ 电梯安装完毕正式投入使用之前,应在首层一定高度的地方架设防护棚。

⑬ 各停靠层通道口处应安装栏杆或安全门。其他周边各处应用栏杆和立网等材料封闭。

4. 施工机械的保养和修理

机械设备的保养指日常保养和定期保养。对机械设备进行清洁、紧固、润滑防腐、修换个别易损零件,使机械保持良好状态的一系列工作,是减少机械磨损,延长使用寿命,提高机械完好率,保证安全生产的主要措施之一。必须坚持"养修并重"的原则。

(1) 日常保养

① 日常保养工作主要是对某些零件进行检查、清洗、调整、润滑、紧固等。例如,空气滤清器和机油滤清器因尘土污染或聚集金属末与炭末,使滤芯失去过滤作用,必须经过清洗方能消除故障;锥形轴承或离合器等使用一段时间后,间隙有所增大,须经适当调整后,方可使间隙恢复正常;螺纹紧固件使用一段时间后,也会松动,必须给予紧固,以免加剧磨损。

② 建筑机械的日常保养分为班保养和定期保养两类。

③ 班保养是指班前班后的保养。内容不多,时间较短。主要

是:清洁零部件、补充燃油与润滑油、补充冷却水、检查并紧固零件、检查操纵、转向与制动系统是否灵活可靠,并作适当调整。

(2) 定期保养

① 定期保养是指工作一段时间后进行的停工检修工作,其主要内容是排除发现的故障。更换工作期满的易损部件,调整个别零部件,并完成保养全部内容。定期保养根据工作量和复杂程度,分为一级保养、二级保养、三级保养和四级保养,级数越高,保养工作量越大。

② 定期保养是根据机械使用时间长短来规定的。各级保养的间隔期大体上是:一级保养 50h;二级保养 200h;三级保养 600h;四级保养 1200h(相当于小修);超过 2400h 以上,即应安排中修;4800h 以上,应进行大修。

③ 各级保养的具体内容应根据不同建筑机械的性能与使用要求而定。

(3) 保养要求

① 机械技术状况良好,工作能力达到规定要求。

② 操纵机构和安全装置灵敏可靠。

③ 搞好设备的"十字"作业,清洁、紧固、润滑、调整、防腐。

④ 零部件、附属装置和随机工具完整齐全。

⑤ 设备的使用维修记录资料齐全、准确。

(4) 冬季的维护与保养

冬季气温低,机械的润滑、冷却、燃料的气化等条件均不良,保养与维护也困难。为此,建筑机械在冬季进行作业前,应作详细的技术检查,发现缺陷,须及时消除。机械的驾驶室应给予保暖,柴油机装上保暖套,水管、油管用毡或石棉保暖。操纵手柄、手轮要用布包起来。冷却系统、油匣、汽油箱、滤油器等必须认真清洗,并用空气吹净。蓄电池要换上具有高密度的电介质,并采取保温措施和采用不浓化的冬季润滑剂。冷却系统中,宜用冰点很低的液体(如 45% 的水和 35% 的乙烯乙氨酸混合液)。长期停用的机械,冷却水必须全部放净。为了便于起动发动机,必须装上油液预热器。

采用液压操纵的建筑机械,低温时必须用变压器油代替机油和透平油(因为甘油与油脚混合后,会形成凝块而破坏液压系统的工作)。

5.施工机械操作注意事项

(1)塔式起重机操作注意事项

① 司机必须在得到指挥信号后才能进行操作,各动作操作前应鸣铃示意。操作时应注意力集中,不得与其他人员闲谈或做其他动作。

② 操纵各控制器时应从停止点(零点)转动到第一档,然后依次逐级增加速度,严禁越档操作。在变换运转方向时,应先将手盘指针转到零位,待电动机停止后,再转向另一方向,操作时力求平稳,严禁急开急停。

③ 起吊前要先了解被吊物件的质量和起重机当时幅度下的起重量,不得超载起吊,也不得斜拉、斜吊。被吊物件要绑扎牢固,起吊后平移重物时应高出其所要跨越的障碍物 0.5m 以上。

④ 当起重机或吊钩接近终止位置时,应减速缓行至停止位置,并且吊钩距臂杆顶部不得小于 1m,起重机距轨道端部不得小于 3m。

⑤ 起重机在工作中,不允许任何人员上下爬梯,重物下方也不得有人停留或通过。若工作中发生故障时,应放下重物,停车检修。

⑥ 遇有 6 级及 6 级以上大风或大雨、大雪、大雾等恶劣天气时,应停止起重机露天作业。起重机在停止、休息或中途停电时,应将重物放下,不得悬挂在空中。

(2)作业后的注意事项

① 工作完毕后,应将起重机开行到轨道中间位置,起重臂转到顺风方向,并松开回转制动器,锁紧夹轨钳,并将吊钩开到离臂杆顶端 2~3m 处。

② 将所有控制器手盘拨回零位,依次断开各路开关,关(锁)

好驾驶室门窗,离机后将总电源切断。

③ 如遇 8 级以上大风,应在塔身上张拉四根缆风绳固定,以防倾倒。

④ 机修人员上塔身、起重臂等高空部位进行检修作业时,必须系安全带。

(3) 塔式起重机的拆卸

塔式起重机的拆卸与安装相似,只是程序相反,其方法是:

① 将起重机开行到轨道的适当位置,用夹轨钳固定。

② 开动变幅卷扬机,下落起重臂,待起重臂与塔身靠拢后用"U"形螺栓将两者紧固在一起。

③ 拆掉塔身与旋转架上部的轴销,放松变幅钢丝绳,同时用千斤螺杆支起塔身后部,使重心越出前铰点,继续放松变幅钢丝绳,使整个塔身连同起重臂一起落到预先准备好的后拖行轮上,并用螺栓固定。

④ 卸去配重,松开夹轨钳,收紧变幅钢丝绳,使行走架左侧翘起,待离开轨道一定高度时即将前拖行轮移至行走架下面,并用螺栓固定。

⑤ 放松变幅钢丝绳,待行走架恢复水平状态后再用两根拉杆将塔身和旋转架联接起来。并把吊钩悬挂在臂架下面拉牢,切勿将吊钩放在行走架上。

⑥ 切断电源,放松旋转机构的极限力矩联轴节,使旋转架能任意转动,以便拖行时能顺利转弯。

7 财务与成本管理

7.1 财务管理总则

（1）财务管理的目的是加强企业内部经济管理，提高经济效益，更好地保护企业财产的完整，规范企业的会计核算与监督，遵守《会计法》，贯彻执行《企业财务通则》、《企业会计准则》和《企业会计制度》。

（2）会计档案管理要认真执行有关规定，对账簿、凭证、报表妥善保管，不得私自销毁，保证档案的完整性。

（3）不符合规定的发票，不得作为财务报销凭证；个人不得转借、转让、代开发票，发票应由专人管理。

（4）现金、支票审批制度严格执行公司规定，先计划、后审批，做到每笔费用都经领导审批，如此方可给予报票。审批程序为：经手人——主管经理——总经理——财务主管——出纳。

（5）工资管理：

① 各部门填写工资表申报财务科，经财务科整理、核实、汇总，转交相关科室主管审核签字，上报主管经理。

② 每月 20～25 日发放上月工资，遇特殊原因不能按时发工资，要下发通知。

（6）合同管理：

签订合同的经手人及时报财务科，由财务人员按单项工程建立合同档案，走双向管理的制度。支付合同款程序是：经相关人员签字，即多方认可后，再经主管审批，方可付款。

（7）库房管理：采购科购入材料，先办理入库手续，总库验收合格后,持有效票据报账。

(8) 报表:

① 每月末各部门将费用支出表及外欠款统计明细表上报主管经理。

② 财务会计报告(包括资产负债表、损益表)按规定上报上级主管部门。

(9) 税务:由财务部门依照有关规定及时缴纳各种税款。

(10) 财产清查制度:

① 定期对工地的材料账及库存材料采取随机抽样方式进行实地盘点。发现问题及时调整并处罚。

② 建立固定资产台账,定期进行清查。

(11) 指标管理:公司与各部门签订内部指标协议以控制办公费、招待费等,经双方核实认可后,由财务办理各部门费用转账,实行"内部银行"核算。

(12) 车辆档案管理:建立车辆单车档案,随时掌握车辆运输及保养、维修等情况。

(13) 奖惩:对违反规定的要进行罚款,主管负连带责任;对有所创新、成绩突出者,应给予相应奖励。

7.2 财务人员岗位职责

(1) 财务科长岗位职责

① 主持科内全面工作,协调科内各岗位职责。

② 制定适合本科的系统管理办法及规章制度,督促其贯彻执行。

③ 安排年、月、周工作计划,总结工作情况。

④ 监督检查所属人员的出勤、日报表填写及工作完成情况。

⑤ 组织会计人员学习政治理论与业务技术。

⑥ 布置领导交付的工作并组织分配落实。

⑦ 负责向领导和职工代表大会报告财务状况和经营成果。

（2）会计人员岗位职责

① 负责编制会计记账凭证。

② 负责自收、自支单位收入和费用的管理。

③ 负责登记总分类账和明细分类账。

④ 负责汇总编制月、年度会计报表。

⑤ 负责工资的审核及发放。

⑥ 负责工资及奖金的分配与核算。

⑦ 计算单项工程成本及辅助生产成本，控制各项费用支出。

⑧ 负责拨付分包单位的工程价款。

⑨ 向有关部门提供会计资料。

⑩ 负责核算公司定额指标及汇总工作。

⑪ 负责公司各部门科室费用清单。

⑫ 负责外欠款汇总上报。

⑬ 审核材料会计上报材料 。

⑭ 依法诚信纳税，及时办理各种税款和缴纳。

⑮ 负责新旧发票的管理。

（3）出纳人员岗位职责

① 办理企业银行开户的有关事宜。

② 登记现金和银行存款日记账。

③ 按审批制度办理现金收付及银行结算。

④ 负责本部门的文件保管。

⑤ 保管库存现金及各种有效票据。

⑥ 负责保管财务印章、空白收据和空白支票。

⑦ 定期编制现金收支报表，保证库存现金与账目相符。

⑧ 定期编制银行存款余额调节表，及时核对银行账目，做到账账相符。

（4）材料会计岗位职责

① 会同财务部门拟定材料管理与核算办法。

② 及时准确登记材料明细账，做到日清月结，字迹清楚。

③ 对库存材料进行定期、不定期抽查盘点，掌握材料动态，按

212

规定处理盘盈盘亏。

④ 按月汇报工程成本,并保证材料的完整、真实。

⑤ 监督材料的合理有效使用。

⑥ 对应报损材料及准备物资及时上报并提出相应的整改措施。

⑦ 保管好原始凭证及账簿。

7.3 货币资金管理

1. 现金管理

货币资金的结算,有现金结算和转账结算两种形式。现金结算就是直接用现款进行有关货币资金收付的结算形式。

(1) 采用现金结算,要遵守国家规定的现金管理原则。

① 钱账分管,会计、出纳分开,管钱的不管账,管账的不管钱。出纳员和会计员相互监督,相互配合,保证少出差错,堵塞漏洞。

② 其他经济业务往来,都必须通过银行办理转账结算,不得支付现金。

③ 建立现金交接手续,坚持查库制度。

凡有现金收付,必须坚持复查。在款项转移或出纳人员调换时,必须办理交接手续,做到责任清楚。要经常检查库存现金与账面记录是否一致,以保证账款安全。

(2) 采用现金结算时,严格遵守现金审批制度,现金审批程序

严格贯彻执行公司的现金审批制度,出纳在未见到现金审批的批条时不予办理报销手续。必须由经办人、主管经理、总经理、财务主管先后签字,出纳方可付款。

(3) 现金使用范围

① 支付给职工的工资、津贴。

② 支付给个人的劳务报酬。

③ 支付各种劳保福利费。

④ 出差人员必须随身携带的差旅费。

⑤ 结算起点以下的小额收支。

⑥ 银行规定需要支付现金的其他支出。

(4) 严格执行库存现金限额规定

为了控制现金使用,有计划地组织货币流通,企业的库存现金数额一般以不超过3~5天零星开支的正常需要为限额(1万元)。核定的限额必须遵守,超过库存限额的现金,出纳员应及时送存银行。

(5) 严格现金存取手续,不得坐支现金。

(6) 其他规定

① 出纳人员向银行送存和支取现金,必须在凭证上注明来源或用途。

② 采购员到外地采购,不得随身携带大量现金。

③ 不准用不符合会计制度的凭证(白条子)顶替现金。

④ 不准保留账外公款(即小金库)

⑤ 不准谎报用途套取现金。

⑥ 不准利用本单位银行账户代其他单位或个人存入或支出现金等。

(7) 现金核算

出纳人员认真贯彻执行岗位职责。

2. 转账结算管理

转账结算又称非现金结算,是指不直接采用现金而通过银行转账进行货币资金收付的结算方式。按照规定,各单位之间的一切经济往来,包括产品销售、劳务供应和资金缴拨等的货币结算,除结算金额起点以下的零星支付以外,都必须进行转账结算。

(1) 本企业结算方式

① 汇兑结算方式

汇兑结算方式是汇款人委托银行将款项汇给外地收款人的一种结算方式。这种结算方式适用于单位、个体经济户和个人的各种款项的结算。汇兑结算方式分信汇、电汇两种,根据具体情况选择使用。

② 托收承付结算方式

托收结算方式包括异地托收承付结算方式和同城托收承付结算方式。两者有关托收、承付、拒付等手续基本相同。下面是异地托收承付结算方式的说明。

异地托收结算方式包括托收和承付两个方面的内容。托收就是供货单位根据经济合同发运产品或提供劳务后，委托开户银行向外地指定的购货单位收取款项；承付就是购货单位根据经济合同核对或验货后，向开户银行以默认的方式承付款项。其结算程序执行银行结算规定。

异地托收承付结算方式分为邮划和电划两种。邮划是当购货单位承付后，款项由购货单位开户银行通过邮寄凭证划回供货单位开户银行，并通知供货单位；电划则是当购货单位承付后，款项通过电报划回。

③ 委托收款结算方式

收款人委托银行向付款人收取款项的结算方式。在银行或其他金融机构开立账户的单位和个体经济户的商品交易、劳务款项以及其他应收款项的结算，均可使用委托收款结算方式。委托收款结算方式在同城、异地均可办理，不受金额起点的限制。委托收款结算方式分邮寄和电报划回两种，由收款人选用，如水、电费等。

④ 支票结算方式

支票是银行的存款人签发给收款人办理结算或委托开户银行将款项支付给收款人的票据。使用支票进行结算叫作支票结算方式。支票分为现金支票和转账支票。现金支票可以转账，转账支票不能支取现金。

单位、个体经济户和个人在同城或票据交换地区的商品交易和劳务供应以及其他款项的结算均可使用支票结算方式。

支票一律记名。中国人民银行批准的地区转账支票可以背书转让。支票金额起点为 100 元。支票付款期为 10 天(背书转让地区的转账支票付款期为 10 天)。

⑤ 银行汇票结算方式

银行汇票是汇款人将款项交存当地银行,由银行签发给汇款人持往异地办理转账结算或支取现金的票据,视业务需要采用。

单位、个体经济户和个人需要支付各种款项,均可使用银行汇票。

⑥ 银行本票结算方式

银行本票是申请人将款项交存银行,由银行签发给其凭证以办理转账结算或支取现金的票据。使用银行本票进行结算的方式叫银行本票结算方式。单位、个体经济户和个人在同城范围的商品交易和劳务供应以及其他款项的结算均可使用银行本票。为了及时收回款项,保证企业资金周转顺利进行,要重视应收账款的处理,加强催收货款的组织工作。

(2) 银行存款的结算

① 银行存款的结算纪律

为了严肃信用制度、维护结算纪律、加速资金周转、顺利清偿债务,根据中国人民银行发布的《银行结算办法》中的有关规定,结合本企业的特点,制定以下结算纪律:

A.不准出租银行账户;

B.不准签发空头支票和远期支票;

C.不准套取银行信用。

② 银行存款的核算

出纳人员坚持岗位职责,认真签发支票及填写"银行存款日记账"。

③ 银行存款的清查

为避免银行存款账目发生差错,企业要按期进行银行存款的清查。清查方法是将银行存款日记账记录与银行对账单逐笔进行核对。如出现未达账项,通过编制"银行存款余额调节表"进行调节。

3. 货币资金的控制

(1) 货币资金收支计划的编制

① 货币资金收支情况是企业财务状况的主要指标。企业取

得货币资金收入,意味着一次资金循环的终结,而企业发生货币资金支出,则意味着另一次资金循环的开始,所以货币资金收支是资金循环的纽带。要使货币资金收入和支出在数量和时间上适应、保持平衡,就必须进行预测,全面安排和调度。只有加强货币资金收支管理,及时解决货币资金收支上出现的矛盾,才能保证资金周转的顺利进行。

货币资金收支情况是企业生产经营活动的综合反映。货币收支可以及时地反映企业生产经营管理各方面取得的成绩和存在的问题。

② 企业货币资金收支活动要有计划地进行管理,要编制好货币资金收支计划,贯彻货币资金收支的管理责任制。货币资金收支计划可按年分季编制,然后再按季分月编制。

③ 货币资金收支计划的主要项目为货币资金收入和支出两项。

A. 货币资金收入。企业的货币资金收入有预收及结算工程款,设备租赁款,出售资产收入,收回应收款以及取得的借款等。

B. 货币资金支出。企业的货币资金支出主要是购置设备、材料支出,工资支出,偿还应付款以及其他支出。

(2) 货币资金最佳持有量的确定

货币资金是一种非盈利资产,过多地保持货币资金势必会降低企业的盈利能力,然而货币资金过少也会给企业带来资金周转困难和增加财务风险。为此,企业必须确定其货币资金的最佳保持量。确定合理的货币资金持有量是货币资金管理的中心任务,也是货币资金日常管理的重要内容。

4. 现金、支票的管理

(1) 现金、支票的报批手续

由经手人持有效票据经财务主管审批。批准后,上报主管经理审批。审批同意后,转交总经理审批。最后经手人持审批认可后的有效票据到财务出纳处办理报票付款手续。支票现金支出审批表见表 7-1。

支票现金支出审批表

使用部门：　　　　　　　　　　　　　　　　　　　　　日期：

摘　要	品　名	数　量	用　途	金　额	结算方式		备　注	
					支　票	现　金	自　用	公司用

总经理_____　　主管经理_____　　财务主管_____　　　　出纳_____

经手人_____

（2）现金、支票交回规定

① 程序：必须经过部门主管、总经理签字，方可交回财务。

② 时间：从领取支票之日起，五日之内，必须交回财务。如有特殊原因，必须有书面说明报告。

7.4　应收款项管理

（1）应收款项概念及范围

应收款项是企业应该收取而尚未收到的各种款项，主要有应收账款、应收票据、其他应收款等方面。具体包括：工程款项；应收的各种赔款，罚款；应收出租包装物租金；应向职工收取的各种垫付款项；备用金（企业各部门、所需的零星备用款）；存出保证金，如租入包装物支付的押金；预付账款转入；其他各种应收款、暂付款项。

（2）加强应收款项管理的现实意义

长期以来，财务管理工作中对应收账款的日常管理不够，造成企业之间相互拖欠十分严重。形成这种局面的原因是多方面的，主要是企业财务部门对应收款管理不善。加强应收款的管理主要应做好以下几项工作：

① 分清单位设置明细表。

② 编制欠款分析表（见表 7-2）。

③ 坏账损失。

欠 款 单 位	应 收 总 额	已 收 金 额	还 欠 金 额	备　注

由于应收款项不能及时收回发生坏账而给企业造成的损失。坏账损失的确认有两个条件:一是债务单位撤销、依法清偿后确实无法追回的部分;二是债务人死亡,既无遗产可供清偿,又无义务承担人,确实无法追回的部分。债务人逾期履行债务超过 3 年确实不能收回的应收款项。

(3) 应收账款的日常管理

① 调查、评估客户的信用状况;

② 催收应收账款,一般说来应从催收费用最小的方法开始,逐步采用费用增加的方法;

③ 预计坏账损失、计提坏账准备金采用应收账款余款余额比率法,按年末应收款余额的一定比率计提坏账准备金,公司财务管理部门根据实际情况确定其比率为 3‰~5‰。

(4) 预收账款

① 预收账款是核算企业按照规定预收发包单位的款项,包括预收工程款和备料款,以及按照合同规定预收购货单位的购货款。这是企业流动资金的主要来源,企业在制定合同条款时,一定要充分考虑有关价款结算办法,保障结算资金能足够按期兑现,防止造成拖欠。

② 根据本企业情况,预收账款程序如下:

A. 按建设单位签订合同价款及付款方式,由公司预算员负责审查、签认、催收已完工程进度款及工程备料款;

B. 建设单位按工程进度合同及应付款部位确定、批复;

C. 批复后的工程款由预算员通知公司财务科,财务人员携带发票直接到建设单位领取工程款。如财务人员不能及时前去,则由预算人员负责携带发票到建设单位结款,并将结款及时送到财务科,交由出纳负责送存银行存入专户。

(5) 备用金

备用金是指企业财务部门拨给企业其他部门(采购科、市场部)的备用金。企业为了使频繁的日常小额零星支出,摆脱常规的逐级审批或逐项签发支票的过繁手续,建立定额备用金制度,供零星开支、零星采购或小额差旅费等。定额备用金制度主要包括以下内容:

① 由会计部门根据实际核定拨出一笔固定数额的现金,并规定使用范围,由采购、市场、食堂等部门支配;

② 由出纳人员经管定额备用金;

③ 支付零星现金时,需经公司领导签字同意;

④ 备用金经管人员妥善保存支付备用金收据、发票以及各种报销凭证,并设置备用金登记簿,记录各种零星支出;

⑤ 经管人员按月(25 日前)或在备用金不够周转时,凭经批准的有关票据向会计部门报销,备用金补足到规定数额。

7.5 固定资产管理

(1) 固定资产

固定资产是指企业使用期限超过 1 年的房屋、建筑物、机器、机械运输工具以及其他与生产经营有关的设备器具、工具等;不属于生产经营主要设备的物品,单位价值在 2000 元以上,并且使用年限超过 2 年的;小型工具设备单位价值在 500 元以上的;电脑软件设施 1000 元以上的;大模板等。

未列入固定资产管理的工具、器具、办公家具等,作为低值易耗品管理。

(2) 固定资产的折旧

折旧采用综合折旧率,执行平均年限法进行计提。

企业按月计提折旧。当月增加的固定资产,当月不提折旧,从下月起计提折旧;当月减少的固定资产,当月照提折旧,从下起不提折旧。

固定资产提足折旧后,不论能否继续使用,均不再提取折旧;提前报废的固定资产,不再补提折旧。

应计提的折旧总额＝固定资产原价－预计残值＋预计清理费用预计残值率为 4%。

（3）固定资产的日常管理

根据管用结合、权责结合的原则,实行固定资产分口分级管理,在固定资产管理中正确安排各方面权责关系。固定资产分口管理的内容见表 7-3。

固定资产分口管理的内容　　　　　　表 7-3

固定资产管理部门	分 口 管 理 内 容
设 备 维 修 科	塔吊、泵车等
车　　　队	运输设备:如载重汽车、铲车、汽吊等
租　赁　科	周转材料、办公设备、大中小型工具设备等
技 术 质 量 科	质量检验设备:光学计量仪器、扫描仪等

（4）财务科、办公室、监督部门对固定资产的管理

财务科负责组织对固定资产的安全保管和有效利用进行全面监督,对固定资产管理负总的责任。要加强与资产管理部门的协作,建立和健全企业固定资产管理制度和财产管理办法;各类财产的增减变动、内部转移和维护修理等,要有统一而严密的管理手续,监督有关单位认真执行;组织固定资产的核算工作,掌握固定资产的增减变动和分布情况;按照规定计提折旧,积极支持技术革新、监督固定资产更新改造和修理的正常进行;结合固定资产利用效果的分析、促使各单位提高固定资产利用效果;组织并参加企业固定资产的定期清查。

财务科应深入企业固定资产保管使用单位,为发展经营服务。既要记好账目、严格手续、管好资金,又要深入现场、调查研究、管好财产。财务人员要加强同资产管理人员的协作,共同管好财产。

① 新增固定资产要参与验收。

财务人员要协同资产管理人员深入现场,根据固定资产交接凭证,认真搞好固定资产的验收和交接工作;

A. 清点数量,看实物与凭证所列数量是否一致,所附备件是否齐全,是否有部门主管及经办人验收签字;

B. 检查质量,看设备的性能是否良好,质量是否符合技术要求;

C. 核实造价,看新增固定资产的造价和购进、调进的是否符合实际;

D. 索取技术资料及质保资料。

② 调出固定资产,要参与办理移交手续,调拨单需总经理签字。财务人员要与资产管理人员加强协作,到现场参加办理移交。

A. 核对调拨手续,对不符合国家政策的或手续不完备的拒绝调出;

B. 查对实物,坚持在配备齐全的原则下移交给接收单位,随同技术资料一并转交;

C. 对外调的固定资产按其新旧程度和完好情况,按质论价;移交时,根据结算后的"价拨单"到现场办理固定资产的交接。

③ 报废固定资产,要参加鉴定清理。

对待固定资产的报废,要严格掌握,慎重处理。要坚持勤俭办企业的方针,对于申请报废的固定资产,凡是能够修复的要修复,能够拆改的要拆改,尽量延长使用年限,只有确定不能使用时才能报废。但对陈旧设备继续使用可能影响生产效率的,则要积极支持各部门进行更新。在提出申请报废时,财务人员要会同资产管理员到现场参加鉴定,做好清理工作:

A. 核实实物,检查报废的固定资产与固定资产报废申请书所列各项内容是否一致,防止发生漏洞;

B. 依靠技术人员和专业人员进行鉴定,查明应不应该报废,能不能修理或改装使用;

C. 查明报废原因,是正常报废,还是由于保管、使用、维修不

当造成的报废。对于未到正常使用年限的过早报废和由于非常事故造成的报废,要查明原因,分清责任,认真处理;

D．对报废固定资产的残值进行估价,做好残料交库工作。

④ 清查固定资产,要到现场会同主管部门查点实物,每年7月份重点查,12月份普查。

清查固定资产是财务科必须做好的一项重要工作。通过清查,可以搞清家底,做到账物一致。发现固定资产在保管、使用、维护中存在的问题,改进管理工作。在固定资产清查中,财务人员要抓好这两方面的工作:

A．查物点数,核对账目。财务人员要深入现场逐项清查固定资产,核实每台设备主机、附机的实存数与账面数是否一致,核对设备存放地点和保管人与账面记录是否相符,发现财产盘亏盘盈,要认真查明原因,弄清责任,妥善处理;

B．检查固定资产的保管、使用和维护情况。要了解固定资产有无闲置、使用不当情况;有无保管不妥,维护不够精心的情况;管理制度有无不够健全之处。发现不需要的设备,要通知总库调回,做到物尽其用;发现毁坏设备,要及时修复,保证设备完好;对保管维护和管理制度方面存在的问题,也要提出改进意见。

⑤ 车辆及用油管理。

A．车辆统一管理,建立单车档案,进行单车核算,由财务负责建立单车明细账,负责单车成本核算。

B．配件库管化:由市场部负责询价,公司统一购买,领取配件实行"以旧换新"的原则,并要有车队队长的签字,或其指定人员的签字。

C．用油规范化:由公司统一购买,需购油时提前写计划单,并认真填写加油卡。

⑥ 在用低值易耗品管理。

限额以下的劳动资料,劳务用品、办公家具,按低值易耗品管理,对在用低值易耗品实行"以旧换新"的原则。

A．办公室:属于家具用品的由办公室负责管理,并制订清单一式三份,由使用部门、办公室与财务科三家分别保存(作清查、更新的依据)。

B.设备科:不包括在固定资产范围的工具、器具等小型设备由设备科负责。

C.劳保用品:定期添置,核销手续,由本部门负责,经理审批。

D.对在用低值易耗品采用一次摊销法。

坚持财务人员与资产管理人员的协作,把管好资金和管好财产结合起来,深入现场管好资产,是财务管理工作的一项重要措施,是管好固定资产的一条重要经验。只有坚持深入实际,摸清各部门的实际情况,才能及时地发现问题,切合实际地解决问题,把固定资产管理工作搞好。

7.6 存货管理

存货是指企业在生产经营活动过程中为销售或者耗用而储备的物资,包括原材料、燃料、包装物、低值易耗品、修理用备件、在产品、自制半成品、产成品、外购商品等。它是保证企业生产经营活动顺利进行的物质条件。管好存货,既能保证生产经营的物资需要,又能节约使用资金,做到以最低的存货占用,维持企业高效和连续经营的需要,提高资金利用效果。

存货管理的目标是,维持企业高效和持续运营的需要,以最低的存货水平获取最高的经济效益。为此,企业应对存货进行科学的管理,使存货量维持在最佳水平。

采购员、保管员、材料会计、使用材料人员项目部的管理人员,切实掌握各种材料的动态,有根据地提出加强物资、资金管理的办法,有效地为企业生产经营服务。要搞好存货管理,必须做到管钱的人参加管物,管物的人了解现行价格,把管钱和管物结合起来。在财务科做到集中闭合式管理。

(1)计划申购:各项目部根据工程用料计划申购单,填写工程

224

名称,所购材料类别、名称、规格、单位、计划数量、使用部位、使用时间及计划品牌,传真或转交材料科,由材料科负责查总库现库存量,确定需要采购量,交由总经理审批。

（2）采购入库及总库调拨:总库根据采购科所购材料按类别、名称、规格、单位、金额验收入库,根据工地所需进行调拨,并填写调往部门、调拨单号、结存数量与申购单号。

（3）工地材料使用:工地收到总库调转材料后,按其类别、名称、调拨数量、单价及调拨单号入库。

工地库管员按工程所需量进行出库与调出,并填写其使用部位、结存数量与供货电话及车号。材料出库首先由预算员分部位计算所需量,报库房管理员,由库管员控制用量,库管员根据用量开出库单,领料人必须签字。库管员每天登记工地材料使用单,每7天交财务一份工地材料单周汇总表。

财务每7天分析1次各部门材料使用情况。每月总库与各部门核对账目一次。月末总库出库量等于各部门入库量之和。账物不符应及时调账,不得有无账的存货。旧料要估价入账,领用时纳入新料管理范畴。

7.7 工 资 管 理

工资是企业在一定时期内支付给职工的劳动报酬,是根据"各尽所能,按劳分配"的原则,借助于货币分配个人消费品的一种形式。工资反映了生产中活劳动的消耗,是构成产品成本的重要组成部分。

（1）职工的分类

① 按职工所处的工作岗位和劳动分工可以分为以下几类:

A. 工人:指直接从事物质生产的工人,包括从事工业生产和非工业生产的全部工人;

B. 工程技术人员:指负担工程技术工作并具有工程技术能力的人员;

C. 管理人员:指在企业各职能机构从事行政、生产经营管理

和政治思想工作的人员;

D．其他人员。

② 合同制职工,试用期为三个月,签订合同期限为一年,合同期满可续签合同或另行聘用。

(2) 工资总额包括计时工资,奖金,津贴,补贴,加班加点工资,其他工资(公益事业、学习、劳模会等)。

(3) 公司的工资核算采用计时工资

① 程序:各项目部、各部门每月 5 日前向财务报工资表,经财务科核实、审查后转交各部门、各项目部主管,签字认可后,上报主管经理进行审批,审批同意后由财务统一发放。

② 时间:工资发放时间为次月的 20~25 日,如未能发放,由财务科负责通知各科室和项目部。

③ 采用月薪制,月工资超过 1000 元部分,按照规定上缴个人所得税。根据国家规定,按工资总额的 14% 计提福利费用。

$$应付工资 = 月标准工资 - 缺勤扣发工资$$

(4) 工资表见表 7-4

管理人员工资表　　　　　表 7-4

年　月

序号	姓名	工种	出勤	日工资	加班	奖金	应发工资	扣个人所得税	实发工资	签字
合计										

7.8　票据和会计报表管理

1. 票据管理的内容与要求

票据包括现金支票、转账支票、发货票、收据。其管理要求如下：

（1）企业办理经济结算必须使用银行统一规定的票据和结算凭证，按照规定正确填写，字迹清楚，印章齐全。

（2）领用部门要填写"支票申领单"。

（3）作废支票不准撕毁或丢失，注销后与存根一起妥善保管。

（4）银行存款日记账由出纳人员根据银行收、付款凭证逐日逐项登记，并在每日终了结出发生额和结存额，并及时与银行核对账单，编制银行存款余额调节表，做到日清月结，账账相符。

（5）出纳人员建立空白支票与收据领用登记簿，并要严格管理各类支票，认真办理领用注销手续，不开空头支票。

（6）遵照税法、严格使用开具专用发票及往来收据。

2．会计报表管理

（1）会计报表的作用

会计报表是根据日常核算资料定期编制综合反映一定时期经营成果及一定时点财务状况的书面文件，也是会计核算工作的总结。它的作用主要有两方面：

① 为制定决策提供所必需的有效信息。企业的经营管理者利用会计报表可以了解企业的财务状况和经营成果，从而指导企业的生产经营活动，为企业制订下一期间的决策提供有效支持和有用数据。

② 评价企业财务状况的好与坏、经营上的得与失。

（2）会计报表的分类和报送

① 一级报表：

资产负债表：反映某一特定日期财务状况的会计报表，属于静态报表。

损益表：反映一定时期内资金耗费和资金收回的报表，即一定时期的经营成果，属于动态报表。

由财务科于每月 25 日（资产负债日）编制填写并上报上级财务部门。

② 二级报表

A. 费用支出表

由各部门、各项目部于次月 8 日上报财务科,由财务汇总、审核后,上报主管经理。

B. 外欠款明细统计表

分库与总库库管员核实每月外欠款金额,由总库汇总并附有明细即第三联绿联(入库联),每月 5 日前报财务科。采购也应于每月 5 日前汇总外欠款报交财务科,由财务人员审核汇总、整理后,于每月 10 日前上报主管经理。

C. 分项工程材料月报

由各工地材料会计及总库材料员分别于次月 8 日前报交财务科,由财务科负责审核,如发现问题,及时返回各部门材料会计,分析原因,对具体出现的问题责任人,进行相应的处罚。

(3) 编制会计报表的要求

编制会计报表的要求是:便于理解,真实可靠,相关可比,全面完善,及时成表。

7.9　无形资产和会计档案管理

1. 无形资产管理

无形资产是指不具有物质实体,能给企业提供某种特殊的经济权利,有助于企业在较长时间内获取利润的财产。它包括:专利权、商标权、著作权、土地使用权、非专利技术、商誉等。本公司特有的无形资产包括:

(1) 商誉:是指企业在有形资产一定的情况下,能得到的高于正常投资报酬率所能形成的价值。我公司凭着技术先进、管理有方、经营效率高,与同行业相比可获得超额利润,在建筑业中具有一定的影响。奖杯、奖状得来不易,列入无形资产管理,项目部有偿使用。

(2) 专利权:是国家专利机关依照有关法律规定批准的发明人或其权利受让人对其所发明创造成果,在一定时期内享有的专有权或独占权。如公司的内部定额管理——"闭合系统"的专利权。

(3) 非专利权：或称技术秘密或技术决策，如创建的绿色环保建筑方案。

2．会计档案管理

会计档案是企业在经济活动中形成的记录和反映经济业务的重要史料和证据，它既是本单位档案的一部分，也是国家全部档案的重要组成部分。

(1) 会计档案的保管程序

每年形成的会计档案(包括会计凭证、会计账簿、会计报表、其他会计核算资料和软盘保存资料)，应由财务会计部门按照归档的要求负责整理立卷，或装订成册。当年会计档案在会计年度终了后，由财务会计部门保管一年。期满后，由财务会计部门编制清册，移交本单位的档案部门保管。

(2) 会计档案的保管年限

会计档案的保管年限按"会计档案保管年限表"执行。保管年限期满后方能毁销。会计部门保管的其他会计档案，各种契约、重点工程决策资料，会议记录本永久保存；其他档案按其价值制订保管年限。

7.10 成本费用管理

成本费用管理是企业进行产品生产和经营过程中，对各项费用的发生和产品成本的形成所进行的预测、计划、控制、核算和分析评价等一系列科学管理工作。其目的在于动员广大职工群众，挖掘企业内部潜力，厉行节约，不断降低生产耗费和产品成本。

1．成本预测

成本预测，就是根据成本特性及有关数据和情况，结合发展的前景和趋势，采用科学的方法，对一定时期、一定产品或某个项目、方案的成本水平、成本目标进行预计和测算。搞好成本预测，对于加强成本管理，挖掘降低成本潜力，提高经济效益，以及正确进行生产经营决策,都具有重要的意义。

(1) 成本预测的基本程序

① 明确预测对象和目的。要根据不同的预测对象、目的、决定需要的资料、采取的方法和对预测工作的要求。

② 搜集和整理资料。一般包括财务会计资料、计划统计资料、有关政策文件和调查研究资料等。

③ 分析资料,选择方法,进行测算。

④ 确定预测值,提出最佳方案。

(2) 成本预测的内容

产品成本是企业的一项综合性质量指标,成本预测的内容有:

① 新建和扩建企业的成本预测,即预测该项工程完工投产后的产品成本水平;

② 确定技术措施方案的成本预测,即企业在组织生产经营活动中采取设备更新、技术改造等措施,为选择最佳方案而进行的成本预测;

③ 新产品的成本预测,即预测企业从未生产过的新产品经过试制投产后必须达到和可能达到的成本水平;

④ 在新的条件下对原有的产品的成本预测,即根据计划年度的产销情况和计划采取的增产节约措施,预测原有的产品成本比上年可能降低的程度和应当达到的水平。

2. 成本计划

(1) 成本计划的作用

成本计划是企业生产经营计划的一个重要组成部分,它以货币形式预先规定企业计划期内产品的生产耗费水平和成本降低幅度。编制先进、切合实际的成本计划,具有重要的意义。

① 成本计划是组织群众挖掘降低成本潜力的有效手段,它可以促使企业职工自觉、有效、节约地使用人力、物力和财力,为完成和超额完成成本计划而努力。

② 成本计划是建立企业内部成本管理责任制的基础。企业有了切实可行的计划,才能实行成本指标的分口分级管理,确定各

职能部门和各级单位以至职工个人在成本管理中应承担的责任，并据以控制和监督各项耗费，检查和考核成本计划的完成情况，是企业加强成本管理，促使产品成本降低有力工具。

③ 成本计划是编制其他财务计划的重要依据。成本与利润、成本与资金是紧密相联系的，在其他条件不变的情况下，成本的高低决定着企业利润水平的高低和资金占用数量的多少。成本计划为编制企业利润计划和流动资金需要量计划提供了依据。

（2）成本计划的内容

① 定额费用：根据各职能部门的性质、业务工作量的需要，制定适合各职能的定额费用，同时作为衡量各部门工作业绩的标准之一。

② 期间费用：包括企业行政管理部门为组织和管理生产经营活动而发生的管理费用，为筹集资金而发生的财务费用，以及为销售产品或提供劳务而发生的销售费用等。

3．成本控制

成本控制是指在企业生产经营过程中，按照既定的成本目标，对构成产品成本费用的一切耗费进行严格的计算、调节和监督，及时揭示偏差，并采取有效措施纠正不利差异，发展有利差异，使产品实际成本被限制在预定的目标范围内。科学地组织成本控制，可以用较少的物质消耗和劳动消耗，取得更大的经济效果；不断降低产品成本，提高企业管理水平。

（1）成本控制的基本程序

① 制定成本控制标准，并据以制定各项节约措施。成本控制标准是对各项费用开支和资源消耗规定的数量界限，是成本控制和成本考核的依据。

② 执行标准，即对成本和形成过程进行具体的监督。根据成本指标，审核各项费用开支和各种资源的消耗，实施增产节约措施，保证成本计划的实现。

③ 确定差异。核算实际消耗脱离成本指标的差异，分析成本脱离差异的程度和性质，确定造成差异的原因和责任归属。

④ 消除差异。组织群众挖掘潜力,提出降低成本的新措施或修订成本标准的建议。

⑤ 考核奖惩。考核成本指标执行结果,把成本指标考核纳入经济责任制,实行物质奖励。

(2) 成本控制标准

① 消耗定额

在施工过程中,制定各项消耗定额作为成本控制的标准。消耗定额是在一定的生产技术条件下,为完成某项具体工程而需要耗费的人力、物力、财力的数量标准,它包括材料物资消耗定额、工时定额和费用定额。用这些定额或标准控制生产过程中的物质消耗和人力消耗,是保证降低产品成本的必要手段。

② 费用预算

对企业经营管理费用的开支,采用经费预算作为控制标准。尤其是对与工程施工无直接关系的间接费用,通过预算控制支出是促使各部门精打细算、节省开支的有效办法。

(3) 成本控制的手段

① 凭证控制

凭证是记录经济业务、明确经济责任的书面证明。通过各种凭证,可以检查经济业务的合法性和合理性,控制财务收支的数量和流向。

② 制度控制

制度是职工进行工作和劳动的规范,是企业生产经营管理各方面工作正常运转的保证,具有很强的约束力。严格执行各项制度对成本控制起到积极作用。

(4) 材料费用的控制

材料费用的多少,受材料消耗数量和材料采购成本两方面因素的影响。节约材料费用一方面必须严格控制材料的消耗数量,另一方面还必须努力降低材料的采购成本。

① 严格控制材料消耗数量的主要措施:改进产品设计,采用先进工艺;制定材料消耗定额,实行限额发料制度;控制运输和储

存过程中的材料损耗;回收废旧材料,搞好综合利用。

② 努力降低材料采购成本的主要措施:严格控制材料购买价格;加强采购费用管理;合理采用新材料和廉价代用材料。

③ 严格控制各项费用的日常开支。各部门、各项目部根据落实的费用指标,严格控制开支,年度内的费用支出数额不能超过定额,对节约费用者给予表扬或奖励。

A. 采用费用定额,实行总额控制。各部门、各项目部根据落实的费用指标,每发生一笔费用,财务根据有关票据核减一笔开支,并结出指标结存额,便于归口管理部门和财务部门进行监督和检查。

B. 费用开支执行审批制度。费用开支需要经过一定的审批程序,先填写现金支票审批表,交由经理审批。

C. 建立费用报销审批制度。对于每一笔费用开支,都要通过审核原始凭证来进行控制。审核的主要内容是:凭证所反映的内容是否真实、此项开支是否符合费用开支范围、开支标准是否符合规定、有无预算指标、手续是否齐全。经过审核确认无误后,方能准予报销。手续不全的要补办手续,违反制度规定的不予报销。

7.11 材料账务处理和应付账款管理

1. 材料账务处理

(1) 材料账目的设置。材料账目的设置应按材料的性质分门别类的设置,账页按材料规格由小到大、由低到高顺序排列,并且各账册账目顺序保持一致。

(2) 材料账的入账、销账:

① 记账时应使用黑色碳素笔,不能使用铅笔或圆珠笔;

② 建账或启用新账页时逐项填写账页表头上的材料名称、规格型号、计量单位等项目;

③ 入账时在记账栏内填写日期,在摘要栏内按库房开据的入库或出库单上的内容填写(单价一定要填清);

④ 记账时总库转来的单据,先根据入库单调入单逐项入总账,记入收入方,再根据调出单逐项登总账的付出方,在入总库付出方的同时,根据调往工地名称,记入分账的付出方,总账与分账是相互对应的。

⑤ 各工地返回的出库单,先按材料名称、规格型号分类统计后,逐项记入各分账的付方;

⑥ 根据票据记完账后,在票据上划"√"作上标记,证明已入账;

⑦ 发现记错账时要用红墨水碳素笔在记错在地方划上横线进行更正,将正确的内容写在记错处的上方;

⑧ 材料账必须按日总结,结账时,在本月最后一笔记录下用红笔结出本月发生额和月末余额,并在摘要栏内注明"本月合计"字样,分账与总账一样。

⑨ 结账时要将库房与各工地返回的单据分别装订保管、封存。

2. 应付账款管理

应付账款是指企业因购买商品、材料、物资或接受劳务供应等而发生的债务,是买卖双方在购货销售活动中由于经济业务发生的时间和支付货款的时间不一致而产生的,本科目应按供应单位的名称设置明细账,进行明细分类核算。应付账款管理要求如下:

(1) 财务科建立项目欠款台账。严禁经办人和财务科向对方单位提供欠款清单,而应由对方单位出具确认清单。

(2) 外购材料款立账:企业购买原材料、物资赊欠供货单位款项及时报账。到每月5日,由采购、总库核实后报财务科,由财务科审核后,入机保存,通过局域网传送到主管经理网络内。

(3) 偿还外购材料款程序:付款时经办人应根据具体情况提出还外欠款申请,并填写申请表,经总经理、主管经理、财务主管审批后,到财务科作转账凭证,经办人持有效凭证到出纳处领取支票和现金。

(4) 拨付分包队的工程款:由工地预算员核实工程量,经工地项目经理、质检员等多方验收签字,上报财务,财务通过总公司技术科、预算科、材料科核实签字后,上报主管经理,由主管经理审批付款金额,由财务统一拨款。

7.12　合同和纳税管理

1. 对外签订经济合同管理办法

签订经济合同既是一种经济活动形式,又是一种法律行为,经济合同一经签订就受到法律的保护和监督。签订合同时,首先要考虑是否违反国家法律、政策和社会公共利益,如有违反不受法律保护,还要被认定为无效合同,按违法处理。因此,要加强公司对外签订经济合同的管理,提高对经济合同的受法律保护和约束的认识。

(1) 所需各种材料和物资均需公司主管经理同意。由公司对外签订合同。各部门无权直接对外签订合同。

(2) 未经公司经理审批(签字)的一切购货合同,一律无效,财务不予付款。

(3) 已签订的购货合同,除供需双方各执一份正本外,视需要复制若干份,送给仓库、档案、财务等部门以便安排货位,组织运输,监督执行,到货验收和承付货款。

(4) 在签订大宗材料(超过壹万元)的合同,要由预算科招标,报主管经理、总经理批准后方可订货。

(5) 在签订合同时,经办人要就订货的数量、质量、规格型号、交货期、产品价格、结算方式和违约处理等事项填写清楚,以免发生问题,造成扯皮。

(6) 合同签订后,要及时编号、分类、登记合同台账经办部分,随时检查合同的履行情况,发现问题及时向企业主管领导汇报解决。

(7) 订货人员签订合同时,要遵守国家的政策和法规,遵守企业的有关规章制度,抵制不正之风。

(8) 合同到期失效,口头协议一律无效。

(9) 如因合同经办人业务不熟练和工作马虎而造成到货质量低劣、规格型号不对、价格超过合同规定时,除合同经办人组织退货外,还要根据情况,追究经济责任。

(10) 材料合同通过市场部询价,对于万元以上的材料采用招标的方式进行,选择价格低,品质优,声誉好的企业作为合作对象。经主管经理审核同意,盖章生效后,转交财务科,由财务科登记合同台账(备案)。

合同付款程序为:由总库库管员、采购员、工地库管员分别报财务科,由财务据三方核对、整理,上报主管经理,审批同意,分期付款。

(11) 工程合同与劳务合同由项目部、预算科核实工程量,经主管经理、总经理审批后,选定承包队伍、签订合同。其合同转财务一份,由财务科登记合同台账。

付款程序:由各项目部于每月末交回公司,经财务科、技术质量科、预算科、租赁科等各职能责任科室认可后,上报主管经理、总经理审批,审批同意后由财务科负责拨付工程款。

2. 纳税管理

税收是国家为了实现其职能,凭借政治权力,按照法律预先规定的标准,参与社会产品和国民收入再分配的一种形式。依法纳税是企业应尽的职责。

(1) 纳税申报的要求

按照规定期限及时缴纳税款。纳税申报要求为:内容完整、数字真实、计算准确、说明清楚、印鉴齐全、编报及时。

(2) 各种税种的基本规定

① 营业税:从事营业税条例应税劳务、转让无形资产或者销售不动产的单位和个人,为营业税的纳税义务人。建筑业的税率为3%。申报日期为每月的1~10日。

② 城建税:按营业税的5%提取城建税。申报日期为每月的1~10日。

③ 教育费附加:凡缴纳增值税、消费税、营业税的单位和个

236

人,除按照"国务院关于筹措农村学校办学经费的通知"的规定,缴纳农村教育事业费附加的单位外,都是缴纳教育费附加的纳税义务人。

凡缴纳增值税、消费税、营业税的单位和个人,都按照规定缴纳教育费附加,附加率为3%。申报日期为每月的1~10日。

④ 车船使用税:拥有并且使用车船(包括自行车和其他非机动车)的单位或个人,都是本市缴纳车船使用税的纳税义务人,应当按照规定缴纳车船使用税。在通常情况下,拥有并且使用车船的单位和个人同属一人,纳税义务人是车船的使用人,又是车船的拥有人,由拥有人负责缴纳税款,拥有人为纳税义务人。申报日期为每年1月的1~15日。应严格按《车辆使用税纳税申报表》填写。

⑤ 印花税:当事人各方都是纳税义务人,各就所持凭证的金额纳税。对政府部门发给的权利、许可证照,领受人为纳税义务人。申报日期为每年1、4、7、10月的1~15日。印花税税务表见表7-5。

印花税税目税率表　　　　表7-5

编号	税　目	范　围	税　率
1	购销合同	包括供应、预购、采购、购销结合及协作、调剂、补偿、易货等合同	按购销金额万分之三贴花
2	加工承揽合同	包括加工、定作、修缮、修理、印刷、广告、测绘、测试等合同	按加工或承揽收入万分之五贴花
3	建设工程勘察设计合同	包括勘察、设计合同	按收取费用万分之五贴花
4	建筑安装工程承包合同	包括建筑、安装工程承包合同	按承包金额万分之三贴花
5	财产租赁合同	包括租赁房屋、船舶、飞机、机动车辆、机械、器具、设备等合同	按租赁金额千分之三贴花。税额不足一元的按一元贴花。

237

编号	税　目	范　围	税　率
6	货物运输合同	包括民用航空、铁路运输、海上运输、内河运输、公路运输和联运合同	按运输费用万分之五贴花
7	仓储、保管合同	包括仓储、保管合同	按仓储保管费用千分之一贴花
8	借款合同	银行及其他金融组织和借款人所签订的借款合同	按借款金额万分之零点五贴花
9	财产保险合同	包括财产、责任、保证、信用等保险合同	按投保收入千分之一贴花
10	技术合同	包括技术开发、转让、咨询、服务、等合同	按所载金额万分之三贴花
11	产权转移书据	包括财产所有权和版权、商标专用权、专利权、专有技术使用权等转移书据	按所载金额万分之五贴花
12	营业账簿	生产经营用账册	按实收资本和资本公积总额万分之五贴花其他账簿按件贴花五元
13	权利许可证照	包括政府部门发给的房屋产权证、工商执照、商标注册证、专利证和土地使用证	按件贴花

⑥ 个人所得税：

在我国境内有住所、或者无住所而在境内居住满一年的个人，从中国境内和境外取得的所得，应按照税法规定缴纳个人所得税；在中国境内无住所又不居住，或者无住所而在境内居住不满一年的个人，从中国境内取得的所得，应依照税法规定缴纳个人所得税。每月1～7日缴纳。计税依据是工资和薪金所得，以每月收入额减除费用1000元后的余额作为应纳税所得额。个人所得税税率见表7-6。

级　　　数	全月应纳税所得额	税　率　（%）
1	不超过 500 元的部分	5
2	超过 500 元至 2000 元的部分	10
3	超过 2000 元至 5000 元的部分	15

⑦ 房产税：申报日期为每年 4 月的 1～15 日。

⑧ 土地税：申报日期为每年 4 月的 1～15 日。

⑨ 企业所得税：企业所得税按营业税的 1.65% 提取。

7.13　奖　惩　制　度

实行"以奖为主，以惩为辅，奖惩相结合"的原则。

(1) 违反公司规定的罚则：

① 职工必须严格遵守上下班时间，不得迟到、早退。如迟到、早退一次罚款 10 元；

② 职工旷工，另罚款 30 元；

③ 下班不关门、窗、灯、空调罚款 50 元；

④ 无特殊原因未填写日报表者罚款 50 元，虚报瞒报、不认真填写者为科员罚款 300 元，为科长者罚款 500 元；

⑤ 出纳、采购填写支票，如填错一张罚款 5 元，由于工作失误造成损失自负；

⑥ 采购人员、总库保管员、分库保管员到月末及时转财务外欠款单据，根据票面金额做出相应罚款（按每项罚款 100 元）；

⑦ 总库材料与各分库材料月报如出现不相符现象，追究单方责任，进行相应罚款。

(2) 违反财经纪律的罚则：

① 涂改、伪造、毁灭账表凭证的，追究刑事责任；

② 以不符合财务制度的凭证（白条子）顶替库存现金的，给相应惩罚；

③ 私自用本单位银行账号为其他单位或个人存入、支取现金的,给予相应惩罚。

(3) 奖励:

① 对严格执行公司制度,忠于职守、工作认真负责、实事求是、在工作岗位做出显著成绩者,给予奖励;

② 对企业发展提出合理化建议者,给予一次性奖励;

③ 对企业做出创新成果者给予奖励,一次性奖效益金的2%~5%。

7.14 工程成本管理

1. 总则

(1) 公司编制工程成本指标,与项目部签订指标合同。

(2) 施工中,根据施工进度计划进行所需材料的数量统计,协助采购部对材料进行招标,选用质量好、价格低的厂家供货,从而降低成本。

(3) 预算员根据库房提供的材料出库数量,依据采购部提供的相应材料价格,计算工程材料消耗实际成本,并与成本指标做对比,根据工地材料会计提供的"机械设备租赁账"和"机械设备租赁成本报表"统计完成的工程量和劳务及专业分承包方的费用,列入工程成本。

(4) 在工程开工前由经营部编制工程的指标,对工程做出成本指标价,与项目部签订内部指标协议。

2. 定额供料总价包干管理

(1) 施工中所用的材料,由公司拨给项目部使用,项目部在限额内使用,并全面负责。凡属施工用的主要材料,公司对项目部实行定额供料,公司进行定额考核;项目部实行指标分管;班组定额用料。

(2) 编制单位工程材料计划,按预算定额对单位工程进行材料分析。程序如下:

经过设计交底的单位工程施工图纸,按照预算定额的计量口径,首先算量,提出分部、分项工程量。然后按照定额规定的单方定额用量,分别计算各分项工程所需材料的品种、规格、数量,进行分部位汇总。同时还将混凝土构件、门窗、磨石、保温板等的规格、数量列在材料分析表上,按照有关规定和定额计算出加工件需用的材料品种和数量。单位工程材料分析由预算部门按设计图和预算定额编制。编制材料分析表的要求是:

① 提出分部分项的工程量和材料需要量及市场价。

② 分部、分层列出钢筋量。

③ 按规格、尺寸等计算构配件用料。

④ 外加工的门窗和附件、混凝土构件、磨石制品、加气块板、水泥制品等都要有品种、规格、数量。

⑤ 屋架、支撑、平台、楼梯、楼梯栏杆、爬梯、各种预埋件、出灰门、垃圾斗、水落斗、及水电用的各种水箱、支架、勾钉吊卡等用钢材制做的结构件,按成品重量计算。

⑥ 钢门窗、铝合金门窗、塑钢门窗、土方、防水、外墙涂料等进行分包。

⑦ 预算缺项的按补充定额编制。

⑧ 结构件的安装用料,按预算定额规定的现场用料编制。

⑨ 暂设工程用料单独编制计划。

⑩ 机械设备、周转材按以往工程单方包干。

⑪ 铁活按材料分析的成品重量另加制作损耗。

⑫ 模板按施工方案中的要求计算。

⑬ 机械设备周转材按内部价格计算。

⑭ 其他费用应一律包括在不可预见系数内,不再调整包干计划。

包干计划编制完成后由经营部报主管经理复核,并组织项目经理部主要成员向其交底,技术部提出工程的创优目标等。经讨论项目经理部同意后,报总经理。同意再签订指标协议。

(3) 单位工程材料包干计划调整时,必须依据附有建设单位、设计、监理、施工单位四方签认的洽商记录,并按洽商中所发生的变更量调整指标。

(4) 包干计划的结算

① 预算员复核主要材料及分包项目。

② 材料用量是否正确的复核方法,应结合查项、查量一并进行。

③ 查系数,是指审核各项材料的不可预见系数是否是按定额供料包干使用办法的规定计算出来的。

④ 查计算,是指在计算过程中有无错误和笔误。

(5) 工程用料的指标管理

① 工程用料包括四部分:

A. 现场施工用料,主要指土建和水电施工用料的指标管理,指标下达由公司预算科给分包施工队在批准用料指标范围内,按工程施工进度用料计划上报,公司根据指标量供应。

B. 外加工用料,指工厂加工用料的指标管理,凡超过材料分析用量者应查明原因,防止超指标用料。企业内部加工用料主要指公司的车间加工铁活,应单独考核。

C. 分包工程用料,指提供给分包方的用料。

D. 工程外用料,即其他非工程用料。

② 必须做好以下几项管理工作:

A. 及时掌握工程变更造成材料用量的变化情况。属系数范围内的变更,要记入材料登记台账。考核方法采取竣工结算方式,即在竣工结算时统计材料品种、规格及代用所造成超指标用料数量。

B. 每月由工地预算、材料、库房人员共同对完成进度量核算,在每月 8 日前报公司经营部,审核后汇总报主管经理。

工程月成本报表见表 7-7。

3. 内部指标结算管理:

工程完工后由预算、材料、库房、财务人员共同对工程进行成本结算,按签订的指标逐项分析考核,进行"两算"对比,提出内部结算报告(见表 7-8,表 7-9),技术科考核质量目标并提出报告。

			表 7-7

工程(　　)月成本报表

序　号	项　　　目		控制指标 (元)	当月成本 (元)	累计消耗 成本(元)
1	临　设　费				
2	土建材料费				
3	设备周转材	租 赁 费			
		运 输 费			
4	土建结构人工及辅材费				
5	管理人员人工费				
6	土建其他分包工程费				
7	水　电　费				
8	业务招待费				
9	办　公　费				
10	试　验　费				
A	土建工程小计				
B	安装工程人工及材料费				
	合计(A+B)				
	完成进度情况				

会计：　　　　预算：　　　　　库房：　　　　项目经理：

243

工程名称：

建筑面积：

合同指标额：

结算成本额：

节超情况：

质量达到目标：

安全达到目标：

其他指标：

公司各部门签认：　　　　　　　　　　　总　经　理：

　经营主管经理：　　　　　　　　　　　经营部主管：

　工程主管经理：　　　　　　　　　　　技术部主管：

　财　务　部　主　管：　　　　　　　　材料部主管：

　租　　赁　　科：　　　　　　　　　　设　备　科：

　项目部经理：

竣工工程成本与指标对比报表　　　　表 7-9

工程名称：

序　号	项　　　目		控制指标 （元）	实际成本 （元）	节　超 （元）
1	临 设 费				
2	土建材料费				
3	设备周转材	租 赁 费			
		运 输 费			
4	土建结构人工及辅材费				
5	管理人员人工费				
6	土建其他分包工程费				
7	水 电 费				
8	业 务 招 待 费				
9	办 公 费				
10	试 验 费				
A	土建工程小计				
B	安装工程人工及材料费				
	合计(A+B)				
	完 成 情 况				

说明:报告书的所有指标务必认真填写,其中计划用量应为单位工程定额供料的总计数量。对工程的节约或超耗,要如实反映,要见实物、见实数,实际耗用量,节超量,要作摘要说明,各相关部门确认后,上报总经理最终确认,按指标合同做出奖罚,对竣工后修理和甩项工程用料,在竣工结算应单独列出。

4. 罚则

公司有权对单位工程定额供料包干使用工作检查监督,如发现在执行中有错误,一般采取自罚方式。按所罚金额本人分摊70%,部门主管分摊30%,主管经理分摊部门主管的30%。如本人知错不报,被主管或主管经理发现时,将加倍处罚。出现高估冒要、弄虚作假等情况要严肃处理,根据情况给予直接责任人罚款300~500元。情节严重者,责任人罚一个月工资,直至开除。

中　篇

工程施工质量标准

8 土建工程施工质量标准

8.1 钢筋混凝土结构工程质量标准

1. 工程质量

钢筋混凝土结构工程质量主要体现在以下五个方面：

（1）施工组织管理水平。包括施工质量目标的确定，施工组织设计编制，质量体系的建立，技术交底，施工过程质量控制等方面的水平。

（2）模板工程。通过模板的设计、制作、安装、拆除、操作和维护的质量反映结构的整体质量和效果。

（3）钢筋工程。通过钢筋原材的复试、半成品的加工、配筋、节点构造、接头连接、保护层和绑扎质量控制来反映结构的内在质量。

（4）混凝土工程。通过混凝土的原材料、搅拌工艺、计量、运输、泵送、浇筑、振捣、保护层控制、养护、构件的强度、性能以及外观质量来综合反映混凝土的工程质量。

（5）施工技术资料。通过检查施工过程的原始记录和施工试验，反映施工的管理水平和质量水平。

企业内部的质量标准以保证建筑物的安全和合理的使用寿命为目标，其水平高于国家和北京市的标准。应在高于、严于国家和北京市标准的前提下，努力提高经济效益，做到先算账、后投入、先论证、后施工。

2. 模板工程质量标准

（1）模板设计和制作

① 模板的材料和高层大模,选用本公司自行设计、制造的钢模和顶板支承体系,支架选用本公司的钢管支架。

② 设计模板及其支架,要根据图纸内容,地基土类别和施工方法等条件进行,要符合国家有关标准。

③ 模板结构与构造要合理,强度与刚度要满足要求,牢固稳定,接缝平密,规格尺寸准确,便于组装和支拆。门窗口模板设排气孔。

④ 模板加工后要经公司质量技术部检查验收。进入现场前,项目部还要复查验收。各种类型的模板要标识清楚,容易查找。

⑤ 模板设计规格类型要有适用性、经济性和通用性,增加周转次数,减少浪费。

⑥ 卫生间和厨房的墙体大模,在焊接钢板网时,应点焊牢固,防止振捣移位或滑落。

(2) 模板安装

① 模板竖向支架安装在土层地基上时,基层必须夯实,四周设有排水沟,支架底部加垫 5cm 厚垫板。必须符合冬、雨期施工方案和模板施工方案的要求,上下层立柱要对准。层高大于 5m 时,要采用多层支架或桁架支模,并保持垫板平整,拉杆、支撑牢固稳定。

② 模板安装位置、轴线、标高、垂直度要符合设计要求和标准要求。结构构件尺寸要准确,门窗洞口和大小洞口、水管、电管、线盒、预埋件、螺栓与插铁的位置、尺寸要准确,并固定牢固。

③ 梁板的底模要按规范和图纸要求的起拱高度支模。当图纸无要求时,起拱高度宜为跨度的 1/1000～3/1000,起拱线要顺直,不得有折线。梁柱节点、板墙、顶板、楼梯、阳台、檐口等的模板,必须尺寸准确、边角顺直、接缝平整。

④ 模板安装拼缝要严密平整、不漏浆、不错台、不胀模、不跑模、不变形。堵缝所用胶条、海绵条、泡沫塑料不得突出模板表面,

250

严防浇入混凝土内。

⑤ 为防止漏浆，门窗口和墙体大模底部必须粘贴海绵条。为防止地阳角烂根，大模下要抄平，抹找平砂浆，砂浆内边要用靠尺沿着墙皮黑线抹直，打完混凝土后，即刻铲掉砂浆。楼梯支模时预埋角钢和防漏条。顶板四周采用角钢。外檐外窗口等有滴水线的部位，必须加预制滴水线条。外墙支模必须挂通线。模板的各部位紧固件必须齐全牢固。

⑥ 后浇带和结构各部位的施工缝，要按规范和设计规定的方式留置。模板固定牢固，确保留槎截面整齐、钢筋位置准确，顶板要采用梳子型。墙体要采用钢板网后加可靠模板支撑。

⑦ 施工缝模板安装前，要除掉混凝土表面的水泥薄膜 1 松散混凝土及软弱层，冲洗清理干净。受污染的外露钢筋要清刷干净。

⑧ 模板安装前，钢模板内外(含模板零部件)的灰浆，必须铲除、清刷干净，涂刷隔离剂。隔离剂采用柴油和机油，不准用黏稠的废机油。涂刷的隔离剂不得流淌，严禁污染到钢筋和混凝土接槎处，不得影响结构和装修。

⑨ 模板的放置要安全：设围护区，面对面放置，不得顺排放，放置角度≤80°，按总平面图位置放置。

⑩ 模板的清扫口留置位置要合理，各种杂物能够从该口中排出。楼梯施工缝应留在上下三个踏步或休息台处，甩出完整的梁不打混凝土。

(3) 模板拆除

① 模板拆除时混凝土强度必须符合设计要求或规范要求。

侧模板拆除时，结构混凝土强度必须能保证其表面及棱角不受损坏。留置一组试块，以试压达到 1.2MPa 为准。

拆底模板时，当设计无要求时，可按表 8-1 的混凝土强度要求拆除。

结构类形	结构跨度(m)	达到设计的混凝土立方体抗压强度标准值的百分率(%)
板	≤2	≥50
	>2,≤8	≥75
	>8	≥100
梁、拱、壳	≤8	≥75
	>8	≥100
悬臂构件	—	≥100

注：拆模时混凝土强度必须以同条件养护试块为准。

② 顶板梁和悬挑结构底模拆除后,必须加设临时支撑,并严格控制施工作业面上的各种荷载。

③ 拆除的模板,必须及时维修保养,清理干净,涂刷油或隔离剂,分类堆放整齐,需调整的及时用专用工具调整,以保证模板的平整度。

(4) 模板安装允许偏差和检查方法

① 预埋件和预留孔洞的允许偏差见表 8-2。

预埋件和预留孔洞的允许偏差   表 8-2

项 目		允许偏差(mm)
预埋钢板中心线位置		3
预埋管、预留孔中心线位置		3
插 筋	中心线位置	5
	外露长度	+10,0
预埋螺栓	中心线位置	2
	外露长度	+10,0
预留洞	中心线位置	10
	尺 寸	+10,0

注：检查中心线位置时,应沿纵、横两个方向量测,并取其中的较大值。

② 现浇结构模板的允许偏差和检查方法见表8-3。

现浇结构模板安装的允许偏差及检验方法　　　　表8-3

项　　目		允许偏差(mm)	检　验　方　法
轴　线　位　置		5	钢　尺　检　查
底模上表面标高		±5	水准仪或拉线、钢尺检查
截面内部尺寸	基　　础	±10	钢　尺　检　查
	柱、墙、梁	+4,-5	钢　尺　检　查
层高垂直度	不大于5m	6	经纬仪或吊线、钢尺检查
	大于5m	8	经纬仪或吊线、钢尺检查
相邻两板表面高低差		2	钢　尺　检　查
表　面　平　整　度		5	2m靠尺和塞尺检查

注：检查轴线位置时，应沿纵、横两个方向量测，并取其中的较大值。

(5) 模板安装外观质量

① 模板设计合理，选材符合规定要求。

② 模板安装支架、拉杆与斜撑符合基本规定，牢固稳定，冬、雨期施工符合施工方案要求。

③ 模板拼缝严密，面层平整，无错台，预埋件和预留孔洞位置准确，固定牢固，施工缝和后浇带模板位置和做法符合要求，堵缝措施能保证不漏浆，不影响结构观感质量，紧固零件齐全，数量准确牢固。

④ 施工缝处已硬化混凝土表面层剔凿处理符合规定，模板内清理干净。

⑤ 模板拆除时混凝土强度和临时支撑符合要求。拆模对结构面层、棱角无损伤。施工作业层上荷载不超重。

⑥ 钢模板内外清理干净，隔离剂涂刷均匀无流淌、无污染。钢筋和混凝土模板标识清晰，堆放安全、稳定、整齐。

3. 钢筋工程质量标准

(1) 原材料

① 钢筋(含钢筋、钢丝、预应力筋、型钢、焊条、焊剂等)进场时应按国家标准 GB 1499《钢筋混凝土用热轧带肋钢筋》等的规定,作力学试验。质量必须合格,要有出厂合格证、出厂检验报告和进场复试报告,材料进厂后要有进出库手续和台账,按规格、批量、品种的不同分别码放整齐,标识清楚,注清产地、规格、品种、数量、试验报告单编号及是否合格。

② 钢筋的半成品加工质量,平直、切断、弯曲、焊接及连接质量,必须符合国家规范、规程、标准和抗震要求,分别码放,在标识牌上注明半成品编号、直径、规格尺寸和具体使用部位。

(2) 钢筋工程安装施工及要求

① 钢筋绑扎搭接必须符合以下标准:

A. 钢筋绑扎搭接接头要相互错开,横向净距不小于钢筋直径且不应小于 25mm。

B. 绑扎搭接接头连接区段的长度为 $1.3L$(L 为搭接长度)。

C. 同一连接区段内、纵向受拉钢筋搭接接头面积百分率的规定是:梁、板、墙不大于 25%;柱不大于 50%。

② 配置箍筋应按设计要求,设计无要求时按下列规定:

A. 箍筋直径不小于搭接钢筋较大直径的 0.25 倍。

B. 受拉搭接区段的箍筋间距不大于搭接钢筋较小直径的 5倍,不大于 100mm。

C. 受压搭接区段的箍筋间距不大于搭接钢筋较小直径的 10倍,不大于 200mm。

D. 当柱中纵向受力钢筋直径大于 25mm 时,要在搭接接头两个端面外 100mm 范围内各设置两个箍筋,其间距为50mm。

③ 钢筋连接执行国家现行标准《钢筋机械连接通用技术规程》《钢筋焊接及验收规程》的规定,并有试验和检验报告。

④ 受力钢筋的弯钩和弯折执行 GB 50204—2002《混凝土结构工程施工质量验收规范》。

⑤ 抗震等级一、二级的框架结构,纵向受力钢筋强度实测值

执行规范 GB 50204—2002。

⑥ 当钢筋的品种、级别或规格有变更时,必须办理设计变更洽商手续和编写资料。

⑦ 钢筋绑扎搭接接头、焊接接头(电弧焊、闪光、电渣压力焊)和机械连接接头(锥螺纹、等强直螺纹、挤压接头),必须遵守专项操作规程,接头质量符合规范标准。

⑧ 钢筋安装、绑扎质量,钢筋的钢种直径、外型、形状、尺寸、位置、排距、间距、根数、节点构造、锚固长度、搭接接头、接头错位、绑扎牢固程度以及保护层控制措施等,必须符合有关规程和规范标准。

⑨ 控制保护层要采用定距框、塑料垫块、双十字撑(涂防锈漆)和顶模棍相结合的方法,竖向、水平、悬挑的单层或双层钢筋,要根据直径大小、合理安放垫块、马凳和定距框,垫块的厚度卡子的尺寸、位置、间距、数量要确保混凝土振捣时不移位、不脱落。水泥砂浆垫块要有一定强度。

⑩ 墙体第一根水平筋、第一根主筋进暗柱箍筋、暗柱第一个箍筋,必须尺寸准确、绑扎到位。

⑪ 各洞口构造加筋、预埋件、电器线盒管线及其配件,必须位置准确、绑扎牢固,需焊接固定的不准咬伤受力主筋。所有绑丝接头一律背向模板,防止装修后污染墙面。

⑫ 钢筋半成品加工、连接接头和绑扎质量,必须有自检、互检和专业检查验收和隐蔽工程验收,专业人员要持证上岗,特殊工种持岗位资格证书上岗。

⑬ 按照 5 条线(1 轴、2 样、2 模控制线)检查所有不到位钢筋,按允许偏差要求按钢筋绑扎搭接要求(1)～(6)项调整正确。水平筋与箍筋必须贴牢。柱子角部主筋在柱角贴紧。1 级光圆筋呈 45 度向内,其他立筋钩垂直箍筋。楼板上筋钩必须向下,不得平放;板下铁钩必须向上弯,不得平放;各种钩朝向都必须摆正方向。

(3) 钢筋安装位置的允许偏差,见表 8-4。

项　目			允许偏差(mm)	检　验　方　法
绑扎钢筋网	长、宽		±10	钢尺检查
	网眼尺寸		±20	钢尺量连续三档,取最大值
绑扎钢筋骨架	长		±10	钢尺检查
	宽、高		±5	钢尺检查
受力钢筋	间　距		±10	钢尺量两端、中间各一点,取最大值
	排　距		±5	
	保护层厚度	基　础	±10	钢尺检查
		柱、梁	±5	钢尺检查
		板、墙、壳	±3	钢尺检查
绑扎箍筋、横向钢筋间距			±20	钢尺量连续三档,取最大值
钢筋弯起点位置			20	钢尺检查
预埋件	中心线位置		5	钢尺检查
	水平高差		+3,0	钢尺和塞尺检查

注:1. 检查预埋件中心线位置时,应沿纵、横两个方向量测,并取其中的较大值;

2. 表中梁类、板类构件上部纵向受力钢筋保护层厚度的合格点率应达到 90% 及以上,且不得有超过表中数值 1.5 倍的尺寸偏差。

4. 混凝土工程检查质量标准

(1)一般规定

① 结构构件的混凝土强度要按现行国家标准《混凝土强度检验评定标准》GBJ 107 的规定分批检验评定。

② 当混凝土中掺有矿物掺合料时,确定混凝土强度时的龄期按现行国家标准 GB 146《粉煤灰混凝土应用技术规范》的规定取值。

③ 结构试件尺寸采用 150mm×150mm×150mm 试模,石子最大粒径≤40mm,如采用 100mm×100mm×100mm 试模,骨料最大粒径≤31.5mm。

④ 混凝土冬期施工按国家标准 JGJ 104《建筑工程冬期施工

规程》和施工方案执行。

(2) 原材料质量标准

① 水泥

A. 水泥进出厂的质量,执行国家标准 GB 175—1999《硅酸盐水泥,普通硅酸盐水泥》的规定。

B. 水泥进场要检查产品合格证、出厂检验报告和进场复试报告。

C. 按同一生产厂家、同一等级、同一品种、同一批号且连续进场的水泥,袋装以 200t 为一批,散装 500t 为一批,每批抽样不少于一次。

② 混凝土掺外加剂的质量要符合现行国家标准 GB 8076《混凝土外加剂应用技术规范》有关环境保护的规定。

混凝土中氧化物的总量应符合现行国家标准《混凝土质量控制标准》GB 50164 的规定。混凝土中氧化物为碱的总含量要符合现行国标《混凝土结构设计规范》的设计要求。

③ 混凝土中掺用矿物掺合料的质量要符合国标《用于水泥和混凝土中的粉煤灰》的规定。

④ 普通混凝土所用的粗、细骨料质量要符合国标《普通混凝土用砂质量标准及检验方法》JGJ 52 和《普通混凝土用碎石或卵石质量标准及检验方法》JGJ 53 的规定。

⑤ 混凝土所用的拌制水,要符合国标《混凝土拌合用水标准》JGJ 63 的规定,要有水质试验报告。

(3) 混凝土的制备与浇筑

① 混凝土配比设计按国标 JGJ 55《普通混凝土配合比设计规程》规定。首次使用的混凝土配合比要有开盘鉴定,并留有一组标准养护试块。

② 混凝土试块留置应在浇筑地点随机抽取,要符合下列规定:

A. 每拌制 100 盘且不超过 100m³ 的同配比混凝土取样不少于一次。

B．每工作班同配比不足 100 盘时取一次。

C．当一次连续浇筑超过 1000m³ 时，同配比的混凝土每 200m³ 取一次。

D．每一楼层同配比混凝土，取样一次。

E．每次取样至少留一组，标养试件。

F．抗渗混凝土，在浇筑点随机取样，同一工程同一配比的混凝土取样不少于一组。

G．混凝土原材料每盘称量偏差要符合以下规定：水泥拌合料±2%，粗细骨料±3%，水泥外加剂±2%，雨天或砂石有变化时，以实际含水率为准，增加检测次数。

H．混凝土运输浇筑间歇的全部时间不许超过混凝土的初凝时间。施工缝处理按施工方案执行，后浇带的留置和浇筑按施工方案执行。

I．混凝土浇筑完毕及时采取措施养护。

a．要在浇筑完毕后的 12h 内覆盖并保温。

b．养护时间：硅酸盐水泥、普通硅酸盐水泥或矿渣硅酸盐水泥拌制的混凝土不少于 10d。掺缓凝型外加剂或有抗渗要求的混凝土不少于 15d。

c．养护水与拌制水相同。

d．混凝土强度达到 1.2MPa 之前，不得在上边行走或安装模板及支架。

e．日平均气温低于 5℃ 时不得浇水。

f．混凝土表面不便浇水时要采用涂刷养护液。

(4) 混凝土工程检查基本规定。

① 混凝土配制强度等级和性能(抗渗、抗冻、低碱及其他特殊要求)必须符合设计和规范、标准，并要满足施工需要。

② 配合比要由有资质的试验室提供，现场必须设简易试验室和标准养护室，内放标养箱，试验员必须有上岗证、具备试验工作资格。

③ 水泥、外加剂、掺合料入库房时，其批量、进场时间、厂家、强

度等级、数量、试验单编号等标识要清楚,库内设防潮、防雨雪措施。

④ 砂石堆放地要有一定坡度,不积水。砂、石之间要有牢固的隔断墙,高度合理,各种砂、石要标清产地、规格等。

⑤ 现场搅拌设备必须安装在防电、防雨雪的搅拌房内。施工前计量器具必须经计量部门检测合格,保证计量准确。搅拌房的搭设要符合施工现场环保要求,有降噪、防尘措施,粉状外加剂必须用小秤计量准确,提前按袋码放整齐。严禁按经验法施工。

⑥ 现场搅拌配合比首次使用前,要由建设、监理、设计、试验室、施工技术负责人、试验员、搅拌机手等有关部门、人员进行开盘鉴定,经按实际条件和要求对设计配合比调整签认后,制作标养、抗渗试块。施工按调整后的配合比进行搅拌,搅拌前必须在秤台或上料台旁挂牢混凝土搅拌配合比标牌,并填齐表 8-5 内的主要内容。

混凝土配合比标牌　　　　表 8-5

工程名称:							
浇筑部位		浇筑日期			浇筑总量		
强度等级		配合比编号			初凝时间		
水泥品种、强度等级		砂子规格			石子规格		
外加剂品种		掺合料品种			坍落度		
设计配合	材料名称	水泥	水	砂	石子	外加剂	掺合料
	配合比比例						
	每立方米用量(kg/m³)						
	每盘用量(kg/盘)						
施工配合比	每盘实际用量 kg						
	小车运料每车重量(不含车自重)(kg)						
	砂石含水率(%)						
	砂石含泥量(%)						
每袋外加剂重量							
加水计量每秒流量(kg/秒)							
项目技术负责人:							
配合比调整负责人:							
搅拌机操作员:							

⑦ 施工配合比、称量、养护、试块制作、商品混凝土检查质量标准。

A．秤要半年标定一次，将标定时间贴在秤上。

B．袋装外加剂，按浇筑量提前用小秤计量，码放在搅拌机旁。

C．砂石场的标识与配合牌上的砂石、标养室的试模尺寸、技术资料的名称必须一致。

D．同条件试块制作必须在浇筑地点，必须放在钢筋笼里上锁保护，与结构同条件养护。标养试块可在搅拌处制作。

E．标养室内的标养箱必须专人负责，配有温湿度计、记录本，箱外的自动仪表必须灵敏，显示恒温（20±3）℃、恒湿90%或90%以上。标养及同条件试块必须用黑墨色毛笔标注清楚准确。

F．商品混凝土进场必须做试块，必须抽检坍落度后与实际相等，每班至少二次。合同中必须注清初凝时间、终凝时间、混凝土均匀供应速度要求。

⑧ 混凝土运输浇筑振捣检查质量标准。

A．如现场采用输运泵运输，泵量的设计走向必须合理，便于拆装，泵管的连接及套箍要牢固，无松动现象。垂直立管穿过楼板的，在洞口处必须加可靠支撑和减振措施，防止对结构混凝土造成破坏。在施工方案和平面图中必须说明清楚。

B．浇筑前钢筋的隐检、模板的预检必须验收合格，并清除模板内所有杂物。木模内消除积水，马凳与保护层垫块按位置放好，铺好马道。

C．在浇筑前必须检查振捣棒的型号、标尺杆的尺寸、夜间施工的低压照明灯等是否齐全，如不符合要求，不能开盘。

D．混凝土浇筑前，竖向结构模板底必须先均匀虚铺3～5cm同配比无石子水泥砂浆，砂浆要用铁锹入模。

E．混凝土最大分层厚度控制在振捣棒有效长度×1.25倍范围内，振捣棒插入下层已振混凝土深度不小于5cm。插入式振捣棒移动间距不大于振捣棒使用半径的1.5倍，振捣时间以混凝土表面出现浮浆不再下沉为准,严防漏振或过振,门窗洞口两侧要同时振捣,梁板同时振捣时需采取"赶浆法"。墙体振捣必须加附着振捣器与插入式振捣器相配合。顶板采取平板振捣器,板厚时附插入式振捣器。顶板找平需用长杠尺刮平压实。

F．入模混凝土不得集中下料,必须按顺序均匀下料。柱与墙高大于 3m 时,采用布料管、溜管或串筒下料,出料口至浇筑层自由高度不大于 1.5m。严防混凝土离析。

G．施工缝留置位置准确。有主次梁的沿次梁方向浇筑,留在次梁跨度的中间 1/3 范围内,楼梯踏步板留在根部(一般应在上三步或下三步的跨中 1/3 范围),梁柱混凝土等级不同时,将缝留在等级分界处(仍留在跨中 1/3 处)。

H．施工缝处理必须先清理浮浆,清理松散混凝土及石子后冲洗,湿润不得存水,达到 1.2MPa 方可接槎,浇筑前先铺配比无石子砂浆 3~5cm。

I．混凝土浇筑后,必须及时进行养护,严防脱水收缩裂缝。使用养护剂必须选用保水性好,表面涂层薄膜可自行脱落的产品,如采用塑料薄膜要封闭严密,防止被风吹起或脱落。浇水要有专人管理,要保持混凝土湿润不脱水,冬施保温防冻措施执行施工方案内容,大体积混凝土冬施必须有测温措施和记录。

J．混凝土拆模后必须在墙上盖有质量签认章,分清责任人、操作人和验评人,达到质量可追索性的目的。

K．混凝土的成品保护:拆模板的混凝土墙角、门窗洞口、柱子等,必须用 2~3cm 的长板条组成阳角围护,用铁丝绑牢。楼梯踏步采用铺板保护。

L．电线开关盒用塑料胶带封口,墙上预留洞口,采用泡沫板外封胶带。

M．顶板给排水预留洞口和其他预留洞口采用废旧木胶板或其他木板吊盖。

(5) 现浇结构尺寸允许偏差和检验方法

现浇结构尺寸允许偏差和检验方法见表 8-6。

项　目			允许偏差(mm)	检 验 方 法
轴线位置	基　础		15	钢尺检查
	独 立 基 础		10	
	墙、柱、梁		8	
	剪 力 墙		5	
垂直度	层　高	≤5m	8	经纬仪或吊线、钢尺检查
		>5m	10	经纬仪或吊线、钢尺检查
	全高(H)		H/1000 且≤30	经纬仪、钢尺检查
标　高	层　高		±10	水准仪或拉线、钢尺检查
	全　高		±30	
截　面　尺　寸			+8,-5	钢尺检查
电梯井	井筒长、宽对定位中心线		+25,0	钢尺检查
	井筒全高(H)垂直度		H/1000 且≤30	经纬仪、钢尺检查
表　面　平　整　度			8	2m 靠尺和塞尺检查
预埋设施中心线位置	预 埋 件		10	钢尺检查
	预 埋 螺 栓		5	
	预 埋 管		5	
预留洞中心线位置			15	钢尺检查

注：检查轴线、中心线位置时，应沿纵、横两个方向量测，并取其中的较大值。

（6）混凝土结构外观质量检查标准。

① 结构拆模后的原貌平整，无剔凿无修补。

② 混凝土密实整洁，面层平整，阴阳角的棱角整齐平直，梁柱节点、顶板与墙、墙与地面的交角、线、面清晰。起拱线、面平顺，无漏浆，无跑模，无胀模，无烂根，无错台，无冷缝，无夹杂物，无裂缝，无蜂窝、麻面和孔洞，无气泡。

③ 保护层位置准确，预留洞、施工缝、后浇带洞口等要整齐。预埋件底部密实，表面平整。预埋螺栓垂直，外露丝扣有保护措施。

④ 外墙阴阳大角垂直整齐,折线、腰线平顺,各层窗口边线顺直,不偏斜。各层阳台边角线顺直,无明显凹凸部位。滴水线槽顺直、整齐。地下防水、回填土和二次结构填充墙砌筑安装质量符合要求。

⑤ 结构施工管理到位,过程控制严密,有工艺创新做法,科技含量高,从地下到封顶各层质量始终保持高水平,施工现场管理有序,能够达到市级文明工地标准。

⑥ 混凝土的质量评定执行现行国际《建筑工程施工质量验收统一标准》GB 50300—2001 的规定,由专业班组长填写评定单,专业质检员核定等级。

8.2 地基与基础工程质量标准

1. 一般规定

(1) 工业与应用建筑地基与基础施工。除按本标准施工外,还必须按国家标准《土方与爆破工程施工验收规范》GB 50202—2002、《砖石工程施工及验收规范》GB 50203—2002、《钢筋混凝土工程施工验收规范》GB 50204—2002 和《地基与基础工程施工验收规范》GB 50202—2002。

(2) 施工前,必须有邻近建筑物或构筑物的原始资料。如影响相邻建筑物或构筑物的使用安全时,必须与建设管理相关单位协商制定处理措施。

(3) 地基与基础施工时,所有隐蔽工程必须与监理、勘探、设计有关部门办理中间验收文件手续,合格后方可进行下道工序施工。

(4) 冬期施工必须保证有防冻土措施,禁止使用冻土回填。

(5) 特殊性地基与基础执行《湿陷性黄土地区建筑规范》和《膨胀土地区建筑技术规范》。

(6) 桩基础执行《建筑桩基技术规范》,基坑支护执行《建筑基坑支护技术规程》JGJ 120—99。

（7）地基处理执行《建筑地基处理技术规范》。

2．质量检查标准

（1）基坑（基槽）开挖，必须根据土质放坡并加可靠支撑，防止塌方。

（2）坑槽上口必须有挡水措施，防止雨水流入坑底。

（3）防水施工方案必须经过公司质量技术部审批，严防地下水泡槽。

（4）槽（坑）边 1m 内严禁堆放重物。

（5）放线尺寸必须准确，不准随意掏挖坑边、坑底。

（6）冬施必须有施工方案，并经技术部审批。检查合格后方可进行下道工序施工。禁止使用冻土。

（7）必须随时观察，严禁槽底超挖。大型机械不得直接在持力层上挖土。坑底要及时覆盖，不能暴露时间过长。垫层底板槽底必须随施工随覆盖。

（8）扞探必须按厚度 300mm 为一步，共五步施工。记录必须真实，与平面图相对应。必须采用标准扞探工具：$\phi 25$ 钎杆，10kg 穿心锤，500mm 自由落距；采用梅花桩，间距不得大于 1.5m；扞探记录必须有操作人和复核人签字；地基处理必须有设计、勘探人员签字。

（9）素土回填

① 素土和房心回填前，中间验收和隐蔽验收手续必须齐全，基底各种杂物必须清除，回填用土必须过筛，粒径不得超过 50mm。

② 回填必须分层夯实，蛙式打夯机按 250mm（厚度）一步，人工按 200mm 一步，夯实 3 遍，转角和拐角承重墙处不准接槎，上下层接槎距离大于 500mm。

③ 夯实的土层必须取样试验，各层取点基坑按 $20\sim50m^3$ 一组（每个坑不少于一个试样）。基槽管沟按 $20\sim50m^2$、室内按 $100\sim500m^2$、场地平整按 $400\sim900m^2$ 取一组试样。平面取点必须具有代表性。环刀取点必须在每层夯实后的厚度 2/3 处取样，

密实度必须符合要求。

④ 基础两侧回填必须对称,严防挤压基础。

⑤ 基槽回填要设专人负责,必须有记录人、质检人的签字并存档,防止竣工后的室内房心和室外散水下陷。

(10) 灰土回填

① 灰土回填须使用黏土、亚黏土和轻亚黏土,不得用砂和杂土等。

② 用土必须过筛,粒径不大于 15mm。

③ 石灰要经过熟化、化透后过筛,粒径不大于 5mm。

④ 灰土配合比按体积比 2∶8 或 3∶7,拌合要均匀、铺撒均匀。

⑤ 含水率以手握成团、落地开花为准。

⑥ 分段施工时不得在墙角、柱基和承重墙下接槎,上下两层接槎距离大于 500mm。

⑦ 灰土的质量检查以环刀取样,其最小容重规定为:轻亚黏土 1.55、亚黏土 1.5、黏土 1.45(单位:g/cm³)。

⑧ 灰土最大虚铺厚度:人工夯时为 200mm,蛙式打夯机夯时为 250mm。

⑨ 各层取点和平面取点图必须相符,要具有代表性,数量和试验符合规范要求。

⑩ 重点位置取样必须在该层厚度的 2/3 处。

⑪ 回填后的顶面标高和表面平整度必须在要求的允许偏差之内。

⑫ 雨期施工必须有防雨排水措施。

8.3 屋面工程质量标准

1. 屋面工程施工前的要求

(1) 屋面工程施工执行《屋面工程施工验收规范》GB 50207—2002 和《建筑工程质量验收统一标准》GB 50300—2001 的规定。屋面施工前必须有公司技术质量部审批合格后的防水施工方案。

（2）屋面施工前结构验收必须完毕，建设、监理、设计、监督等各部门签字齐全，施工技术资料齐全。

（3）如为专业分包队伍施工，必须先与公司签订正式分包协议或合同，各种上岗人员资质和有效证件齐全，严禁非专业队伍、无资质专业队和非专业防水操作人员进行屋面防水施工。

2．材料质量检查

（1）屋面工程所使用的防水、保温、隔热材料，必须有生产厂家的有效期内的材质证明和法定质量检测机构的抽检证明，所使用的材料必须保证其质量和技术要求。

（2）所有防水、保温、隔热材料进厂后，现场试验员、技术负责人和质检人员，必须按规定进行检验复试，并符合下列规定：

① 同一品种、牌号和规格的卷材，抽检数量为 10000 卷以上抽取 5 卷，5000 卷以上抽取 4 卷，500 卷以上抽取 3 卷，100 卷以上抽取 2 卷，100 卷以下仍抽取 2 卷。

② 抽检方法：开卷进行规格和外观检验，全部指标符合要求时为合格；如果一项达不到要求，必须加倍复试；复试再有一项不合格，则该产品为不合格品，禁止使用，退出现场。

③ 卷材物理性能需按下列项目检验：

A．沥清防水卷材：拉力、耐热度、柔性和不透水性；

B．高聚物改性沥青防水卷材：拉伸性能、耐热度、柔性和不透水性；

C．合成高分子防水卷材：拉伸强度、断裂伸长率、低温弯折性和不透水性。

④ 胶粘剂物理性能需按下列项目检验：

A．改性沥青胶粘剂：粘结剥离程度；

B．合成高分子胶粘剂：粘结剥离程度和剥离浸水后保持率。

3．施工质量标准

（1）所有出屋面的管道，预埋件等，在防水施工前应安装完毕。屋面施工防水做完后禁止在上边打洞、剔凿等。

（2）防水层和隔汽层施工前，基层必须干净、干燥。

（3）屋面坡度小于 3％时，卷材平行屋脊铺贴。

（4）屋面坡度在 3％～15％之间时，平行或垂直屋脊铺贴。

（5）屋面坡度大于 15％时，沥青防水卷材必须垂直屋脊铺贴，高聚物改性沥清防水卷材和合成高分子防水卷材平行或垂直屋脊铺贴，上下层卷材不得齐缝铺贴。

（6）热熔法铺贴必须符合下列规定：

① 火焰加热器的喷筒距卷材面的距离要适中，在幅宽之内要加热均匀，不可过热或烧穿卷材。

② 卷材表面热熔后要立即滚铺，排除卷材下的空气，辊压粘结牢固、平整。

③ 搭接缝部位以溢出热熔的改性沥青为度，要随即刮封接口。

④ 铺贴卷材要平整顺直、搭接尺寸准确。

⑤ 采用条粘法时，卷材的角边粘贴宽度不得小于 150mm。

4. 屋面质量检查标准

（1）屋面不得有渗漏和积水现象。

（2）保温材料配合比和厚度要准确，坡度正确。

（3）保温材料的缝隙不得用砂浆代替。

（4）拐角处必须做成钝角或圆弧，沥青防水卷材 $R = 100 \sim 150mm$，高聚物改性卷材 $R = 250mm$，合成高分子卷材 $R = 20mm$。

（5）女儿墙内立面必须做成凹槽。

（6）各阴阳角管根处必须做成圆角。

（7）立面的上卷高度必须大于 250mm。

（8）挑檐、女儿墙、沉降缝等必须有木砖。沉降缝顶部必须找坡。

（9）卷材铺贴前必须先刷冷底子油，涂刷要均匀，待冷底子油干燥后方可做防水。

（10）卷材铺贴方向和搭接顺序必须符合施工质量要求，搭接宽度正确，接缝严密，不得皱折、发泡和翘边。

（11）涂膜防水层不得有裂纹、脱皮、流淌、鼓泡和皱皮现象，厚度符合设计要求。

（12）上人屋面的排气高度必须大于 2m，并有牢固的支承拉结。

（13）上人屋面必须设置分格缝。

（14）屋面排气管管顶必须有顶网罩。

（15）屋面工程施工时，必须按工序做隐检记录和交接检记录。签字必须齐全。防水施工完毕，必须做 24h 蓄水试验，或淋水2h 试验，也可用雨后观察记录为依据。

8.4 地下防水工程质量标准

1. 材料要求

（1）水泥、砂石、外加剂、防水剂等所有进厂材料必有出厂合格证和检测报告。进入施工现场必须按国家标准进行取样复试。不合格的材料，禁止停放在施工现场，禁止使用在工程上。

（2）所有配合比必须经有资质的试验室进行试配。各种材料的选用，必须符合地下防水规范 GB 50108—2001 的规定。

2. 基底质量要求

（1）地下水位必须降低至防水工程底部最低标高以下不少于300mm，直到防水工程全部结束为止。

（2）基底不得有明水和泥浆等杂物，不得有扰动土层。

（3）试配的材料必须与材料本身及试块三者交圈，计量必须准确。

3. 施工缝留置质量要求

（1）底板混凝土必须连续浇筑，禁止留施工缝。

（2）墙体只允许留水平施工缝，要留在高出底板上表面200mm 以上墙体上。如墙体设有预留洞，施工缝必须与预留洞有300mm 以外的距离。如必须留设垂直缝时，要根据实际情况选用标准 BG 50108—2001 规范中的三种形式留置，并加设止水钢片，禁止留凹槽,竖向施工必须留在结构变形缝位置。

(3) 防水钢板条上下尺寸要均匀,焊接严密,有专人看管,不能压倒。

(4) 施工方案中必须有临时停电、停水、机械故障、供料不及时、中途遇雨雪等应急措施。必须有水泥初凝时间、终凝时间和整个工序从始至终的最长允许时间。

4. 变形缝的质量要求

(1) 橡胶(塑料)止水带埋入墙体必须居中,止水带接口必须严密,不得有损坏现象,搭接必须在洞口上部水平部位,收头合理,固定牢固。

(2) 止水带不得有油和泥浆等杂物污染,不得有断接和多个接头。

5. 支撑的质量要求

(1) 底板用铁马蹬,必须有止水措施,支在下网上面,不得支在模板上。

(2) 穿墙螺栓必须加套管或加焊止水环,并有防渗漏措施,(如套管内用膨胀水泥砂浆封堵等)。

(3) 模板内顶撑必须有止水措施。

(4) 钢筋保护层垫块必须用防水砂浆制做。

6. 后浇缝的质量要求

(1) 后浇缝必须按 GB 50108—2001 规定留置,其时间要在两侧混凝土浇筑完毕六个星期后再浇筑,养护时间不得少于四个星期。

(2) 后浇缝必须甩槎、剔毛、清理干净、保持湿润并设清扫坑,要优先选用补偿收缩混凝土浇筑。

7. 施工缝、接槎的质量要求

(1) 浇筑完的混凝土,必须达到 1.2MPa 方可接槎。接槎必须清除水泥硬膜、松散混凝土,冲洗干净,保持湿润。

(2) 浇筑前先铺同配比无石子砂浆,水平缝与施工缝模板必须夹海绵条,要严密牢固,严防跑浆。

8．卷材防水层质量要求

（1）基层必须牢固，表面平整、光洁。基层表面的阴阳角处，必须做成圆角或钝角。

（2）如基层干燥确有困难时，可执行 GB 50108—2001 有关规定。

（3）立面基层铺贴时，基层表面要满涂冷底子油，干燥后方可贴铺。

9．保护墙质量要求

（1）临时保护墙高度必须满足 B＋（200～500mm），即满足底板厚度加混凝土施工缝提高部位。

（2）临时保护墙必须用石灰砂浆砌筑，便于拆除。

（3）保护墙刚度符合要求（12mm 临时加砖墙）。

（4）按 5～6m 分段留缝，断缝要用卷材填塞严密。

（5）雨期施工必须有防止雨水和排水的措施。

10．卷材铺贴质量要求

（1）搭接：长边搭接 100mm 以上，短边搭接 150mm 以上。

（2）立面与平面转角处，接头留在平面距立面 600mm 以上处。

（3）所有转角处必须铺附加层。

（4）铺贴接缝严密，无翘边、滑移、脱层等。

（5）铺贴不得有气泡、裂缝等损伤，外防外贴接槎必须按要求尺寸搭接。

11．细部构造质量要求

（1）穿墙套管必须封堵严密，金属止水带接缝严密，锚固牢固。

（2）止水带接头必须设在变形缝高处水平部位。

12．防水层的保护层质量要求

（1）砂浆或混凝土保护层在立面上，必须在贴防水层最后一层材料时，趁热粘上干净的热砂或散麻丝，以保证抹水泥砂浆时粘结，防水层与保护墙的缝隙必须随时用砌筑砂浆填平。

（2）绑扎钢筋时不得损伤防水层。

（3）基槽回填时不得破坏保护墙。

13．地下防水施工中的各道工序必须经预检、自检、互检、隐检，合格后方可进行下道工序的施工。施工中质量验收遵守现行规范。

8.5 砌筑工程质量标准

1．材料要求

（1）砌体工程所用的水泥、砌块、外加剂等，必须具有质量证明书、检测报告和出厂合格证。进厂的材料必须复试，不合格的材料严禁停放在工地或使用在工程上。

（2）各种砌体材料必须符合国家标准《烧结多孔砖》GB 13544、《蒸压灰砂砖》GB 11945、《粉煤灰砖》JC 239、《烧结空心砖和空心砌块》GB 13545、《混凝土小型空心砌块》GB 8239、《蒸压加气混凝土砌块》GB 11968 等的规定。

2．施工用砌筑砂浆的要求

（1）砂浆用砂要采用中砂，含泥量：小于 M5 的不超过 10％，大于等于 M5 的不得超过 5％。

（2）砂浆的材料有变更时，配合比必须重新试配。

（3）砂浆的机械搅拌时间。自配料全部投入机械后算起，必须按下列规定执行：水泥砂浆和水泥混合砂浆大于 2 分钟；水泥粉煤灰砂浆和掺外加剂的砂浆大于 3 分钟；掺有机塑化剂的砂浆大于 5 分钟。

（4）水泥砂浆不得随意代替水泥混合砂浆。

（5）砂浆要随拌随用，拌成后的砂浆必须在 4h 内使用完毕。夏季高温超过 30℃时，在 2h 内用完。禁止使用过夜砂浆。

3．砂浆试块的质量要求

（1）砂浆试样要在搅拌机出料口处随机取样制做，每组试样必须取自同一盘砂浆。

（2）每一楼层 250m³ 砌体中的各种强度等级的砂浆,每次搅拌机出料至少制做一组试样。变更强度等级试配比时,还必须另做一组试样。正负零以下基础部分可按一个楼层计算。

（3）砂浆的养护必须按标准养护,强度以 28d 标养试样试验结果为标准。

（4）标养砂浆的强度试压值不能有离散性太大的现象。

（5）砂浆试块强度必须达到以下规定:

① 同一验收批中砂浆立方体抗压强度,各组平均值必须大于验收批砂浆设计强度等级对应的立方体的抗压强度。

② 同一验收批中砂浆立方体抗压强度的最小一组平均值必须大于验收批砂浆设计强度等级所对应的立方体抗压强度的80%。

4．砌砖质量要求

（1）砌砖时,禁止干砖上墙,砌筑前 2 天必须浇湿。

（2）砖砌体的水平缝砂浆饱满度不得低于 80%。

（3）转角和交接处必须同时砌筑。

（4）施工中留直槎做成凸槎,120mm 的墙加设一根 6mm 的拉结筋,间距不得超过 500mm,每边不少于 500mm,末端加 90℃弯钩。

（5）水平灰缝厚度和竖向灰缝厚度不小于 8mm,不大于12mm。

（6）多孔砖的孔洞要垂直于受压面,砌筑前要试摆。

5．混凝土砌块工程

（1）承重墙严禁使用断裂的小砌块。

（2）底层或防潮层以下的砌块必须用强度等级 C15 及以上的混凝土灌实砌体的孔洞。

（3）砌块的生产龄期必须大于 28d,外观不合格的禁止使用。

（4）使用单孔洞砌块时,采用对孔错缝搭接,使用多排时,采用错缝搭接,搭接长度大于 120mm。

（5）对设计规定的洞口、管道、沟槽和预埋件，必须在砌筑时预留或预埋，不得随意打洞或剔凿已砌完的墙体。

（6）施工通道的临时洞口两侧距交接处的墙面必须大于600mm，顶部必须加过梁，砂浆提高一级。

（7）浇筑芯柱的混凝土，坍落度不得小于70mm。

（8）浇筑芯柱混凝土，每层不得大于500mm高度。

6. 框架结构填充墙质量要求

（1）填充墙所用的混凝土砌块码放高度不得超过2m，夏季必须有防雨措施。

（2）填充墙用的空心砖及砌块，必须2d前浇水湿润，含水率不得大于10%和5%，加气混凝土砌筑时，砌筑面要润湿。

（3）用轻骨料混凝土砌块和加气混凝土砌块砌筑填充墙时，墙底要砌普通烧结砖或多孔砖，高度不小于200mm。

（4）砌填充墙时，必须要把预埋在柱中的拉结筋砌入墙内。拉结筋的规格、数量、间距、长度必须按设计要求，墙与板梁柱之间的缝隙，必须用砂浆填满密实。

（5）填充墙与梁板交接处，必须留有一定空隙，在抹灰前采用砌块斜砌法挤紧、砌牢，角度在60°左右，上部和砌块之间的缝子必须灰浆饱满密实。

（6）砌体的尺寸、位置的允许偏差和检验方法按《砌体工程施工质量验收规范》GB 50203—2002执行。

（7）砌体填充墙框架要沿框架柱高每隔500mm（加气块按模数可为600mm），配置$2\phi6mm$的拉筋。伸入填充墙长度：一、二级框架沿墙全长设置；三、四级框架不小于墙长的1/5，且不小于700mm。

（8）加气混凝土砌块洞口下部要放$2\phi6mm$的钢筋伸过洞口两边，长度每边不少于500mm。

（9）加气混凝土块砌筑时，先上下错缝搭接，长度不小于砌块长度的1/3，不小于150mm。如不能满足要求，可在水平灰缝中设置$2\phi6mm$，钢筋或$\phi4mm$钢筋网片。加强筋长度不小于500mm，加气砌块不得与其他砖、砌块混砌。

（10）砌体工程施工还要执行《砌体工程施工质量验收规范》GB 50203—2002。

8.6 建筑装饰装修工程质量标准

1．质量检查 依据质量检查执行《建筑装饰装修工程施工质量验收规范》GB 50210—2001、《木结构工程施工质量验收规范》GB 50206—2002、《建筑工程质量验收统一标准》GB 50300—2001、《建筑内部装修设计防火规范》GB 50222—1995。

2．基本要求

（1）装饰工程所用的各种材料，必须符合设计要求、国标和地标标准的规定。

（2）装饰工程必须在结构或基层的质量检验合格、手续齐备后方可施工。

（3）大面积施工或高级装饰前，必须先做样板间，经验收合格后，再正式施工。

（4）室内装饰必须待屋面做完后再施工，如在完工前施工，必须采取防护措施。

（5）室内吊顶、隔断的罩面板和装饰等工程，要待室内地（楼）面湿作业完工后施工。

（6）抹灰、饰面、吊顶和隔断工程，要待隔墙、钢木门窗框，暗装的管道、电线管和电器预埋件，预制钢筋混凝土楼板灌缝等完工后进行。

（7）涂料、刷浆、吊顶、隔断、罩面板的安装必须在塑料地板、地毯、硬质纤维板和地（楼）面的面层和明装电线施工前，以及管道设备试压后进行，木地（楼）板面层的最后一遍涂料，要等裱糊工程完工后进行。

（8）装饰工程必须做好成品保护。施工用水和设备试压的水，不得污染装饰工程。

3．抹灰工程质量要求

（1）抹灰工程所用的砂浆品种,抹灰的等级、种类、构造,必须符合设计要求。

（2）抹灰分格缝的宽度、深度必须均匀一致,表面平整、光滑、无砂眼、无错缝、无缺棱掉角,滴水线槽的流水坡向正确、顺直、深度和宽度均不得小于 10mm,要求整齐一致。

（3）一般抹灰和装饰抹灰的尺寸允许偏差要控制在规范的允许范围内。

（4）抹灰工程要分层操作。每层厚度:水泥砂浆控制在 5～7mm,混合砂浆和石灰砂浆控制在 7～9mm,光滑的基层要先凿毛,或刷界面剂。抹灰层之间、抹灰层与基层之间,必须粘结牢固,无脱层、空鼓、裂缝。

（5）抹灰层总厚度:平顶板条和现浇混凝土基层为 15mm,预制混凝土基层为 18mm,金属网为 20mm。内墙面抹灰总厚度:普通抹灰为 18mm,中级抹灰为 20mm,高级抹灰为 25mm。外墙面抹灰总厚度为 20mm。勒脚为 25mm。石墙抹灰为 35mm。

4．吊顶工程质量要求

（1）吊顶工程所用的材料规格要符合设计和规范要求。

（2）吊杆必须有足够的承载力。当设计无规定并且吊杆长度大于1500mm 时,要使用直径8mm 以上的吊杆暗架。不得使用铁丝做吊杆。

（3）吊顶与结构必须连接牢固。膨胀螺栓严禁打入多孔板中,也不得直接与吊杆焊接。

（4）龙骨用的吊杆必须专用,不许与其他振动设备接触。轻型灯具、音响、探灯等不得直接搁置,固定在吊顶罩面板上。重型的灯具、空调、电扇不许与吊顶龙骨连接,单独设吊杆或吊钩。吊顶必须有抢修孔,孔周边要加附加龙骨。

（5）吊顶距主龙骨端部(含两主龙骨连接处)距离不得超过300mm。金属龙骨起拱高度不小于房间短向跨度 1/200。

（6）明架、吊顶、纵横向龙骨的间隙和低差不得大于 1mm,目测无明显弯曲。

(7) 吊顶内若有水电、消防、灯具等，必须待安装完和试验完毕后再施工吊顶工程。

(8) 木质吊顶必须做防火处理，符合防火规范。

(9) 易收缩变形的材料，在拼缝处必须采取一定措施，防止在一定时间内开裂。

5. 隔断工程的质量要求

(1) 隔断工程所用材料，必须符合设计要求。

(2) 安装罩面板使用的螺钉、钉子，接触砖石混凝土的木龙骨和预埋的木砖要做防腐处理。

(3) 隔断骨架与基体、结构的连接必须牢固无松动现象。

(4) 石膏板、胶合板、纤维板表面不得有污染、拆裂、缺棱、掉角、撞伤等缺陷。

(5) 隔断木龙骨的安装必须按现行《木结构工程施工质量验收规范》的规定执行。

(6) 隔断罩面板的允许偏差必须符合规范的允许偏差范围。

(7) 木质隔断内敷设电器管线时，必须做防水处理。

6. 饰面砖(板)工程质量要求

(1) 饰面砖镶贴必须牢固，不得缺棱掉角，不得有裂缝，不得空鼓，必须有产品合格证明。

(2) 陶瓷锦砖及玻璃锦砖要边棱整齐，尺寸正确。锦砖脱纸时间要大于 40min。

(3) 各种胶结材料要有产品合格证明，其配合比要符合设计要求。

(4) 大理石、花岗岩湿铺时，板背面网格布必须除去，板与墙拉结点最少 4 点，用防锈金属丝连接。

(5) 干挂饰面板采用不锈钢配件连接，每块连接点不少于 4 点，接缝填嵌密实均匀。

(6) 大理石和花岗石窗台板、踏步、台面，其外露侧面及棱角要打磨光亮圆滑，交接处要进行密封处理。

（7）饰面砖镶贴用非整砖要排在次要部位或阴角处。

（8）釉面砖和外墙面砖镶贴前要清理干净砖的背面,浸水时间必须大于 3h 以上,待表面晾干后方可使用;冬施要用掺入 2% 盐温水,浸泡 3h 以上,晾干后方可使用。

7. 涂料工程质量要求

（1）涂料等级和产品的品种必须符合设计要求和现行国家标准的规定。

（2）涂料工程施工前,上道工序必须验收合格。

（3）外墙、厨房、浴室、卫生房等有使用涂料的部位,必须使用耐水腻子。

（4）涂料采用机械喷涂时,必须将不喷涂的部位遮盖,防止污染。

（5）美术涂料滚花的图案,颜色要鲜明,轮廓要清晰,不许有漏涂、污染和流坠现象。

（6）不同颜色的线条,要横平竖直,均匀一致,全长不大于 2m,搭接错位不大于 0.5mm。

（7）仿木纹、仿石纹的表面要具有被摹仿材料的纹理。

（8）鸡皮皱起粒和拉毛表面的大小花纹,要分布均匀,不显明茬,不得起皮和裂纹。

（9）验收标准按《建筑装饰装修工程施工质量验收规范》GB 50210—2001执行。

8. 门窗工程质量检查要求

（1）材质要求

① 门窗工程所用的材质必须符合国家现行标准及行业标准规定的内容。

② 门窗的质量检验依据以下国家标准执行:

GB 8478—1987《平开铝合金窗》

GB 8479—1987《推拉铝合金门》

GB 5827.1—1986《实腹钢窗检验规则》

GB 5827.2—1986《空腹钢窗检验规则》

GB 8480—1987《推拉铝合金门》

GB 8481—1987《推拉铝合金窗》

GB 5824—1986《建筑门窗洞口尺寸条例》

GB 8482—1987《铝合金地弹簧门》

GB 9157—1988《实腹钢纱门》

GB 9155—1988《空腹钢门》

GB 9156—1988《实腹钢门》

(2) 铝合金门窗安装质量要求

① 铝合金门窗与洞口墙体的连接必须为弹性连接,不许与墙体直接接触。

② 密封条不得在拉伸状态下工作,安装时必须比门窗的装配边加长 20～30mm。在转角处要斜面断开、胶粘牢固、留有足够的伸缩量。

③ 安装后的铝合金门窗要有可靠的刚性和安全性能,不得发生摇动挠度不得大于 $L/200$。

④ 门窗框四周的缝隙按设计要求填实,密封严密,起到以防水、防风和防腐蚀的作用。

⑤ 铝合金门窗用明螺丝时,必须用与窗相同颜色的密封材料,将明螺丝掩埋,防止空气和水分的渗透。

(3) 钢门窗安装质量检查要求

① 钢门窗在安装前,必须横平竖直,不允许有翘曲、启闭不严、不灵活、五金配件失灵、缝隙过大进风、渗水等质量问题,并用木楔临时固定。

② 钢门窗的地脚必须插入墙体预留孔内,用豆石混凝土或水泥砂浆捣实。混凝土或砂浆终凝前不得撤掉临时固定用的木楔。

③ 钢门窗的配件安装,必须在室内外墙面装饰完工后进行。密封条必须在最后一面门窗涂料干燥后安装,必须压实粘牢,长度要比实测截口尺寸长 10～20mm。

(4) 塑料门窗安装工程质量检查要求

① 塑料门窗安装前,不得出现局部凹陷断裂和螺丝松动等质

量问题,必须保证零件、附件及固定件的安装质量。

②门窗必须用尼龙胀管螺栓将固定件与墙体连接牢固。

③门窗框与洞口墙体间的缝隙要填充饱满,不得过紧或过松,门窗框周围的内外缝要用密封膏密封严实。

8.7 楼地面工程质量标准

1. 对基层的要求

(1) 经压实的基土表面要平整,偏差不大于 15mm。

(2) 表面标高必须符合设计要求,偏差在 ±50mm 之间。

(3) 用碎石、卵石或碎砖等做基土表面加强,其压进深度不大于 40mm,粒径为 40~60mm。

(4) 不允许在冻土上压实。如在 0℃ 以下地点施工,必须采取防止冻胀土的保温措施方可施工。

2. 垫层

(1) 灰土垫层

① 上下两层灰土的接缝距离不得小于 500mm。

② 每层虚铺厚度 150~250mm。

③ 灰土垫层的密实度用环刀取样测定干容重。灰土夯实后的最小干土质量密度为 1.55g/cm^3。

④ 灰土表面平整度控制在 10mm 以内。

⑤ 表面标高除符合设计要求外,偏差不大于 ±10mm。

(2) 三合土垫层

① 垫层的厚度不小于 100mm。

② 表面平整度的允许偏差不大于 10mm,标高偏差在 ±10mm 以内。

③ 垫层搭接处必须夯实。

(3) 炉渣垫层

① 垫层厚度不得小于 80mm。

② 表面平整度不大于 10mm,标高在 ±10mm 以内。

（4）砂和砂石垫层

① 表面平整度允许偏差不大于 15mm，标高 ±20mm 以内。

② 砂垫层的厚度不小于 60mm，砂石垫层不小于 100mm。石子粒径不大于垫层厚度的 2/3，碾压不少于三遍。

（5）碎石（砖）垫层

① 碎石垫层厚度不少于 60mm，碎砖厚度不少于 100mm。

② 压实后表面平整允许偏差在 15mm 以内。

③ 表面标高符合设计要求，偏差控制在 ±20mm。

④ 碎石垫层要粗细均匀，厚度均匀，表面的空隙可撒 5～15mm 的小石子夯实填实。

（6）水泥混凝土垫层

① 厚度不小于 60mm，强度等级不低于 C10，石子粒径不大于垫层厚度的 2/3。

② 表面平整偏差不大于 10mm，标高偏差在 ±10mm 以内。

③ 找坡坡度偏差不大于房间相应尺寸的 1/500，且不大于 30mm。

④ 混凝土强度达到 1.2MPa 后，方可进行上一层施工。

（7）找平层

① 石子粒径不大于找平层厚度的 2/3，混凝土强度等级不低于 C20，砂浆配合比为 1:3。

② 找平层下为混凝土板的，要事先润湿，刷水泥浆一遍，并随刷随铺，禁止浆干后再铺，以免起皮。表面应凿毛。如表面松散，应预先补平振实。

③ 找平层的坡度不大于房间相应尺寸的 1/500，不大于 30mm。

3．隔离层和填充层

（1）铺设隔离层和填充层，其下一层的表面要平整、洁净、干燥，不得有空鼓、裂缝和起砂现象。

（2）填充层为松散材料时，要分层铺平拍实，每层虚铺厚度不大于 150mm，拍实后不得直接在保温层上行车或堆重物，完工后的填充层厚度偏差要控制在 +10% ～ -5% 之间。

(3) 用沥青粘贴板块时,要边刷、边贴、边压牢,要求板块相互之间、板块与基层之间的沥青饱满、粘牢。

(4) 铺设防水材料穿过楼板面管道四周处,防水材料要向上铺涂,要超过套管的上口。在墙面处要高出面层 220～300mm,阴阳角和穿过板面管道的根部都要铺涂防水层。

4. 整体地面工程

(1) 细石混凝土面层

① 基层要修整,清扫干净后用水冲洗晾干,不得有积水。

② 有地漏和坡度的房间,要求冲筋标高正确,保证流水坡向。

③ 水泥混凝土面层的强度等级不低于 C20,水泥混凝土垫层当做面层时,强度等级不低于 C15。浇筑水泥混凝土面层时,其坍落度不大于 30mm。

④ 水泥混凝土面层必须在初凝前压光。

⑤ 面层压光一昼夜后必须覆盖,每天浇水 2～3 次,养护时间不少于 7d,面层强度达到 5MPa 时方可在上面行走。

⑥ 施工时温度不得低于 5℃,低于 5℃时采取保温措施。

⑦ 细石混凝土面层与基层的结合必须牢固无空鼓。

⑧ 细石混凝土面层密实压光,无明显裂纹、脱皮,麻面和起砂等缺陷,要符合规范要求。

⑨ 细石混凝土带有坡度的面层,必须保证不倒坡,不渗漏。

⑩ 细石混凝土面层表面平整度的允许偏差不大于 5mm。

⑪ 细石混凝土面层的缝格平直,允许偏差不大于 3mm。

(2) 水泥砂浆面层

① 地面与楼面的标高找平,控制线要弹到房间的墙面,高度比设计地面高 500mm。有地漏、有坡度的面层,冲筋坡度要满足设计要求。

② 基层清理干净。表面要粗糙,光滑的表面要凿毛处理。

③ 面层厚度不小于 20mm,其体积比为:水泥:砂 = 1:2,强度

等级不小于 M5。

④ 抹平要在初凝前完成,压光在终凝前完成,最少养护 7d。

⑤ 水泥砂浆面层内埋设管线出现局部厚度减薄时,要按设计要求做防止开裂措施,合格后方可施工。

⑥ 施工时环境温度不得低于 5℃。

⑦ 水泥砂浆面层表面无明显脱皮、起砂等缺陷。如局部虽有少量细小收缩裂纹和轻微麻面,其面积不得大于 $800cm^2$,且在一个检查范围内不多于两处仍为符合要求。

⑧ 面层坡度及踢脚线质量要求详见细石混凝土面层质量要求。

⑨ 表面平整的允许偏差小于 4mm。

⑩ 踢脚线上口平直度与缝格平直度允许偏差分别为 3mm 和 4mm。

(3) 水磨石面层

① 面层的标高用 500mm 水平线控制。有坡度的地面要在垫层或找平层上找坡,坡度要符合设计要求。

② 基层要洁净、湿润,不得有积水,表面要粗糙。

③ 面层的颜色、图案与分格要符合图纸规定。

④ 踢脚线的用料如设计未规定,采用 1:3 水泥砂浆打底,用 1:1.25~1:5 水泥石粒砂浆罩面,凸出墙面 8mm,阴阳角交界处不得漏磨。

⑤ 面层表面要基本光滑,无裂纹、砂眼和磨纹,石粒密实,不混色,分格条牢固、顺直和清晰。

⑥ 水磨石面层坡度参见细石混凝土面层坡度要求。

⑦ 高级水磨石表面平整度允许偏差要控制在 2mm。

⑧ 高级水磨石的踢脚线上口平直度允许偏差要控制在 3mm。

⑨ 高级水磨石的缝格平直度允许偏差要控制在 2mm。

(4) 沥青砂浆和沥青混凝土面层

① 铺设沥清混凝土面层前,要将基层表面清理干净,涂刷冷

底子油,并防止表面被污染。

② 沥青类面层拌合料要分段、分层铺平,再进行压实,每层虚铺厚度不宜大于 30mm。

③ 在沥青类面层施工间歇后继续铺设前,要将已压实的面层边缘加热,接茬处要碾压至不显接缝为止。

④ 不得用热沥青做表面处理。

⑤ 如面层局部深度不符合要求或局部出现裂缝、蜂窝、脱层等,必须挖去,仔细清扫,并以热沥清砂浆或热沥青混凝土拌合料修补。

⑥ 沥青砂浆和沥青混凝土面层要表面密实无裂缝。

⑦ 表面平整度允许偏差要控制在 4mm 内。

⑧ 踢脚线上口平直度允许偏差控制在 4mm 以内。

5. 块状地面工程

(1) 砖面层

① 基层要清除干净,用水冲洗晾干。

② 弹好地面水平标高线,在墙四周做灰墙,每隔 1.5m 冲好标筋,标筋表面要比地面水平标高低一块所铺设的砖厚度。

③ 铺设前基层要浇水湿润,刷一道水泥素浆,随刷随铺。水泥:砂 = 1:3(体积比),根据标筋标高拍实刮平。

④ 地砖铺贴完成后要在 24h 内进行擦缝勾缝和压缝,缝的深度为砖厚 1/3,擦缝和勾缝要采用同品种、同规格、同强度等级和同颜色的水泥。

⑤ 在水泥砂浆结合层上铺贴陶瓷锦砖时,结合层和陶瓷锦砖要分段同时铺贴,在铺贴前要刷水泥浆,厚度为 2~2.5mm,并随刷随铺贴,用捶子拍实。

⑥ 板块砖地表面平整度、缝格平直、接缝高低差、踢脚线上口平直度四者的允许偏差分别控制在 4mm、3mm、1.5mm、4mm 以内。板块间隙宽度不大于 2mm。陶瓷绵砖的表面平整度、缝格平直、接缝高低差、踢脚线上口平直度的允许偏差分别控制在 2mm、3mm、0.5mm、3mm 以内。板块间隙宽度不大于 2mm。

⑦ 楼梯踏步和台阶铺贴，缝隙宽度要基本一致，相邻两步高低差不超过 15mm，防滑条顺直。

（2）大理石和花岗岩面层

① 根据墙面水平基准线，在墙四周墙面上弹出地面面层标高线。当结合层抹水泥砂浆（1:4～1:6 体积比）时，厚度为 10～30mm。

② 铺贴板块面层时，结合层与板块要分段同时铺贴，采用水泥砂浆或干铺水泥洒水做粘结层，铺贴的板块要平整，线路顺直，镶嵌正确。

③ 大理石、花岗岩面层缝隙，当设计无要求时，应不大于 1mm。

④ 铺贴完后，第二天用素水泥浆灌缝 2/3 高度，再用同色水泥浆擦缝，并用干锯末覆盖保护 2～3d，待结合层的水泥浆强度到达 1.2MPa 后，方可打蜡行走。

⑤ 大理石和花岗岩面层的表面质量要求与砖面层相同。

⑥ 大理石和花岗岩面层的坡度质量要求踢脚线铺设、楼梯踏步和台级的铺贴质量，与砖面层相同。

（3）塑料地板面层

① 表面要平整、光洁、无缝纹、四边顺直、不翘边、不鼓泡。

② 色泽要一致，接槎要严密，脱胶处面积不大于 $20cm^2$，并且相隔的间距不小于 500mm。

③ 与管道接合处要严密、牢固、平整。

④ 焊缝要平整、光洁、无焦化变色、无斑点、无焊瘤、无起鳞。

⑤ 踢脚线上口要平直，拉 5m 直线检查（不足 5m 的拉通线，允许偏差为 ±3mm）

⑥ 面层表面平整度允许偏差 ±2mm，相邻板块拼缝高差不大于 0.5mm。

（4）木质楼板地面工程

① 硬木地板面层

A．木板面层楄栅下的砖石地垅墙与墩的砌筑，要符合《砖石工程施工及验收规范》的有关规定。

B．面层的侧面带有企口的木板宽度不大于 120mm，双层木板面层下的毛地板、木板面层下木楄栅和垫木等，均需做防腐处理。

C．在钢筋混凝土板上铺设有木楄栅的木板面层，其木楄栅的截面尺寸、间距和稳固方法要符合设计要求。

D．木板面层的木楄栅两端要垫实、钉牢。楄栅间要加钉剪刀撑或横撑。木楄栅与墙之间要留出 30mm 的间隙。木楄栅的表面平整度不得超过 3mm。

E．木楄栅和木板要做防腐处理，木板的底部要满涂沥青或防腐油。

F．双层木地板面层下的毛地板宽度不大于 120mm，在铺设毛地板时要与楄栅成 30°或 45°，并要钉牢，髓心向上，板间缝隙不大于 3mm，毛地板与板之间要留 10～20mm 缝隙，每块毛地板在角根楄栅上各钉两个钉子固定，钉长为板厚的 2.5 倍。

G．在毛地板上铺设长条木板或拼花木板时，要先铺设一层沥青纸(或油纸)以隔声和防潮。

H．在铺设木板面层时，木板端头接缝应错开，与墙之间要留 10～20mm 的缝隙，并用踢脚板盖缝。

② 硬质纤维板面层

A．铺贴硬质纤维板面层的下一层基层表面应平整、洁净、干燥、不起砂，含水不大于 9%。

B．水泥木屑砂浆抹平工序要在初凝前完成，压光工序要在终凝前完成，养护 7～10 天方可铺贴面层。

C．硬质纤维板粘结要牢固，防止翘边空鼓。

D．硬质纤维板相邻高差不高于铺贴面 1.5mm 或不低于铺贴面 0.5mm，过高或过低要重铺。

E．硬质纤维板间的缝隙宽度为 1～2mm，相邻两块板的高差不大于 1mm，板面与基层之间不得有空鼓现象，板面要平整。

8.8 幕墙工程质量要求

1. 质量要求

《玻璃幕墙工程质量检验标准》分别对施工队,原材料、施工过程及成墙性能等方面提出了质量要求,主要有下列各点:

(1) 检查专业分包单位的资质。

(2) 检查加工现场、环境、设备质量控制措施。

(3) 检查进厂的材料验收和检验制度。

(4) 检查设计图纸、用材、幕墙性能,各种节点处理要求。

(5) 检查各种材料的合格证,产品生产许可证,单元板的出厂合格证和打胶证书,进口材料商检记录报告。

(6) 检查结构胶,密封胶的物理耐用年限和保险年限质保书,相容性和性能检测报告。

(7) 检查幕墙抗风压强度、雨水渗漏、空气渗透的检测报告。

(8) 检查正常情况下,幕墙耐用年限的质量证书。

(9) 检查淋水试验记录,避雷接地测试记录,节点承载力试验报告。

(10) 隐蔽检查记录:检查构件与主体结构的连接点和安装。检查幕墙四周、幕墙内表面与主体结构间隙的安装。检查幕墙防雷接地节点的安装、防火保温设施、内排水节点等。

(11) 施工过程检查重点是预埋件、焊接、密封胶、防腐连接件、构架安装、节点处理、避雷设施、变形缝处理、嵌板、单元板等的质量情况。

(12) 完工检查重点是:零配件,紧固件,门窗开启角度和安装,幕墙平整度、垂直度、外观,结构密封胶施工,保温防火、避雷、防水、排水的施工,幕墙四周与主体结构的处理等。

2. 铝合金及金属材料配件

玻璃幕墙所采用的铝合金和金属材料配件要符合下列要求:

(1) 金属材料除不锈钢和轻金属材料外,都要进行镀锌防腐蚀处理,铝合金型材表面阳极氧化膜厚度不得低于 AA15 级。

(2) 铝合金型材要达到国家标准规定的高精级铝合金型材要求,受力的立柱、横梁的壁厚与幕墙配合的门框壁厚、窗框壁厚、立柱横梁的相配装饰条或压条壁厚,都必须符合国家标准。

(3) 立柱连接芯管及加强立柱强度的芯材,要用不锈钢或铝合金材料,不得使用碳素钢。连接芯管壁厚要大于立柱壁厚。

(4) 与铝合金接触的螺栓和金属配件要采用不锈钢或轻金属制品,自攻螺丝要有防松脱措施,禁止使用镀锌自攻螺丝。不同金属的接触面要采用垫片作隔离处理。

3. 玻璃、结构胶和密封胶

玻璃幕墙使用的玻璃、结构胶和密封胶,要符合以下规定:

(1) 当玻璃幕墙采用热反射镀膜玻璃时,要采用真空磁控阳极溅射镀膜玻璃或在线热喷涂镀膜玻璃,镀膜不应破损。安装时应将膜面朝向室内,非镀膜面朝向室外。

(2) 所有幕墙玻璃应进行磨边倒角处理。

(3) 幕墙用结构硅酮密封胶要在有效期内使用,不得相互代用。结构胶、密封胶在使用前应与接触材料做相溶性试验及性能试验,并检查相应的合格证和有关性能检验报告,在分包合同中对密封胶的品牌规格作出明确要求。

4. 施工过程中的质量控制

幕墙与主体连接:当没有条件采用预埋件时,要采用其他可靠的连接措施,但必须通过节点强度试验,决定其承载力。试验项目及承载力应由设计单位决定。预埋件连接件必须安装牢固,位置准确,焊缝质量符合《钢结构件工程施工质量验收规范》GB 50205—2001规定,并经防腐处理。

(1) 立柱与横梁两端要加设弹性胶片,用密封胶填充严密。

(2) 玻璃与结构不得直接接触,玻璃四周与构件凹槽底要保持一定距离,每块玻璃下部要设不少于 2 块的弹性定位垫块,垫块的宽度与槽口宽度要相同,每块长度不小于 100mm。玻璃与结构间隙要使用弹性材料填充,不得用气硬性材料填充。

（3）玻璃四周橡胶条镶嵌牢固不松脱,四角要斜向断开,断开处和中间部位要用粘结剂粘结牢固,尽量使用密封胶带橡胶条密封。

（4）结构胶、密封胶打注要均匀、平整、顺直,粘结严密、牢固、无气泡。密封胶不得三面粘结。结构胶粘结厚度和宽度,根据设计计算确定。结构胶粘结厚度不应小于 6mm,不大于 12mm,粘结宽度不小于 7mm,密封胶粘结厚度大于 3.5mm,宽度不小于施工厚度的 2 倍。

（5）全玻璃幕墙的玻璃与玻璃之间的缝隙要采用硅酮密封胶嵌填严密,缝隙宽度不宜小于 6mm。

5．测试与竣工检查

（1）幕墙的风压变形、雨水渗漏和空气渗透性能,必须经过测试达到设计和规范的要求。如设计认为必要时,还要进行保温、隔声、抗震、防火、防雷等指标的测试。

（2）幕墙顶部和两侧与墙面交接处缝隙要用防火的保温材料填嵌密实,包盖严密、平整、不积水、不渗漏。

（3）铝合金构配件搭接平整,接缝严密,型材不应有脱模现象,表面洁净、无污染、无明显划痕和凹瘪现象。

9 电气工程施工质量标准

9.1 施工现场临时用电质量标准

1. 临时办公室、宿舍、生活区、库房、厕所临时用电

(1) 办公室临时用电由临时用电的施工组织设计规定的配电箱,穿阻燃管埋地引至房外进线口处。进线口应有防雨措施。

(2) 地埋管线埋设时,深度不应小于40cm,过道路时不应小于60cm并穿钢管加强保护,以防过车碾压。

(3) 日光灯为普通型40W吸顶安装,顶棚内走线穿阻燃管,沿墙敷设。壁扇安装高度距地1.8m。插座为普通型,距地0.3m。开关为明装拉线开关,距顶20cm。

(4) 布线采用穿阻燃管沿墙明敷,接头设置在接线盒内,且用绝缘胶布包裹严密。

(5) 开关控制为相线,插座(面对面看)左零右火,或上火下零。

(6) 所有生产区的宿舍、食堂、厕所、库房、值班室临时用电电源由规定临时配电箱穿阻燃管地埋至房外进线口处,引上线至1.8m处,穿塑料管保护,进线口应做防水处理。

(7) 室内布线采用穿阻燃管沿墙或顶敷设,明拉线开关距顶20cm,照明灯采用普通螺口灯,且不能超过60W,壁扇安装高度不能低于1.8m。

(8) 宿舍、办公室、生活区、食堂、库房均需安装漏电保护器(5A～10A),且灵敏有效。

(9) 如需要安装380V电源时,必须有配电箱和配电盘,控制配电箱根据用电负荷大小设置灵敏有效的漏电保护器,配电盘的电器及机械用具不能外露裸线,并有接地保护。

(10)所有临时用电送电线路除特殊情况外,均需地埋,严禁乱拉乱扯,严禁沿建筑物或铁架、树等明绑。严禁使用电炉。

(11)野外作业临时房,必要时应沿房顶做避雷网线,用引线引入地下接地极,接地电阻不能大于4Ω。

2.施工现场设备、机具用电管理

(1)施工现场塔吊、砂浆搅拌站、钢筋加工棚、卷扬机棚、木工加工棚、机加工棚等有临时固定场所的机械设备,应根据临时用电施工组织设计,设置总配电箱和分配电箱。每台机械要设置一个专用临时分配电箱,并装有灵敏有效的漏电保护器。金属外壳,金属支架和底座必须按规定采取可靠的接零或接地保护,同时必须设两级漏电保护装置。配电箱外观完整,防雨、涂公司统一颜色标志,箱内电器完好可靠。砂轮机严禁使用倒顺开关。

(2)电焊机一次线不能超过5m,无接头、无破损,设有防雨装罩,一二次接线柱应有防护罩,焊把线双线到位无破损,并有接地保护。

(3)有固定场所的机械设备电源,由配电箱引至各分配电箱,均穿阻燃管或钢管地埋,过道处穿钢管加强保护。严禁沿地面拉设,或沿建筑物架设。

(4)配电箱安放位置,以离机械设备3m左右为宜,便于操作、维修,接通电源方便。各分配电箱必须上锁。下班后、离机前、维修时,拉闸断电,锁好配电箱门。

(5)电夯、振捣器、电锤等没有固定场所的施工机械、工具,在使用时必须设置装有漏电保护器的分配电箱或电缆线轴。漏电保护器应灵敏有效。使用后,必须及时收回机械工具、线轴,临时移动配电箱,安放在固定位置。

(6)以上临时用电的操作,必须由专业人员专人操作,持证上岗。特殊情况带电作业,必须有人监护,操作过程中必须穿绝缘鞋,所使用的工具必须绝缘良好。

9.2 电气施工准备质量标准

1. 技术准备

(1) 此项工程由专业电气施工技术负责人或专业工长首先熟悉图纸,参加专业设计技术交底,办理一次性洽商。

(2) 依据质量管理和质量保护标准,编制工程项目质量计划,确定关键程序和特殊工序,编制作业指导书。

(3) 明确施工重点与难点,设置质量管理点,根据本工程施工要求,制定相应质量保证措施和质量预防措施。

(4) 编制分部工程施工方案和季节性施工措施。

(5) 编制分项工程技术交底和安全交底资料,明确施工任务,分项工程质量要求,交工日期,并向班组施工人员进行重点交底。

2. 物资材料准备

(1) 根据施工图纸、工程设计,编制材料计划任务书。

(2) 编制外加工订货计划,提出书面技术、质量要求及供方应提供的出厂合格证等相关资料,确定设备进场具体时间。

(3) 编制施工部位预埋件的加工规格和数量计划。

3. 施工用具和机具计划

根据施工步骤和要求,向项目部主管机具材料负责人提出书面计划工具单。

4. 施工人员计划

根据图纸要求、工程概况、建筑面积、项目部进度计划的要求,合理组织电气专业施工人员。主要部位负责人和主要施工人员必须是经过专业培训人员,并持专业操作证上岗作业。

9.3 接地装置质量标准

1. 接地体装置施工。

(1) 根据图纸对项目施工的设计要求,基槽开挖至底,接地体开始作业。

（2）接地体装置应符合下列规定：

① 人工接地体（极），设计有要求时应严格按设计执行。

② 接地体埋设深度不应小于 0.6m，角钢和钢管接地体应垂直配置。

③ 垂直接地体长度不应小于 2.5m，其相互之间间距一般不应小于 5m。

④ 接地体埋设位置距建筑物不宜小于 1.5m，遇有垃圾灰渣等地，埋设接地体时应换土，并分层夯实。

⑤ 当接地装置必须埋设在距建筑物出入口或人行道小于 3m 时，应采用均压带做法或在接地装置上面敷设 50～90mm 厚度沥青层，其宽度应超过装置 2m。

⑥ 接地体的连接应采用焊接，焊接处焊缝应饱满并有足够的机械强度，不得有夹渣、咬肉、裂纹、虚焊、气孔等缺陷，焊接处的药皮敲净后，刷沥青做防腐处理。

⑦ 采用搭接焊时，其焊接长度如下：

A. 焊接扁钢不小于其宽度的 2 倍，且至少 3 个棱边焊接，敷设前需调直，搣管不得过死，直线段上不应有明显弯曲，并应立放，当直径不同时，搭接长度以宽的为准。

B. 镀锌圆钢焊接长度为其直径的 6 倍，并应两面焊接。当直径不同时，搭接长度以直径大的为准。

C. 镀锌圆钢与镀锌扁铁连接时，其焊接长度为圆钢直径的 6 倍。

D. 镀锌扁钢与镀锌钢管（或角钢）焊接时，为了连接可靠，除应在其接触部位两侧进行焊接外，还应直接将钢带本身弯成弧形或直角形再与钢管或角钢焊接。

⑧ 接地体采用铜排和铜棒，焊接时采用铜焊方法，其长度不小于 3b，并为三面焊。

⑨ 焊接前在搭接部位打眼，并用螺栓固定，然后焊接，这样焊接将更加牢固。焊接时要求焊缝饱满，并且有足够的机械强度。

⑩ 铜材切割可采用钢锯、砂轮锯,但不能采用火焰切割。

⑪ 铜材打坡口应使用锉刀,不得使用氧、乙炔平割加工,铜材搣弯时,应把加热件加热至 540℃时,取出冷却后再放到模具上弯制。

⑫ 挖沟时按图纸设计要求,对接地体的线路进行测量弹线,在此线路上按要求挖沟,沟上部稍宽。挖好沟后必须认证沟中土质,如不满足要求,进行换土,要求换含有有机物的田园土。

⑬ 安装垂直接地体时,将其中 1 根垂直接地体放在准确位置上,一人用大锤敲打接地体后部,要求敲打平稳,锤击接地体正中,不要偏打,用力应与地面保持垂直,将垂直接地体顺着预先打好的圆洞,垂直打入地下,然后用铜排把铜棒和铜排之间焊接起来,要求垂直方向搭接长度不小于铜棒的 $6b$,水平方向的搭接长度不小于铜排的 $3b$。

⑭ 水平接地体敷设前应调直,然后将铜排放置于沟中依次将铜排与铜排,铜排与垂直接地体用氧、乙炔气焊焊接,焊接要求同上。

⑮ 铜排与镀锌扁钢及钢管焊接时采用氧、乙炔焊连接,要求与铜排与铜排焊接相同。

⑯ 查验接地体,接地体完成后,应及时申请项目部,主管技术负责人,邀请监理或建设单位工程技术负责人进行隐检。接地体材质、位置、焊接体和材质规格等均应符合设计要求及验收规范,经检验合格各方代表签字以后,方可进行回填或下道工序,最后将接地电阻摇测值填写在隐检记录上。

⑰ 自然基础接地体安装

利用无防水底板钢筋或深基础做接地体时,按设计图尺寸位置要求,标好位置,将底板钢筋搭接焊好,再将柱主筋(不少于 2 根)底部与底板主筋搭接焊好,并在室外地面以下将主筋焊好连接板,清除药皮,并将两根主筋用颜色漆做好标记,便于引出和检查。

⑱ 利用柱型基桩及平台钢筋做接地体

按设计图尺寸位置,找好桩基位置,把每组桩基四角钢筋搭接封焊,再与柱主筋(不少于 2 根)焊好,并在室外地面以下,将主筋焊好接地连接板,清除药皮,并将两根主筋用颜色漆做好标记,便于引出和检查,并应及时通知质检部门进行隐检核验,同时做好隐检记录。

⑲ 人工接地装置或利用建筑物基础的接地装置,必须在地面以上按设计要求位置设测试点。

⑳ 测试接地装置的接地电阻值必须符合设计要求。

㉑ 接地模块应垂直或水平就位,不应倾斜设置,保持与原土层接触良好。

㉒ 除埋设在混凝土中的焊接接头外,都应有防腐措施。

㉓ 当设计无要求时,接地装置的材料常采用为钢材,热浸镀锌处理,最小允许规格尺寸应符合表 9-1 的规定。

最小允许规格尺寸   表 9-1

种类、规格及单位		敷设位置及使用类别			
		地　　上		地　　下	
		室　内	室　外	交流电流回路	直流电流回路
圆钢直径(mm)		6	8	10	12
扁钢	截面(mm²)	60	100	100	100
	厚度(mm)	3	4	4	6
角钢厚度(mm)		2	2.5	4	6
钢管管壁厚度(mm)		2.5	2.5	3.5	4.5

㉔ 接地模块应集中引线,用干线把接地模块并联焊接成一个环路,干线的材质与接地模块焊接点的材质应相同,钢制的采用镀锌扁钢,引出线不少于 2 处。

2.接地干线安装

接地干线应与接地体连接的扁钢相连接。它分为室内和室外连接两种,室外接地干线与支线一般敷设在沟内,室内的接地干线多为明敷,但部分设备连接的支线需经过地面,也可以埋设在混凝土内。具体安装方法如下:

（1）室外接地干线敷设

① 首先进行接地干线的调直、测位、打眼揻弯，并将断接卡子及接地端子装好。

② 敷设前按设计要求的尺寸位置先挖沟，然后将扁钢放平埋入，回填土应压实但不需打夯，接地干线末端露出地面应不超过0.5m，以便接引地线。

（2）室内接地干线明敷设

① 预留孔与埋设支持件：

按设计要求尺寸位置，预留出接地线孔，预留孔的大小应比敷设接地干线的厚度、宽度各大出 6mm 以上，其方法有以下三种：

A．施工时可按上述要求尺寸截一段扁钢预埋在墙壁内，当混凝土还未凝固时，抽动扁钢以便待凝固后易于抽出。

B．将扁钢上包一层油毡或几层牛皮纸后埋设在墙壁内，预留孔距离墙壁表面应为 15～20mm。

C．保护套可用厚 1mm 以上铁皮做成方形或圆形，大小应使接地线穿入时，每边有 6mm 以上空隙。

② 支持件固定：

根据设计要求先在墙上确定坐标轴线位置，然后随墙将预制成 50mm×50mm 的木方样板放入墙内，待墙好后将木方样板剔出，然后将支持件放入孔内埋牢。现浇混凝土墙上固定支架，先根据设计图要求弹线定位、钻孔、支架做燕尾埋入孔中，找平正，用水泥砂浆进行固定。

③ 明敷接地线的安装：

A．敷设位置不应妨碍设备的拆卸与检修。

B．接地线应水平或垂直敷设，也可沿建筑物倾斜结构平行。在直线段上，不应有高低起伏及弯曲情况。

C．接地线沿建筑物墙壁水平敷设时，离地面应保持 250～300mm 的距离，接地线与建筑物墙壁间隙应不小于 10mm。

D．明敷的接地线表面应涂黑漆。如因建筑物设计要求需涂其他颜色，则应在连接处及分支处涂以各宽为 150mm 的两条黑带,其间距为 150mm,在接地线引向建筑物内的入口处涂以黑色标记"≡",在检修用临时接地点处刷白色底漆,标以黑色记号"≡"。

④ 接地干线穿墙时,应加套管保护,跨越变形缝时,做撅管补偿。

⑤ 接地干线应设有为测量接地电阻而预备的断接卡子,一般采用暗盒装入,同时加装盒盖并做上接地(≡)标记。

⑥ 接地干线跨越门口时,应暗敷设于地面内(做地面以前埋好)。

⑦ 接地干线距地面应不小于 200mm,距墙面应不小 10mm,支持件应采用 40mm×4mm 扁钢,尾端应制成燕尾状,入孔深度与宽度各为 50mm,总长度为 70mm,支持件间的水平直线距离一般为 1~1.5m,垂直部分为 1.5~2m,转弯部分为 0.5m。

⑧ 接地干线敷设应平直,水平度及垂直度允许偏差 1/500,但全长不得超过 10mm。

⑨ 转角处接地干线弯曲半径不得小于扁钢厚度的 2 倍。

⑩ 接地干线应刷黑色油漆,油漆应均匀无遗漏,但断接卡子及接地端子等处不得刷油。

⑪ 当利用金属构件,金属管道做接地线时,应在构件或管道与接地干线间焊接金属跨接线。

⑫ 变压器室,高低压开关室内的接地干线应有不少于 2 处与接地装置引出干线连接。

⑬ 接地线表面沿长度方向,每段为 15~100mm,分别涂以黄色和绿色相间的条纹。

3．接闪器安装

(1) 建筑物顶部的避雷针、避雷带等,必须与顶部外露的其他金属物体连成一个整体的电气通路,且与避雷引下线连接可靠。

(2) 避雷针、避雷带应位置正确,焊接固定的焊缝应饱满无遗漏,螺栓固定的应螺帽紧固、防松零件齐全,焊接部分补刷的防锈漆完整。

（3）避雷带应平正顺直，固定点支持件间距均匀，固定可靠，每个支持件应能承受大于49kN(5kg)的垂直拉力。当设计无要求时，支持件间距应符合验收规范的规定。

9.4　电气安装工程质量标准

1．半硬质阻燃型塑料管暗敷设工程

（1）适用范围

半硬质阻燃型塑料管暗敷设适用于一般民用建筑工程施工，可敷设在砖墙、大模板混凝土墙、圆孔板、现浇混凝土层内，施工时应随主体砌墙，围护墙及混凝土现浇时敷设在施工层内。

（2）墙上箱、盒的定位与固定

① 砖墙弹线定位固定箱盒：对照设计图纸，用小线和水平尺测量出配电箱、开关盒、插座盒的位置，并标注出准确尺寸，然后固定箱盒。固定有两种方法：一是预留箱盒孔洞，二是剔洞稳住箱盒。

A．预留箱盒孔洞，按图纸加工管子长度，配合瓦工施工，在距箱盒位置约300mm处，预留进入箱盒的长度，将管子甩在预留孔外，端头堵好，待稳住箱盒时，一管一孔插入箱盒。

B．剔洞稳箱盒，按弹出的50线，对图找出位置，然后剔出比箱盒大些的洞，用水把四壁浇湿，并将洞中杂物清理干净，依照管路走向敲掉盒子敲落孔，用高强度等级水泥砂浆将箱盒稳入洞中，待凝固后，接短管入箱盒，稳箱盒时一定要注意，四周塞灰要严，不能空鼓。

② 大模板混凝土墙稳箱盒

依据标高线用穿盒筋把盒固定在钢筋上，用死堵堵住管口，堵严线盒，然后再用粘胶带封严。在配电箱的位置一般先将根据箱子的尺寸，预制的箱套，预留在要求尺寸上，与钢筋固定在一起，箱套应比箱体大，把管用死堵堵严，用粘胶带封死等拆摸后，再用高强度等级水泥砂浆固定在预留洞内。

（3）在主体中管路敷设

① 半硬阻燃管敷设的一般要求。

A．工程中所用塑料管、开关盒、插座盒,接线盒等必须采用难燃型产品,其氧气指数必须满足规范标准,产品合格证应存入技术资料。

B．管路连接时采取套管粘接和专用端头连接,套管长度不小于连接管径的 3 倍,并在接口用胶粘剂粘结牢固。

C．管路应沿最近线路敷设,尽量减少弯曲,拐弯时其弯曲半径不小于管径的 6 倍。当线路直线段超 15m 时,或直拐弯有 3 个,且长度超过 8m 时,应在中间装设接线盒,位置不能影响墙面美观。

D．管路应敷设在主体中,局部剔槽敷管应加以固定,并及时用高强度等级水泥砂浆保护,保护层不得小于 15mm。

E．管子弯曲处的弯扁度应小于 0.1 倍的管径

② 半硬阻燃管在砖墙中敷设。在砖墙敷设时应随主体同时砌筑在砖墙内,并按要求加装接线盒。连接及弯曲半径,弯扁度应符合要求。管入箱盒时一管一孔,管与里口平,不允许开长孔。各种盒未用的敲落孔不能敲掉,以保盒的完整性。

③ 在大模板混凝土墙,滑模板混凝土墙配管。应先将管口封堵好,管穿盒内可以不断头,管路沿着钢筋内侧敷设,并用绑丝将管绑扎在钢筋上,受力点应采取补强措施和防止机械损伤措施滑板板内的竖向立管不允许有接头,土建浇灌混凝土时,应派人看护,当发现管路位移及受机械损伤时,及时采取措施。

④ 在加气混凝土板,圆孔板固定灯头盒,按要求找出灯位后,弹线打孔,由下向上剔洞,将盒子固定在板上穿管后,用高强度等级水泥砂浆固定。

（4）半硬阻燃塑料管入箱盒时应注意问题

① 管入盒前应保证管与盒的敲落孔比较垂直,这样能满足入盒后顺直,切管后不出马蹄口。

② 管进出盒时应保证从敲落孔出入,以免盒损坏严重,不用

的敲落孔不能敲掉。

③ 稳盒时应注意标高,根据 500mm 线确定标高,允许偏差控制在允许范围内,不能出现负偏差。

④ 超过 30cm 的配电箱洞口上方放置预制过梁或现浇梁,并及时预埋电线管。

⑤ 根据设计出路、回路和箱体尺寸,排管位置应在箱背部内侧,排管从左至右依次为主干管支路管,各管应在一条直线上,并应有间距,以保一管一孔。干管为钢管时,还应留出焊接跨接线的位置。

⑥ 稳箱盒时,先用水将洞内浇湿,注入水泥砂浆,用线坠找正,挂线找平,然后用水泥砂浆把箱盒四周填实,不能空鼓,并将污染的地方清理干净。

2．塑料阻燃型波纹(可挠)管暗敷工程

(1) 适用范围

适用于单位工程内电气照明,波纹管暗敷设施工。所用材质:必须符合设计要求,满足施工规范的规定。

① 含氧指数必须满足消防规范,并应有产品合格证。

② 开关盒、插座盒、灯头盒应使用可挠塑料制品,管箍、管卡头、护口必须使用配套的阻燃塑料制品,规格型号应与波纹管配套。

(2) 波纹管在不同结构墙体中敷设的技术措施

① 管路敷设应满足下列要求:

A．根据图纸走向,配合土建进行敷设,尽量减少弯曲。

B．弯曲半径大于 6 倍管径,弯曲处不应有折皱、凹穴和裂缝,弯扁度小于管径的 10%。

C．管路的直线段长度超过 15m,或直角弯超过 3 个时,均应装设中间接线盒。

D．管头插入盒、箱应与里口平齐,管口露出箱盒小于 5mm,并一管一孔,孔大小与管径吻合,盒内未用的敲落孔不能敲掉。

E．管与管的连接均使用配套管箍连接,连接管的对口应在管箍中心。

F. 管与盒、箱的连接

a. 管与盒、箱的连接用配套的专用管卡头进行连接。

b. 管与盒连接时可将波纹管直接穿过盒的两个管孔,不断管,待清理盒子时,将管切断,并在管口处装好护口。

G. 按图预检好箱盒的位置,对照水平线及墙厚线做好预检,并做好标记,准备敷管。

H. 管路经过建筑物变形缝处,按要求做补偿装置。

② 波纹管在砌筑墙体的敷设

A. 电气施工人员配合砌筑人员随墙将波纹管砌入主体内,堵好管口,用临时支撑将管沿敷设方向挑起,管子敷设至盒箱100mm处,留出管口堵好,待墙体砌筑到位后,再稳箱盒,把管引入。稳箱盒时注意标高,不能歪斜,同时应考虑抹灰厚度,不能空鼓。砂浆污染箱时,应及时清理。

B. 管入箱盒时应一管一孔。盒子未用的敲落孔不能敲掉,管与箱盒适当距离处应固定。入箱盒切管后,应用专用管头与箱盒固定好。盒不能破损严重,破损应及时更换。

C. 剔槽敷管时,应竖向,不能横向,不能过宽过深。加气墙先用锯锯两边,再用錾子剔,宽深比管外径大 5mm 为宜,敷管时每隔 0.5～1m 用铁钉将管子固定,并及时用 M10 水泥砂浆保护,厚度不小于 15mm。

③ 波纹管在现浇混凝土墙内敷设

A. 现浇混凝土墙内敷设

a. 将箱盒安装好卡铁后,绑在墙体的竖向钢筋上,波纹管入箱盒后,适当留量,堵死管口,堵严箱、盒后用胶粘带封严,管子每隔 50cm 左右用铁丝绑扎牢固,管子敷设在两层钢筋之间,垂直方向管子沿同侧竖向钢筋敷设,水平方向的管子沿同侧方向钢筋敷设,现浇混凝土时应有专人看护,发现移位或破裂及时整理。

b. 为使箱盒标高准确,盒口出墙面平齐,也可采用把波纹管预埋在现浇层内,稳箱盒的做法,即用简易套盒、箱代替正式箱、盒

埋入混凝土中,打完混凝土后,再把箱盒稳在代替处,将管引入箱盒,在箱盒内与波纹管用接头连接。

B. 现浇混凝土楼板内敷设波纹管

根据图纸的灯位进行敷管,找准灯位后,在灯头盒上安装好卡铁或穿盒筋,绑在钢筋上,把灯头盒固定在灯位处,将管子在敲落孔处引入灯头盒,并堵好管口、盒子,管路沿底筋敷设至灯位开关盒,每隔50cm用绑丝将管子绑牢。引向隔墙的预留管不能太长,并堵好管口,向上引管用钢筋挑起,向下引管可在浇筑混凝土时预埋比管径大一号的钢筋,拆摸后将管引下,砌隔墙时再把引下管引至盒箱,如吊灯重量超过 3kg 时,应在灯位处预埋吊钩或螺栓,有吊扇时,应在吊点处预埋 ϕ10 螺栓,浇筑混凝土时,派专人看护。

C. 波纹管在预制楼板上敷设

由下至上在灯位处打扎,灯头盒安装好卡铁或轿杆,在板下装设托板后,用 M10 水泥砂浆稳住,凝固后敷设管路。管路每隔一段距离后进行固定,敷设在圆孔板内的管路,将波纹管沿板孔直接穿至灯头盒,敷设在垫层的管路应用水泥砂浆及时保护。

④ 波纹管敷设后的扫管和质量评定准备工作

建筑物墙、楼板施工完后,现浇工程拆模后,对管路进行扫管,通过扫管可以发现管路是否有堵塞现象,是否与图纸相符。扫管时用细铁丝从管的一头穿通,在铁丝另一端绑好布条,从另一头拉出,可以把管内的积水和杂物清理干净。穿好带线,堵好管口,防止异物堵塞管路。

⑤ 管路敷设完对工程做好质量评定工作。

应保证管路的弯曲半径,管路连接及配电箱、盒的位置与设计相符,并符合要求,满足各项指标均控制在允许偏差之内,超出偏差时及时做好修改工作。

3. 钢管暗敷设施工

(1) 适用范围

本技术措施适用于照明及动力工程、不上人吊顶内、装饰施工等暗敷设钢管管路施工的工程。根据规定凡敷设在需要通过破坏装饰或结构后方可见到的配管均为暗配管,包括不能上人的固定封闭吊顶、轻钢龙骨板墙内、固定封闭的竖井及通道内的配管。这些部位的配管走向、连接、吊、支架固定,均按华北标办图集92DQ5 中有关规定施工。为了便于安装和维修,这些部位除灯具和电气器具自身的接线盒、箱外,其他地方可不装接线盒。灯头盒必须单独固定,其朝面应便于检修和接线。

(2) 对使用的钢管及各种盒子材质要求

① 钢管应壁厚均匀,无劈裂、砂眼、棱刺和凹扁现象,应有合格证件,无合格证的钢管不能用于工程施工。

② 用于丝扣连接的管箍应用通丝管扣,丝扣清晰不乱扣,镀锌件其镀锌层完整无劈裂,端头光滑无毛刺,并有产品合格证。铁制灯头盒、开关盒、接线盒,其金属板厚度不应小于 1.2mm,镀锌层无剥落,无变形开焊,敲落孔完整无缺,面板安装孔与地线焊接脚齐全,有合格证明。

(3) 钢管敷设基本要求

① 敷设于多尘和潮湿场所的管路、管口、管子连接处应做密封处理,有防爆要求场所的管路敷设还应执行有关规定。

② 钢管暗敷时应按图纸的布置,沿最近的路线敷设,并应减少弯曲。钢管的弯曲半径不应小于管外径的 6 倍,埋设于地下或混凝土楼板内时,其弯曲半径不应小于管外径的 10 倍,弯扁度不应大于管外径的 1/10。

③ 钢管暗敷设时的管路连接方法及要求:

A. 暗配金属线管采用套管连接时,根据 GB 50168—1992 的规定,套管长度不应小于线管外径的 2.2 倍,管口对准套管中心并焊接严密,可不做跨接地线。薄壁金属管($\delta \leqslant 2mm$)严禁套管焊接。SC-70 以上线管明配管时因机具关系可使用套管连接。SC-20 以下金属线管暗配时,宜丝扣连接,也可套管连接。

B. 线管敷设采用丝扣连接时,管箍两端必须焊接跨接地线,每端焊接长度应不小于圆钢直径 6 倍,并两面施焊。扁钢应不小于宽度的 2 倍,并必须三面施焊。薄壁金属管跨接地线做法参见电气安装工程施工图册。M5-51,也可使用专用的卡子卡接法跨接。

钢管焊接地线选定规格见表9-2。

钢管焊接地线选定规格 表9-2

管径(mm)	圆钢(mm)	扁钢(mm)	管径(mm)	圆钢(mm)	扁钢(mm)
15～25	$\phi5\phi6$		50～63	$\phi10$	25×3
32～38	$\phi6$		71～70	$\phi8×2$	(25×3)×2

④ 钢管暗敷设的顺序应执行工艺标准中有关要求,其工艺流程见表9-3。

钢管敷设顺序 表9-3

暗管敷设	→	预制加工	热揻管冷揻管切管套丝	→	测定箱盒位置	→	稳箱盒托住灯头盒	稳住箱盒托板	→	管路连接	1.管箍丝扣连接 2.焊接套管连接 3.坡口(喇叭口)焊接

暗管敷设方式	1.随墙(砌体)配管 2.大模板现浇混凝土墙配管 3.现浇混凝土楼板配管 4.预制空心楼板内配管	变形缝处理	1.地板上部做法 2.地板上(下部做法)	→	地线焊接	1.跨接地线 2.防腐处理

(4) 钢管暗敷设的技术措施

① 施工前对钢管预制加工

在管路敷设前,对工程概况应有了解,特别是管路敷设方式、部位、层高、结构形式等内容。根据以上情况加工好各种盒、箱、管弯。各种盒、配电箱等一般都是配套产品,特别是配电箱应该使用国家有关部门检测后的合格产品。未经检测厂家的产品不允许用于工程中。从材料进货上消除工程隐患。施工前主要工作是加工管子的揻弯、套管的截取及丝扣连接管路用跨接线截面的选择等。

A. 钢管截取。根据图纸标注管材,管径等情况对钢管进行截取一般常用钢锯、割管器、砂轮锯进行切管。将需切断管子的长度量准确,放在钳口内卡牢固,断口平齐不歪斜,管口要用刮刀铣光滑,扫罝后,无毛刺,管内铁屑除净。截取套管时方法一样,长度为管径的 2.2～3 倍,对管口进行处理,保证套管的焊接质量。

B. 钢管撅弯一般有冷撅、热撅。为施工方便,一般采用专用机械进行冷撅。冷撅适用于 20mm 以下的钢管。无论使用什么方法,都要保证弯管的质量。要求管路的弯曲处不应有折皱,凹穴和裂缝现象。弯扁程度不应大于管外径的 1/10;暗配管时,弯曲半径不应小于管外径的 6 倍;埋设于地下或混凝土楼板内时,不应小于管外径的 10 倍。

C. 管子套丝。丝扣连接时应对管子进行套丝。采用套丝板、套管机,根据管外径选择相应的板牙,将管子用龙门压架钳紧牢固,再把套丝板套在管端,均匀用力,不得过猛,随套随浇冷却液,丝扣不乱、不过长,消除渣屑,丝扣干净清晰。管径 20mm 及以下时应二板套成,在 25mm 及以上时,应分三板套成。

D. 钢管防腐。施工前对钢管进行防腐处理,不得将黑管直接进楼。刷漆前应先除锈,钢管内外均刷防腐漆,埋入混凝土内的管外壁除外。埋入土层内的钢管,应刷两层沥青或使用镀锌钢管。埋入有腐蚀性土层内的钢管,应按设计要求进行防腐处理。使用镀锌钢管时,在镀锌层剥落处也应刷防腐漆。

② 基础钢管敷设施工

基础管路敷设时按设计管路施工。如果设计进线为导线或电缆穿钢管保护进配电箱柜,则应做好管径在基础墙预留出 300mm×300mm 的洞口,基础回填时及时将做好防腐的钢管埋入土层中分层夯实。这样做的目的是为了防备基础不均匀沉降时,管子不致受到破坏,同时也可避免交叉施工时相互影响。埋入土层中的钢管必须刷两遍沥青,镀锌钢管时应在焊接处做好防腐。不能在墙上乱剔洞,避免洞过大、过多对工程结构造成影响。

③ 钢管在砖墙、加气混凝土砌块墙、空心砖墙等砌体内施工

钢管在砌体内施工时,应随主体砌筑在墙中心。为使盒子平整,标高准确,可采取先敷设管路,后稳箱盒的做法。具体是在土建工程主体各层水平线弹好后,配合土建工程进度,将设计图纸的配电箱、开关、插座等各种盒的位置,在工程实际中做好预检,待主体砌筑到这些位置时预留出比盒、箱略大的孔洞,并距这些位置底标高 30cm 左右敷好管,待稳箱盒时,再接短管。这样可以保证箱盒的标高准确,盒口与饰面平齐。应注意在配电箱处应根据配电箱的宽度进行合理排管,保证排管在一条线上,管与管之间留有缝隙,待入箱时一管一孔,不影响入箱质量。在各种盒处一定要搣好灯叉弯后再入盒。无论入箱还是盒接短管,一定要套管或丝扣,连接紧密。丝扣连接时在入电箱处应该焊好跨接地线,做法应符合有关要求。配电箱、盒进出线端成排线管地线的连接,必须按要求保证每根线管上的焊接长度,往上引管有吊顶时,管上端应搣成 90°弯直进吊顶内,由顶板面下引管不宜过长,以达到开关盒上口为准,先稳盒,后接短管。

④ 钢管在现浇混凝土中敷设

A.一般要求:金属线管敷设在钢筋混凝土结构中,线管应与钢筋绑扎牢固,严禁线管与钢筋主筋焊接固定,敷设在钢筋混凝土中的金属管路,为了不影响混凝土浇筑质量,钢管外部不刷防腐漆,但必须除锈后方可敷管。钢管内部仍应做好防腐。

B.大模板混凝土墙配管:将盒箱固定在该墙的副筋上,将钢管除锈后敷设,每隔 1m 左右用绑丝绑牢。管进箱、盒要搣灯叉弯。往上引管时不宜过长,以能搣弯为准。钢管在箱盒处要做好跨接地线。未用的敲落孔不能敲落,管头要堵死,以防落入砂浆。

C.现浇混凝土楼板配管:根据图纸的灯位找出准确位置,将堵好的盒子固定牢固,然后敷管。有 2 个以上灯时先拉直线,如有吊扇、花灯或超过 3kg 重量的灯具,应焊好吊杆。管路敷设时每隔 1m 左右用绑丝把铁管固定在底板筋与上层筋之间。当管路需接长时,按要求焊接牢固,并在箱盒处做好跨接地线。如框架结构后砌围护墙时,应在框架梁上立管处预埋钢管,管路应符合图纸要求。另一种做法是在配电箱上、下层之间管路需要穿梁时,可根据系统图管路情况,支梁模板及配筋时,配合土建工种,将比图纸管径大一二级的钢管,截成与梁高相同的尺寸,垂直放在进出口处,与梁浇筑在一起,待混凝土打完后通透,待砌围护墙时稳箱体,将正式钢管引至上层配电箱,这样既保证管入箱的长度,也便于施工。

D. 预制圆孔板上配管:当钢管敷设在预制圆孔板上时,如地面垫层较厚,可直接将管敷设在地面上,敷完后及时用混凝土砂浆保护,应注意管路防腐弯曲半径及接头处理。

⑤ 管与箱、盒的连线

A. 箱盒开孔应整齐并与管径相同,要求一管一孔,不得开长孔。铁制箱、盒严禁用电气焊开孔,并刷防锈漆。如用定型箱、盒,其敲落孔大于管径时,可用铁皮垫圈垫严或用砂浆加石膏补平、补齐、不得露洞。

B. 管口入箱、盒,暗配管可用跨接地线焊接固定在盒棱边上,严禁管口与敲落孔焊接,管口露出盒箱应小于 5mm,有锁紧螺母者与锁紧螺母平,露出锁紧螺母的丝 2~4 扣。两根以上管入箱盒要长短一致,间距均匀,排列整齐。

C. 暗装于墙体等部位的箱、盒,电气专业人员必须随进度配合土建做好预埋或预留孔洞,箱口及盒子口与墙体、梁、柱、顶板等的装饰面应平齐。为保证面板及器具的牢固方正,缩进装饰面20mm 以上的箱盒必须进行技术处理。为保证箱盒的稳固和防止塑料线管缩出箱盒,箱盒周围必须用高强度等级砂浆抹齐。

D. 线管进出箱盒处,根据有关规定,线管暗敷设进出箱盒处可以采用焊接法固定,焊接时在管孔四周点焊 3~5 处,烧焊处必须做好防腐处理,并涂刷两遍与箱体、颜色一致的面漆。

E. 地线焊接,钢管应做整体接地连接,丝扣连接及管入箱盒处,包括管路穿过结构变形缝处,均应做跨接地线,跨接地线两端焊接面不得小于跨接地线截面的 6 倍,焊缝均匀牢固,焊接处要清除药皮,刷防腐漆。

⑥ 变形缝做法

钢管敷设必须穿过变形缝时,应采取技术处理,防止因变形对管路造成损坏,影响电气正常运行。其具体做法为:在变形缝两侧各预埋一个接线箱,先把管的一端固定在接线箱上,另一侧接线箱底部的垂直方向开长孔,长宽尺寸不小于被接入管的 2 倍,两侧连接好补偿接地。

A.普通接线箱在地板上(下)部做法:箱体底口距地面不小于 300mm,管路弯曲 90°后,管进箱应加内外锁紧螺母。在板下部时,接线箱距顶板不应小于 150mm。

B.直筒式接线箱与 90°弯曲接线箱基本相同,加工后随主体砌入,不能剔墙过宽破坏主体。

⑦ 钢管敷设时应在适当的长度加装接线盒。

管长超过下列长度,应加接线盒:45m 无弯,30m 一个弯,20m 二个弯,12m 三个弯。

(5) 钢管敷设后应注意的问题

① 金属导管严禁对熔焊连接,镀锌和壁厚小于等于 2mm 的钢导管不得套管熔焊连接。

② 室外埋地敷设的电缆导管,埋深不应小于 0.7m。壁厚≤2mm 的钢导管不应埋设于室外土壤内。

③ 钢管暗敷设应及时扫管,发现堵管及时修复,配管后及时加管堵、把管口堵严实。

④ 钢管焊接时,焊口不严,破坏镀锌层,应将焊口焊严。受到破坏的镀锌层处应及时补刷防锈漆。

⑤ 预留管口的位置不准确,配管时未按设计要求设置,造成定位不准。应根据图纸要求做好预检工作,一步到位不返工。

⑥ 钢管入箱、盒处不顺直,在箱盒内露出长度大于 5mm,用锁紧螺母固定的管子露出锁紧螺母的螺纹较多,且丝扣不好,应在施工中注意这些问题。

4.钢管明敷设施工

(1) 钢管明敷设工程

① 本专业技术措施是指一般场所明敷钢管的施工,在其他特殊场所有明敷设应遵照相适应的规范施工。

② 施工前的准备工作

A. 工程所用各金属配件均要满足施工规范及有关规定中对材料的要求,不能使用未经检验的不合格产品。产品应有合格证明,其材质应满足使用要求。

B. 钢管明敷设当中,除各种接线箱、盒等应用专用材料外,其管路分支及拐角处也应使用专用配件。

C. 弯管、支架、吊架预制加工明配管弯曲半径一般不小于外径6倍,只一个弯时,可不小于4倍。加工法可采用冷揻和热揻。支架、吊架应按图纸要求加工。如设计无要求时,应不小于以下规定:扁铁支架30mm×3mm,角钢支架25mm×25mm×3,埋注支架应有燕尾埋住,深度不小于120mm。

③ 钢管明敷设前应对土建工程所达到的程度进行预检

各种预埋件应在土建结构中做好预埋,避免大量剔凿。室内装修基本完后进行明配管施工,采用胀管安装,明装必须在土建抹灰完后进行。

④ 钢管明敷设工程的施工

A. 根据图纸上各种电气设备的位置,打出灯具、箱、盒的具体位置,做好预检,把管路的垂直、水平走向弹出线来,按不同截面的配管确定固定点的间距,计算出正确支架、吊架的具体位置。

B. 固定点的距离应均匀,管卡与终端、转弯中点、电气器具或接线盒等边缘的距离为15~500mm,中间的管卡最大距离应符合表9-4。

钢管中间管卡最大距离(mm) 表9-4

		最 大 距 离			
钢管直径		15~20	25~30	40~50	65~100
钢管名称	厚钢管	1500	2000	2500	3500
	薄钢管	1000	1500	2000	3500

管卡固定的方法可采用胀管法、预埋铁件焊接法、稳住法等。

（2）固定箱、盒

由地面引出管路至明箱、盘时，可直接将箱焊在角钢支架上。定型箱的箱盘，需在箱盘下侧 100～150mm 处加固支架，将管固定在支架上。箱盒安装应牢固平整，一孔一管并与管径相吻合。定型箱可以向加工厂家要求其按系统图纸开好进出线口的管孔，既方便施工，又杜绝开孔不齐的通病。配电箱盒严禁用电气焊开孔，未用的敲落孔不允许敲落。

（3）管路敷设与连接

① 管路敷设前应按图纸将不同管径的钢管按要求揻好管子的弯曲半径，准备好连接管路的专用管件及不同截面的跨接导线。进行管路敷设，水平或垂直敷设明管允许偏差值是：管路在 2m 以内，偏差 3mm、全长偏差不超过管内径的 1/2，检查管路是否畅通，内侧有无毛刺，镀锌层或防锈漆是否完整无损。管子不顺直应调直。敷管时先将管卡一端的螺丝拧进一半，然后将管敷设在管卡内逐个拧紧。使用铁支架的可将钢管固定在支架上，不准许将管焊在其他管道上。

② 管路连接：钢管明敷设管与管的连接应用通丝管箍连接，套丝不得有乱扣现象。上好管箍后，管口应对严，外露丝扣不多于 2 扣，管口铣刮光滑平整，接头牢固紧密。当管径在 80mm 以上时可采用坡口焊接方法，先将管口除去毛刺，找平齐，用气焊加热管端，边加热、边用手锤沿管周边逐点均匀向外敲击坡口，把两管坡口对平齐，周边焊严密。丝扣连接的管路还应焊好跨接地线。

③ 钢管与设备连接：应将钢管敷设到设备内。如不能连接进入时应符合下列要求：在干燥房屋内，可在钢管出口处加保护软管引入设备管口，并包扎严密。在潮湿房间内，可在管口处装防水弯头，由防水弯头引出的导线应套绝缘保护软管，经弯成防水弧度后再引入设备。管口距地面高度一般不低于 200mm。金属软管用管卡固定间距不应大于 1m，且不能做为接地导体。

④ 变形缝及地线焊接施工：钢管明敷设施工时遇变形缝时要

做处理,在变形缝两侧各设一个接线箱或盒。明配管沿梁或底板施工时,箱盒在距板顶应相对应,两接线盒之间可用金属软管用专用管接头与箱盒连接。做好跨接地线,焊接处美观牢固,管路敷设应保证畅通,刷好防锈漆、调合漆,不得遗漏。

(4) 质量要求及应注意的质量问题

① 连接紧密,管口光滑,护口齐全,明配管及其支架、吊架应平整牢固,排列整齐,管子弯曲处无明显折皱,油漆防腐完整。

② 箱盒设置正确,固定可靠,管子进入箱、盒处顺直,在箱、盒内露出的长度小于5mm。用锁紧螺母固定的管口,管子露出锁紧螺母的螺纹为2~4扣。线路进入电气设备和器具的管口位置应正确。

③ 钢管明敷时,固定点应牢固,螺丝不能松动,固定点间距均匀。所用材料应配套,焊接管跨接地线应焊接牢固。双面施焊的焊接点数应满足规范要求。

5. 硬质阻燃料(PVC)管明敷设工程

(1) 适用范围

当室内有酸、碱腐蚀介质或室内环境干燥无高温,不受其他机械损伤等外力时,根据工程设计要求,可采用阻燃型硬质PVC管明敷设施工,但不能敷设在高温生产车间及有被外来破坏可能的生产加工车间。

(2) 施工前的准备工作

① 所用PVC管及与敷设的有关配件均为阻燃型产品,其各种技术指标都要满足消防防火规范要求,并要有产品合格证。

② 工程中所用塑料管附件与明配塑料制品包括灯头盒、开关盒、插座盒、管箍,必须使用配套的阻燃塑料制品。

③ 依据设计图纸加工支架、抱箍、吊架、管弯等,在主体施工时的梁、板、柱中预埋套管及各种埋件,待装修前根据土建水平线及抹灰厚度与管道走向按设计图进行弹线浇筑埋件及稳装角钢支架,喷浆完成后进行管路及各种箱、盒安装。

(3) PVC管明敷设施工

① 测定箱盒及管路固定点位置:依据设计图纸对箱盒的位置及走向做好预检,根据管路的管径走向确定出固定点的方式、位置,标出支架、吊架固定点的位置,弹线定位,管路中间固定点间距应符合表 9-5 中所列尺寸。

管路中间固定点间距(mm)　　表 9-5

管　道　名　称		最小距离(mm)
蒸　汽　管	平　行	1000
		(500)
	交　叉	300
暖、热水管	平　行	300
		(200)
	交　叉	100
通风、上下水、压缩空气管	平　行	100
	交　叉	50

② 管路固定方式:

A. 胀管法:先在墙体上打孔,将胀管插入孔内,再用螺丝(栓)固定。

B. 预埋铁件焊接法:随土建施工,按测定位置预埋铁件,拆模后,将支架、吊架焊在预埋铁件上。

C. 稳住法:随土建砌砖墙,将支架固定好。

D. 剔柱法:按测定位置,剔出墙洞,用水把洞内浇湿,再将高强度水泥砂浆填满洞后,将支架、吊架或螺栓插入洞内,校正埋入深度和平直,无误后将洞口抹平。

E. 抱箍法:按测定位置迁到梁柱上,用抱箍将支架、吊架固定好。无论采用哪种方法,均先固定两端支架、吊架,然后拉直线固定中间的支架、吊架。

③ 管路敷设

A. 断管,小管径可使用剪管器剪断,大管径使用钢锯锯断,断口后将管口锉平齐。

B 敷管时,先将管卡一端的螺丝拧紧一半,然后将管敷设于管卡内,逐个拧紧。

C. 支架、吊架位置准确,间距均匀,管卡应平正牢固,埋入支架应有燕尾,埋入深度不少于 120mm,用螺栓穿墙固定时,背后要加垫圈。

D. PVC 管水平敷设时,高度应不低于 2000mm,垂直敷设不低于 1500mm(1.5m 以外应加保护管保护)。

E. PVC 管敷设时,管路较长(超过下列情况时)应加接线盒: A 无弯时 30m; B 1 弯时 20m; C 2 弯时 15m; D 三弯时 8m,如无法加装接线盒时,应将管径加大一号。

F. 支架、吊架及敷设在墙上的管卡固定点与箱、盒边缘的距离为 150~400mm。

G. 直管每隔 30m 应加装补偿装置,补偿装置接头的大头与直管套入并粘牢,另一端 PVC 管套上一节小头并粘牢,然后将此小头一端插入卡环中,小头可在卡环内滑动。

H. PVC 管引出地面一段,可使一节钢管引出,但需制做合适的过渡专用接箍,并把钢管接箍埋在混凝土中,钢管外壳做接地或接零保护。

I. 管路入箱盒:一律采用端接头与内锁母连接,要求平正、牢固,向上立管口采用端帽护口,防止异物堵塞管路。

④ 变形缝处理:PVC 管在变形缝时应做处理,其穿墙过管应能承受管的外力,保护管直径应大于管外径 2 级以上。也可采用钢管明敷设时变形缝的作法(见钢管明敷设部分)。

⑤ PVC 管敷设完毕后,对管路进行检查,当发现超出允许偏差时,应进行返工,直至符合要求为止。

⑥ PVC 管明敷设施工后注意保持墙面、顶棚、地面等不被污染,同时保证管路不被破坏,注意施工完的管路也应不被污染,这时应该特别强调在配电系统中必须完成 TN-S 系统,其中 PE 线用于铁制配电箱的箱体,各插座的接地孔的保护线,因此对供电系统必须完善。

6．吊顶内电气管路施工

（1）适用范围

吊顶内电气管路施工分为敷设在能上人的吊顶内和不能上人的固定封闭吊顶内两类,其中不能上人的固定封闭吊顶内管路走向连接,吊、支架固定等按华北标办图集中的有关要求进行施工。可上人的吊顶内,不封闭式竖井通道内的配管,应按明配管进行施工。

（2）吊顶内电气管路应使用钢管,不允许使用非阻燃型塑料管,其钢管和通丝管箍等各种配件(包括开关盒、灯头盒)均应有合格证,其材质必须满足规范中有关规定。不合格的产品不允许用于吊顶内管路施工,其中各种盒未用的敲落孔不得敲落,保证盒完好无损。

（3）吊顶内管路敷设

① 钢管或电线管必须在敷管前刷好防锈漆,不能黑管进楼。管子揻弯时凹扁度不得大于管外径的 1/10,弯度不得大于 90°,弯曲半径不能小于管外径的 6 倍。

② 钢管连接应用丝扣连接,在管箍两侧必须焊好跨接地线,管路入灯头盒时其内、外侧均应用锁母固定,以防止因吊顶变形而脱出。丝扣连接时,丝头需抹铅油,连接需紧密,丝扣外露不应超过 2 扣。钢管入箱盒时应排列整齐,里外带根母,管口应与里根母平。

③ 管路敷设时应注意与其他专业的配合,由于吊顶内管路较多,特别是暖通专业,这时应协调好与暖通之间的关系,避免电气管路与其他管路的交叉影响。在吊龙骨时,施工人员随工程进度进行管路敷设,管路应敷设在主龙骨的上边。管入箱盒必须揻灯叉弯,并应里外带根母,采用内护口。管进箱、盒以内锁紧螺母为准。

④ 固定管路时如为木龙骨可在管的两侧钉钉,用铁丝绑扎后再把钉钉牢。如为轻钢龙骨,可采用配套管卡和螺丝固定,或用拉铆钉固定。

⑤ 管路敷设应牢固、通顺,禁止做拦腰管或拦脚管。遇有长丝接管时,必须在管箍后面用锁紧螺母。管路固定点的间距不得大于1.5m。受力灯头盒应用吊杆固定。在管进盒处及弯曲部位两端150~300mm处加固定卡固定。

⑥ 花灯、大型灯具、吊扇等超过3kg的电气器具的固定,应在结构施工时,预埋铁件或钢筋吊钩。根据吊重考虑吊钩直径,一般按吊重5倍计算,做到牢固可靠。圆钢最小直径不应小于6mm,吊钩做好防腐处理,潜入式灯头盒距灯箱不应大于1m,以便于观察维修。

7. 管内穿线及其连接

(1) 选择导线

① 工程中使用绝缘导线、型号、规格、截面,必须符合设计要求,不能随意改变其规格、截面,以满足使用要求。所用导线应有出厂合格证明。

② 根据工艺标准要求,进出户的导线应使用橡胶绝缘导线,不允许使用塑料绝缘导线。

③ 导线的分色:穿入管内的干线可不分色。为保证安全和施工方便,线管口至配电箱、盘、总开关的一段干线回路,各用电支路应按色标要求分色,即:L_1 相为黄色;L_2 相为绿色;L_3 相为红色;N(中性线)为淡蓝色;P_2(保护线)为绿/黄双色。这里应该特别强调工作零线,保护(零)地线应严格按颜色分色。

④ 导线截面的选择

穿在管内的绝缘导线应严格按设计图纸选择其型号、规格、截面。必须满足设计和施工验收规范要求。根据国家有关规定要求,保护线的截面应注意与相线截面进行配合。

(2) 作业条件

国家规范 GB 232—1982 规定,"管内穿线宜在建筑物的抹灰及饰面工程结束后进行"针对建筑电气安装项目逐渐增多,管内穿线的工程量随之加大,为配合工程整体同步竣工,管内穿线可提前进行。其作业应具备下列条件。

314

① 混凝土结构工程必须经过结构验收和核定以后。

② 砖混结构工程初装修完成以后。

③ 做好的成品保护箱、盒及导线不应破损及被污染。

④ 穿线后管内不准有积水及潮气浸入,必须保证导线绝缘强度符合规范要求。

(3) 清扫管路

将管内的杂物清扫干净,为穿线做准备。

(4) 导线在各种箱、盒中的预留长度

① 接线盒、开关盒、插座盒及灯头盒内导线的预留长度应为150mm。

② 配电箱内导线的预留长度为配电箱周长的1/2。

③ 出户导线的预留长度为1.5m。

④ 公用导线的分支处,可不剪断导线直接穿过。

(5) 管内穿线

① 钢管(电线管)在穿线前,检查各管口是否齐整,如有遗漏或破损应补齐和更换。

② 当管路较长或转弯较多时,要在穿线的同时往管内放入适量的滑石粉。

③ 两人穿线时,配合协调,一拉一送。

④ 同一交流回路的导线必须穿于同一管内,管内不应有接头。

⑤ 不同回路、不同电压和交流与直流的导线,不得穿入同一管内,以下几种除外:A.标称电压为 50V 以下的回路。B.同一设备或同一流水作业线设备的电力回路和无特殊防干扰要求的控制回路。C.同一花灯的几个回路。D.同类照明的几个回路,但管内的导线总数不应多于 8 根或不超管内径截面的 40%。

⑥ 导线在变形缝处,补偿装置应活动自如,导线应留有一定的余地。

⑦ 敷设于垂直管路中的导线超过下列长度时,应在管口处和接线盒中加以固定:截面积为 50mm² 及以下的导线为 30m;70 -

$95mm^2$ 的导线为 20m;$180-240mm^2$ 之间的导线为 18m。

(6) 导线连接

① 导线接头不能增加电阻值。

② 受力导线不能降低原机械强度。

(7) 导线焊接

① 铝导线的焊接

将线芯破开,顺直合拢,用绑线把连接处作临时缠绑,导线绝缘层处用浸过水的石棉绳包好,以防烧坏,焊接剂有两种,一种是锌 58.5%,铅 40%,铜 5%,另一种是含锌 80%,铅 20%,铜 1.5%。

② 铜导线的焊接

A. 电烙铁加焊,适用于线径较小的导线的连接及用其他工具焊接困难的场所。先在导线连接处涂焊剂,再用电烙铁进行锡焊。

B. 喷灯加热(或电炉):将焊锡放在锡盛具中,然后加热,焊锡熔化后即可焊接,加热时要掌握好温度,过高锡不饱满,过低锡涮不匀。焊接完后,用布将焊接处的焊剂及其他污物擦净。

(8) 导线包扎

采用橡胶绝缘带或(粘塑料)绝缘带,严密包扎后再用黑胶布包扎,包扎过程中收紧胶布,导线接头处两端用黑胶布填充严密,包扎后应呈枣核形。

(9) 线路检查及绝缘摇测

① 线路检查:焊接、包扎完成后,应检查是否符合设计要求、有关验收规范及质量验评标准的规定,检查无误后进行绝缘摇测。

② 绝缘摇测一般选用 500V,量程为 0~500M 的兆欧表。测量线路绝缘电阻时将被测两端分别接于正和负两个端钮上。一般照明绝缘线路绝缘摇测有以下两种情况:

A. 电气器具未安装前摇测时,先将灯头盒内导线分开,将开关盒内导线连通。应将干线和支线分开摇测,一人摇表,一人读数和记录。

　　B. 电气器具全部安装完毕,在送电前进行摇测时,先将线路上的开关、刀闸、仪表设备等用电开关全部置于断开位置,方法同上所述,确认绝缘摇测无误后再进行送电试运行。

　　③ 照明线路的绝缘电阻值不小于 0.5MΩ,动力线路的绝缘电阻值不小于 1MΩ。

9.5　室内低压成套配电柜安装质量标准

1. 适用范围

　　本专业技术措施适用于一般工业与民用建筑电气安装工程中低压成套配电柜的安装。

2. 施工条件

　　配电柜安装前土建工程应基本完成,根据图纸要求,预留好配电柜的基槽,预埋件等符合设计要求。要进行电气设备安装后的成品保护。

3. 对进场设备的检验

　　(1) 订货时,设计图纸的系统要求应与厂家标准相对应,产品能满足设计要求。对非标图纸,厂家应按照图纸要求进行箱(柜)盘面布置,其布置合理,符合国家或地区的规范标准。

　　(2) 进场检验:进场后,施工单位、定货厂家、建设单位和监理单位应对电气设备进行开箱检查,对照图纸及设备技术资料核对设备型号、规格、柜内进出线回路数,二次接线的匹配,控制设备的型号、容量、各种整定值等。要求随设备自带的附件,备件齐全,产品合格证件、技术资料、说明书齐全。

　　(3) 配电柜外观检查应无损伤、变型,油漆完整无脱落,内部检查电气装置及元件。绝缘瓷件齐全,无损伤裂纹。

　　(4) 进场设备检验后,施工厂家、建设单位及监理单位应在检查单上做好检查记录,作为竣工资料存入档案。从进货检验上保证产品准确无误,满足施工要求。

4．对施工人员的要求

必须具备劳动部门、供电部门核准的操作证。未经考试或考试不合格人员不准操作。操作等级与项目相适应，管理人员必须持证上岗。

5．成套配电柜安装技术措施

(1) 低压成套配电设备的型钢，基础固定点间距为不大于 1m。基础型钢稳固后，底部埋入地内，顶部高出抹平地面 1～4cm。

(2) 将有弯的型钢调直，按要求预制加工基础型钢架，刷好防锈漆。

(3) 按施工图所标位置，将预制好的基础型钢架放在预留铁架上，用水准仪或水平尺找平、找正，将基础型钢架与预埋铁件焊牢，基础型钢顶部宜高出抹平地面 1cm。

(4) 基础型钢安装完后，将室外地线扁钢分别引入室内（与变压器安装地线配合）与基础型钢的两端焊牢，焊接面为扁钢宽度的 2 倍，然后将型钢刷两遍灰漆。

(5) 低压配电设备安装于±0.00 以下建筑物低层时，为防止进水造成故障，配电设备基础型钢不宜设置敷线的沟槽，以上出线为宜。

6．柜(盘)安装

(1) 柜(盘)安装，应按施工图纸的布置，按顺序将柜放在基础型钢上，单独柜，只找柜面和侧面的垂直度，找正后用镀锌螺栓固定。

(2) 柜(盘)就位、找正、找平后，除柜体与基础型钢固定外，柜体与柜体，柜体与侧挡板均用镀锌螺栓连接。

(3) 每台柜单独与型钢连接后再与接地干线可靠连接。

(4) 配电室内除本室需要的管道外，不应有其他的管道通过。室内的暖气管道上下不应有阀门，管道与散热器的连接应采用焊接。

(5) 配电柜安装在振动场所应采取防振措施。

(6) 配电柜本体及柜内设备与各构件连接应牢固，柜本体厂家应明显做出可靠的接地件,装有电气的可开启的柜门,应用裸铜软线与接地的金属构架做可靠的连接。

7. 柜(盘)内的设备接线

(1) 引进盘柜的电缆应排列整齐,避免交叉,并用固定体固定牢固。不应使所接的端子板受到机械应力。

(2) 铠装电缆的钢带不允许进入柜、盘内,铠装钢带切断处的端部应紧扎牢固。

(3) 当弱电回路控制电缆采用屏蔽电缆时,其屏蔽层应予接地,如不是屏蔽电缆,备用线芯应有一根接地。

(4) 当母线用橡胶绝缘芯时,应外套绝缘管保护。

(5) 备用柜内布线应垂直或水平有规律地配置,不能无规则斜交叉连接,导线应留有余度。

(6) 导线与设备连接时应按要求加装附属件,多股线入针式接线端子时应先涮锡后连接。

8. 盘柜二次回路接线

二次回线导线的敷设方式应根据控制盘、继电保护、配电间隔的具体结构和周围环境等条件来确定,敷设导线时应在各种电气设备安装完后进行。

(1) 根据要求选择导线,盘柜内的配线应采用截面不小于$1.5mm^2$、电压不低于400V 的铜芯绝缘导线,电子元件的连线可根据设备本身决定,但必须满足载流量、电压降和机械强度的要求,导线不能有接头,按功能及端子的位置选择好布线的走向及排列顺序。

(2) 导线分列可分单层分列与多层分列。在分列前应根据安装接线图校线,并将导线挂上临时标牌便于接线。不管是单层或多层分列,导线之间均不应交叉。如遇特殊情况(如控制电缆的线芯接到端子板时)也可交叉,但应设法使导线的上层部分看不到交叉现象。

(3) 从线束引出的导线经分列后,应将其连接到端子板上。在接到端子板前,量好尺寸,挂上标号牌,再将导线接到端子板上,如果导线接入的端子板是螺钉连接,应将导线(单线)末端弯曲一个与螺钉旋入方向相同的环,接线为多股导线时应用线鼻子。如遇有备用的导线或电缆线芯,应将其放在旁边。

(4) 二次回路接线后应进行检查,根据导线的分布情况采用辅助检查,以保接线正确,确保安全及质量。

(5) 使用于连接可动部位的导线,必须用裸铜软线,与接地良好的金属构架可靠地连接。

(6) 新安装的二次接线回路,应测量导线的绝缘电阻以及缆芯相邻导线之间的绝缘电阻。如不合格,干燥后再测,直至合格为止。

9. 送电运行验收

(1) 送电前的准备工作

① 一般由建设单位备齐试验合格的验电器、绝缘鞋、手套、临时接地编织铜线、绝缘胶垫、粉末灭火器等。

② 彻底清扫全部设备及配电室卫生、清除没用的设备,不得堆放杂物。

③ 检查设备上有无遗留下的工具及金属材料和其他物件。

④ 试运行的组织工作,明确试运行指挥者,操作者和监护人。

⑤ 试验项目全部合格,并有试验报告单。

⑥ 安装作业全部完毕,质量检查部门检查全部合格。

(2) 送电

① 由质检部门检查合格后,将电源运至室内,经过验电,校相无误。

② 由安装单位合进线柜开关,检查 PT 柜上电压表三相是否电压正常。

③ 合低压柜进线开关,查看电压表三相是否电压正常。

④ 验收、送电空载运行24h,无异常现象,办理验收手续,交建设单位使用,同时提交变更洽商记录、产品合格证、说明书、试验报告单等技术资料。

10.柜(盘)安装允许偏差和检验方法(表9-6)

柜盘安装允许偏差和检验方法 　　　　表9-6

项次	项 目			允许偏差(mm)	检验方法
1	基础型钢	顶部平直度	每 　米	1	拉线质量 检 　查
			全 　长	5	
2		侧面平直度	每 　米	1	
			全 　长	5	
3	柜(盘)安装	每米垂直度		1.5	吊线尺量
4		柜(盘)	相邻两边	2	直尺塞尺
5		顶平直度	成排柜顶部	5	接线尺量
		柜(盘)	相邻两柜	1	直尺塞尺
		面平整度	成排柜面	5	拉线尺量
6		柜(盘)间接缝		2	塞 　尺

9.6　照明配电箱(盘)安装质量标准

1.对照明配电箱(盘)的要求

配电箱的安装是电气分部工程的重要项目,安装的好坏直接影响着供电的质量,所以对它的加工和制作及材质都提出了严格的要求。电气工程中安装的高低压开关柜及各类箱屏必须采用机械工业部和电力部认可的定点厂生产的产品,非定点厂生产的上述产品严禁在建筑工程中安装使用。

铁制配电箱(盘)应有一定的机械强度,周边平整无损伤,油漆无脱落,二层底板厚度不小于1.5mm,箱内各种器具安装牢固,导线排列整齐,压接牢固,并有产品合格证,不得用阻燃型塑料板做二层底板。

2.对配电箱(盘)的安装要求

(1)配电箱(盘)设计无要求时,应安在安全、干燥,易操作的场所。

（2）安装配电箱(盘)所需的铁件均应预埋,挂式应采用金属膨胀螺栓固定。

（3）铁制配电箱均做好明显的可靠接地。

（4）配电箱(盘)带有器具的铁制盘面和装有器具的门及电器的金属外壳,均应有明显可靠 PE 线接地,PE 线不允许利用箱体串接。

（5）配电箱(盘)上配线需排列整齐,绑扎成束,活动部位应两端固定,盘面引出及引进的导线应留有适当余长,以便检修。

（6）导线剥削处不应伤线芯或线芯过长,导线压头应牢固可靠,多股导线不应盘圈压接,应加装压线端子。如穿孔必须用相线压接时,多股线应刷锡后再压接。

（7）配电箱(盘)的盘面上安装的各种刀闸及自动开关等,当处于断路状态时,可动部分均不应带电。

（8）垂直装设的电器上端接电源,下端接负荷。横装者左侧接电源,右侧接负荷。

（9）配电箱(盘)上的电源指示灯的电源应接至总开关的外侧,并应装单独熔断器。盘面闸具位置应与支路相对应,标明路别及容量。

（10）N 线及 PE 线端子板(排)的设置

① 公用建筑物照明配电箱、盘板内应设置 N 线和 PE 线端子板(排)。

② 民用住宅建筑照明总配电箱、盘板内应设置 N 线和 PE 线端子板,支路 N 线和 PE 线应经端子板配出,层箱及户箱、盘不宜设 PE 线端子板,各用电器具 PE 线支线与 PE 线干线采用直接连接,包好绝缘放于二层板后。

③ 在照明配电工程中,当采用 TN—C 系统供电时,N 线干线不应设接线端子板。当采用 TN—C—S 系统时,应在建筑物进线口的配电箱内分别设置 N 母线和 PE 母线,并自此分开。电源进线的 PEN 线应先接到 PE 母线上,再以连接板或其他方式与 N 母线相连。N 线应与地绝缘,PE 线宜用专门的导线,并尽量靠近相

线敷设。

（11）零母线在配电箱上应用专用零线端子板分路,其端子板应按零线截面布置。零线入端子板不能断股,多股丝入端子板先应做处理再入端子。零线端子板支路排列布置应与图纸中各种开关相对应。

（12）照明配电箱(盘)接地截面的选择应保证配电设备安全可靠运行。

① 建筑电气工程中安装的低压配电设备接地应牢固良好。

② 低压成套开关设备及动力箱、盘等的保护接地线与设备的主接地端子有效连接。

③ 照明配电箱体及二层金属覆板的保护接地线与专用的接地螺丝有效连接。

④ 低压照明配电盘、板的金属盘面的保护接地线应与盘面上不可拆卸的螺丝有效连接。

⑤ 低压成套开关设备及独立低压配电柜台、箱等,装有超过50V 电气设备可开启的门活动面板、台面,必须用裸铜软线与接地保护线做可靠的电气连接,截面不小于从电源到所属电器最大引线截面。

（13）配电箱上的小母线应按要求涂色。

（14）配电箱上电具、仪表安装牢固平正、整洁,间距均匀,铜端子不能松动,启闭灵活,零部件齐全,垂直允许偏差 3mm。

（15）配电箱面板较大时应有加强衬铁,宽超过 500mm 时应做双开门。

（16）立式盘应设在专用房间内或加装铁栅栏,铁栅栏应做接地。

3．暗装配电箱的安装

（1）根据设计留置的孔洞,将配电箱固定并找好标高和水平尺寸,然后用水泥砂浆填实周边并抹平,凝固后再装盘面和贴脸,安装盘面时要求平整,周边间隙均匀对称,箱门平正,螺丝上齐不歪斜,垂直受力均匀。

（2）配电箱开孔时应用开孔器，严禁用电气焊开孔，应一管一孔，管径与配管吻合，孔大时采取措施补平，管入箱应与里口平齐，最多不能超过 5mm。

（3）接线前应对进线加工整理，多股导线应加线鼻子，盘面布线应整齐有序，按支路绑扎成束并固定。

（4）公共建筑配电箱内应设置齐全工作零线和保护线接线端子，并按规定进行接线。但居民住宅的层及户箱只设工作零线不设 PE 端子。因此，接线时各支路的 PE 线、箱体二层板的保护线均在盘后与接地干线做可靠电气连接，涮锡后进行绝缘包扎。

4．明装配电箱盘的安装

（1）在混凝土墙或砖墙上固定明装配电箱时，将导线理顺，分清支路和相序，按支路绑扎成束。待箱盘找准位置固定后，将导线端头引至箱内或盘上，逐个剥削导线端头，安在器具上，将保护地线安在明显的地方。在电具、仪表较多的盘面板安装完毕后先用仪表校对无差错，调整无误后试送电，并将卡片框内的卡片填好部位，编上号。

（2）绝缘摇测：用 500V 兆欧表对线路进行摇测，相与相，相与零，相与地，零与地之间，做好记录，做为技术资料存档。

9.7 成套配电柜、控制柜和动力照明
配电箱安装质量标准

1．设备交接检查与试验

（1）低压成套配电柜交接试验必须符合 GB 50303—2002 第4.1.5 条规定。

（2）金属框架及基础型钢必须接地（PE）或接零（PEN）可靠，装有电器的可开启门，门和框架的接地端子间应用裸纺织铜线连接，且有标识。

（3）低压成套配电柜，控制柜和动力照明电箱盘，应有可靠的电击保护。柜内保护导体应有裸露的连接外部保护导体的端子。

（4）手车、抽出式成套配电柜推拉应灵活,无卡阻碰撞现象,动触头与静触头的中心线应一致,且触头接触紧密。

（5）线路的线间和线对地间绝缘电阻值馈电线路必须大于0.5MΩ,二次回路必须大于1MΩ。

（6）二次回路交流工频耐压试验。当绝缘电阻值大于10MΩ时,用2500V兆欧表摇测1min,应无闪络击穿现象。当绝缘电阻值在1MΩ~10MΩ时,做1000V交流工频耐压试验,时间1min,应无闪络击穿现象。

回路中的电子元件不应参加交流工频耐压试验,48V及以下回路可不做交流工频耐压试验。

（7）照明配电箱（盘）内安装应符合下列规定:

① 箱内配线整齐,无绞接现象,导线连接紧密,不伤芯线,不断股,垫圈下螺丝两侧压的导线截面相同,同一端子导线连接不多于2根,防松垫圈等零件齐全。

② 箱（盘）内开关动作灵活可靠。带漏电保护的回路,漏电保护装置的动作电流不大于30mA,动作时间不大于0.1s。

③ 照明箱（盘）内,分别设置零线（N）和保护地线（PE）汇流排,零线和保护地线经汇流排配出。

2．设备的安装与调试

（1）柜、屏、台、箱盘相互间或与基础型钢应用镀锌螺栓连接,且防松零件齐全。

垂直度允许偏差1.5%,相互间接缝不应大于2mm,成列盘面偏差不应大于5mm。

（2）内检查试验应符合下列规定:

① 控制开关及保护装置的规格、型号符合设计要求。

② 闭锁装置动作准确、可靠。

③ 主开关的辅助开关切换动作与主开关动作一致。

④ 柜、台、箱盘上的标识器件标明被控设备编号、名称或操作位置,接线端子有编号,且清晰、工整、不易脱色。

（3）低压电气组合应符合下列规定

① 发热元件安装在散热良好的位置。

② 熔断器的熔体规格、自动开关的整定值符合设计要求。

③ 切换压板接触良好,相邻压板间有安全距离,切换时不触及相邻的压板。

④ 信号回路的信号灯、按钮、光字牌、电铃等动作和信号显示准确。

⑤ 外壳需接地(PE)或接零(PEN)的,连接可靠。

⑥ 端子排安装牢固,端子有序号,强电、弱电端子隔离布置,端子规格与芯线截面积大小适配。

(4) 柜箱盘间配线:电流回路应采用额定电压不低于 750V,芯线截面不小 2.5mm² 铜芯绝缘电线。除电子元件回路外,其他回路的电线芯绝缘应采用额定电压不低于 750V,芯线截面不小于 1.5mm² 的铜芯绝缘电线或电缆。

二次回路连线应成束绑扎,不同电压等级、交流、直流线路及计算机控制线路应分别绑扎,且有标识。固定后不应妨碍开关动作或可动抽出部件的拉出或推入。

(5) 连接面板上的电器及控制台,板等可动部位的电线应符合下列规定:

① 采用多股铜芯软电线,敷设长度留有适当余量。

② 线束有外套、塑料管等加强绝缘保护层。

③ 与电器连接时,端部绞紧,且有不开口的终端端子或搪锡,不松散,不断股。

④ 可转动部位的两端用卡子固定。

(6) 照明配电箱(盘)安装应符合下列规定:

① 位置正确,部件齐全,箱体开孔与导管管径相同,暗装配电箱箱盖紧贴墙面,箱(盘)涂面完整。

② 箱(盘)内接线整齐,回路编号齐全,标识正确。

③ 箱(盘)不采用可燃材料制作。

④ 箱(盘)安装牢固,垂直度允许偏差为 1.5%,底边距地面为 1.5m,照明配电板底边距地面不小于 1.8m。

9.8 室内灯具、吊扇和开关插座
安装质量标准

1. 室内灯具安装要求与作业

(1) 对室内灯具主体的要求

灯具订货时根据设计图纸的灯具型号、规格到合格厂家加工,应满足设计和使用要求。灯内配线严禁外露,灯具配件齐全,无机械损伤、变形、油漆剥落、灯罩破裂、灯箱歪翘等现象,产品必须有合格证。

(2) 对灯具配件的要求

① 塑料台应有足够的强度,受力后无弯翘变形等现象,木台应完整无劈裂,油漆完好无脱落。

② 吊管采用钢管做为灯具的吊管时,钢管内径一般不小于10mm。

③ 吊钩和花灯的吊钩,其圆钢直径不小于吊挂销钉的直径,且不得小于 6mm,吊扇的挂钩不应小于悬挂销钉的直径,且不得小于 10mm。

④ 瓷接头应完好无损,所有配件齐全。

⑤ 支架必须根据灯具的重量选用相应规格的镀锌材料做成。

⑥ 灯具卡、塑料灯具卡子不得有裂纹和缺损现象。

⑦ 固定灯具的支架或座基应随主体预埋。

(3) 核对灯具型号

对照图纸检查灯具的型号是否与所安装的场所相符合。如果进货灯具不满足使用要求时,应及时更换灯具。

① 在易燃和易爆场所应采取防爆式灯具。

② 在腐蚀性气体及潮湿的场所应采用封闭式灯具,灯具的各部件应做好防腐处理。

③ 潮湿的厂房内和户外的灯具应采用有泄水孔的封闭式灯具。

④ 多尘的场所应根据粉尘的浓度及性质采用封闭式灯具。

（4）灯内配线检查

① 灯内配线应符合设计要求及有关规定。

② 穿入灯箱的导线在分支连接处不得承受外应力和磨损,多股软线的端头需盘圈涮锡。

③ 灯箱内的导线不应过于靠近热光源,并应采取隔热措施。

④ 使用螺灯口时,相线必须压在灯芯柱上。

（5）灯具安装

① 照明灯具在易燃结构装饰部位及木器家具上安装时,灯具周围应采取防火隔热措施,并宜选用冷光源灯具。

② 链吊式灯具的吊链应使用法兰盘,镀锌铁链。

③ 在保证灯具底座不露光及维修不损坏吊顶的情况下,为节省原材料,底座在 $\phi 250$ 以上的灯具吸顶安装时可以不加装木台。

④ 凡安装距地面高度低于 2.4m 的灯具金属外壳必须连接保护地线。

⑤ 凡能进人的吊顶上安装的一般及特殊用途的灯具,为了安全,其灯具金属外壳均应连接保护地线。

⑥ 灯具的保护接地线应与灯具的专用接地螺丝可靠连接,或者压在灯具不可拆卸的螺丝上。

⑦ 导线进入灯具时绝缘必须良好,并留有适当余量,连接牢固紧密,不伤线芯,压接连接时不能松动,同一端子上导线不能超过 2 根。

⑧ 成排灯具的中心线偏差不能超出 5mm 范围。在确定成排灯具位置时,必须拉线。

⑨ 木台固定牢固,与建筑物表面不能有缝隙。木台直径在15cm 及以下时,应用两条螺丝固定;15cm 以上时应三条螺丝三角固定。

⑩ 法兰盘、吊盒、平灯口应在塑料台的中心上,偏差不超过1.5mm。安装时先将法兰盘、吊盒、平灯口的中心对正塑料台的

中心。

(6) 各类灯具安装特点

① 普通灯具安装。

A. 将灯位线从塑料台孔中穿出,将塑料台紧贴建筑物表面并固定牢固。

B. 将塑料台甩出的线削芯,压在接芯上,包好后调顺,扣于法兰盘(或吊盒)内,找正固定。

C. 自在器的安装根据灯具的高度及数量把线掐好,灯泡底部距地 1m 左右削出线芯,套好等长塑料管,将自在器装在塑料管上,将线分别装入吊盒和灯口,挽好保险扣,将线压在螺柱上。

② 日光灯安装。

A. 吸顶式安装。根据图纸,确定出日光灯位置,将灯位甩出的线由灯座孔穿入灯架内,根据要求将日光灯架调正后,紧贴建筑物表面固定,进线孔处套管保护。固定方式是打眼安膨胀螺栓(如有吊顶则用自攻螺丝固定),将电源线接在灯架瓷接头上,然后盖面,装好日光灯管。

B. 吊链日光灯安装。根据灯的安装高度,将吊链编好,挂在组装好的灯架上,在顶棚上安好塑料台,将导线编在吊链内穿入灯架,灯架甩出的电源线与塑料台甩出的线、连接牢固、包粘好,压在法兰或吊盒内,将法兰固定在塑料台上,调整好灯脚,装好灯管。

③ 花灯安装。

A. 组合式吸顶花灯。把组装好的灯具电源线由托盘孔甩出后,将灯托起与灯头盒电源接牢固,包粘严密后,将灯具的托盘按安装孔与灯位的预埋螺栓固定好拧紧,使灯盘紧贴顶棚表面,调整好各个灯口,挂好灯具装饰物,安上灯泡或灯管。

B. 吊式花灯安装。将灯具托起,并把预埋好的吊杆插入灯具内,把吊挂销钉插入后,掰成燕尾状,电源线头接好、包严粘牢,将接头扣于灯具上部的碗内,将碗紧贴顶棚拧紧固定螺丝,调整好各个灯口上好灯泡,最后配上灯罩。

④ 光带安装。根据灯具的外型尺寸,确定支架的支撑点;根

据灯具的安装位置,用预埋件或膨胀螺栓把支架固定牢固,将光带的灯箱用机螺丝固定在支架上,将电源线引入灯箱与灯具电源接在一起,包扎紧密,调整灯口和灯角,装上灯泡或灯管,上好灯罩,最后调整灯具的边框与顶棚面的装修直线平行。如果灯具对称安装,其纵向中心轴线应在同一直线上,偏斜不应大于5mm。

⑤ 壁灯安装。将灯具的灯头线从木台的出线孔甩出,在墙壁上的灯头盒内接头包好,塞入盒内,将木台紧贴墙面固定好,再用螺丝将灯拧在木台上调正后,配好灯泡、灯伞或灯罩。

⑥ 手术台无影灯、事故照明灯、大型花灯、彩灯等特殊少见灯的安装。根据设计要求和特种灯必须注意事项安装。

2.吊扇安装技术措施

(1) 对吊扇的要求

① 吊扇应按设计型号及规格进货,产品应有合格证。

② 吊扇的组装要求:严禁改变扇叶角度;扇叶的固定螺钉应有防松装置;吊杆之间、吊杆与电机之间,螺纹连接的啮合长度不得小于20mm,并且有防松装置。

③ 吊扇的检查:零配件是否齐全;扇叶有无变形和受损;吊杆的悬挂销钉必须装设防震橡皮垫及防松装置。

(2) 吊扇安装

① 将吊扇托起,用预埋的吊钩将吊扇的耳环挂牢,然后接好电源,包扎严密,向上推起吊杆的扣碗,将接头扣于其内,紧贴建筑物表面,拧紧固定螺丝。

② 导线与吊扇连接:导线进入吊扇处的绝缘应良好、长度留有适当余量、连接牢固紧密、不伤线芯。压板连接时压紧无松动;螺栓连接时,在同一端子上导线不超过2根;吊扇的防松垫圈配件齐全。

③ 吊扇安装牢固端正,位置正确。成排安装时应在一条直线上,中心线允许偏差不超过5mm。

④ 吊扇安装完毕后,扇叶距地不应小于2.5m,运转时扇叶不应有显著颤动。

3．开关插座安装

（1）开关、插座的位置

① 标高。开关插座安装前应对接线盒的标高位置认真检查。开关、插座的检验计算的基准点如下：

A．凡设计图中注明以地面为准的，以开关、插座面板的下沿计算标高。

B．凡设计图中注明以顶板为准的，以开关面板的上沿计算标高。

② 水平位置。

A．拉线开关距地面的高度一般为 2～3m，距门口为 150～200mm，且拉线开关的出口应向下。

B．板把开关距地面的高度为 1.4m，距门口为 150～200mm，开关不应置于单扇门后。

C．在有暖气的地方，当插座上方有暖气管时，其间距应大于20cm，下方有暖气管时，其间距应大于 30cm。

（2）安装作业及其要求

① 清理开关插座的接线盒

应将入盒长的管子与线盒里口切齐，用锁母固定管口，管子露出锁紧螺母的螺纹 2～4 扣，同时清理干净盒子内的杂物，再用湿布将盒内灰尘擦净。损坏的盒子应换掉。盒子超过 25mm 深时，应加套盒，加套盒时套盒应与原盒有可靠的连接措施，不能找插座时将套盒与面板一起找出。

② 接线规定

A．接线前应对插座支路进行绝缘摇测并做好记录，其阻值应满足规范要求。

B．开关接线规定：

a．同一场所的开关切断位置应一致，操作灵活，接头接触可靠。

b．所控制的电器相线必须经开关控制。

c．开关连接的导线，宜在其圆孔接线端子内折回头压接（孔径允许压双线时)。

C.插座接线规定:

a.单相两孔插座有横装和竖装两种。横装时,面对插座的右极接相线,左极接零线。竖装时,面对插座的上极接相线,下极接零线。

b.单相三孔及三相四孔的接地零线均应在上方。

c.交直流或不同电压的插座安装在同一场所时,应有明显区别,且其插头与插座配套,均不能互相代用。

③ 安装开关与插座的准备

将盒内甩出的导线留出维修长度后削出线芯,注意不要碰伤线芯。将导线按顺时针方向盘绕在开关、插座对应的接线柱上,然后拧紧。如果是独芯线,可将线芯直接插入接线孔内,用顶丝将其压紧,线芯不得外露。

④ 开关、插座安装规定

A.暗装开关的面板应端正、严密并与墙面齐平。

B.开关位置应与灯位相对应,同一室内开关方向应一致。

C.成排安装的开关高度应一致,高低差不大于 2mm,拉线开关相邻间距一般不大于 20mm。

D.多尘潮湿场所和户外应选用防水瓷制拉线开关或加装保护箱。

E.在易燃、易爆和特别潮湿的场所,开关应分别选用防爆型、密闭型或安装在其他处所控制。

F.民用住宅严禁装设床头开关。

G.明线敷设的开关应安装在不少于 15mm 厚的木台上。

H.暗装和工业用插座距地不应低于 30cm。

I.在儿童活动场所应采用安全插座。采用普通插座时,安装高度不能低于 1.8m。

J.暗装插座应有专用盒,盖板应端正严密并与墙面平。

K.落地插座应有保护盖板。

L.在特别潮湿和有易燃易爆气体及粉尘的场所不应装设插

座。

⑤ 开关插座安装

按接线要求,将盒内甩出的导线与开关,插座的面板连接好,推入盒内,用机螺丝固定牢固,面板端正,与墙面平齐。

明开关、插座,由盒内甩出的线源插入圆台的出线孔,将塑料台固定在墙面上,再将甩出的相线与零线按各自的位置接在开关插座的接线柱上,用木螺丝把开关插座固定在圆台上。

⑥ 允许偏差的控制

对于建筑电气工程中安装的插座、开关,允许 20% 的超差点,应控制在设计标高的 +15mm 范围内,不应有负向偏差,各房间内的插座、开关安装高度相差不应大于 5mm,并列安装的开关插座的高差不超过 0.5mm。

(3) 通电试运行

① 系统及各户通电试运行

灯具、吊扇、配电箱安装完毕后,各支路的绝缘电阻摇测合格后通电试运行,通电后仔细检查和巡视,检查灯具的控制是否灵活、准确,开关与灯具控制相对应,吊扇的转向及调速开关是否正常,如有问题断电后及时修复。

② 照明 24h 满负荷试运行

A. 满负荷试运行前,应对照明器具进行通电安全检查。对灯具分部检查,检查开关断相线、罗灯口中心接相线、插座左零右火上保护、住宅工程厨房、厕所敞开式灯具应用瓷质灯头。检查时应逐个电气设备均检查。检查插座时最好用验电器,并做好记录。

B. 电气照明灯具应以电源进户线为系统进行通电试运行,运行时间为 24h。

C. 全部照明灯具通电运行开始后,要及时测量系统的电源电压和负荷电流,并做好记录。试运行过程中每隔 8h 还需测量记录一次,直到 24h 运行完为止。上述各项测量的数值要填入试运行记录表内。

③ 电动机试运行

A. 建筑工程中安装的低压电动机空载启动前应进行绝缘电阻的测量,用500V兆欧表测量其绝缘电阻,应不小于0.5MΩ,实际测量值应填写记录。

B. 凡电动机与主机有用连轴器或皮带等方式连接时,应在空载情况下作第一次启动运行,空载运行时间为2h,开始运行及每隔1h要记录其电源电压和空载电流,其结果应记录,并归入竣工技术资料档案,与主机以其他形式连接的。电动机应在设备试运行时做好运行记录并归档。

9.9 普通灯具安装质量标准

(1) 灯具重量大于3kg时,固定在螺栓和预埋吊钩上。

(2) 软线吊灯,灯具重量在0.5kg及以下时,采取软电线自身吊装。大于0.5kg的灯具采用吊链,且软电线编叉在吊链内使电线不受力。

(3) 灯具固定牢固可靠,不使用木楔,每个灯具固定用螺钉或螺栓不少于2个,当绝缘台直径在75mm及以下时,采用1个螺钉或螺栓固定。

(4) 花灯吊钩圆钢直径不应小于灯具挂销直径,且不应小于6mm。大型花灯的固定及悬吊装置,应按灯具重量的2倍做过载试验。

(5) 当钢管做灯杆时,钢管内径不应小于10mm,钢管厚度不应小于1.5mm。

(6) 固定灯具带电部件的绝缘材料以及提供防触电保护的绝缘材料,应耐燃烧和防明火。

(7) 当设计无要求时,灯具的安装高度和使用电压等级应符合下列规定:

①室外2.5m(室外墙上安装);②厂房2.5m;③室内2m;④软吊线带升降器的灯具在吊线展开后0.8m。

(8) 危险较大的及特殊危险场所,当灯具距地高度小于2.4m

时,使用额定电压为 36V 及以下的照明灯具,或有专用保护措施。

(9) 当灯具距地面高度小于 2.4m 时,灯具的可接近裸露导体必须接地(PE)或接零(PEN)可靠,并应有专用接地螺栓且有标识。

(10) 引向每个灯具的导线线芯最小截面应符合表 9-7 的数值。

导线线芯最小截面积　　　　　　　　　　表 9-7

灯具安装的场所及用途		线芯最小截面积 mm²		
		铜芯软线	铜　　线	铝　　线
灯　头　线	民用建筑室内	0.5	0.5	2.5
	工业建筑室内	0.5	1.0	2.5
	室　　　外	1.0	1.0	2.5

(11) 灯具的外形,灯头及其接线

① 灯具及其配件齐全,无机械损伤,变形,涂层剥落和灯罩破裂等缺陷。

② 软线吊灯的软线两端做保护扣,两端芯线搪锡,当装升降器时,套塑料软管,采用安全灯头。

③ 除敞开式灯具外,其他各类灯具灯泡容量在 100W 及以上者采用瓷质灯头。

④ 连接灯具的软线盘扣,搪锡压线。当采用螺灯口时,相线接于灯口中间的端子上。

⑤ 灯头的绝缘外壳不破损不漏电。带有开关的灯头,开关柄无裸露的金属部分。

(12) 变电所内、高低压配电设备及裸母线的正上方,不应安装灯具。

(13) 装有白炽灯泡的吸顶灯具,灯泡不应紧贴灯罩。当灯泡与绝缘台,间距小于 5mm 时,灯泡与绝缘台间应采取隔热措施。

(14) 安装在重要场所的大型灯具的玻璃罩,应采取防止玻璃罩破裂后向下溅落的措施。

(15) 投光灯的底座及支架应固定牢固,枢轴应向需要的光轴方向拧紧固定。

(16) 安装在室外的壁灯应有泄水孔,绝缘台与墙面之间应有防水措施。

9.10 专用灯具安装质量标准

(1) 36V 及以下行灯变压器和行灯安装必须符合下列规定:

① 行灯电压不大于 36V,在特殊潮湿场所或导电良好的地面上以及工作地点狭窄,行动不便的场所,行灯电压不超过 12V。

② 变压器外壳、铁芯和低压侧的任意一端或中性点,接地(PE)或接零(PEN)可靠。变压器的固定支架牢固,油漆完整。

③ 行灯变压器为双圈变压器,其电源侧和负荷侧有熔断器保护,熔丝额定电流分别不应大于变压器一、二次的额定电流。

④ 行灯灯体及手柄绝缘良好,携带式局部照明灯电线采用橡套软线。坚固耐热耐潮湿,灯头与灯体结合紧固,灯头无开关,灯泡外部有金属保护网、反光罩及悬挂吊钩,挂钩固定在灯具的绝缘手柄上。

(2) 游泳池和类似场所灯具的与电源连接应可靠,且有明显标识,其电源的专用漏电保护装置应全部检测合格。自电源引入灯具的导管必须采用绝缘导管,严禁采用金属或有金属护层的导管。

(3) 手术台无影灯安装应符合下列规定:

① 固定灯座的螺栓数量不少于灯具法兰底座上的固定孔数,且螺栓直径与底座孔径相适配,螺栓采用双螺母锁固。底座紧贴顶板,四周无缝隙。

② 在混凝土结构上螺栓与主筋相焊接或将螺栓末端弯曲与主筋绑扎锚固。

③ 配电箱内装有专用的总开关及分路开关,电源分别接在两条专用的回路上,开关至灯具的电线采用额定电压不低于 750V

的铜芯多股绝缘电线。

④ 表面保持整洁,无污染,灯具镀涂层完整无划伤。

(4) 应急照明灯具安装应符合下列规定:

① 应急照明灯的电源除正常电源外,另有一路电源供电,或者是独立于正常电源的柴油发电机组供电,或由蓄电池柜供电,或选用自带电源型应急灯具。

② 应急照明在正常电源断电后,电源转换时间为:疏散照明≤15s,备用照明≤15s(金融、商店、交易所≤15s),安全照明≤0.5s。

③ 疏散照明由安全出口标志灯和疏散标志灯组成。安全出口标志灯距地高度不低于2m,且安装在疏散出口,楼梯口里侧的上方。

④ 疏散标志灯安装在安全出口的顶部。楼梯间,疏散走道及其转角处,安装在1m以下的墙面上,不易安装的部位可安装在上部。疏散通道上的标志灯间距不大于20m(人防工程不大于10m)。

⑤ 疏散标志灯的设置,不影响正常通行,且不在其周围设置容易混同疏散标志灯的其他标志牌等。

⑥ 疏散照明采用荧光灯或白炽灯,安全照明采用卤钨灯或采用瞬时可靠点燃的荧光灯。

应急照明运行中温度大于60℃的灯具,当靠近易燃物时,采取隔热、散热等防火措施;当采取白炽灯、卤钨灯等光源时,不直接安装在可燃装修材料或可燃物件上。

⑦ 安全出口标志灯和疏散标志灯装有玻璃或非燃材料的保护罩,面板亮度均匀度为1∶10,保护罩完整,无裂纹。

⑧ 应急照明线路采用耐火电线、电缆穿管明敷或在非燃烧体内穿钢性导管暗敷,暗敷保护层厚度不小于30mm,电线采用额定电压不低于750V的铜芯绝缘电线。

⑨ 应急照明线路在每个防火区有独立的应急照明回路,穿越不同防火分区的线路有防火隔堵措施。

(5) 防爆灯具安装应符合下列规定：

① 灯具的防爆标志,外壳防护等级和温度组别与爆炸危险环境相适配。

② 灯具及开关的外壳完整,无损伤,无凹陷或沟槽,灯罩无裂纹,金属护网无扭曲变形,防爆标志清晰。

③ 灯具配套齐全,不用非防爆零件代替灯具配件。

④ 灯具的安装位置离开释放源,且不在各种管道的泄压口及排放口上下方安装。

⑤ 灯具及开关安装牢固可靠,灯具吊管及开关与接线盒螺纹啮合扣数不少于 5 扣,螺纹加工光滑完整,无锈蚀,并在螺纹上涂以电力复合酯或导电性防锈酯。密封圈完好。

⑥ 开关安装位置便于操作,安装高度 1.3m。

9.11 开关、插座和风扇安装质量标准

(1) 电源性质应区分明显。当交流、直流或不同电压等级的插座安装在同一场所时,应有明显的区别,且必须选择不同结构,不同规格和不能互换的插座,配套的插头应按交流、直流或不同电压等级区别使用。

(2) 插座接线应符合下列规定

① 单相两孔插座,面对插座的右孔或上孔与相线连接,左孔或下孔与零线相接。单相三孔插座,面对插座的右孔与相线连接,左孔与零线相接。

② 单相三孔,三相四孔及三相五孔插座的接地(PE)或接零(PEN)线接在上孔,插座的接地端子不与零线端子连接。同一场所的三相插座,接线的相序一致。

③ 接地(PE)或接零(PEN)线在插座间不串联连接。

(3) 特殊情况下插座安装应符合下列规定：

① 当接插有触电危险的家用电器的电源时,采用能断开电源的带开关插座,开关断开相线。

② 潮湿场所采用密封型并带保护地线触头的保护型插座安装,高度不低于 1.5m。

③ 当不采用安全型插座时,托儿所、幼儿园及小学等儿童活动场所,安装高度不小于 1.8m。

④ 暗装的插座面板紧贴墙面,四周无缝隙,安装牢固,表面光滑整洁,无碎裂、划伤、装饰帽齐全。

⑤ 车间及试验室的插座安装高度距地面不小于 0.3m,特殊场所暗装的插座不小于 0.15m,同一室内插座安装高度一致。

⑥ 地插座面板与地面齐平或紧贴地面,盖板固定牢固,密封良好。

(4) 照明开关安装应符合下列规定:

① 同一建筑物,构筑物的开关采用同一系列的产品,开关的断通位置一致,操作灵活,接触可靠。

② 相线经开关控制,民用住宅无软线引至床边的床头开关。

③ 开关安装位置便于操作,开关边缘距门框边缘的距离 0.15~0.2m,开关距地高度 1.3m,拉线开关距地面高度 2~3m。层高小于 3m 时,拉线开关距顶板不小于 100mm,拉线出口垂直向下。

④ 相同型号并列安装及同一室内开关安装高度一致,且控制有序不错位。并列安装的拉线开关的相邻间距不小于 20mm。

⑤ 暗装的开关面板应紧贴墙面,四周无缝隙,安装牢固,光滑整洁,无碎裂、划伤、装饰帽齐全。

(5) 吊扇安装应符合下列规定:

① 吊扇挂钩安装牢固,吊扇挂钩的直径不小于吊扇挂销直径,且不小于 8mm,有防震橡胶垫,挂销的防松零件齐全、可靠。

② 吊扇扇叶距地高度不小于 2.5m。

③ 吊扇组装不改变扇叶角度,扇叶固定螺栓防松零件齐全。

④ 吊杆间,吊杆与电机间螺纹连接,啮合长度不小于 20mm,且防松零件齐全牢固。

⑤ 涂层完整,表面无划痕,无污染,吊杆上下扣碗安装牢固到

位。

⑥ 同一室内并列安装的吊扇开关高度一致,且控制有序不错位。

(6) 壁扇安装应符合下列规定:

① 壁扇底座采用尼龙塞或膨胀螺栓固定数量不少于 2 个,且直径不小于 8mm,固定牢固可靠。

② 壁扇防护罩扣紧,固定可靠,当运时扇叶和防护罩无明显颤动和异常声响。

③ 壁扇下侧边缘距地面高度不小于 1.8m。

④ 涂层完整,表面无划痕,无污染,防护罩无变形。

9.12 低压电缆进户及低压电缆头制作安装质量标准

1. 低压电缆埋地进户

(1) 选择电缆

根据设计要求,检查电缆的规格、型号是否与图纸相符。

绝缘摇测。低压 500V 电缆敷设前要进行绝缘摇测检查,用 1000V 兆欧表摇测绝缘电阻,电阻值应在 10MΩ 以上,电缆摇测完毕后,必须对芯线分别对地放电。

(2) 电缆敷设

① 放线定位。根据平面图标出电缆进户的位置和电缆根数,测量定位放线。当实际情况与图纸不符时,应与设计洽商,改变方向。但要经过设计单位签字许可后才可改动,以保证电缆弯曲半径在允许范围之内。

② 根据基础墙进户预留的孔洞敷设进户保护管。电缆保护管两端要做成喇叭口,防止刮伤电缆。进户电缆必须留够余量,以便电缆头损坏时重新配置电缆头,其长度为 2~3m,弧型敷设。当设计设定管径时,管径为 $\phi100 \sim 150$,出室外散水 500mm。当图纸要求不是直埋时,应根据保护管的长度配置电缆,也应留置余

量,便于维修。

③ 电缆的埋设深度一般不低于 0.8m,宽度可根据电缆根数及土质情况而定。电缆沟开挖结束后,在沟底铺一层 0.1m 厚的细沙,作为电缆沟的下垫层。敷设时让电缆从架上方拉出,避免磨损电缆,用人力或机械把电缆拉开放沟内,并摆好。

④ 覆盖。在电缆敷设之后,在其上方盖一层砖,防止电缆受外界机械损伤。最后回填土夯实,并设明显的方位标桩。

2. 低压电缆头制作

(1) 剥电缆铠甲打卡子。

在室内做终端头时,必须在室内电气安装完毕后进行。根据电缆与设备连接的具体情况量电缆并做好标记,锯掉多余电缆。根据头套型号尺寸剥除外护套。根据电缆型号、截面、根数选择电缆头套。

(2) 将地线焊接部位用钢锉处理,用来做焊接准备。

(3) 在打钢带卡子的同时,将多股铜线排列整齐后卡在卡子里。

(4) 利用电缆本身钢带宽的二分之一做卡子。采用咬齿的方法将卡子打牢,必须两道,防止钢带松开。卡子之间的间距为15mm。

(5) 剥电缆铠甲:用钢锯在第一道卡子向上 3~5mm,锯一环深痕,不得锯透。

(6) 用螺丝刀在锯痕尖角处将钢带挑起,用钳子将钢带撕掉,随后将钢带锯口处用钢锉修理钢带毛刺,使其光滑。

(7) 焊接地线:地线应采用焊锡焊在电缆钢带上,将钢带锉出新茬。焊接时用不得小于 500W 的电烙铁焊接牢固。不应有虚焊现象,同时也不能将电缆烫伤。

(8) 包缠电缆,套电缆终端头。

① 剥去电缆统包绝缘层,将电缆头套下部先套入电缆。

② 根据电缆头的型号尺寸,按电缆头套长度和内径,用塑料带采用半叠法包缠电缆,塑料带包缠应紧密,形状呈枣核状。

③ 将电缆头套上部套上,与下部对接、套严。套头套时当发现电缆芯线过长或过短时应调整,用以调换相序。电缆头卡固时应找直、找正,不能歪斜。

(9) 压电缆线芯接线鼻子

① 从线芯端头量出长度为线鼻子的深度,另加 5mm,剥去电缆芯线绝缘,并在芯线上涂上凡士林。

② 将线芯插入线鼻子内,用压线钳子压紧接线鼻子,压接应在两道以上。

③ 根据不同的相位,使用黄、绿、红、蓝四色塑料带分别包缠电缆各芯线至接线鼻子的压接部位。

(10) 电缆头制作安装后的检查

① 电缆终端头制作符合规范要求,电缆终端头固定牢固,芯线与线鼻子压接牢固,线鼻子与设备螺栓连接紧密,相序正确,绝缘包扎严密。

② 电缆头终端头的支架安装应平整、牢固。成排安装的支架高度应一致,偏差不应大于 5mm,间距均匀,排列整齐。

3. 接线和线路绝缘测试

(1) 低压电线和电缆,线间和线对地间的绝缘电阻值必须大于 $0.5M\Omega$。

(2) 铠装电缆头的接地线应采用铜绞线或镀锡铜纺织线,面积不能小于表 9-8。

电缆线芯和接地线截面积(mm^2)   表 9-8

电缆线芯截面积	接地线截面积	电缆线芯截面积	接地线截面积
120 及以下	16	150 及以下	25

注:电缆芯线截面积在 $16mm^2$ 及以下,按地线截面积与电缆芯线截面积相等。

(3) 电线、电缆接线必须准确,并联运行。电线或电缆的型号、规格、长度、相位应一致。

(4) 线芯与电器设备的连接应符合下列规定:

① 截面积在 $10mm^2$ 及以下的单股铜芯线和单股铝芯线直接

与设备器具的端子连接。

② 截面积在 2.5mm² 及以下的多股铜线拧紧搪锡或接线端子后,与设备器具的端子连接。

③ 截面积大于 2.5mm² 的多股铜芯线除设备自带插接式端子外,接线端子后与设备或器具的端子连接。多股铜芯线与插接式端子连接前,端部拧紧搪锡。

④ 多股铝芯线接线端子后与设备、器具的端子连接。

⑤ 每个设备和器具的端子接线不多于 2 根电线。

(5) 电线、电缆的芯线连接器具(连接管和端子)规格应与芯线的规格适配,且不得采用开口端子。

(6) 电线、电缆的回路标记应清晰,编号准确。

9.13 防雷系统及各种接地装置安装质量标准

1. 屋面避雷针制作与安装

(1) 制作避雷针的材料应满足下列要求:

① 避雷设施所用各种部件必须镀锌,操作时应保护镀锌层。

② 采用镀锌钢管制作针尖,管壁厚度不得小于 3mm,针尖刷锡长度不得小于 70mm。

③ 多节避雷针各节尺寸见表 9-9。

多节避雷针各节尺寸(mm)　　　　表 9-9

针 全 高					
项　　目	1.0	2.0	3.0	4.0	5.0
上　　节	1000	2000	1500	1000	1500
中　　节			1500	1500	1500
下　　节				1500	2000

④ 避雷针应垂直安装牢固,垂直度允许偏差为 3/1000。

⑤ 避雷针各节焊接应符合有关要求,清除药皮后刷防锈漆及银粉。

⑥ 避雷针一般采用圆钢或钢管制成,其直径不应小于下列数值:针长 1m 圆钢为 12mm,钢管为 20mm。针长 1~2m 时,圆钢为 16mm,钢管为 25mm。针更长时应适当加粗。

水塔顶部避雷针圆钢直径为 25mm,钢管直径为 40mm。烟囱顶上圆钢直径为 20mm。避雷环圆钢直径为 12mm。扁钢截面 100mm²,厚度为 4mm。

(2) 避雷针制作

按设计要求的材料所需的长度分上、中、下三节进行下料。如针尖采用钢管制作,可先将上节钢管锯成锯齿形,用手锤收尖后,进行焊缝磨尖、涮锡,然后将另一端与中、下二节钢管找直焊好。

(3) 避雷针安装

屋面避雷针一般都安装在屋面预埋的基础上,与共用天线共用一组避雷针。施工时根据图纸将基座与屋面结构做成整体。安装避雷针时将支座钢板的底固定在预埋的地脚螺栓上,焊上一块肋板,再将避雷针立起,找直、找正后,进行点焊,然后加以校正,焊上其他三块肋板。最后将引下线焊在底板上,与屋面防雷干线做可靠电气连接。

2. 防雷支架安装

(1) 支架安装应符合下列规定:

① 角钢支架应有燕尾,其埋注深度不小于 100mm。扁钢和圆钢支架埋深不小于 80mm。

② 所有支架必须安装牢固,填注灰浆饱满,外观横平竖直。

③ 防雷装置的各种支架顶部一般应距建筑物表面 100mm。接地干线支架顶部应距墙面 20mm。

④ 支架水平间距不大于 1m(混凝土支座不大于 2m)垂直间距不大于 1.5m,各间距应均匀,允许偏差 30mm,转角处两边的支架距转角中心不大于 250mm。

⑤ 支架应平直,水平度每 2m 检查段允许偏差 3/1000,垂直度每 3m 检查段允许偏差 2/1000,但全长偏差不得大于 10mm。

⑥ 支架等铁件均应做防腐处理。

⑦ 埋注支架所用的水泥砂浆,其配合比不能低于1:2。

⑧ 当屋面有节日彩灯沿避雷埋线平行装设时,避雷线的高度应高于彩灯顶部30mm,这时安装避雷支架时应用比普通卡子大一级的支架,并计算好其高度,满足彩灯避雷要求。

⑨ 当平屋顶需用预制混凝土支座连接支路与干线时,其支座间距为2m,高度按设计施工。

(2) 支架安装作业

① 应尽可能随结构施工预埋支架或铁件。

② 根据设计要求进行弹线及分档定位。

③ 用手锤、錾子进行剔洞,洞的大小应里外一致。

④ 首先埋注一条直线上的两端支架,然后用铁丝拉直线埋注其他支架,埋注前应把洞内用水浇湿。

⑤ 如用混凝土支座,将混凝土支座分档摆好,先在两端支架间拉直线,然后将其他支座用砂浆找平找直。

⑥ 如果女儿墙预留有预埋铁件,可将支架直接焊在铁件上,支架的找直方法同前。

3. 屋面避雷网安装

(1) 避雷网安装应满足下列要求:

① 建筑物的防雷,应按设计施工,当设计无要求时,其建筑物上的避雷针或防雷金属网应和建筑物顶部的其他金属物连接成一个整体。

② 利用屋面金属扶手栏杆作避雷带时,拐弯处应弯成圆弧活弯,栏杆应与接地引下线可靠焊接。

③ 焊接避雷网应采用搭接焊。圆钢搭接长度为其直径的6倍,双面施焊(当直径不同时,以直径大的为准)。圆钢与扁钢连接时,其搭接长度为圆钢的6倍。不能出现夹渣、咬肉、裂纹及药皮处理不干净等现象。施焊处做好防腐。

④ 避雷遇有变形缝处应做好补偿处理,留有余度。

⑤ 避雷网应平直、牢固,不应有高低起伏和弯曲现象,距建筑物应一致。平直度每2m检查段允许偏差3/1000,但全长不得超

过 10mm。

⑥ 避雷线弯曲处不得小于 90°,弯曲半径不得小于圆钢直径的 10 倍。

⑦ 避雷线如用扁钢,截面不得小于 12mm×4mm。如为圆钢,直径不得小于 8mm。

（2）避雷网安装

① 避雷线安装前进行调直。如为扁钢,手锤调直;如为圆钢,冷拉调直。将避雷线用大绳提升到顶部顺直,敷设、卡固、焊接。

② 按照设计要求的引下线位置(明或暗引下)与避雷网焊接,引下线与避雷线焊接时不能拐死弯。焊接长度应满足要求。做好防腐处理。

③ 避雷网分明网和暗网两种。暗网格越密,其可靠性越好,重要建筑物可使用 5m×5m 的网格,一般建筑物采用 20m×20m 的网格,如果设计有要求时,按设计要求去做。

4．均压环安装

（1）高层建筑物防雷一般设置均压环,以防止侧向雷击。因此,施工时应根据建筑物的防雷要求,从引下线的间距,屋顶避雷网间距及均压环的间距等考虑,严格执行有关规范及工艺做法。

（2）高层建筑物应用其结构内钢筋做防雷引下线时,其间距为:一类建筑物,雷电活动强烈区为 12m,一般区为 18m。屋顶避雷网格间距:一类建筑物不大于 10m×10m;二类建筑物结构柱引下线间距为 24m,一个柱内不少 2 根钢筋;屋面避雷网格间距为20m×20m。

（3）从首层起,每三层利用结构圈梁内敷设一条 25mm×4mm 的扁钢与引下线焊成一环形。所有引下线、建筑物内的金属结构和金属物体等,均与压环连接。

（4）从距地 30m 高度起,每向上三层,在结构圈梁内敷一条25mm×4mm 的扁钢与引下线焊成一环形水平避雷带,以防止侧向雷击,并将金属栏杆及金属门窗等较大的金属物件与防雷装置连接。

（5）均压环应符合下列规定：

① 避雷带采用圆钢时其直径不小于 6mm，扁钢不小于 25mm×4mm。

② 避雷带明敷时，支架的高度为 10～20mm，其各支点的间距不应大于 1.5m。

③ 铝制门窗与避雷装置连接，在加工订货铝制门窗时，应按要求甩出 30cm 的铝带或扁钢 2 处。如超过 3m 时需 3 处连接，便于施工时压接或焊接。

（6）安装均压环：

① 避雷带可以暗敷设在建筑物表面的抹灰层内，或直接利用结构钢筋并应与暗敷的避雷网或楼板的钢筋相焊接。所以避雷带实际上也就是均压环。

② 利用结构圈梁里的主筋或腰筋与预先准备好的约 20cm 的连接钢筋头焊接成一体，并与柱筋中引下线焊成一个整体。

③ 圈梁内各点引出钢筋头，焊完后，用圆钢（或扁钢）敷设在四周，焊接好圈梁内各点，并与周围各引下线连接后形成环形，同时在建筑物沿金属门窗、金属栏杆处甩出 30cm、长 $\phi12$ 的镀锌圆钢备用。

④ 外檐金属门窗、栏杆、扶手等金属部件的预埋焊接点不应少于 2 处，与避雷带预留的圆钢焊成整体。

5. 防雷引下线敷设

（1）防雷引下线暗敷设应符合下列规定

① 防雷引下线只有一组接地体，可不做断接卡子，但要设置测试点。建筑物有多组接地体时，每组接地体都要设断接卡子。测试点与断接卡子设置在不影响建筑物的外观且应便于测试的地方。明设时高度为 1.8m，1.8m 以下部位应用竹管或镀锌角钢保护。

② 引下线的垂直允许偏差为 2/1000。

③ 引下线除设计有特殊要求外，镀锌扁钢截面不得小于 12mm×4mm，镀锌圆钢直径不得小于 8mm。

(2) 防雷引下线明敷设施工

① 引下线如为扁钢,可放在平板上用手捶调直。如为圆钢可将圆钢放开一端固定在牢固地锚的机具上,另一端固定在绞磨的夹具上冷拉调直。

② 将调直的引下线运到安装地点。

③ 将引下线用大绳提升到最高点,然后由上而下逐点固定,直至安装断接卡子处。如需接头或安装断接卡子,则应进行焊接。焊接后清除药皮,局部调直,刷防锈漆及铅油(或银粉)。

④ 将接地线地面以上 2m 段,套上保护管,卡固并刷红白油漆。

⑤ 用镀锌螺栓将断接卡子与接地体连接牢固。

(3) 防雷引下线暗敷设应满足下列要求

① 引下线扁钢截面不得小于 25mm×4mm,圆钢直径不得小于 12mm,出屋面必须用 ϕ12 的镀锌圆钢。

② 应按图纸设计的部位及数量设置断接卡子摇测点,在距室外地坪 0.5m,做摇测箱。

③ 现浇混凝土内敷设的引下线可不做防腐但必须除锈,利用主筋做暗敷设引下线时,每条引下线不得小于两根主筋,两根主筋应为对角线,互相在接头处焊接,焊接面不得小于 6 倍主筋直径。

④ 每栋建筑物至少有两根引下线。防雷引下线最好为对称位置。引下线间距离不应大于 20m。当大于 20m 时应在中间多引一根引下线。

⑤ 引下线应躲开建筑物的出入口和行人较易接触到的地方。

(4) 防雷引下线暗敷设作业

① 首先将所需扁钢(或圆钢)用手锤进行调直或抻直。

② 将调直的引下线运到安装地点,按设计要求随建筑物引上、挂好。

③ 及时将引下线的下端与接地体焊接好或与断接卡子连接好。随着建筑物的逐步提高,将引下线敷设于建筑物内至屋顶为止。如需接头则应进行焊接,焊接后应敲掉药皮并刷防锈漆,并请

有关人员进行隐检验收,做好记录。

④ 利用主筋(直径不少于 2 根 $\phi12$)作引下线时,按设计要求找出全部主筋位置,用油漆作好标记,距室外地坪 0.5m 处焊好测试点。随钢筋逐层串联焊接至顶层,焊接出一定长度的引下线,搭接长度不应小于 100mm 的 $\phi12$ 镀锌圆钢。做完后请有关人员进行隐检,做好记录。

6. 断接卡子的做法:

防雷引下线至接地装置的地方,一般都设有断接卡子与接地装置相连接,明设时距室外地坪 1.8m,暗敷时在距室外地坪 0.5m 处。以前施工中常用的并沟法与接地干线连接不牢固,影响避雷效果。因此目前用下列做法进行施工。

不管是明引下线还是暗引下线,在引至标高处,将避雷引下线截断与 40mm×4mm 镀锌扁钢做可靠焊接,搭接长度为圆钢直径的 6 倍,双面施焊,在扁钢上打 $\phi10$ 孔,用以与接地扁钢连接。明装卡子做法可参考暗装做法。

9.14 接户线工程安装质量标准

由低压线路至建筑外墙第一个支持点之间的一段架空线称为接户线。进户线是指由接户线至室内第一个配电设备的一段低压线路。现行工艺标准中规定,进出户的导线宜使用橡胶绝缘导线。

1. 接户线工程安装要求

进户线至建筑物的外墙第一个支持点的选择,距地及其他建筑物的距离应注意以下事项:

(1) 低压接户线的档距不宜大于 25m。档距超过 25m 时,应设接户杆,接户杆的档距应小于 40m。

(2) 低压接户线的选择:低压接户线应为橡胶绝缘导线,截面应根据负荷计算电流和机械强度等因素考虑。设计图纸一般都标示,使用时应按图纸执行。当图纸设有标示时,其最小截面为:铜线≮2.5mm², 多股铝导线≮10mm², 橡胶绝缘导线。

(3) 低压接户线的线间距不应小于表 9-10 所列数值。

低压接户线的线间距离　　　　表 9-10

架设方式	档距 m	线间距离 mm	架设方式	档距 m	线间距离 mm
自电杆上引下	25 及以下	150	沿墙敷设	6 及以下	100
	25 以上	200		6 以上	150

(4) 绝缘子的选定:自电杆引下导线截面为 $16mm^2$ 以上时,低压接户线。应使用低压蝴蝶式绝缘子。

(5) 低压接户线距地及建筑物其他边缘的距离应满足下列要求:

① 低压接户线在进线处的对地距离不应小于 2.7m。

② 跨越街道的低压接户线,至路面中心的垂直距离不应小地:通车街道 6m,胡同 3m。

③ 低压接户线与建筑物有关部分的距离不应小于下列数值。

A．与上方窗口或阳台的垂直距离 800mm。

B．与建筑物突出部分的距离 150mm。

C．与窗口或阳台的水平距离 800mm。

D．与下方窗口的垂直距离 300mm。

E．与下方阳台地面的垂直距离 2500mm。

(6) 接户线一般情况下不应跨越建筑物,必须跨越时,在最大跨度情况下对建筑物垂直距离不应小于 2.5m,接户线的长度不应超过 25m。

2．接户线装置的安装

(1) 户墙上横担、支架的埋入深度,应根据具体情况决定,但不能小于 120mm,使用的螺栓不应小于 12mm,与墙体埋注时用高强度等级水泥砂浆。

(2) 接户线的杆上横担应安装在最下一层线路的下方。架设时,首先将绝缘子安装在横担支架上,将钢管的防水弯头拧紧,然后进行导线架设、绑扎,应先绑扎进户端,后绑杆上一端。绑扎时,导线环大小应适度,使蝴蝶式绝缘子可自由更换。

(3) 进户线装置处的零线重复接地的做法如不符合要求,将影响工程的正常使用和验收,施工中应严格按规定的导线配件及避雷、预埋、焊接等方法进行施工。

3．导线连接

（1）排线相位

导线连接前应对导线的截面、规格、型号等进行检查,确认无误后,按导线排列要求进行排线的相位,面向负荷为:L1、N1、L2、L3,单相时 L.N.,然后进行导线连接。

（2）接户线与入户线在第一个支持物端应采用"倒人字"形接头,一般连接方法如下:

① 铝导线间可采用铝钳压管压接;

② 铜导线间可采用缠绕后锡焊;

③ 铜、铝导线间可将铜导线刷锡后在铝线上缠绕。

（3）接户线与电杆上的主导线应使用并沟线夹进行连接,铜铝导线间应使用铜、铝过渡线夹。

9.15 金属线槽配线施工质量标准

1．适用范围

现在建筑工程中常用金属线槽进行配线,适用于预制板墙结构无法安装暗配线工程,也适用于旧工程改造更换线路,以及弱电线路吊顶内暗敷。可用吊杆、壁装方式敷设,也可暗敷设在地面内。有专用配件连接金属线槽,其分支、出线等均有专用配件。线槽内按线槽型号可敷设低压单支铜芯导线及电话、电视、电缆等若干根数。施工时其槽内安装导线数量不应超过其容许数量。工程中所用的金属线槽及附件,都应该用经过镀锌的定型产品。

2．金属线槽配线前的准备工作

（1）对照图纸对金属线槽的规格、型号进行加工定货,并对进货的各种配件仔细检查,检查材质是否与合格证相符。

（2）根据设计要求的绝缘导线规格、型号,对进场材料进行检验,并备齐连接导线的螺施接线钮,尼龙压接帽、套管、接线端子等辅助材料。

（3）施工前对要求在结构中预留的孔洞、预埋铁、预埋吊杆、吊架等均应预埋完,不允许大量剔凿。各种墙面的喷浆,油漆等均应全部完成,以免造成对线槽的污染。

（4）对照图纸校对,并对相关其他专业的施工项目进行检查。对与原图纸不符或影响敷设线槽的地方,更应做好检查,避免返工。

3．施工技术措施

（1）根据设备布置图纸确定各种箱、盒等电气器具的安装位置。先干线后支线选择导线的线路方向。要求横平竖直,并在线路的中心线进行弹线,均匀固定档距,用笔标出具体位置。

（2）在各种结构上预埋吊杆、吊架

① 在土建结构中,应随着钢筋工程配筋的同时,将吊杆或吊件锚固在所标出的固定位置,并与钢筋做可靠连接。浇注混凝土时注意吊杆等预埋件不能位移,拆模时不能碰坏吊杆端部的丝扣。

② 轻钢龙骨上敷设线槽固定时,应有单独吊装卡具或支撑系统。支撑应固定在主龙骨上,不应固定在辅助龙骨上。吊杆直径不小于 8mm。

③ 如为钢结构,可把支架或吊架直接焊在钢结构上的固定位置处,也可以用万能吊具进行安装。

（3）支架与吊架安装

支架与吊架的安装要牢固,在有坡道的建筑物上安装时应与建筑物有相同坡度。距离上层楼板不小于 150～200mm,距地面高度不低于 100～150mm,固定支点间距宜为 1.5～2m。施工时应随线槽长度找好支点间距,应均匀美观。在进出接线箱、盒、转角时,转弯和变形缝两端及丁字接头 500mm 内应设置固定支点。

（4）加工预埋铁

预埋铁的尺寸不宜过小,120mm×60mm×60mm 为宜,一般用 φ8 钢筋锚固。土建施工时,把预埋铁的平面放在钢筋网片下面,紧贴模板,用绑扎或焊接的方法把锚固圆钢固定在钢筋网片上,拆模后预埋铁吃进混凝土 2～3cm,最后应明露,待安装支架时,与预埋铁焊牢。

(5) 金属膨胀螺栓安装

① 金属膨胀螺栓应安装在混凝土构件和实心砖墙上。空心墙应采取其他办法。

② 钻孔时应用比螺栓稍大的钻头。

③ 螺栓固定后,头部偏斜值小于 2mm,可用螺母配上相应的垫圈,将支架或吊架直接固定在金属膨胀螺栓上。

(6) 金属线槽的安装

① 金属线槽的连接

A. 线槽直线段连接采用连接板,用垫圈、弹簧垫圈、螺母紧固。接茬处的缝隙应严密平齐。槽盖安装后应平整,无翘角。出线口位置应准确。

B. 转弯与分支处连接:当线槽交叉、转弯、丁字连接时,采用配件进行变通连接,在导线接头的地方设置接线盒。

② 线槽与盒、箱、柜接茬时,进线和出线口的地方,用抱脚连接后,再用螺丝固定,末端加装封堵。

③ 敷设线槽经过变形缝时,线槽本身应断开,槽内用连接板连接,可不固定,在变形时可不对线槽本身造成损坏。这时保护地线和槽内导线敷设,均应留有余量。当有穿过墙壁的线槽时,不允许将线槽上及墙上的孔洞一起抹死。

④ 线槽接地:金属线槽敷设完后,及时将线槽非导电部分的铁件互相联接和跨接,使线槽本身成为一整个连续导体,并做好整体接地。当线槽的底板距地距离低于 2.4m 时,线槽本身和盖板必须加装保护接地。

(7) 金属线槽吊装

当建筑结构为钢结构时,金属线槽敷设多采用万能型吊具吊装在钢结构上,这时可预先将吊具、卡具、吊杆、吊装器组装成一体,在标出的固定点位置处吊装,逐件地将吊装卡具压接在钢结构上,将顶丝拧牢,施工时先做干线,后做支线,将吊装器与线槽用蝶形夹卡固定在一起,把线槽逐段组装成形。线槽之间连接时用内外连接头连接,配齐平光垫和弹簧垫,用螺母固定。线槽分叉成丁字形。十字拐弯时用专用配件连接。当导线需要接头时,在接头处设接线盒或在电气器具内连接,不允许在线槽内出现接头。出线口处利用出线口盒连接,末端部位装封堵,出线处用抱脚连接。

(8) 地面线槽安装

应及时配合土建地面工程施工。根据地面的型式不同,先抄平,然后测定固定点位置,将上好卧脚螺栓和压板的线槽水平放置在垫层上,然后进行线槽连接。线槽与管连接、线槽与分线盒连接,分线盒与管连接、线槽出线口连接、线槽末端处理等,都应安装到位,螺丝紧固牢靠。地面线槽及附件全部上好后,再进行一次系统调整。主要是根据地面厚度仔细调整线槽干线、分支线、分线盒接头、转弯、转角、出口等处。要求水平高度与地面平齐,将各种盒盖盖好或堵严,以防水泥砂浆进入。直到配合土建地面施工结束为止。

(9) 金属线槽内配线

① 线槽内配线应满足下列要求

A. 配线前清除线槽内积水和异物。

B. 在同一线槽内的导线截面积总和不超过内部截面积的40%。应按图施工,发现有问题时应及时与设计洽商,进行更改。

C. 线槽底向下配线时,应将分支导线分别用尼龙绑扎成束,并固定在线槽底板下,以防导线下坠。

D. 不同电压、不同回路、不同频率的导线应加隔板放在同一线槽内。有下列情况时,可直接放在同一线槽内:电压在65V及以下;同一设备或同一流水线的动力和控制回路;照明花灯的所有回路,三相四线制的照明回路。

E. 导线较多时,除采用导线外皮颜色区分相序外,也可利用在导线端头和转弯处做标记的方法来区分。

F. 线槽内必须进行导线接头时,应将接头处的线槽盖断开,

354

并在其外做出明显标记,在线槽断开处加上绝缘垫板并且用石棉布或其他防火材料在周围做好防火保护。当接头超过 10 对时,应加接线端子板。

G.在穿越建筑物的变形缝时,导线应留有补偿余量。

H.接线盒内的导线预留长度不应超过 15cm,盘箱内的导线预留长度为其周长的 1/2。

I.从室外引入室内的导线穿过土墙体的,一段应采用橡胶绝缘导线,不允许采用塑料绝缘导线。穿墙保护管的外侧应有防水措施。

② 线槽内配线颜色导线敷设时按要求分色,以便于施工时导线连接:A 相(黄),B 相(绿),C 相(红),N 线(淡蓝),PE(黄/绿)。

(10)导线连接

导线连接应满足有关要求,在接线盒内连接,连接时不应伤线芯,缠绕圈数和倍数应满足规范要求,铜线应刷锡饱满二层胶布包扎严密,多股铜线应增加与线径相符的接线夹子。

(11)绝缘摇测

导线敷设完毕后,应对导线之间进行绝缘摇测,电阻值应大于 0.5MΩ,不符合时应检查有无绝缘损坏的地方,直至合格为止。

(12)槽板固定与封装

① 槽板内无电线接头,电线连接设在器具内。槽板与各种器具连接时,电线应留有余量,器具底座应压住槽板端部。

② 线槽敷设应紧贴建筑物表面,横平竖直,固定可靠。严禁用木楔固定。木槽板应经阻燃处理,塑料槽板表面应有阻燃标识。

③ 木槽板无劈裂,塑料槽板无扭曲变形,槽板底板固定点间距应小于 500mm,槽板盖板固定点间距应小于 300mm,底板距终端 50mm 和盖板距终端 30mm 处应固定。

④ 槽板的底板接口与盖板接口应错开 20mm。盖板在直线段和 90°转角处应 45°斜口对接。T 形支处应成三角叉接。盖板应无翘角,接口应严密整齐。

⑤ 槽板穿过梁,墙和楼板处应有保护套管。跨越建筑物变形

缝处,槽板应设补偿装置且与槽板结合严密。

9.16 塑料线槽配线工程质量标准

1. 适用范围

塑料线槽配线由槽底,槽盖及其一些附件组成,其材质应为难燃型塑料产品。它适用于干燥室内照明工程配线。当室内环境温度低于 −15℃时,也不宜采用。线槽及配件均为定型产品,使用时应有产品合格证。

2. 塑料线槽施工方法

(1) 对照图纸确定电源进户盒、箱等电气器具的位置,从总箱至分箱、从分箱至电器,对线路进行弹线定位。从干线到支线,在线路中心找准固定线槽的预埋木砖。预埋木砖制成梯形,并做防腐处理。

(2) 线槽底板的固定

① 塑料胀管固定线槽:在墙上根据胀管的长短粗细打好眼,把胀管敲入孔中,与建筑物表面平齐,用木螺丝加垫圈将线槽板底板固定在胀管上,紧贴建筑物表面。先从两端拉线找正线槽底板。槽板沿建筑物表面敷设,横平竖直。

② 伞形螺栓固定线槽:在石膏板墙或其他空心护墙板上固定塑料线槽时可以用伞形螺栓。施工时按线路走向弹线,找出固定点的间距,做好标记。钻孔后把伞形螺栓的两伞叶掐紧合拢插入孔中,待合拢伞叶自行张开后,再用螺母紧固即可。露出线槽内的部分加塑料管。固定线槽时先固定两端再固定中间。

③ 槽底固定点间距应不小于500mm,盖板应不小于300mm。板底离终点50mm及盖板距终点30mm处均应固定。线槽的槽底应用双钉固定。槽底对接缝与槽盖对接缝应错开,并不小于100mm。

(3) 线槽配线在穿过楼板或墙壁时,应用保护管,而且穿楼板处必须用钢管保护,其保护高度距地面不应低于1.8m。有开关的地方可引至开关位置。在通过变形缝的地方还应按要求做补偿处理。

(4) 线槽在干线、支线、拐弯、进出接线盒的地方应用专用附件进行施工,附件与线槽材质相同,并相对应。

(5) 塑料线槽内布线

按设计要求选择导线截面、型号、规格、颜色。特别是导线颜色应符合有关要求,便于施工接线。A 相黄色、B 相绿色、C 相红色、N 相淡蓝色。将导线放在线架上,先干线,后支线,理顺后绑扎牢固。在接线盒端头外的导线预留长度为 150mm。线槽内不允许有接头,接头放在接线盒内。

(6) 导线连接及摇测

放线后根据导线的颜色按控制电器的有关数量在接线盒内接线,接线时,按设计施工,黄/绿相间的保护线在任何情况下都不能做相线、控制线或零线使用。铜芯线按要求接线。涮锡应饱满,绝缘包扎应紧密。接线盒内连接时的铜芯,2.5mm² 以下的导线可用尼龙压接帽压接。导线连接好后用 1000V 兆欧表,摇测各线间绝缘电阻,照明线路电阻值不能低于 0.5MΩ,做好记录存入档案。摇测时干线、支线、箱与箱之间、配电箱出线按回路,全数摇测,不能遗漏。

9.17 电话插座与组线箱安装质量标准

(1) 根据图纸中管路敷设图在主体施工时随时布管,布管时要对照其他专业图纸(特别是暖气部分),不能相互干扰。施工图管路走向与插座组线箱位置不应随便更改。

(2) 敷管后及时检查线路有无堵塞现象,发现后及时疏通,以免造成装修后大面积剔凿。

(3) 电话管路敷设宜使用钢管或阻燃石质 PVC 管。在现浇层内保护层厚度不能小于 15mm。管路弯曲半径不小于 10 倍管径。使用套管或丝扣连接。套管长度不小于 3~5 倍管径。钢管连接时焊接紧密,可不做跨接地线。

(4) 管入箱盒应与里口齐,不能超过 5mm。盒体不能破损,未用的敲落孔不能敲掉。组线箱内不能开长孔,一管一孔,钢管护口齐全。

(5) 当设计要求使用定型产品时,应到合格厂家加工订货,订货时附带设计的系统图,厂家按图加工,安装端子板。

(6) 箱体与墙接触部分应刷防锈漆。组线箱留洞的位置应准确,一般箱底距地 30cm。暗装电话一般均为 0.3m 高,当设计有指定安装高度时,应执行设计标高。同一室内的插座安装高度相差不大于 5mm;各房间内插座高度差不应大于 10mm。

(7) 消防自动报警系统由专业队伍操作安装,应根据设计要求,按图纸预留箱、盒及敷设管路。

9.18 电气安装工程质量检查标准

(1) 目的:对电气安装工程的施工质量进行有效的控制,确保工程质量达到国家标准要求。

(2) 范围:本检查适用于新建、改建、扩建的一般工业和民用建筑电气安装工程和室内装饰装修中的电气安装工程。

(3) 职责:由工程管理部门管理,项目经理负责实施,其他相关部门配合。

(4) 检查依据

① 中华人民共和国国家标准《电气装置安装工程母线装置施工及验收规范》GBJ 149—1990。

② 中华人民共和国国家标准《电气装置安装工程设备交接试验标准》GB 50150—1991。

③ 中华人民共和国国家标准《电气装置安装工程电缆线路施工及验收规范》GB 50168—1992。

④ 中华人民共和国国家标准《电气装置安装工程接地装置施工及验收规范》GB 50169—1992。

⑤ 中华人民共和国国家标准《电气装置安装工程盘柜及二次回路接线施工及验收规范》GB 50171—1992。

⑥ 中华人民共和国国家标准《电气装置安装工程1kV及以下配线工程施工及验收规范》GB 50258—1996。

⑦ 中华人民共和国国家标准《电气装置安装工程电气照明装置施工及验收规范》GB 50259—1996。

⑧ 中华人民共和国行业标准《民用建筑电气设计规范》JGJ／T 16—1992。

⑨ 中国工程建设标准化协会标准《套接扣压式薄壁钢导管电线管路施工及验收规范》CECS 100:1998。

⑩《建筑电气工程施工质量验收规范》GB 50303—2002。

⑪ 施工图设计。

⑫ 分包合同、施工单位资质、施工许可证及施工人员上岗证等。

(5) 设计图纸检查

① 施工前监理单位应组织进行施工图纸会审和设计技术交底工作,当变更或修改设计时应有原设计单位书面通知。

② 熟悉施工图纸,了解各种设备、管线等的型号、规格、走向及重点安装部位的要求。

(6) 工程质量保证资料检查

① 应有主要设备开箱检查验收记录及设备基础复测记录。

② 进入现场的设备、主要材料及配件的产品合格证、质保书、电气照明灯具、开关插座等长城安全认证标记等资料齐全。

③ 电气工程各种陷蔽工程验收记录及会鉴手续齐全并有示意图。

④ 电气绝缘电阻和接地电阻测试记录及电动设备试运转记录等资料,数据正确,会鉴手续齐全。

(7) 电气安装工程检查要点

① 暗敷在建筑物、构筑物内电线保护管与建筑物表面的距离不应小于15mm,塑料管在砖砌墙体上暗敷应采用强度等级不小

于 M10 的水泥砂浆抹灰保护,其保护层厚度不应小于 15mm。

② 电线保护管的弯曲线,不应有折皱、凹陷和裂缝,且弯扁程度不应大于管外径的 10%。线路明配时,弯曲半径不宜小于管外径的 6 倍。当两个接线盒间只有一个弯曲时,其弯曲半径不宜小于管外径的 4 倍。线路暗配时,弯曲半径不应小于管外径的 6 倍。在埋设于地下或混凝土内时,其弯曲半径不应小于管外径的 10 倍。

③ 镀锌钢管和薄壁钢管应采用螺纹连接,不应采用熔焊连接,管端螺纹的长度不应小于管线接头长度的 1/2。连接后螺纹宜外露 2~3 扣。镀锌钢管连接采用紧定螺钉连接的,螺钉应拧紧。在振动的场所紧定螺钉应有防松动措施。镀锌钢管连接处应采用专用接地线卡连接跨接地线。

④ 黑色钢管采用螺纹连接时,连接处两端应焊跨接接地线,圆钢跨接接地线的直径不应小于 6mm。焊接长度为其直径的 6 倍。焊接应牢固,平整,饱满,不得有点焊、咬肉、夹渣和钢管焊穿等现象,焊接应牢固严密。采用套管连接的,套管长度宜为管外径的 1.5~3 倍。

⑤ 明配钢管或塑料管排列应整齐,其水平或垂直允许偏差为 1.5%。全长偏差不应大于管内径的 1/2。固定点间距均匀一致,在转角或接线盒处,两侧应对称设置。管卡面的最大距离不应超过规范规定。吊平顶内的电气配管应按明配管的要求施工,走向合理,横平竖直,不得将配管固定在平顶的吊架或龙骨上。配线工程采用的管卡,支吊架等金属附件,均应镀锌或涂防锈漆和面漆。

⑥ 套接扣压式薄壁钢管的连接,当管径为 DN25 及以下时,每端扣压点不应少于 2 处;当管径为 DN32 及以上时,每端扣压点不少于 3 处,且扣压点宜对称,间距宜均匀。套接扣压式薄壁钢管在管路连接处可不设置跨接接地线,但管路的起、终两端应采用专用接地线卡,与箱、柜 PE 线可靠连接。套接扣压式薄壁钢管不应采用熔焊连接。

⑦ PVC 硬塑料管外壁应有连续阻燃标记和制造厂标,塑料管不应敷设在高湿和易受机械损伤的场所。塑料管与管,管与盒

(箱)等器件应采用插入法连接,连接处结合面应涂专用胶合剂,口应牢固,密封。明配硬塑料管在穿过楼板易受机械损伤的地方,应采用钢管保护,保护高度距楼板表面距离不小于 500mm。直埋于现浇混凝土内的塑料管,应采取防止机械损伤的措施。

⑧ 在吊平顶内由接线盒引向照明灯具等器具的绝缘导线,应采用金属软管或可挠金属软管等保护。接线盒的朝向应便于维修,盖板应严密,导线严禁有裸露部分,软管两端应用专用接头与接线盒、灯具连接牢固,软管的长度不宜超过 1m,金属软管应可靠接地,且不得作为电气设备的接地导体。

⑨ 穿管敷设的绝缘导线,其额定电压不应低于 500V,不同回路,不同电压等级和交流与直流的导线不得穿在同一根管内,导线在管内不应有接头和扭结。导线绝缘电阻值不应小于 $0.5M\Omega$,管内导线包括绝缘层在内的总截面积不应大于管子空截面积的 40%,当导线敷设于垂直管内时,应增设固定导线用的拉线盒。

⑩ 线槽敷设应平直整齐,水平或垂直允许偏差为其长度的 2%,且全长允许偏差为 20mm。线槽接口处应平直、严密、槽盖应齐全、平整、无翘角。并列安装时,槽盖应便于开启固定或连接线槽的螺钉或其他紧固件,紧固后其端部应与线槽内光滑相接。敷设的导线,当设计无规定时,包括绝缘层在内的导线总截面积不应大于线槽截面积的 60%,金属线槽应可靠接地,但不得作为设备的接地导体。

⑪ 电气线路在经过建筑物、构筑物的沉降缝或伸缩缝处,应装设两端固定的补偿装置,导线应留有余量。配线工程施工后,埋地敷设的 PE 保护地线(镀锌扁钢),在接入箱、柜内时都必须明露,并与 PE 汇流排可靠连接。对住宅中带有漏电保护装置的线路应作模拟动作试验,并做好记录。

⑫ 导线的色标:从供电部门设置的熔断器引出线至电表箱、配电箱(柜)、住宅分户配电箱及各回路配线,均应按规范要求分色,A 相为黄色,B 相为绿色,C 相为红色,N 为淡蓝色,DE 保护线为黄绿双色。

⑬ 导线在箱、柜内应绑扎固定,接线端子编号清晰,导线在柜内不应有接头,电缆头在柜内应固定牢固,排列整齐,并及时挂上电缆标志牌。标志牌上应注明编号,无编号时,应写明电缆型号、规格及起迄地点,标志牌上字迹应清晰及不易脱落。

⑭ 配管进箱、盒、柜屏必须机械开孔,落地安装的配电柜、屏、底座应设置基础型钢,柜与基础型钢应有明显的可靠接地,并不宜与基础型钢焊死。装有电器的可开启的门,应用裸铜软线与 PE 汇流排可靠连接。安装在泵房内的配电柜,为保护电气设备,减少导线受潮,宜在地面砌筑砖基础,高度宜为 200mm。在箱柜接线中,端子或螺栓上宜接一根线,最多不能超过 2 根,当接 2 根导线时,中间应有平垫片分隔导线。

⑮ 照明配电箱、板、柜及电表箱内均设置 N 线和 PE 保护线的汇流排,N 线和 PE 线应在汇流排上连接,不得将 N 线或 PE 线多根绞接或压接在铜接头内。PE 线截面设计无规定时,相线截面在 16mm 及以下,PE 线与相线截面相同;相线截面在 16～35mm 时,PE 线为 16mm;相线截面大于 35mm 以上时,PE 线为相线截面的 1/2。

⑯ 配电箱和电表箱的金属箱体、金属电气安装板以及箱内电器的不应带电的金属底座,其外壳必须做保护接零,保护零线应通过接线端子板连接。

⑰ 灯具安装应牢固,严禁使用木楔。嵌装在吊平顶上的灯具应有加强龙骨框架或专用吊架。灯具不得直接安装在装饰、软包装等可燃物件上。软线吊灯的软线两端应搪锡并打保险扣,当软线吊灯灯具重量大于 1kg 时,应增设吊链,灯线应与吊链编叉在一起。灯具重量大于 3kg 时,应采用预埋吊钩或螺栓固定。对大型花灯,吊装花灯的固定及悬吊装置应按灯具重量的 1.25 倍做过载试验,并应有记录。

⑱ 成排安装的灯具,其中心线偏差不应大于 5mm。落地安装的反光照明灯具应采取保护措施。霓虹灯专业变压器的位置应隐蔽,且方便维修,但不宜装在吊平顶内,明装时其高度不宜小于

3m,室外安装时应采取防水措施,当灯具高度低于 2.4m 时,其金属外壳应采取接地保护措施。

⑲ 插座的安装高度应符合设计规定,当设计无规定时,托儿所、幼儿园及小学校距地面高度不宜低于 1.8m。安装在同一建筑物与构筑物内的开关,宜采用同一系列的产品,开关的通断位置一致,开关边缘距门框的距离宜为 150～200mm,开关距地高度宜为 1.3m,并不应装于门后。同一室内安装的开关,插座高度应一致,开关插座等器具不应安装在装饰面板、大理石等嵌线条中,以免破坏整个装饰美观效果。

⑳ 屋面避雷带的安装,支持件距离应均匀设置,在水平直线部分间距宜为 1m,垂直部分间距宜为 1.5m,转弯部分间距宜为 250～300mm。直线段上,不应有高低起伏及弯曲现象。避雷带垂直敷设时与建筑物墙面的间隙宜为 10～15mm。避雷带在跨越建筑物伸缩缝,沉降缝时,应设置补偿装置。当屋面采用金属钢筋栏杆作避雷带或幕墙金属结构主构架与避雷带连接时,应符合设计规定。

㉑ 防雷接地、保护接地的材质应为热镀锌钢材,扁钢的厚度不应小于 4mm,截面不应小于 100mm^2。避雷带与接地线的焊接应采用搭接焊,当采用扁钢时,搭接长度应为其宽度的 2 倍,且至少 3 个侧边焊接(在室外露天或埋地场所应焊 4 个侧边),当采用圆钢时,搭接长度为其直径的 6 倍。焊接处焊缝应平整饱满,不得有咬边、夹渣、焊瘤等现象。焊缝严禁用砂轮机打磨,焊接部位应及时清除药渣,并刷二度防锈漆。明敷接地线表面应涂以有 500mm 长的宽度相等的绿色和黄色相间条纹,当使用胶带时,应使用双色胶带。

10 建筑给水、排水、采暖及通风工程施工质量标准

10.1 施 工 准 备

熟悉审核图纸,参加技术交底,收集已建工程质量通病信息,明确施工重点与难点,制定相应的质量保证措施。

1. 施工现场临时设施

根据施工现场平面图,设计给水、排水、消防、雨水、管道和管沟的走向;设计消防泵房消防水箱和消防栓的安装位置,选择水泵的型号,临时消防竖管的尺寸;厕所设计为蹲坑自动冲洗式,阀门为自动冲洗阀。确保施工用水能满足施工需要。

根据施工人员生活区的位置、安排给排水走向、暖气的安装、平面图、系统图、锅炉房、引用水池、生活区消防水源,确保每一个部位都在消火栓保护范围之内,配备轻便灭火器材。

小型工具及所需的机具于施工前进入工地库房。现场所需的预埋件在施工前,在操作间加工好。待用材料应在料具库存储码放整齐。

2. 基础地下结构工程上孔洞的预留

① 防水钢套管的制作,首先熟悉图纸。准备穿越墙体的各种型号套管和管径计划材料。材料进场后检查验收质量、合格证与检验报告,验收完后再进行加工制作。在钢管上用石笔画出长度记号,放至切割机上切割,但用力不能过猛以免砂轮破碎飞出伤人。切完后,用挫刀将毛刺挫光滑。翼环采用 Q235 材料制作,用画规画出翼环大小、高度,采用氧气切割,把氧化渣敲干净,然后进

行制作点焊,用直角尺调好。翼环与套管之间夹角施焊,焊工要持证上岗,焊口要平滑,不得有气孔、夹渣和咬肉现象。加工完后,套管内壁刷底漆一遍。

② 柔性防水套管,计划出大小、数量,找专业厂家进行加工。

③ 安置套管预留孔洞。施工前,根据施工图,画出现场留洞图;标出给水、排水、消防、压力排水、暖气、通风等管道的走向、位置、坐标、坡度、标高、管径大小。在与其他工程不相碰撞的情况下,随钢筋结构进行安装。在墙体钢筋上作出记号,将套管在墙体上固定好,放置套管加强筋,在加强筋上点焊牢固。在合模之前,技术员、专业质检员对照图纸校验现场套管位置和尺寸的准确性,确保不遗漏,然后进行套管封堵。浇筑完的混凝土,决不允许随便剔凿。

3. 主体墙体和顶板工程

根据图纸,画出标准层预留孔洞的留洞图,严格审图,将位置、标高、甩口、管井合理安排准确,并按留洞规格大小做好预留套管。套管外壁用砂布打磨光滑、刷油。随墙体预留空调管与管井支管。顶板支好后,要先在模板上画出控制预留孔位置,钢筋绑孔时,把洞口留出来,在浇筑之前把套管放进去,用加强筋固定。要注意保护土建已布置好的钢筋,不要随意踩踏。浇筑混凝土时,要派专人看守,检查套管有否歪斜或移动位置。在混凝土强度达到 1.2N/mm^2 后取套管,要保持预留洞的光滑,用小抹子在套管周围压一压再起套管,不得破坏混凝土面的成型。

4. 材料及设备管理

(1) 建筑给排水与采暖工程所使用主要材料、成品、半成品配件、器具和设备,必须具有质量合格证明文件、品种、规格、型号和性能检测报告,应符合国家技术标准或设计要求。进场时应做检查和验收,并经监理工程师核查确认,才能使用。

(2) 所有材料进场时,应对品种、规格、外观等进行验收,包装应完好。表面无划痕及外力冲击破损。

(3) 主要器具和设备必须有完整的使用安装说明书。在运输、保管和施工过程中,应采取有效措施防止损坏或腐蚀。

(4) 所有阀门安装前,都应做强度和严密性试验。试验应在每批(同型号、同规格)数量中抽查 10%,且不少于一个。安装在主干管上的起切断作用的闭路阀门,应逐个做强度和严密性试验。

(5) 阀门强度和严密性试验,应符合以下规定:

A.阀门的强度试验压力为公称压力的 1.5 倍,严密性试验压力为公称压力的 1.1 倍,试验压力在试验持续时间内应保持不变,且壳体填料及阀瓣密封面无渗漏。

B.阀门试压的试验持续时间应不少于表 10-1 的规定。

阀门试验持续时间 表 10-1

公算直径 DN (mm)	最短试验持续时间(s)		
	严 密 性 试 验		强度试验
	金属密封	非金属密封	
≤50	15	15	15
65~200	30	15	60
250~450	50	30	180

(6) 管道上使用冲压弯头时,冲压弯头外径应与管道外径相同。

(7) 编写好材料计划任务书,编制加工订货计划,提出主要设备进场时间,报公司批准,统一采购。

5.管道的连接方法和技术要求

(1) 螺纹连接:丝头长度应符合要求,螺纹完整光滑,无毛刺、乱丝、缺丝和断丝,长度不得大于螺纹全长的 10%。不得纵向相靠。松紧度适宜,根部应有外露螺纹 2~3 扣。

(2) 法兰连接:

① 要求管子插入平焊法兰内一定深度。法兰应垂直于管中心线,法兰表面相互平行。

② 应根据介质性质、压力、温度及垫片性能,选择垫片材料。给排水为橡胶垫片,采暖热水为石棉橡胶垫片,蒸汽管采用石棉垫

片。连接处只准放一个垫片。

③ 使用同一规格镀锌螺栓,安装方向一致,松紧度适宜,螺丝外露长度不大于螺杆直径 1/2,便于拆卸,距墙不小于 200mm。

(3) 焊接连接:焊接时口应对直,留有一片锯条间隙先点焊,调直后最后焊死,保证焊接质量。可使管子转动施焊,以减少死口焊接。

(4) 承插口连接:接口结构和所用填料,应符合设计要求和施工规范规定,承口朝来水方向,灰口密实、饱满、平整、光滑,环缝间隙均匀,养护良好,胶圈接口平直无扭曲,对口间隙准确。

(5) 给水采用沟槽连接时,遵照相关的操作规程和标准。

① 滚槽:

A. 按所需长度切割钢管,切口完整,无毛刺。

B. 将加工钢管架设在滚槽机尾架上,用水平仪测量,使钢管处于水平位置。

C. 控制钢管中轴线与滚槽机示数显示为 90°。

D. 启动滚槽机,使上压轮均匀滚出预定深度。用游标尺检查沟槽的深度及宽度,确定是否符合标准。

② 安装:

A. 准备好已符合要求的沟槽管段、配件、附件。

B. 将橡胶圈套入一根钢管端部,将另一钢管套入密封圈,使密封圈位于接口中间,并在周边涂抹润滑剂。

C. 在密封圈外侧安上下卡箍,将卡箍边卡进沟槽内。

D. 用手压紧上下卡箍耳部,用木椎紧卡箍凸边缘外,穿好螺栓,均匀用力并拧紧。

E. 检查确认卡箍凸边全圆周卡进沟槽内。

③ 试压:

A. 管道全部安装完毕后进行试压,可分层分段进行。

B. 管道试压时,不可以转动卡箍和螺母。

C. 试压标准时间可按有关规范执行。

(6) 工程给水排水、雨水、冷凝水等工程的胶接形式。

使用硬聚氯乙烯(PVC—U)管道时,粘接管材、管件和胶粘剂应由同一个厂家供应。

(7) 给水管道熔焊连接:根据管材管件大小,选择熔焊机的大小。管材端头和管件要擦干净。熔焊时间要准确。管件与管材垂直度的调直时间要快,甩口方向要正确。

10.2 给水管道安装质量标准

(1) 安装准备。认真熟悉图纸,根据施工方案决定施工方法,做好准备工作。参看有关专业设备图和装修建筑图校对各种管道和坐标标高是否交叉、管道排列所用空间是否合理,有问题及时与设计和监理研究解决,办好变更洽商记录。

(2) 组织技术过硬、爱岗、敬业、水平素质高的专业队伍,持证上岗按设计图纸画出管道分路、管径、变径、预留管口、阀门的位置等施工草图。在实际安装的结构上做上标记,按标记分段量出实际安装尺寸,记录在施工草图上,然后按草图测得尺寸,预制加工(断管、套丝、上零件、调直、校对,按管道段分组编号)。

(3) 干管安装

① 给水镀锌管道安装:安装时一般从总进入口开始操作。总进口端头加好临时丝堵供试压用。如设计要求沥青防腐或加强防腐,应在预制后和安装前做好防腐。安装前清扫管膛。将已下好料的管材安装调直,连接三段或数段,不能只顾留口方向,要照顾到管材的弯曲度。相互找正后,再将预留口的方向转到合适部位,并保持正直。

② 管道调直应放在调管管架上或平台上,三人操作为宜,管段两段各一人目测,边敲打边观测,直到无弯曲为止,标明印记。镀锌管不允许加热调直,丝扣外露2~3扣,安装完后找直找正,复核甩口位置、方向及变径。无误后,清理麻头,加好临时封堵。

③ 热水管道穿墙处要求加好套管及固定架。为使钢管安装方便,找好坡度线,安装支吊架。支架统一电钻打眼,不允许气焊

割眼。安装伸缩器,按规定做好预拉伸,待管道固定卡件安装完毕后,除去预拉伸支撑物,调整好坡度。翻身处高点要有放风,低点有泄水装置。给水水平管道应有 2‰～5‰ 坡度,坡向泄水装置。管道支架安装距离应符合表 10-2 和表 10-3 的要求。

钢管管道支架的最大间距　　　　表 10-2

公称直径(mm)		15	20	25	32	40	50	70	80	100	125	150	200	250	300
支架的最大间距(m)	保温管	2	2.5	2.5	2.5	3	3	4	4	4.5	6	7	7	8	8.5
	不保温管	2.5	3	3.5	4	4.5	5	6	6	6.5	7	8	9.5	11	12

铜管管道支架的最大间距　　　　表 10-3

直　径　(mm)		15	20	25	32	40	50	65	80	100	125	150	200
支架的最大间距(m)	垂直管	1.8	2.4	2.4	3.0	3.0	3.0	3.5	3.5	3.5	3.5	4.0	4.0
	水　平	1.2	1.8	1.8	2.4	2.4	2.4	3.0	3.0	3.0	3.0	3.5	3.5

④ 冷、热水管道同时安装应符合下列规定:

A. 上下平行安装时,热水管应在冷水管上方。

B. 垂直安装时热水管应在冷水管左侧。

(4) 立管安装

① 立管明装:每层从上到下统一吊线安装卡件,将预制好的立管编号,分层排开,按顺序安装,对好调直印记,丝扣外露 2～3 扣。清理麻头,校核甩口的高度、方向是否正确。外露丝扣和镀锌层破坏部分要刷好防锈漆。支管甩口要临时封好丝堵。立管截门安装方向要便于操作和修理。安装完后要统一检查,吊好垂直线,配合土建堵好预留洞。

② 立管暗装:竖井内立管安装卡件宜采用型钢,上下统一吊线安装卡件,安装在墙内。立管在结构中预留管槽,立管安装吊直找正,用卡件固定。支管的甩口应明露,并加以临时封堵。

③ 热水立管按设计要求加好套管。立管与导管连接要采用两个弯头。立管直线长度大于 15m 时,宜采用 3 个弯头。立管如

有补偿器,其安装同干管,其他做法同明装立管要求。

(5) 支管安装

① 将预制好的支管从立管甩口处依次逐段进行安装,有阀门时应将阀门上盖卸下再装,根据管道长度适当加好临时固定卡,核定不同卫生器具的冷热水预留口的高度、位置是否正确。找平找正后裁好支管长件,去掉临时固定卡,上好临时封堵。支管如装有水表,应先装上连接管,试压后在交工前拆下连接管,安装水表。

② 支管暗装:确定支管后,画线定位,剔出管槽,将预制好的支管敷设在槽内,找平找正,定位后用勾钉固定,卫生器具的冷热水预留口,要做在明处,尺寸、位置要准确加好丝堵。

③ 热水支管:热水支管穿墙处,按规范要求做好套管。热水支管应在冷水支管的上方,支管预留口位置应为左热右冷。

(6) 阀门安装

安装前,做耐压强度试验,检查试验记录,合格后方可安装。对于安装在主干管道的阀门,更应逐个做强度和严密性试验。强度和严密性试验压力应为阀门出厂规定压力。按设计要求,检查其种类、规格、型号及质量,应有产品合格证。阀杆不得弯曲,室内给水管道阀门、管径小于或等于 50mm 时宜采用球阀;管径大于50mm 时宜采用闸阀。

① 截止阀:由于截止阀,阀体内腔左右两侧不对称,安装时必须注意流体流动的方向,应使管道中的流体由下往上流经阀盘,流体阻力小,开启省力。

② 闸阀:闸阀不宜倒装,倒装时,使介质长期存于阀体提升空间,检修也不方便。明管阀门不能装在地下,以防阀杆锈蚀。

给水管道和阀门安装的允许偏差应符合表 10-4 的规定。

③ 止回阀:有严格的方向性,安装时除注意阀体所标介质流动方向外,还须注意以下两点:A. 安装升降式止回阀时应水平安装,以保证阀盘升降灵活,工作可靠。B. 摇板式止回阀安装时,应注意介质流动方向(箭头方向),要保证摇板的旋转枢轴呈水平,可装在水平式垂直的管道上。

项 次	项　　目		允许偏差	检 验 方 法
1	水平管道纵横方向弯曲	钢　管 / 每米 / 全长 25m 以上	1 / ≯25	用水平尺、直尺、拉线和尺量检查
		塑料管复合管 / 每米 / 全长 25m 以上	1.5 / ≯25	
		钢　管 / 每米 / 25m 以上	2 / ≯25	
2	立管垂直度	钢管 / 每米 / 5m 以上	3 / ≯8	吊线和尺量检查
		塑料管复合管 / 每米 / 5m 以上	2 / ≯8	
		铸铁管 / 每米 / 5m 以上	3 / ≯10	
3	成排管段和成排阀门	在同一平面上间　距	3	尺量检查

(7) 水表安装

应先除去管道中污物,用水冲洗。水表应水平安装在查看方便、不受曝晒、不受污染和不易损坏的地方。查看水表水流方向切勿装反。水表之前安装阀门和大于水管口径 10 倍的直管段。水表前面阀门在水表使用时打开。水表外壳距墙面不大于 30mm。水表中心距墙面的距离为 450～500mm。安装高度 600～1200mm。水表前后直管段长度大于 300mm 时,其超出管段应用弯头引靠到墙面,沿墙面敷设,管中距墙面 20～25mm。

(8) 管道试压

铺设暗装保温的给水管道,在隐蔽前做好单项水压试验。

管道系统安装完毕后,进行综合水压试验。水压试验时,放净空气,充满水再进行加压。当压力升到规定要求时,停止加压,进行检查,如各接口阀门均无渗漏,持续到规定时间,观察其压力下降,在允许范围内时,通知甲方、监理,进行验收,办理交接手续,然后把水泄净。冬天时更要注意吹净、泄净,防止冻裂。在应做防腐的部分做好防腐处理再进行隐蔽。

(9) 管道冲洗

管道在交工使用前,必须进行冲洗。自来水连续进行冲洗,应接入可靠的排水管网。水冲洗时,如设计无规定,出口水色和透明度应与进口水色一样,保证有充足的流量,目测一致为合格。冲洗合格后,办理验收手续。

(10) 管道防腐和保温(见表 10-5)

管道及设备保温的允许偏差和检验方法　　表 10-5

项　次	项　　目		允许偏差(mm)	检 验 方 法
1	厚　　度		$+0.1\delta$ -0.056δ	用钢针刺入
2	表面平整度	卷　材	5	用 2m 靠尺和 楔形塞尺检查
		涂　抹	10	

① 管道防腐:给水管道的铺设与安装的防腐均按设计要求,及国家验收规范执行。所有的型钢支架及管道镀锌层被破坏的地方和外露丝扣,都要补刷防锈漆。

② 管道保温:给水管道明装暗装的保温有三种形式:管道防冻保温,管道防结露保温,管道防热损失保温。工程设计要求必须使用阻燃材料。不阻燃的材料决不进入现场,确保质量达到国家验收规范要求。

(11) 成品保护

① 安装好的管道不得用作支撑或放脚手板,不得踏压。不得作为其他用途的受力点。

② 在安装时应卸下阀门的手轮,交工前统一安装好。

③ 水表应有保护措施,防止损坏,可统一在交工前装好。

④ 各种给水配件、水嘴、喷水头等,在交工验收时再进行安装。

（12）注意事项

① 管道镀锌层损坏应更换。压力管钳日久失修造成卡不住管子时,应更换。

② 立管与墙距离不一致,或半明半暗,是立管位置安排不当,或隔断墙位置偏差太大所致。

③ 管道连接操作不当,最容易造成漏水,渗水,必须从以下几个方面采取措施:

A. 套丝过硬或过软引起的不严密;

B. 铅油、麻等填料缠绕不合理;

C. 活接处忘放垫片或蹬踩受力过大,造成接头不严密而漏水。

10.3 排水管道安装质量标准

（1）材料检验

室内排水管道使用的材料有两种:机制铸铁管和 UPVC 硬聚氯乙烯管。排水铸铁管及管件规格品种应符合设计要求。铸铁管壁薄厚要均匀,内外光滑整洁,无沙眼,无裂纹,无飞刺和疙瘩。承插口的内外径及管件应符合要求,法兰接口平整光洁严密,地漏和返水弯的扣距必须一致。

硬聚氯乙烯（UPVC）管材时,所用胶粘剂应是同一厂家配套产品,应与卫生洁具连接相适宜,并有产品合格证及说明书。UPVC 管材内壁应光滑无气泡,无裂纹。管壁薄厚均匀,色泽一致。直管段挠度不大于 1%。管件造型应规矩光滑,无毛刺,承口应有梢度,并与插口配套。

作业条件:室内下水管道和管件,按设计图纸和建筑物结构实际情况,先进行实物排列,经核实各部位标高、位置、甩口尺寸以及其他管道间距确实准确无误。设备层内排水管道的敷设应在模板拆除清理后进行。

（2）安装准备

根据设计图纸检查、核对留洞大小、尺寸是否正确,将管道坐标、标高位置画线定位。管道安装坡度应符合表 10-6 或表 10-7 的要求。

生活污水铸铁管道的坡度 表 10-6

项 次	管径(mm)	标准坡度(‰)	最小坡度(‰)
1	50	35	25
2	75	25	15
3	100	20	12
4	125	15	10
5	150	10	7
6	200	8	5

生活污水塑料管道的坡度 表 10-7

项 次	管径(mm)	标准坡度(‰)	最小坡度(‰)
1	50	25	12
2	75	15	8
3	110	12	6
4	125	10	5
5	160	7	4

(3) 管道预制

为了减少在安装中捻固定灰口,对部分管材与管井可按预先测绘的草图捻好灰口,甩口方向位置要准确,并编号,码放在平坦的场地,管段下面用木方垫平、垫实。对灰口要用湿麻绳缠绕,浇水养护,保持湿润。冬季要采取防冻措施。常温 24～48h 后方能移动。运到现场安装的途中要避免磕碰。

(4) 排水干管安装

根据施工图从排水管道入口进行安装托吊件,将托架或吊架,按设计坡度安装好量准吊棍尺寸,将预制好的管道托吊牢固。将立管预留口的位置及各层卫生洁具排水预留管口,根据室内 50 线座标位置及轴线量好尺寸,接至规定高度。将预留管口封堵好。

托吊排水干管在吊顶内,做灌水试验,首先对安装好的管道坐标、标高及预留口尺寸进行自检,确认准确无误后,进行灌水试验,水满后,观察各接口及管道无渗漏、水位不下降后,报监理方进行检查。检查合格后填写满水试验记录,办理隐检手续。临时封堵各预留管口,配合土建填堵孔洞。

(5)排水立管

立管检查口设置按设计要求。排水支管设在吊顶内且每层立管设立检口,以便做灌水试验。

预留孔洞如有更改或偏差,应用水钻打孔。

立管安装应两人配合,上下层各一人,由管洞放下一根绳子,上拉下托将立管下部插入承口内。

立管插承入口后,找直固定,检查甩口位置及立管检查口的方向,然后打麻、吊直、捻灰、复检立管垂直度,将立管固定牢固,上口临时封堵。

立管安装完毕后,配合土建将洞灌满填实,安装型钢做的固定支架,并拆除临时支架。

(6)排水支管安装

排水支管安装必须符合施工规范要求的标准坡度。在条件不允许时,也要保证支管安装的最小坡度。

支管安装应先搭好架子,并将托架按坡度安装好或安装好吊卡,量准吊棍尺寸,间距要符合要求。将预制好的管道托到架子上,再将支管插入立管承口内,将支管预留尺寸找准,固定好支管。确定无误后,打麻捻灰口。

支管设在吊顶内末端有清扫口时,应当接到上层地面上以便于清掏。支管安装完毕后,再检查位置、尺寸、坡度、吊件间距,确定合格后进行封堵,将楼板孔洞堵严。

排水塑料管道支吊架间距应符合表10-8的规定。

排水塑料管道支吊架最大间距   表10-8

管 径 (mm)	50	75	110	125	160
立 管 (m)	1.2	1.5	2.0	2.0	2.0
横 管 (m)	0.5	0.75	1.10	1.30	1.6

10.4 雨水管安装质量标准

（1）内排雨水管的安装，管材可按设计要求选择。

（2）高层建筑内排雨水管，要使用铸铁排水管，管材承压可达到 0.8MPa 以上，管材长度可根据楼层高度选取，每层只需一根管，捻一个水泥灰口。

（3）高层建筑用排雨水管选择 UPVC 塑料管，承压可达到 0.8～1.0MPa。采用交圈承插口式连接，根据楼层高度选择管子长度。

（4）雨水漏斗的连接管应固定在面承重结构上，雨水漏斗边缘与屋面相接处应严密。连接管管径当设计无要求时，不得小于 100mm。

（5）雨水管道安装的允许偏差，要符合规范要求和规定，见表 10-9。

室内排水和雨水管道安装的允许偏差和检验方法　　表 10-9

项次	项　目				允许偏差（mm）	检验方案
1	坐　标				15	
2	标　高				±15	
3	横管纵横方向弯曲	铸铁管	每 1m		≯1	用水平仪（水平尺）直尺、拉线和尺量检查
			全长（25m 以上）		≯25	
		钢　管	每 1m	管径小于或等于 100mm	1	
				管径大于 100mm	1.5	
			全　长（25m 以上）	管径小于或等于 100mm	≯25	
				管径大于 100mm	≯308	
		塑料管	每 1m		1.5	
			全长（25m 以上）		≯38	
		钢筋混凝土管、混凝土管	每 1m		3	
			全长（25m 以上）		≯75	

376

项次	项 目		允许偏差(mm)	检验方案
4	立管垂直度	铸铁管	每 1m	3	吊线和尺量检查
			全长(5m 以上)	≯15	
		钢 管	每 1m	3	
			全长(5m 以上)	≯10	
		塑料管	每 1m	3	
			全长(5m 以上)	≯15	

(6) 雨水钢管管道焊接,焊口允许偏差,应符合表 10-10 的规定。

雨水管道焊接焊口允许偏差 表 10-10

项次	项 目			允 许 偏 差	检 查 方 法
1	焊口平制度	管壁厚 10mm 以内		管壁厚 1/4	焊接检查尺和游标卡尺检查
2	焊缝加强面	高 度		+1mm	
		宽 度			
3	咬 边	长度	深 度	小于 0.5mm	直尺检查
			连 续 长 度	25mm	
			总长度(两侧)	小于焊缝长度的 10%	

(7) 雨水管道不得与生活污水管道相连接。

(8) 雨水管道如采用塑料管,其伸缩节安装应符合设计要求。

(9) 安装完毕后,做灌水试验,灌水高度必须到每一根立管上部的雨水斗,时间 1h,不渗漏。

10.5 UPVC 管道安装质量标准

(1) 生活污水塑料管道的坡度必须符合设计要求或规范要求,见表 10-11。

生活污水塑料管道的坡度 表 10-11

项　　次	管径(mm)	标准坡度(‰)	最小坡度(‰)
1	50	25	12
2	75	15	8
3	110	12	6
4	125	10	5
5	160	7	4

(2) 排水塑料管必须按设计要求及位置装设伸缩节,如设计无要求,伸缩节不得大于 4m。

(3) 预制加工根据图纸要求并结合实际情况,按预留口位置测量尺寸,绘制加工草图,根据草图量好管道尺寸,进行断管。断口要平齐,用铣刀和刮刀除掉断口内外飞刺,外棱铣出 15°。粘接前,应对承口做插入试验,不得全部插入,一般为承口的 3/4 深度。试插合格后,用棉布将承插口内需粘接部位的水份和灰尘擦拭干净。如有油污,需用丙酮除掉,用毛刷先涂抹承口,后涂抹插口,随即用力垂直插入。粘接时将插口稍作转动,以利粘接剂分布均匀。约 30～60s 即可粘接牢固,立即将溢出的粘接剂擦拭干净。多口粘接时,要注意预留方向。

(4) 埋地干管安装

① 埋地管铺设可按下列工序进行:

A. 按设计图纸上的管理布置,确定标高并放线,经复核无误后,开挖管沟至设计要求深度。

B. 检查并贯通各预留孔洞,按各受水口位置及管道走向进行测量,编制实绘小样图,详细注明尺寸和编号。

C. 按实测小样图进行预制,按设计标高坡度铺设埋地管。

D. 作灌水试验,合格后作隐蔽工程验收。

② 埋地管道管沟底面应平整,无突出的尖硬物。宜设厚度为 100～150mm 砂垫层,垫层宽度不小于管直径的 2.5 倍,其坡度应与管道坡度相同。管沟回填土应采用细土回填至管顶以上至少

200mm 处,压实后再回填至设计标高。

③ 埋地管道穿越地下室外墙时,应采取防水措施。当采用刚性防水套管时,可按图 10-1 所示施工。

④ 埋地管灌水试验,高度不得低于底层地面高度,灌水 15min 后,若水面下降,再灌满延续 5min。应以液面不下降

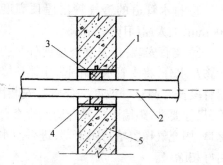

图 10-1　刚性防水套管施工
1—预埋刚性套管;2—UPVC 管;3—防水胶泥;
4—水泥砂浆;5—混凝土外墙

为合格,试验结束应将存水排除。管内可能有结冻处,应将存水弯、水封的积水排出,并应封堵各受水管管口。

(5) 楼层管道立管和支管安装

① 立管安装前,应先按立管的布置画出安装管道支架线,按设计坐标要求,将已预制好的立管运到安装部位。首先清理已预留伸缩节,拧下锁母,取出 U 型橡胶圈,清理干净,复查上层洞口是否合适。立管插入端应划好插入长度标记,然后涂上肥皂液,套上锁母及 U 型橡胶圈。安装时先将立管上端伸入上一层洞口内,垂直用力插入至标记为止(一般预留胀缩量为 20～30mm)。合格后即用抱卡紧固于伸缩节上沿,然后找正、找直,并测量顶板距三通口中心是否符合设计要求。穿楼板的管段须做防水处理。

② 在需要安装防火套管或阻火圈的楼层,先将防火套管或阻火圈套在管段外然后进行管道接口连接。

③ 管道应自下而上分层进行。先安装立管,后安装横管,连续施工。

④ 管道系统安装完毕后,对管道外观质量和安装尺寸进行复验检查,复查无误后作通水试验,房间吊顶要做闭水试验,合格后安装吊顶。

⑤ 排水管道的透气管出屋顶高度:非上人屋面应为 600 ~ 700mm,上人屋面应为 2m。

⑥ 支管安装:首先复查预埋件是否合适,清除各粘接部位的污物及水分,将支管水平吊起,涂拌粘接剂,用力推入预留管口,根据管段长度调整好坡度。合格后安装固定卡架。接卫生器具的管,尺寸要准,距墙距离要合适。检查合格后,打开下一层立管扫除口,用充气橡胶堵封闭上部,进行闭水试验,合格后撤去橡胶堵封好扫除口。

⑦ 闭水试验:排水管安装完后,按规定要求必须进行闭水试验。凡属隐蔽暗装管道必须按分项工序进行。卫生洁具及设备安装后,必须进行通水通球试验,必须符合设计要求和施工规范规定。

⑧ 质量问题的预防

A. 粘接口漏水。原因是粘接剂涂刷不均匀或粘接处未处理干净。

B. 接口外观不清洁、不美观。粘接处外溢粘接剂应及时除掉。

C. 地漏安装过高或过低。原因是地平线未找准。

D. 立管穿楼板处板缝渗水。原因是立管穿楼板处没做防水处理。

E. 立管检查口渗漏水。检查口堵盖必须加垫,以防渗漏。

F. 排水插口倾斜,造成灰口漏水。原因是预留口方向不准,灰口缝隙不均匀。

G. 排水管坡度过小或倒坡,均影响使用效果。各种管道坡度必须按设计要求找准。

H. 排出管与立管连接宜采用两个 45°弯头或弯曲半径小于 4 倍直径的 90°弯头,否则管道容易堵塞。

⑨ 成品保护

A. 管道安装完毕后,应将所有的管口封闭严密,防止杂物进入,造成管道堵塞。

B.预制好的管道要码放整齐、垫平、垫牢,不准用脚踩或物压,也不得双层平放。

C.不许在安装好托、吊的管道上搭设架子或栓吊物品,竖井内管道在每层楼板处要做型钢支架固定。

D.冬期捻灰口必须采取防冻措施。

E.管道安装好后,应将阀门的手轮和减压顶针卸下保管好,竣工时统一装好。

F.油漆粉刷前,应将管道用纸包裹好,以免管道污染。

10.6 卫生洁具安装质量标准

(1) 安装要求

① 卫生器具安装高度如设计无要求时,应符合表10-12的要求。

卫生器具安装高度　　　　表 10-12

项次	卫生器具名称		卫生器具安装高度 (mm)		备注
			居住和公共建筑	幼儿园	
1	污水盆(池)	架空式 落地式	800 500	800 500	
2	洗涤盆(池)		800	800	
3	洗脸盆、洗手盆(有塞、无塞)		800	500	自地面至器具上边缘
4	盥洗槽		800	500	
5	浴盆		≯520		
6	蹲式 大便器	高水箱 低水箱	1800 900	1800 900	自台阶面至高水箱底 自台阶面至低水箱底
7	坐式 大便器	高水箱	1800 900	1800 900	自地面至高水箱底 自地面至低水箱底
		低水箱 外露排水管式 虹吸喷身式			

项次	卫生器具名称		卫生器具安装高度 （mm）		备　注
			居住和 公共建筑	幼儿园	
8	小便器	挂式	600	450	自地面至下边缘
9	小便槽		200	150	自地面至台阶面
10	大便槽冲洗水箱		≮2000		自台阶面至水箱底

② 卫生器具给水配件安装高度如设计无要求时，应符合表10-13的要求。

卫生器具给水配件安装高度　　　　表 10-13

项次	给水配件名称		配件中心距 地面高度(mm)	冷热水龙头 距离 (mm)
1	架空式污水盆(池)水龙头		1000	—
2	落地式污水盆(池)水龙头		800	
3	洗涤盆(池)水龙头		1000	150
4	住宅集中给水龙头		1000	—
5	洗手盆水龙头		1000	
6	洗脸盆	水龙头(上配水)	1000	150
		水龙头(下配水)	800	150
		角阀(下配水)	450	—
7	盥洗槽	水龙头	1000	150
	冷热水管 上下并行	其中热水龙头	1100	150
8	浴盆	水龙头(上配水)	670	150
9	淋浴器	截止阀	1150	95
		混合阀	1150	
		淋浴喷头下沿	2100	—

项次	给水配件名称		配件中心距地面高度(mm)	冷热水龙头距离(mm)
10	蹲式大便器台阶面算起	高水箱角阀及截止阀	2040	
		代水箱角阀	250	—
		手动式自闭冲洗阀	600	
		脚踏式自闭冲洗阀	150	
		拉管式冲洗阀(从地面算起)	1600	
		带防污助冲器阀门(从面算起)	900	
11	坐式大便器	高水箱角阀及截止阀	2040	
		低水箱角阀	150	
12	大便槽冲洗水箱截止阀(从台阶面算起)		≤2400	—
13	立式小便器角阀		1130	
14	挂式小便器角阀及截止阀		1050	
15	小便槽多孔冲洗管		1100	
16	实验室化验水龙头		1000	
17	妇女卫生盆混合阀		360	

(2) 排水栓和地漏安装应平直、牢固,低于排水表面,周边无渗漏,地漏水封高度不得小于 50mm。

(3) 卫生器具安装基本上有共同的要求:平、稳、牢、准、不漏、使用方便、性能良好。

① 平:所有的卫生器具的上口边缘要水平,同一房间成排的器具标高应一致。

② 稳:器具安装好后,无摇动现象。

③ 牢:安装应牢固,防止使用一段时间后产生松动。

④ 准:卫生器具坐标、位置、标高尺寸要准确。

⑤ 不漏:卫生器具上的给、排水管口连接处必须严密不漏。

⑥ 使用方便:卫生器具的安装应根据不同的对象,(如住宅、学校、幼儿园等)合理安排,阀门手柄的位置要朝向合理,整套设施

力求美观。

⑦ 性能良好:阀门、水嘴开关灵活。

(4) 卫生器具的固定应采用预埋固定架件和胀栓,坐便器固定螺栓不小于 M6,便器冲水箱固定螺栓不小于 M10,并用橡胶垫和平光垫压紧,固定螺栓全部是镀锌件。胀栓使用在混凝土墙上,不准使用板与轻质隔墙。

(5) 洗脸盆和家具盆的支架安装必须牢固,器具与支架接触紧密,不准使用垫块方法固定器具标高。家具盆使用扁钢支架时,扁钢不小于 40mm×3mm、螺栓不小于 M8,支架边缘板边部分不能大于 50mm、不小于 20mm,板边部分应光滑、不得有割口糙边,并与盆面接触紧密。

(6) 洗脸盆支架使用 DN15 钢管制作,应采用镀锌钢管,尾端做好燕尾,栽墙牢固,用镀锌螺栓做固定件,螺栓自下向上固定,不要放在侧面,固定脸盆不得活动。

(7) 排水地漏及三用排水器不得设置在不防水的地面上。地漏水封深度不得小于 50mm。交工前必须清理污物,篦子开启灵活,不得用灰抹住。

(8) 坐便器低水箱必须使用防虹吸水箱配件,并具有有关的法定检测单位证明。

(9) 蹲便器、坐便器与排水管接口处须加环型腻子,抹严抹光。坐便器栽地螺栓不得破坏防水层,蹲便器冲水皮碗处不得用砂浆灌死,内填充砂子,以便检修。蹲便器高位水箱塑料冲洗管距地 1m 处,设置单管固定卡。

(10) 卫生间内浴盆检修门不应贴地安装,应有 20~50mm 止水带,防止卫生间地面水流入浴盆下。

(11) 带有溢水眼的卫生器具,在安装下水口时,一定要将下水口中的溢水口对准器具上的溢水眼。没有溢水口的下水口应打眼后再安装。

(12) 脸盆、家具盆的下水口安装时要上垫油灰,下垫皮垫,使之与器具接触紧密,避免产生渗漏现象。

384

(13) 延时自闭冲洗阀的安装,阀中心高度为 1100mm,冲洗管弯管下端插入皮碗内 40～50mm,用喉箍卡牢,扳把式冲洗阀的板手应朝向右侧,按钮式冲洗阀的按钮应朝向正面。

(14) 混合水嘴安装:将冷、热水管口找平、找正,把混合水嘴转向对丝抹铅油、缠麻丝、带好护口盘,用自制的扳子插入转向对丝内,分别拧入冷热水预留管口,校好尺寸,找平、找正,使护口盘紧贴墙面,然后将混合水嘴对正转向对丝,加垫后拧紧锁母,找平、找正,用扳手拧至松紧适度。

(15) 水嘴安装,先将冷、热水管口用短管找平、找正,如暗装管道进墙较深者,应先量出短管尺寸,套好短管,使冷热水嘴安完好,距墙一致。将水嘴拧紧找正,除净外露麻丝。

10.7 室内采暖管道安装质量标准

1. 热水供暖系统型式

(1) 上供下回双管系统。上供指供水干管在顶层,下回指回水干管在地沟内。

上供下回双管系统的优点是各组散热器均为并联连接,可以单独调节,缺点是上层温度高,下层温度底。

(2) 下供下回双管系统。下供下回指供回水平管都在地沟内。下供下回双管系统优点是:各组散热器可单独调节,上下层的温度基本一致。缺点是排气麻烦。

(3) 垂直单管系统:

① 顺序式系统。热水上供下回,并顺序流过各层散热器。这种系统优点是,构造简单,管材及阀门用量少,易于做到压力平衡,水力稳定性好,缺点是各组散热器不利调节。

② 跨越式系统。上供下回,垂直单管跨越式系统。它是在顺序式系统中增设跨越管,并在支管上设阀门,散热可单独调节。

③ 可调节顺序式系统。它在顺序式系统中,增设跨越管和三通阀。这种系统兼顾了顺序式和跨越式两种系统的优点,散热管

可以单独调节。

（4）单一双管系统。该系统每根立管的散热器分为若干组，散热器按双管形式连接，而各组之间，又按单管系统连接。这种系统适用于高层建筑的供暖系统。

（5）水平单管系统。水平单管系统分串联式和跨越式两种。

① 水平串联式单管系统。在当前它是使用较多的系统之一。该系统优点是构造简单，经济性最好，环路少，易做到水力平衡，水力稳定性好。其缺点是常用水平串联管的伸缩补偿不佳而产生漏水现象，排气麻烦。

② 水平跨越式单管系统的优点是：散热器可以单独调节，水平管可以隐蔽，暗敷设于顶棚内或地沟内。

（6）同程式系统。通过各立管循环，路程相同。

（7）异程式系统。通过各立管循环，路程不相同，近热远凉。

2．膨胀水箱

包括开式膨胀水箱和闭式膨胀水箱两种。

（1）作用：① 容纳系统中的水受热之后的膨胀体积。

② 补充系统中水的不足。

③ 指示水位，稳定压力。

（2）安装：开式膨胀水箱满水试验合格后，才能就位安装。膨胀水箱安装在系统的最高处，水箱底距最高管道或散热器，垂直距离应在 0.5m 以上。膨胀管、循环管、溢流管不应安装阀门，膨胀管和循环管接到锅炉房水泵吸入口处，也可以接到系统入口处的回水干管上。这要视系统的压力而定。安装在供暖的房间时，可以取消循环管；安装在不供暖的房间时，要设循环管。循环管与膨胀管焊在回水干管上，两管间距为 1.5～2m 左右，水箱和管道要保温。

3．集气罐：是热水供暖系统中最常用的排气装置。其工作原理为：热水由管道流入集气罐，由于罐的直径大于管道的直径，热水流速会立刻降低，水中的气泡便自行浮出水面之上，积集于集气罐的上部空间。当系统充水时，打开集气罐放气管上的阀门，把空气放净。在系统运行期间，也应查看有无存气。若有，应及时排净以利于热水循环。

（1）集气罐放气管应接到有排水设施的地漏或冲洗池中，放气管阀门安装高度不低于2.2m，放气管口距池底20mm。

（2）集气罐的直径一般为100～250mm，长或高为300～430mm，常用短管两头封焊钢板制成，壁厚为4～6mm。

（3）自动排气阀：自动排气阀有立式或卧式两种，安装时在进水端应装阀门。

4．干管安装：干管安装应从进户或分支路开始，首先按设计要求坡度拉线安装托吊架。所有的小件制作管材，必须刷防锈漆一遍，否则不允许进楼安装。热水供暖入口应按设计要求设置压力表、温度计等装置。供暖干管变径不得使用补心变径，应按排气要求使用偏心变径。变径位置应不大于分支管300mm。住宅工程室内供暖安装不应使用活接头连接。如设计要求必须设置可拆连接件时，应采用法兰连接件。连接时，管道直径大于或等于DN40时，宜采用焊接；管道直径小于DN40时，宜采用丝接。干管分环路进行分支连接时，因考虑管道伸缩，一般不用丁字直线管段连接，应用阳角弯。干管分路阀门离分路点不宜过远，如果是系统最低点，要加泄水；最高点要安装排气，坡度一般为3‰，但不少于2‰。干管的弯曲部位及焊缝处，严禁焊接支管，接口焊缝距超弯点支吊架边缘必须大于50mm。采暖管道安装的允许偏差见表10-14。

采暖管道安装的允许偏差和检验方法　　　　表10-14

项　次	项　目			允许偏差	检　验方　法
1	横管道纵、横方向弯曲（mm）	每1m	管径≤100mm	1	用水平尺、直尺、拉线和尺量检查
			管径＞100mm	1.5	
		全长（25m以上）	管径≤100mm	≯13	
			管径＞100mm	≯25	
2	立管垂直度（mm）	每1m		2	吊线和尺量检查
		全长（5m以上）		≯10	

项次	项目		允许偏差	检验方法
3	弯管	椭圆率 $\dfrac{D_{max} - D_{min}}{D_{max}}$ 管径≤100mm	10%	用外卡钳和尺量检查
		管径>100mm	8%	
		折皱不平度（mm） 管径≤100mm	4	
		管径>100mm	5	

注：D_{max}，D_{min}分别为管子最大外径及最小外径。

5．立管安装

暖气立管与横干管连接时，干管直线长度小于 15m 时，立管与干管可用 2 个弯头连接，干管直线长度大于 15m 时，用三个弯头连接。横管长度应为 300mm，且应有 1% 坡度。不应使用外丝加弯头代替管段横节作为连接方法。应保证立管胀缩得以补偿。双管系统的供水立管要布置在面向的右侧，回水立管布置在面向的左侧。两根立管中心间距为 80mm。单管顺序式热水供暖系统无闭合管的，立管阀门可不装活接头。有闭合管的立管应设活接头。但闭合管可不加活接头。闭合管的准确尺寸要按散热器进水与出水的中心、间距，加上散热器上、下支管的坡降值，就是闭合管具体尺寸。立管必须经过调直、清理管的内腔才能安装。调直时应用气焊局部加热的方法。散热器就好位、找好平直度与距墙距离、上好固定卡、安装立管，这样的立管尺寸才能准确。双立管上的圆宝弯应准确、平正，支管在圆宝弯的中间，不能错上或错下。检查立管是否穿过钢套管、每个预留口的标高与方向、立管卡子的固定、垂直度距墙距离，最后填堵孔洞。

6．支管安装

检查散热器安装的位置及立管预留口是否准确，量出支管尺寸和灯叉弯的大小尺寸。支管灯叉弯的椭圆率应符合要求：管径小于或等于 100mm，允许偏差为 10%；管径大于 100mm，允许偏差为 8%。配支管时要量支管的尺寸，减去灯叉弯后断管。连接散热器的支管应有坡度。当支管全长小于或等于 500mm 时，坡降值为 5mm；大于 500mm 时坡降值为 10mm。上供下回的，供水支管坡向散热器,回水支管坡向立管。支管长度大于 1.5m 时,应在中间安装管卡或托钩。支管过墙应加钢套管,支管在墙内不应该有接头,支管上安装阀门时在靠近散热器一侧,应该与可拆卸件连接。散热器支管安装,应在散热器与立管安装完毕之后进行,也可与立管同时进行,安装时一定要把钢管调整合适后再碰头,以免弄歪支立管。支立管变径不宜使用铸铁补心,应使用变径管,故用焊接法。

7. 散热器的安装

(1) 按施工图分段、分规格统计出散热器的组数,每组片数列成表以便组对和安装时使用。散热器的型号、规格、使用、耐压力都必须符合设计要求,并有出厂合格证。散热器片不得有砂眼、对口面凹凸不平、偏口、裂缝和上下口中心距不一致等弊病。翼型散热器翼片完好,钢串片的翼片不得松动,卷曲、碰损。钢制散热器应美观、丝扣端正、松紧适宜、油漆完好,整组散热器不翘楞。

(2) 散热器组装要求:

① 铸铁散热器在组对前,应将其内部的杂物清理干净,并检查运输中有无损坏、破裂等现象,然后刷防锈漆(通常用樟丹漆)和银粉各一遍。散热器的垫片应使用标准的高压石棉橡胶垫,垫片厚度应为 1.5mm,组对后垫片外露不应超出 2mm。

② 片式散热器组对数量一般不宜超下列数值:

A. 细柱型散热器(每片长度 50~60mm)25 片;

B. 粗柱型散热器(M132 每片长度 82mm)20 片;

C. 长翼型散热器(大 60 每片长度 280mm)6 片;

D. 其他片式散热器每组的连接长度不宜超过 1.6m;

E. 组对带腿的散热器(如柱型散热器):在 14 片以下时用两片带腿片;15~24 片时用三片带腿的;25 片时用 4 片带腿的;带腿片应分布均匀。

③ 散热器组对完毕,做水压试验。试验时,打开进水阀门往散热器内充水,同时打开放气嘴,排净空气,待水满后,关闭放气嘴。加压到规定值,关闭进水截门,持续 5min 后,观察每个接口是

否有渗漏,如渗漏用笔做出记号,将水放净,用长杆钥匙拆换对丝,垫片修好后重新试压,直到合格。20片以上应加拉条固定。成品散热器运到现场应做水压试验。拉条采用 $\phi18\sim\phi10$ 的圆钢进行调直,除锈套扣刷漆,散热器上下各两根拉条,丝扣外露不得超过一个螺母厚度。

(3) 散热器安装的要求:

① 散热器内表面与墙面距离 $25\sim40$mm。散热器中心与窗口中心对正。安装应垂直。柱型散热器固定卡安装分单、双片卡子,安装时从中心线左右可以移动30mm。双片卡子安装在中心线上,安装高度为从地面到散热器总高的3/4处。15片以下栽1个固定卡,16片以上栽2个,从散热器两端各进去 $4\sim6$ 片的地方栽入。

② 圆翼型散热器水平安装时,其纵翼应竖向安装。钢串片和钢制板式散热器挂在固定架上必须平整牢固。热水采暖散热器跑风应安装在散热器的顶部,打 $\phi8.4$ 的孔,用"1/8"丝锥攻丝。卧安装,风孔向外斜45°;竖安装,风孔应向外。如加工订货提出要求,可由厂家负责做好。采暖管道全部安装合格后,进行综合打压试验。合格(含冲洗合格),甲方、监理、施工三方签字,文件存档。

③ 通暖试验。

A. 首先联系好热源,根据供暖面积确定通暖范围,制定通暖人员分工,检查供暖系统中的泄水阀门是否关闭,干、立、支管的阀门是否打开。向系统内充软化水,开始先打开系统最高点的放气阀,安排专人看管。

慢慢打开系统回水干管阀门,待最高点的放风阀门见水后即关闭放风阀,再开总入口供水管的阀门。高点放风阀要反复开放几次,使系统中的冷风排净为止。

B. 正常通暖运行,半小时后,开始检查系统,遇有不热处先查明原因,需冲洗检修时,则关闭供水回水阀门泄水,然后分先后开关供回水阀门,放水冲洗,冲净后再按上述程序通暖运行,直到正常为止。冬季通暖时,必须采取临时取暖措施,使室温保持5℃

以上才可进行,遇有热度不均应调整各分路立管、支管上的阀门,使其基本达到平衡后,进行正式检查验收,并办理验收手续。

8. 热水供暖系统的质量

(1) 质量要求

① 管道坡度应符合设计要求。

② 管道托吊架与固定支架的位置和构造必须符合设计要求和施工规范。

③ 隐蔽工程管道和整个采暖系统的水压试验结果,必须符合设计要求和施工规范规定。

④ 补偿器的安装位置必须符合设计要求,并按有关规定进行预拉伸。

⑤ 管道对口焊缝处及弯曲部位严禁焊接支管,接口焊缝距起弯点支、吊架边缘必须大于 50mm。

⑥ 安装在墙壁和楼顶内的套管应符合以下规定:楼板内套管顶部高出地面不小于 20mm,底部与顶棚面齐平,墙壁内的套管两端与饰面平,固定牢固,管口齐平,环缝均匀。

⑦ 除污器过滤网的材质、规格和包扎方法必须符合设计要求和施工规范规定。

⑧ 管道箱类和金属支架涂漆应符合以下规定:油漆种类和涂刷遍数符合设计要求,附着良好,无脱皮,无起泡,漆膜厚度均匀,色泽一致,无流淌及污染现象。采暖供应系统竣工时,必须检查冲洗质量。

(2) 应预防事项

① 管道坡度不均匀:造成的原因是安装干管后不开口,接口以后不调直,吊卡松紧不一致,立管卡子未拧紧,灯叉弯不平,管道分路预制时没有进行连接调直。

② 立管不垂直:主要是支管尺寸不准,推拉立管造成分层立管上下不对称、距离不一致。形成的原因主要是楼板洞没有吊线的原因。

③ 支管灯叉弯上下不一致,主要原因是摵弯时大小不同、角

度不均、长短不一。

④ 套管在过墙两侧或预制板下面外露:原因是套管过长或钢套管没有焊架铁。

⑤ 麻头清理不净:原因是操作人员没有及时清理。

⑥ 试压及通暖时管道阻塞:主要是安装时预留口没有装临时封堵,掉进了杂物。

10.8 室内蒸汽供暖设备安装质量标准

蒸汽供暖主要是利用水蒸汽放出的汽化潜热来进行热量交换,即管道把锅炉生产出的蒸汽输送到散热设备,在散热设备中凝结放热,将热量散发到供暖房间里。

在蒸汽供暖系统中,蒸汽在管道中流动不需要水泵提供能量,而靠锅炉内蒸汽本身的压力。由于沿途管壁的散热,有一部分蒸汽会冷却成为凝结水(称为途凝水)。由此可知,在单一的蒸汽管道中,流动的介质不是单一的。由于蒸汽和水在管道里的流速不同,当途凝水达到一定水量时,就会形成所谓"水塞"。汽水混合物在遇到转弯或断面改变时就要发生撞击,形成所谓"汽水冲击"。汽水冲击不但会发生很大的响声,而且严重时会损坏管道系统。

1. 低压蒸汽供暖系统的型式

(1) 双管上供下回式系统

这种系统的特点是蒸汽干管与凝结水干管完全分开,蒸汽干管敷设在顶层的天棚下或吊顶内。疏水器可装在每根凝结水立管的末端,这样可以使凝结水干管中无蒸汽窜入,减少疏水器的数量和维修量。

(2) 双管下供下回式系统

这种系统的特点是蒸汽干管和冷凝水干管均敷设在底层地面上、地下室或地沟内。蒸汽通过立管自下而上供汽,这样立管中的蒸汽与立管中的沿途凝结水作逆向流动,所以水击现象严重、噪声较大。这种系统在特殊情况下才能采用,且用时蒸汽管应加大一号。

2. 高压供暖系统的型式

（1）上供上回式系统

这种系统供汽干管与凝结水干管均敷设在房屋上部,冷凝水靠疏水器后的余压上升到凝结水干管中。在每组散热器的出口处,除应安装疏水器外,还应安装止回阀,并设置泄水管,放气管等,以便及时排除每组散热设备和系统中的空气与冷凝水。

（2）上供下回式系统

这种系统疏水器集中安装在各个环路凝结水干管的末端。在每组散热器进、出口均安装球阀,以便调节供汽量以及在检修散热器时能与系统隔断。

为使系统内各组散热器的供汽均匀,最好采用同程式系统。

（3）单管串联式系统

这种系统凝结水管末端设置疏水器。

3. 蒸汽管道安装

（1）水平安装的管道要有适当的坡度。当坡向与蒸汽流动方向一致时,应采用 $i=0.003$ 的坡度;当坡向与蒸汽流动方向相反时,坡度应加大到 $i=0.005\sim0.01$。干管的翻身处及末端应设置疏水器。

（2）蒸汽干管的变径、供汽管的变径应为下平安装,凝结水管的变径为同心。管径大于或等于 70mm,变径管长度为 300mm;管径小于或等于 50mm,变径管长度为 200mm。

（3）采用丝扣连接管道时,丝扣应松紧适度,不允许缠麻,涂铅油,丝扣上到外露 2~3 扣,对准调直时以印记为准。

（4）安装附属装置时,设备的进出口支管位置应设阀门,并在设备始端装置疏水器。

（5）途凝水和空气的存在,使蒸汽干管末端的管径应适当放大。在一般情况下的蒸汽供暖系统中,当蒸汽干管入口处管径在 50mm 以上时,末端管径不小于 32mm;在 50mm 以下时,末端管径不小于 25mm。凝结水管的始端管径一般不小于 20mm。

4．蒸汽供暖系统的设备

（1）疏水器的安装

疏水器是阻止蒸汽通过自动排除凝结水和空气的器具。

① 疏水器应安装在便于检修的地方，并应尽量靠近用热设备凝结水排出口下。蒸汽管道疏水时，疏水器应安装在低于管道的位置。

② 应按设计设置好旁通管、冲洗管、检查管、止回阀和除污器等的位置。用汽设备应分别安装疏水器。几个用汽设备不能合用一个疏水器。

③ 疏水器的进出口位置要保持水平，不可倾斜安装。疏水器阀体上的箭头应与凝结水的流向一致。

④ 旁通管是安装疏水器的一个组成部分。在检修疏水器时，可暂时通过旁通管运行。

（2）减压阀的安装

减压阀的作用是将高压蒸汽的压力降低到使用要求的数值。减压阀能够起到自动调节阀的开启程度、稳定阀后压力的作用。

① 减压阀安装时，减压阀前的管径应与阀体的直径一致，减压阀后的管径可比阀前的管径大 1～2 号。

② 减压阀的阀体必须垂直安装在水平管路上。阀体上的箭头必须与介质流向一致。减压阀两侧应安装阀门，采用法兰连接。

③ 减压阀前应装有过滤器。对于带有均压管的薄膜式减压阀，其均压管应接往低压管道一侧。旁通管是安装减压阀的一个组成部分，当减压阀发生故障检修时，可关闭减压阀两侧的阀门，暂时通过旁通管供汽。

④ 为了便于减压阀的调整，阀前的高压管道和阀后的低管道上都应安装压力表。阀后低压管道上应安装安全阀，安全阀排气管应接至室外。

（3）铸铁柱型散热器组对

① 散热器组对应使用石棉垫片。

② 铸铁柱型散热器 15 片以上应加拉条固定。

③ 低压蒸汽供暖放汽阀应安装在散热器下部 1/3~1/4 高度上。

10.9 室外管道安装质量标准

1. 给水管道的安装

（1）铸铁给水管的安装

安装前应用敲击法检查管子有无损伤和裂纹,同时检查管身沥青涂层是否完好,必要时应补涂。管子插口及承口处的沥青层应用气焊或喷灯烧除,钢丝刷打净,对口时再用抹布擦净。

铸铁给水管采用承插连接,石棉水泥接口。

① 下管后所有承口处应挖好打口的工作坑。工作坑的尺寸以能满足打口需要为准。

② 对口:管径在 150mm 以下时可用人工对口。管径在 200~300mm 时,用撬棍顶入对口。管径在 400mm 及以上时,用吊装机械或导链机具对口。

对口时,将插口插入承口底部时要听到顶撞声,停止顶插时的反弹可以使对口留有间隙。当和弯管承插时,插口插入承口底部时,要再拉回一些,让对口间隙大一些,使接口能在允许 2°转角偏斜时有松动余地。

③ 打口及养护:打口前必须按设计坡度在管子承口上方挂出安装中心线,按线调整管道的铺设位置及坡度。打口先打麻至紧密、坚固状态,再填灰打口直至捻凿有反弹力和灰口与承口平齐。分层打口后,必须使灰口潮湿养护 48h 以上。

麻股打实后应占承口深度的 1/3,石棉水泥填料的配合比为:石棉绒:水泥:水 = 3:7:1 或 2:8:1~1.25,并拌合均匀。

打口时应注意用几把捻凿调整承口环形间隙,使其均匀。

打口养护的同时应用土覆盖管身,防止因日晒使管子伸胀而影响接口强度。

④ 较长的管线应安装一段、试压一段、回填一段,防止管道管

与沟长期敞露。

回填土应从管子两侧开始，边回填边夯实，至管顶后应再回填至管顶上 0.5m 处，进行夯实，以后每回填 0.2～0.3m 夯实一次，直至地面。

⑤ 管道、管件、阀门与管道安装同时进行。消火栓等装置在管道铺设完毕，水压试验后再安装。

⑥ 水表安装

A．水表应装设在气温为 2℃ 以上的部位，应便于管理与检修，不被曝晒，不受污染，不致冻结和损坏，还应尽量避免被水淹没。

B．水表应水平安装。

C．水表前后和旁通管上应设阀门，水表之后与阀门之间应设泄水装置。

D．水表前与阀门中间应有 8～10 倍水表直径的直线长度。

E．设有消火栓的建筑或因断水严重影响使用的建筑只有一条引入管时，应设旁通管，其通过流量应与引入管的总流量相同。

F．水表安装前应清除管网中污物，以免堵塞水表。

G．不能将大型水表放在井底垫层上，而应设支墩。

（2）预应力钢筋混凝土管的安装

用此种管材给水时，承压能力可达 0.4～1MPa，且管径越大承压能力越高。其连接方式为承插连接，接口内只打橡胶圈即可。

施工时依管道中心线（即坡度线）铺管，使承口迎着水流方向。插入管用撬棍顶进，插入前套好橡胶圈，顶进后找正安装位置，埋好管身，留下接口。

（3）石棉水泥管的安装

石棉水泥管的连接有刚性连接、柔性连接和套筒式单面柔性接口连接三种形式。

刚性接口造价低，但是在沟基不均匀沉陷时，或温度应力较大时，容易产生横向折裂和纵向拉断。全部采用柔性接口则造价太高，故多采用套筒式单面柔性接口的连接方法。管道安装时，先把橡胶圈挤入专用套筒的柔口端,使套筒的刚性端成为管子的一个承口,轻轻吊装入沟,把连接管插入刚性端打口连接。

① 柔口端的安装

柔口的橡胶圈套入位置:管径 250mm 以下为 130mm;管径 300～400mm 为 145mm;管径 500mm 时为 180mm。调整合适时,用卡具将管子卡住,用倒链牵拉套筒,使橡胶圈被强力挤入套筒里,达到最终安装位置。石棉水泥管柔口端的插入管应稍加车削。当管径为 75～350mm 时,削去 1mm;当管径为 400～500mm 时,削去 2mm。

② 刚口端的安装

管子下沟后,将另一端不经车削的管口插入已安装就位的刚性端承口内,保持对口间隙管径小于等于 250mm 时,间隙不小于 10mm;管径 300～400mm 时,间隙不小于 15mm;管径 500mm 时,不小于 20mm,打口连接。为防止打口时管子移动。应在柔口一侧装卡具卡紧管子,并使卡具贴紧套筒,同时在接口两侧填土,使管身稳定。打口时先填塞油麻并捣实,再填石棉水泥或自应力砂浆。填料配比分别是:石棉绒:水泥:水 = 2:8:1～1.25;自应力水泥:砂 = 1:1;水灰比为 0.28。

③ 石棉水泥管的吊装

石棉水泥管质脆易折断,运输及吊装中严防受振,必要时用草绳包扎保护,每根管子包扎三处,每处宽 350mm,管口应包扎成梅花状。

2. 排水管道的安装

室外排水管道的管材主要有混凝土管、钢筋混凝土管、陶土管和石棉水泥管等。施工时,所采用的管材必须符合质量标准要求,不得有裂纹,管口不得有残缺。

(1) 排水管道安装质量必须符合下列要求

① 平面位置及标高要准确,坡度应符合设计要求。

② 接口要严密,污水管道必须经闭水试验合格后才能回填。

③ 混凝土基础与管壁结合应严密、坚固。

室外排水管道的施工工序与室外给水铸铁管道的施工工序基本相同,所不同的或应注意的工序是沟槽排水、铺筑管基及几种不同的管材的接口。

(2) 沟槽排水

由于排水管道中的污水是靠重力流动的,因此,自用户排水出口到排水总出口(末端)的管道必须按一定的坡度铺设,其最小坡度为 0.004。当排水系统的作用半径比较大时,排水管网的总出口将会埋设得很深,在这种情况下,开挖沟槽后见地下水的情况是较为普遍的,如果不及时排除地下水,就会导致天然土基的破坏。因此,在地下水位以下的沟槽,必须先采取排水措施,排除地下水后才能继续开挖。

沟槽排水的最简易方法是表面排水,即在沟槽底的一侧或两侧做排水沟,将地下水聚积到隔一定距离设置的集水井内,再用水泵将它排出。排水沟一般深为 300mm,集水井的底应比排水沟低 1m。集水井的距离一般在 50~150m 之间。可根据土质与地下水量的大小确定。集水井的结构形式有:木板支撑的集水井、木框集水井及钢筋混凝土管集水井管。

(3) 铺筑管基与下管

由于排水管道绝大多数都是非金属管,因此,铺筑管基工序是非常重要的。管道的基础,一般分混凝土基础和砂石基础两种。

混凝土管基的排水管道铺设有以下三种做法:

① "四合一"施工,即平基、稳管、砌管座和抹带四个工序合在一起的施工方法;

② 在垫块上稳管,然后灌筑混凝土基础及抹带;

③ 先打平基,等平基达到一定强度,再稳管、砌管座及抹带。

施工时,应根据工人操作熟练程度、地基情况及管径大小等条件,合理选择铺设方法。一般小管径应采用"四合一"施工法;大管径的污水管应在垫块上稳管;雨水管亦应尽量在垫块上稳管,因为平基和管座宜于整体浇灌混凝土。地基不良者,可先打平基。

砂石基础一般也是先打平基,夯实后在平基上铺管,然后再做管侧部分。

做好管基后,对于管径大且长的混凝土管或钢筋混凝土管,可以采用机具下管。对于管径小于300mm的陶土管或较短的混凝土管,可以采用木槽溜管法下管。

(4) 管道接口

① 混凝土管及钢筋混凝土管接口

混凝土管及钢筋混凝土管的接口主要有承插式接口、抹带式接口和套环式接口三种。

A. 承插式接口:管径在400mm以下的混凝土管,多制成承插接口,其接口方法基本上与铸铁管相同。接口材料有水泥砂浆和油麻沥青胶砂等(油麻只需要塞紧,不需要锤打)。施工时,将承插口对正,然后填入重量比为1:2.5~3的水泥砂浆。水泥砂浆应有一定稠度,以便填塞时不致从承插口中流出。水泥砂浆填满后,应用抹刀挤压表面,成半个八字形状。当地下水或污水具有浸蚀性时,应采用耐酸水泥。

B. 抹带式接口:这种接口常见的是水泥砂浆抹带和铅丝网水泥砂浆抹带。

水泥砂浆抹带是最早被采用的刚性接口之一,由于其闭水能力较差,故多用于平口式钢筋混凝土雨水管道上。抹带采用重量比为1:2.5的水泥砂浆(水灰比不大于0.5)。管带应严密无裂缝,一般用抹刀分两层抹压,第一层为全厚的1/3,其表面要粗糙,以便与第二层紧密结合。此种接口一般需打混凝土基础和管座,消耗水泥量较多,并且需要较长的养护时间。

为了增加抹带接口的闭水能力和接口的强度,可在水泥砂浆抹带中加入一层或几层22号铁丝编织成的铁丝网(网眼7mm×7mm),即是铁丝网水泥砂浆抹带接口。

铁丝网水泥砂浆抹带接口可按下述程序进行操作:

a. 大口径管子抹带部分的管口应凿毛,小口径的管子应刮去浆皮,然后下入管沟;用垫块放稳找正;在管口凿毛处刷水泥浆一道(约2mm);

b. 抹第一层水泥砂浆,厚约 10mm,并应压实,使其与管壁粘结牢固;

c. 上铁丝网,并用 18～22 号镀锌铁丝包扎;

d. 待第一层水泥砂浆初凝后,抹第二层水泥砂浆,厚约 10mm,并同上法包上第二层铁丝网。两层铁丝网的搭接缝应错开(如只用一层铁丝网时,这一层砂浆应抹平,初凝后抹光压实);

e. 待第二层水泥砂浆初凝后抹第三层水泥砂浆,初凝后抹光压实。

C. 套环接口

在较重要的工程中,钢筋混凝土管可用套环接口。套环的材料一般与管材相同。套环内径比管材外径约大 25～30mm,套环套在两管接口处后,在接口空隙间打入石棉水泥或油麻石棉水泥等,也可以用水泥砂浆填塞。油麻石棉水泥的质量,石棉水泥的配合比及填打方法均与承插式铸铁管相同。不同之处是填打时,应从两侧同时进行,每层填灰厚度不大于 20mm。

② 陶土管接口

室外排水管道采用陶土管的接口,一般多为承插式接口,采用水泥砂浆连接。水泥砂浆的配合比为 1:1 或 1:2,其稠度以填塞到承插口中不流动为适宜。地下水位较高或有浸蚀性时,最好采用火山灰水泥,接口后再用泥土养护。

单面带釉和双面带釉的陶土管,多用在工业污水排水管道上。由于污水中不同程度地含有酸、碱、油及有机物杂质等,所以接口材料应采用耐酸碱腐蚀的材料,比较常用的是耐酸水泥砂浆。

冬季进行水泥砂浆接口时,水泥砂浆应用热水拌和,水温不超过 80℃。当气温较低时,水泥砂浆应掺食盐,掺盐量可参照下述规定:

当最低气温在 0～3℃时,掺盐量为 2%(以水泥砂浆中用水量计);

当最低气温在 -4～-6℃时,掺盐量为 4%;

当最低气温在 -7～-8℃时,掺盐量为 6%;

当最低气温在-8℃以下时,掺盐量为8%。

冬季施工水泥砂浆接口,应覆盖草帘养护。水泥砂浆抹带接口,应先覆盖松散稻草100mm厚,然后再盖草帘。

③ 回填土:管道铺设完毕,经试验及质量检查合格后,可开始覆土。有时也可以在局部地段先行覆土,而将要检查的部位留出,待检查验收。

沟槽在回填土之前,应将沟内积水排除,禁止用烂泥腐殖土回填。沟底到管顶以上300~500mm处的回填土,不得掺有碎砖、石块及较大的坚硬土块。如冬季施工,这部分不应填冻土,而应采用暖土回填。

回填土时,管子两侧部分,应同时分层回填并夯实,以防管道产生位移。泥土应均匀推开,用轻夯夯实。自管子水平直径到管顶以上300~500mm处,应用木夯轻夯或填较干松土后用脚踏实即可。此层以上部分回填土的密实程度,应根据具体情况而定,可以一般夯实。

机械夯实的回填虚铺厚度不大于300mm;人工夯实的虚铺厚度为200mm;管道接口工作坑处,必须仔细回填并夯实。

采用机械回填土时,沟底至管顶以上300~500mm范围内,应按上述要求用人工回填,管顶500mm以上可用机械回填,但机械不得在管沟上行走。

3.供热管道安装

(1) 供热管道的敷设方式

室外供热管道的敷设方式有架空敷设、管沟敷设和直埋敷设三种。

① 架空敷设:架空敷设是将供热管道敷设在沿墙或地面支架上的敷设方式。这种敷设具有管道不受地下水位影响、使用寿命长、施工开挖土方量小等特点。但占地面积多、热损失大、影响美观。

架空敷设适用于地下水位较高、年降雨量较大,地下土质较差或开挖管沟困难较多的地区。寒冷地区当热能用户对介质温度要求很高时,不适于采用架空敷设。

架空敷设根据支架高度不同有:

Ａ.低支架:低支架净高不小于 0.3m。在不妨碍交通以及不妨碍厂区、街区扩建的地段,供热管道可采用低支架。

Ｂ.中支架:中支架净高为 2～3m。在人行频繁或需要通行大车的地方,均可采用中支架敷设。

Ｃ.高支架:高支架净高应大于 4m。在跨越公路或铁路时采用。

② 管沟敷设:管沟敷设有不通行管沟、半通行管沟、通行管沟三种形式。管沟由混凝土沟底、砖砌沟壁和钢筋混凝土盖板组成。

Ａ.不通行管沟:管沟净空尺寸仅能满足敷设管道的起码要求,人在其中不能活动。

Ｂ.半通行管沟:管沟净高大于或等于 1.2m,小于 1.8m,人行通道宽度不小于 0.5m,以满足人在管沟内弯腰通行的要求。

Ｃ.通行管沟:当管道数目较多时,应采用通行管沟。其管沟净高不小于 1.8m,人行通道宽度不小于 0.6m,人在管沟内可直立行走。

通行管沟内应保持良好的自然通风及电压不高于 36V 的照明设施,以便维修人员出入。

③ 直埋敷设:直埋敷设是将供热管道直接埋于土壤中的敷设方式。管道保温层直接与土壤接触,要求保温材料导热系数小,吸水率低、电阻率高,并具有一定的机械强度,起到承重结构的作用。适用于地下水位低、土质较好的地区。

(2) 直埋管道安装

① 根据设计图纸的位置,进行测量、打桩、放线、挖土、沟内垫层处理等。

② 为便于管道安装,挖沟时应将挖出来的土堆放在沟边一侧,土堆底边应与沟边保持 0.6～1m 的距离,沟底要求找平夯实,以防止管道弯曲受力不均。

③ 管道下沟前,应检查沟底标高与沟宽尺寸是否符合设计要

求,保温管应检查保温层是否有损伤,如局部有损伤时,应将损伤部位放在上面,并做好标记,便于统一修理。

④ 管道应先在沟外进行分段焊接以减少固定焊口,每段长度一般在 25～35m 为宜。下管时沟内不得站人,采用机械或人工下管均应将管缓慢、平直地下入沟内,不得造成弯曲。

⑤ 沟内管道焊接或连接前必须清理管腔,找平找直,焊接处要挖出操作坑,其大小要便于焊接操作。

⑥ 阀门、配件、补偿器、支架等,应在施工前按施工要求预先放在沟边沿线,并在试压前安装完毕。

⑦ 管道水压试验,应符合设计要求和规范规定,办理隐检试压手续,试完把水泄净。

⑧ 管道防腐应预先集中处理,管道两端留出焊口的距离,焊口处的防腐在试压完后再进行。

⑨ 回填土要在保温管四周填 100mm 细砂,再填 300mm 素土,用人工分层夯实。管道穿越马路埋深少于 800mm 时,应做简易管沟,加盖混凝土盖板,沟内填砂处理。

(3) 地沟管道安装

① 在不通行地沟内安装管道时,应在土建垫层完毕后立即进行安装。

② 土建打好垫层后,按图纸标高进行复查,并在垫层上弹出地沟的中心线,按规定间距安放支座及支架。

③ 管道应先在沟边分段连接。管道放在支架或支座上时,用水平尺找平找正。

④ 通行地沟的管道应安装在地沟的一侧或两侧,支架一般采用型钢。

⑤ 支架安装要平直牢固。同一地沟内有几层管道时,安装顺序应从最下面一层开始,依次安装上面的管道。为了便于焊接,焊接连接口要选在便于操作的位置。

⑥ 遇有补偿器时,应在预制时按规范要求做好预拉伸并做好记录,按设计位置安装。

⑦ 管道安装时,座标、标高、坡度、甩口位置、变径等复核无误后,再把吊卡架螺栓紧好,最后焊牢固定卡处的止动板。

⑧ 试压冲洗,办理隐检手续,把水泄净。

⑨ 管道防腐保温应符合设计要求和施工规范规定,最后将管沟清理干净。

(4) 架空管道安装

① 按设计规定的安装位置、座标,量出支架上的支座位置,安装支座。

② 支架安装牢固后,进行架空管道安装,管道和管件应在地面组装,长度以便于吊装为宜。

③ 管道吊装,可采用机械或人工起吊。绑扎管道的钢丝绳吊点位置,以使管道不产生弯曲为宜。已吊装尚未连接的管段,要用支架上的卡子固定好。

④ 采用丝扣连接的管道,吊装后随即连接;采用焊接时,管道全部吊装完毕后再焊接,焊缝不许设在托架和支座上,管道间的连接焊缝与支架间的距离应大于 $150 \sim 200mm$。

⑤ 按设计和施工规范规定位置,分别安装阀门、集气罐、补偿器等附属设备并与管道连接好。

⑥ 管道安装完毕,要用水平尺在每段管上进行一次复核,找正调直,使管道在一条直线上。

⑦ 摆正或安装好管道穿结构处的套管,填堵管洞,预留口处应加好临时管堵。

⑧ 按设计或规范要求的压力进行试压冲洗,合格后办理验收手续,把水泄净。

⑨ 管道防腐保温应符合设计要求和施工规范规定,注意做好保温层外的防雨、防潮等保护措施。

(5) 室外热水及蒸汽干管敷设质量要求

① 室外热水及蒸汽干管入口做法应按设计及施工规范施工。

② 室外供热管道应设置合适坡度。热水及汽水同向流动的蒸汽管道的最小坡度为 $0.002 \sim 0.003$;汽水逆向流动的蒸汽管道

的最小坡度为 0.005；重力回水的凝结水管道的最小坡度为 0.005；过热蒸汽管道因沿途凝结水少，作坡度有困难时，可不设坡度。

③ 管道设有一定的坡度是为排水和放气。一般在管道最高点应有放气阀；在管道坡度的最低点应有放水阀，以利于供暖系统停止运行时，排净管内积水。蒸汽管道的最低点应设有疏水器以取代放水阀。放气阀直径为 15～25mm，放水阀直径为热水管管径的 1/10 左右，最小为 20mm。

④ 热水管道中主干线每隔 800～1000m 应设有分段阀。对无分支管的主干线分段阀间距可大些，一般为 2500m。设置分段阀是为减少非事故管道水量损失和缩短检修时间。两分段之间必须设有排水和放气装置。

10.10　补偿器安装质量标准

（1）供热管道的热伸长

供热管道安装使用后，由于管内热介质的作用，会使管道受热伸长。管道的热伸长量可按下式计算：

$$\Delta X = 0.002(t_1 - t_2)L \, (\text{mm})$$

式中　ΔX——管道热伸长(mm)；

　　　t_1——热媒温度(℃)；

　　　t_2——安装时环境温度(℃)；

　　　L——管道长度(m)。

管道热伸长量是确定补偿器结构尺寸的主要依据。

当管道热伸长量不能得到合理补偿时，管道将会承受一定的热应力，从而使其产生位移和变形。如果这个应力超过管材的允许应力，管道会遭到破坏。因此，供热管道必须设置各种形式的补偿器，以补偿管道的热伸长量，减弱或消除热应力。

（2）补偿器种类及工作原理

常用的补偿器有自然补偿器、方形补偿器、套筒补偿器和波纹管补偿器。

① 自然补偿器

它是利用管道自身具有的弯曲管段作补偿器来补偿管道的热伸长量。

② 方形补偿器

是由四个90°弯头构成的"Ⅱ"形弯管补偿器。这种补偿器制作、维修方便,伸缩量大,运行可靠,在供热管网中常被采用。

方形补偿器工作时,受其两侧固定支架传来的很大热应力而产生弹性变形,两垂直臂被压缩到最小状态。停止供热后,管道冷却,两垂直臂将回弹收缩,恢复到受力前的位置。由于钢材具有弹性疲劳特征,工作时间一久,多次压缩回弹的结果,使伸缩弹性减弱,在压力消除后,将不能再复还原位,工作时间越长,复位弹性减弱越大,久之,将会造成补偿器变形增大而失去热补偿能力。

为减少方形补偿器的变形和热应力,方形补偿器在安装前应进行预冷拉,预冷拉量为热伸长量的1/2(施工时方形补偿器两侧弯管各拉热伸长量的1/4即可)。预冷拉的作用在于增大补偿器弹性变形的起始范围(两垂直臂大于90°),从而保证补偿器在弹性减弱时,也能回弹复位到有补偿能力的90°位置(垂直状态)。

③ 套筒补偿器:有单向和双向两种,常用的是单向套筒补偿器。补偿器的芯管伸入套管内,在芯管和套管之间有填料圈。填料圈被前后压环压紧,以保证套管移动时封口紧密。

套筒补偿器补偿量大,尺寸紧凑、占地面积少、流动阻力小;缺点是轴向推力大,需要经常更换填料,因而维修量大。另外套筒补偿器安置处都应设有检查井。

④ 波纹管补偿器:波纹管补偿器是一种新型的补偿器,按其结构型式不同有轴向型、横向型和角向型三种。

轴向型补偿器补偿能力大,与管道连接时,采用法兰盘连接,具有安装方便、严密性好、使用寿命长等特点,适用于公称直径为50~1000mm的热力管道的补偿。

(3) 补偿器安装

① 方型补偿器安装

A. 方型补偿器在安装前,应检查补偿器是否符合设计要求,补偿器的三个臂是否在一个水平面上,安装时用水平尺检查,调整支架,使方型补偿器位置标高正确,坡度符合规定。

B. 安装补偿器应做好预拉伸,按预拉伸后的位置固定好,然后再与管道相连接。预拉伸方法可选用千斤顶将补偿器的两臂撑开或用拉管器进行拉伸。

C. 预拉伸的焊口应选在距补偿器弯曲起点 2~2.5m 处为宜,冷拉前应将固定支座牢固固定住,并对好预拉焊口处的间距。

D. 采用拉管器进行冷拉时,其操作方法是将拉管器的法兰管卡,紧紧卡在被预拉焊口的两端,即一端为补偿器管端,另一端是管道端口。而穿在两个法兰管卡之间的几个双头长螺栓,作为调整及拉紧用,将预拉间隙对好并用短角钢在管口处贴焊。但只能焊在管道的一端,另一端用角钢卡住即可。然后拧紧螺栓使间隙靠拢,将焊口焊好后才可松开螺栓,取下拉管器,再进行另一侧的预拉伸。也可两侧同时冷拉。

E. 采用千斤顶顶撑时,将千斤顶横放在补偿器的两臂间,加好支撑及垫铁,然后启动千斤顶,这时两臂即被撑开,使预拉焊口靠拢至要求的间隙。焊口找正,对平管口用电焊,将此焊口焊好。只有当两侧预拉焊口焊完后,才可将千斤顶拆除,完成预拉伸作业。

F. 水平安装时应与管道坡度、坡向一致。垂直安装时,高点应设放风阀,低点处应设疏水器。

G. 弯制补偿器宜用整根管弯成。如需要接口,其焊口位置应设在直臂的中间。方型补偿器预拉长度应按设计要求拉伸,无要求时为其伸长量的一半。

② 套筒补偿器安装

A. 套筒补偿器应安装在固定支架近旁,并将外套管一端朝向管道的固定支架,内套管一端与产生热膨胀的管道相连接。

B. 套筒补偿器的预拉伸长度应根据设计要求。预拉伸时，先将补偿器的填料压盖松开，将内套管拉出预拉伸的长度，然后再将填料压盖紧住。

C. 套筒补偿器安装前安装管道时，应将补偿器的位置让出，在管道两端各焊一片法兰盘。焊接时要求法兰垂直于管道中心线，法兰与补偿器表面相互平行，加垫后衬垫应受力均匀。

D. 套筒补偿器的填料，应采用涂有石墨粉的石棉盘根或浸过机油的石棉绳，压盖的松紧程度在试运行时进行调整，以不漏水、不漏汽、内套管又能伸缩自如为宜。

E. 为保证补偿器正常工作，安装时必须保证管道和补偿器中心线一致，并在补偿器前设置 1～2 个导向滑动支架。

F. 套筒补偿器要注意经常检修和更换填料，可保证封口严密。

③ 波形补偿器安装

A. 波形补偿器的波节数量根据需要由设计确定，一般为 1～4 个，每个波节的补偿能力由设计确定。

B. 安装前应了解补偿器出厂前是否已做预拉伸，如未进行，应补做预拉伸(或压缩)。波形补偿器的预拉或预压量由技术员确定后，在平地上进行。作用力应分 2～3 次逐渐增加，尽量保证各波节圆周面受力均匀。拉伸或压缩量的偏差应小于 5mm。当拉伸或压缩达到要求数值时，应立即安装固定。

C. 补偿器安装前，管道两侧应先安好固定卡架，安装管道时应将补偿器的位置让出，在管道两端各焊一片法兰盘，焊接时要求法兰垂直于管道中心线，法兰与补偿器表面相互平行，加垫后衬垫受力均匀。

D. 补偿器安装时，卡架不得固定在波节上。试压时不得超压，不允许侧向受力。将其固定牢并与管道保持同心，不得偏斜。

E. 波形补偿器如需加大壁厚，内套筒的一端与波形补偿器壁焊接。安装时应注意使介质的流向从焊端流向自由端，并与管道的坡度一致。

408

10.11 暖卫管道的运行、检查、维护与修理质量标准

暖卫管道的运行、维护与修理是重要的技术环节。对系统的正常运行、使用效益和寿命、节能等方面都有着直接的影响。一切运行管理与维修人员,必须对所负责的暖卫管道系统有清楚的了解,如管道的走向、阀件的位置、检查井室的状况等,做到勤检查、勤维护,以减少并消除运行故障。

1. 给水排水管道的检查、维护与修理

(1) 检查与维护

① 各检查井室应封闭严实,防止异物落入。雨水口及其附近不能堆放石灰、碎砖、砂石、垃圾物,防止被雨水冲入管道。

② 地下管道部位有湿迹、地面下沉现象,地下管道有因泄漏引起的附近墙面、楼板浸湿、顶棚漏水等现象,应及时查明漏点并修漏。检漏还可与夜静听漏、仪表校漏结合,以定期监测漏失。

③ 室内卫生间给水排水管道集中,应做检查维护重点,每星期应检查一次管道及用水设备完好情况,消除致漏和堵塞隐患。

④ 明设管道除定期检查外,每隔两年涂刷防腐涂料一次,以延长使用寿命。

⑤ 对一般阀件,开关至少一年进行一次启闭试验和检查,消灭漏水、打不开和关不住的现象。

⑥ 重视保温防冻工作。对盖子不严的井室应及时修理。一时来不及整修的应填上稻草、锯末等保温材料,以防井内阀件冻坏;对裸露的水管应做保温。

对无取暖设施的室内给水管道应有良好的保温,对有取暖设施的房间,室温应经常保持不低于0℃,以防管道冻结。

(2) 给水排水管道的修理

给水排水管道主要的修理内容是修漏、清通堵塞。

① 钢管漏水的修理方法有:丝扣重新加填料拧紧;腐蚀严重

的管段,用切断套丝加活接头的方法换管;用焊接方法换管。

② 铸铁管漏水的修理方法有:用砂浆糊死漏水的承插口;剔去接口材料,加填料重新打口;漏水处钻孔打进与孔大小相同的圆钢,用502胶粘好,再抹铁腻子修漏。无法修理时用管箍接头(套袖)换管。

(3) 下水管道堵塞的清通

首先查明堵塞部位,常见的情况有:

① 排出管堵塞时,底层卫生器具排水不畅,严重时在地漏等处倒流。修理时应从室外检查井向室内疏通,用竹片、带钩的钢丝或胶管来回推拉清通,胶管内还可通有压力的水冲击,使堵塞物松动、随水流冲出。带地面清扫口的排出管,也可以从清扫口清通。

② 排水立管堵塞,接近屋顶的堵塞在透气管口清通;楼层立管堵塞在各层立管检查口清通。

③ 排水横管堵塞,在横管上的地漏、地面清扫口处清通。如果清不通,还可在堵塞的管件处钻孔清通,用502胶粘接与孔径大小相同的圆钢,抹铁腻子即可。

④ 卫生器具短管堵塞,用撅子抽吸疏通。存水弯堵塞时,打开底部管堵疏通。

目前广泛采用管道疏通机清通排水管道,效果较好。如 GQ-75 型疏通机,疏通管径为 20～75mm,GQ-200 型可疏通直径 38～200mm 的管道,其软轴柔性好,可伸入到弯头、三通、存水弯等,在管件内部振荡疏通,故效果良好。

室外管道堵塞,可在相邻两检查井之间进行拉扫疏通。操作时,先把竹片锯成齿口与钢丝绳扎牢,从上游井穿入到下游井拉出,去掉竹片后,用卷扬机和钢丝绳带动的与排水管管径相同的棕刷或绞刀,将堵塞物拉出,在下游检查井内用掏勺清出井外。

(4) 排水管道如因施工坡度不良或倒坡引起的堵塞,或因管基下沉引起的坡度不良等,应在维修时一并加以纠正。

(5) 管道冻裂事故的处理

钢管可补焊裂缝,无法焊时要换管。拆管子时不得振打除冰。

换管时先关闭阀门再拆管,也可带水抢换管子,方法是加装一个闸阀,让闸门全开,顶水上丝扣,丝头入扣后随拧紧随关闭闸门,切断水源以后,完成换管工作,称为抢换修理。

2. 供暖系统的通热、运行与调节

在室内外管道系统已通过冲洗验收的条件下,可开始系统的通热(通暖)工作。

(1) 管道系统的通暖

热水供暖系统的系统充水、蒸汽供暖系统的蒸汽吹扫及暖管是通热工作的前奏。随着热水系统通热或蒸汽系统通汽而使整个系统正常运用。

① 系统充水。

当锅炉满水后,即可向室外管网充水,充水时应首先关闭通往各热用户的供、回水阀门。为防止阀门不严向室内串水,可将阀门靠室内一侧的法兰打开,并打开管网循环管阀门,使外网单独循环,直至外网最高点排气阀门出水,表明外网已充满水,随后即可向各热用户室内系统充水。充水时应将系统顶部所有集气罐的排气阀门打开。充水的水流速不宜过大,以利空气与水充分分离而从水中逸出。对上分式系统,应从回水管向室内系统充水,直至集气罐排气阀冒水,表明室内系统已充满水。系统满水 1～2h 后,应再次打开集气罐排气阀排气。

② 系统通热。

整个热水供暖系统满水后再次关闭通向各热用户的供、回水阀门,首先对外管网进行通热循环直至供、回管温度基本相同为止。

外管网通热循环正常后,按由远到近,由大用户到小用户的顺序,逐个向各热用户通热,直至整个用户通热完毕。此时关闭外管网循环管阀门,防止外管网热水走短路循环而影响用户供热。

在热水供暖系统通热过程中,开始应开一台循环泵工作,以后随用户开放的数量增加,逐步增加循环泵的工作台数,并逐步提高锅炉供水温度,直到达到设计温度,整个供暖系统投入运行。

③ 系统的吹扫。

蒸汽供暖系统通汽前,应检查室外管网及室内系统连接处的安装情况,拆除外网上的疏水器,关闭通向各热用户的阀门,开始对外管网进行蒸汽吹扫,以进一步清除管道内的污物。吹扫时,蒸汽阀门只开一、两圈进行暖管,直到外管网首尾温度接近相同,再开大阀门,加大蒸汽量吹扫,直至排出蒸汽洁净为止。

④ 系统的通汽。

吹扫合格后,接通疏水器,进行外网通汽,直至运行正常后,再由远到近逐个开放热用户。热用户通汽时,也应先暖管、再吹扫、再通汽,做法与外网通汽相同。

外网或室内系统通汽时,阀门均应慢慢开启。当开至最大时,应再回转 1~2 圈。控制阀门开度使蒸汽量逐渐增大,对管道有着暖管、防止水锤现象的良好效果。

(2) 室内供暖系统的运行

无论是热水或蒸汽供暖系统,向室内通热时,均应首先向系统的一个最不利环路(一般指最远,管道最长的环路)通热。此时,其他环路干管上、立管上的所有供回水阀门(或蒸汽与凝结水阀门)均应关闭。当此最不利环路通热正常后,再由远到近逐个开放其他环路,直到室内供暖系统通热工作正常。

在室内供暖系统运行时,应随时注意系统压力的变化。对低压蒸汽供暖系统,其工作压力应不超过 0.07MPa,高压蒸汽供暖系统应不超过 0.2MPa(或由设计图中说明的系统阻力值确定)。

对高层建筑的通暖运行,可按楼层或系统形式,采用竖向分区通暖。

(3) 供暖系统的调节

① 热水供暖系统的调节有集中调节和局部调节两种方式。根据室外温度的变化情况,调节锅炉房送出热水的流量和温度,以调整送出总热量的方式叫集中调节;利用室内供暖系统立、支管上的阀门改变单组或单立管上连接的几组散热器的散热量的方式,叫局部调节。

集中调节又分为质调节、量调节、混合调节三种方式。质调节是系统内循环水量不变，而改变其供水温度；量调节正好相反，是系统供水温度不变，而改变其循环水量；混合调节既改变供水温度，又改变循环水量。

局部调节只能对某一局部范围内的循环水量进行调节。如调整散热器支管上、立管上的阀门开度以调整供热量；在外管网上，调整某一用户的进口阀门开度或装调压板，以改变局部用的供热量等。

只做集中调节，难于满足各个热用户的供热要求，只做局部调节难以与锅炉房整体供热情况相平衡，如单个用户进口供水管压力，难以调节到与其他各用户进口压力相一致。因此，只有把集中调节和局部调节密切结合起来，才能最大限度地减少系统的热力失调现象，取得较好的供热效果。

调节过程就是运行的试验过程。对采取的每一种调节方式及其措施，均应做好记录，以利于掌握调节规律，总结经验，提高供暖水平。

② 蒸汽供暖系统的调节有压力调节和供热调节两种方式。

压力调节靠用户入口处装减压器实现。调节的方法是先开减压器后的阀门，关闭旁通阀，再缓缓开启减压器前的阀门，使蒸汽经减压器进入室内系统。待减压器前后阀门全开后，观察压力表读数，调节减压器使之达到设计压力。压力调节时应首先调整好安全阀，使超压时能及时启动，以保证供暖系统安全运行。旁通装置是减压器检修时用的，开启旁通阀时也应缓慢开启，注意压力表读数，保证系统不超压。

供热调节是调整系统的各个阀门等控制附件，使系统内散热设备散热均衡。

3. 供暖系统故障的检查、排除与维修

供暖系统各个热用户及用户内各个房间的供热量都是经设计计算确定的。如果散热器不能按设计要求供热，出现供与求之间的矛盾，就会有不热、过热或热得不均等热力失调故障。

室内不同层之间的热力失调叫竖向(垂直)热力失调;同层并联环路之间出现的热力失调叫水平热力失调。供暖系统故障的检查与排除,就是要查明热力失调的原因,采取相应措施予以排除,使散热器能按设计要求均衡散热,以达到设计温度的要求。

(1) 热水供暖系统故障的检查与排除

① 水力失调引起的故障,指因热水流动阻力不平衡引起的故障。

热用户离锅炉房的远与近、室内并联环路与入口的远与近,都有远近环路阻力不平衡的问题存在。近环路流动阻力小,通过的热流量大,室温多数偏高;远环路流动阻力大,通过的热流量偏小,室温就偏低。此类故障的排除方法是把近环路的阀门开度调小,或装调压板,使流动阻力增大,远环路管径适当加大,阀门开度调到全开,使流动阻力减小。当远近用户、远近环路的流动阻力调整到接近平衡时,其热流量也就近于平衡,因水力失调引起的热力失调故障有可能排除。

消除水阻力失调引起的热力失调故障,是故障排除的基本方法,也是供暖系统进行维护的基本原则。只有在此基础上,才能进一步查明其他类型故障的原因,为排除故障创造条件。

② 堵塞引起的故障

系统的堵(阻)塞是供暖系统常见的故障原因。堵塞的形式是多种多样的。如管道坡度不良,排气装置未发挥作用,使空气排除不净引起干管末端的气阻塞,造成末端散热器不热;下分式系统顶部空气排除不净,造成顶部散热器不热等。此类故障的排除方法是:应使所有排气装置经常排气,或设自动排气阀保证排气。管道坡度不良常因支架安装质量不好,出现塌陷使坡度状况变坏。可及时修好支架调整坡度,保证排气正常。

堵塞的另一种形式是泥沙或杂物堵塞,引起系统流动阻力及流量的不平衡,堵塞严重时系统局部不通水、不循环。如上分式系统下部堵塞引起的底部不热或某一热用户局部不热;室内的某一局部不热等。

阀门阀芯(阀盘)在阀座中脱落,堵死通路的堵塞,也是常见的故障之一。

堵塞的检查方法是用手摸。当管道或阀门两侧有由热变凉,或温差明显时,变凉的部位就是被堵塞的部分。或用放水法检查,在不热的管段中部取放水点,放水时如来热水,则堵塞点在此放水点之后,如不来热水,则堵塞点在此放水点之前。从放水点向堵塞管端检查,再取其中部做放水点放水检查,依此可找到堵塞点。检查堵塞时,阀门、孔板、三通弯头等管件是检查的重点,尤应仔细检查。

③ 膨胀水箱和系统故障。

膨胀水箱高度不够;水位自动控制装置失灵;补水不及时使系统顶部不满水而循环遭到破坏;膨胀管连接错误(如自然循环系统应接到供水总管上,而错接于回水干管上,造成系统排气不利);机械循环系统应接到回水干管上,而错接于供水干管上,造成水箱常流水,而部分系统又不满水。以上情况都将造成大面积的散热器不热。

膨胀水箱的恒压点(膨胀管与回水干管的连接点)过于靠近锅炉房,造成泵出口压头增高,部分近用户超压,使散热器爆裂;恒压点离锅炉房过远,造成系统负压区过长,回水可能汽化,使水泵抽不出水而循环遭到破坏。以上故障的排除方法是通过计算改变恒压点位置。

④ 系统回水温度过低或过高。

系统回水温度过低的原因有:锅炉负荷小,供热量不足;水泵扬程不足、系统循环缓慢等,应从设备更换或改造方面着手解决。外网漏水严重,应及时修漏;外网热损失大,保温结构损坏严重或泡在地下水中,应有针对性地采取措施,以减少热损失;系统供水阀门开度小,应调大开度,阀盘脱落堵塞应修复或更换。

系统回水温度过高产生的原因有:系统热负荷小而供热量大,应调小供水管阀门开度,使循环流量减小;热用户处循环管上阀门不严,或未关闭,应关闭或排除关闭不严的故障。在如上排除故障后,如回水温度仍偏高,可在锅炉运行中适当停开送风机、引风机,用降低炉温来降低锅炉送水温度。

⑤ 其他故障的排除

供暖系统用户间高度相差悬殊,部分低的用户超压,引起系统大面积漏水甚至散热器爆裂,应在超压用户入口装调压板或自动泄压装置;系统供水温度波动大,引起管道伸缩频繁而漏水,应在锅炉运行中采取措施,以稳定供水温度。

(2) 蒸汽供暖系统故障的检查与排除

① 散热器不热,有上半部不热、下半部不热、整个散热器不热三种情况。排除故障时应先排气,消除空气阻塞送汽的可能。若无效果,应检查送汽支管和凝结水支管,以进一步判断故障原因。

如凝结水支管不热,可能是散热器疏水器失灵,应关闭有关阀门,打开疏水器盖子检查,属于污物堵塞的清除污物,属于芯子脱落的上紧芯子或更换芯子,但绝不能去掉芯子运行,否则会使大量蒸汽被凝结水带走,增加热损失,同时使末端回水受阻,系统循环遭破坏。如打开疏水器不见水,表明散热器出口堵塞,可用铁丝清通。如疏水器有水但水位不下降,表明疏水器以后管道堵塞,应用手摸或放水法查明堵塞处,清除堵塞物。

如凝结水支管热而送汽支管不热,可先检查阀门开度。如阀门开着,应打开阀盖检查是否阀芯脱落堵塞管道。如阀门无问题,则为管道堵塞,应找到堵塞点,清除堵塞物。

当系统末端散热器不热时,一般是因空气未排净而阻塞蒸汽流动,应做排气处理。如排气后仍不见好转,可能是末端供汽压力不足,应检查压力表表压是否达到设计要求。如送汽压力也无问题,则可调整系统各环路间的阀门开度,使之达到阻力平衡。当供汽压力不足时,应通知锅炉房增大供汽压力。

② 水击故障及排除。

蒸汽供暖系统运行时产生水击(水锤)噪声,严重时将损坏管道附件和散热器。其产生原因有:送汽阀开度控制不善,不经暖管就开大阀门送汽,应在操作中解决;送汽时系统疏水器未启动旁通阀,造成凝结水来不及排除而形成水阻塞,应在操作中解决;支架不当,供汽管局部塌腰造成坡度不当,凝结水在管内积存形成水阻塞。此时,应修整支架,调好坡度,排除一切水汽冲撞的系统缺陷,则水锤噪声即可消除。

③ 系统泄漏故障的排除

蒸汽系统跑汽漏水现象常较严重,其原因有施工、运行操作、维护等多方面缺陷,应全面检查,有针对性地排除跑汽漏水故障。如系统中有不合格的材质,应更换;管道连接上的缺陷应清除;补偿器、固定支架应符合设计要求,以减少热应力引起的泄漏;送汽应暖管;阀门、疏水器应正确操作,以减少操作不当引起的泄漏等。

(3) 供暖系统的维护与修理

① 系统运行期间应经常监视压力表、温度计、流量计等仪表的工况,对散热器、减压器、补偿器、疏水器等设备和附属装置的工况也应勤检查、勤维护,对除污器、排气装置、排污装置,应勤检查、勤排放,保证系统运行。

② 对管道的检查井、保温结构的完好情况应勤检查维护;对系统的泄漏及热力失调故障应及时排除,不使故障扩大;对供暖房间的室温及其保持状况,应勤于检查监视,以维持良好的供暖效果。

③ 系统停止运行后,应对管网和设备作整体检查,对阀类控制件进行清洗、涂漆、研磨、配换等维修,以保证其灵活有效。应将系统中的水全部排放,再用净水冲洗系统,最后用软化水充满整个系统,使满水状态一直保持到来年的再次运行。

10.12 室内消防设备安装质量标准

(1) 室内消防管网是室内消防给水系统的主要组成部分,应符合以下要求。

① 室内消防栓超过 10 个,室外宜为环状管网。室内消防管网至少应有两条引入管,并将室内管网连成环状。

② 室内消防管网应用阀门分成若干独立段,如果某段损坏,停止使用的消火栓在一层中不应超过 5 个,阀门应经常开启,应有明显的启闭标志。

③ 室内消防立管多余两条,至少每二条立管连成环状,阀门布置应考虑检修管道时,可关闭的立管不超过一条。

(2) 室内消火栓组成

① 水枪:根据流量和充实水柱长度要求,选用水枪的喷嘴口径,室内水枪喷嘴口径一般为 13mm、16mm、19mm。

② 水龙带:室内一般采用直径为 50mm 或 65mm 的水龙带。

③ 室内消火栓的直径应与所配备的水龙带的直径相配合。

(3) 室内消火栓的布置

① 在同一建筑物内的消火栓、水龙带、水枪,应采用同一规格,便于维修、保养和使用。

② 室内消火栓的布置,应保证按要求的充实水柱,同时达到室内任何部位。

③ 室内消火栓的最大间距不应超过 50m,水龙带长度根据设计要求选定。

④ 室内消火栓栓口中心距地面高长 1.1m,允许偏差 ±20mm,栓口应朝外,并不应安装在门轴侧。阀门中心距箱侧为 140mm,距箱后内表面为 100mm,允许偏差 ± 5mm。消火箱安装的垂直度允许偏差为 3mm。

⑤ 高度低于 50m 的建筑物,采用消防车,通过水泵接合器协助室内消火栓和给水系统供应室内消防用水。因此在一般情况下,可采用分区给水。

⑥ 高度超过 50m 的高层建筑室内消火栓给水系统,为加强供水安全和便于火场使用,应采用分区给水。在每区中任何一点的经常静水压力不能大于 50m 水柱。

(4) 高层室内消防

① 室内消防给水管道应成环状,进水管不能少于两条,当其中一条发生故障,其余的进水管应仍能保证消防水流量和水压。

消防立管的布置,应能够保证同层相邻立管上的两支水枪充实水柱,同时达到室内任何部位。立管最小直径不应小于 100mm,阀门应有明显的启闭标志,消火枪箱体安装在轻质隔墙上,应有加固措施。

② 建筑物的屋顶应设消防水箱。消防水箱应储存 10min 的室内消防用水量。消防水箱水管应设置单向阀和水流报警器,防止水泵开启后,水向水箱倒流。当水箱和水一经流到消防管道时,即向值班室发出火警讯号。同时启动消防水泵。水箱就位前应做满水试验,试验合格后,方可就位安装。

③ 水泵接合器安装,规格应根据设计选定。有三种类型:墙壁型、地上型、地下型,其安装位置应有明显标志,阀门位置应便于操作,接合器附近不得有障碍物,安全阀应按系统工作压力定压,防止消防车加压过高破坏管道及部件,接合器应装有泄水阀。

④ 管道安装完毕后,应对系统进行试压,系统试验压力为 1.4MPa,压力保持 2h 无明显渗漏为合格。合格后应进行水冲洗,冲洗要达到管内无污浊物,水色与入口处目测水色一致。冲洗出的水要有排放去处,不得损坏其他成品。

10.13　通风工程管道制作与设备安装质量标准

1. 施工准备

① 材料的验收

检验所用材料的出厂合格证明和外观质量。

A. 镀锌铁皮不能有裂纹、结疤和锈蚀斑点,应有镀锌层结晶花纹。

B. 不锈钢板板面不能有划痕、刮伤、锈斑和凹穴等缺陷。

C. 型钢应等型、均匀,不能有裂纹、气泡、凹穴等缺陷。

② 检修制作设备

对剪板机、咬口机、无法兰成型机、冲床等设备进行检查,重点检查以下内容。

A.用电设备绝缘和接地是否良好,传动部分必须有保护壳防护。

B.电气传动是否良好。

C.机械传动部分的清洁、润滑和紧固,并根据所加工材料的规格对设备进行调整,确保设备达到实际作业要求。

2.风管的制作

(1)画出加工草图

由于风管制作实行工厂化,不可能一一进行现场实测,因此主要依据施工图纸绘制加工草图。在风管与设备的安装阶段结合现场实际情况实测尺寸进行制作。

① 绘制加工草图时要根据所用材料规格和咬口类型来确定每件风管的尺寸,且要尽量减少裁边和拼接。

② 先确定系统中弯头、三通、变径管的尺寸,再确定其间直管段的长短。

③ 对穿越建筑墙体的风管,必须注意风管长度至少要比墙体总厚大100mm,以确保安装时法兰接口不在墙内。

④ 绘出各系统的系统图和各管件的加工图,以便按加工图逐一加工和编号。

(2)无法兰连接矩形风管制作

① 应用范围

在工程上应用的矩形镀锌铁皮风管。其大边长在120~1250mm之间。但风管与阀门、软接头、消声器等设备和部件连接处仍采用相应的角钢法兰连接。

② 操作要点

A.选材。按设计要求,金属风管板材的厚度根据规范选取,见表10-15及表10-16。

B.下料剪切。根据加工单的尺寸进行下料,剪切前必须复核尺寸,以免有误。

C.板材下料后与轧口之前,必须用机械或剪力进行倒角。

420

钢板风管板材厚度表(mm)　　　　　表 10-15

风管直径或长边尺寸	圆形风管板材厚度	矩形风管板材厚度
80~320	0.5	0.5
320~450	0.6	0.6
450~630	0.8	0.6
630~1000	0.8	0.8
1000~1250	1.0	1.0
1250~2000	1.2	1.0
2000~4000	1.2	1.2

不锈钢板风管板材厚度表(mm)　　　　　表 10-16

风管直径或长边尺寸	不锈钢板厚度	风管直径或长边尺寸	不锈钢板厚度
100~500	0.5	1120~2000	1.0
500~1120	0.75	2000~4000	1.2

D．法兰压制。压制前,应先根据板材厚度调好无法兰成型机的齿轮间隙。

E．咬口和合管。风管咬口时采用联合角咬口,要调整好咬口机的齿轮间隙,保证咬口的松紧适度、尺寸准确。合管时要使用木锤或有胶皮套的锤子,以确保合口美观。

F．角卡冲压。角卡用料为 1.2mm 厚镀锌铁皮,下料时要尽量使用边角料以降低成本。冲压时模具必须固定牢靠。对模具要经常检修并及时更换。

G．安装角卡和涂胶。压入角卡时要用力均匀适度。上好角卡后,风管法兰应平整严密,并在法兰与角卡连接处均匀涂密封胶。

(3) 角钢法兰连接风管制作

① 应用范围

除应用无法兰工艺外的镀锌铁皮风管和不锈钢风管,其余均使用角钢法兰连接工艺。

421

② 操作要点

A．选材。所用铁皮的厚度按表 10-15 选取,角钢规格按表 10-17、表 10-18 选取。

圆形风管法兰选材表(mm)   表 10-17

风管直径(mm)	法兰材料规格 mm	
	扁　钢	角　钢
≤140	20×4	—
150～280	20×4	—
300～500	—	25×3
530～1250	—	30×4
1320～2000	—	40×4

矩形风管法兰选材表   表 10-18

长边尺寸(mm)	法兰材料规格(角钢)mm	长边尺寸(mm)	法兰材料规格(角钢)mm
≤630	25×3	1320～2500	40×4
670～1250	30×4	3000～4000	50×5

B．下料、轧口、合管等工序要点与前述相同。

C．法兰加工

(A) 矩形法兰加工

a．矩形法兰由四根角钢组焊而成,下料时要注意使法兰的长边夹住短边,且焊成的法兰内径要比风管外径大 1～3mm。

b．下料调直后在冲床上冲螺栓孔和铆钉孔,孔距为 140mm。法兰四角的长边端部必须有螺栓孔,且同一规格法兰的螺栓孔布置必须严格一致,确保其互换性。

c．冲孔后的角钢在焊接平台上进行焊接,焊接时用同规格胎具卡紧。

d．除掉焊渣后刷铁红防锈漆两遍。对不锈钢法兰,除掉焊渣后进行酸洗并用热水冲洗。

(B) 圆形法兰加工

422

a. 先将整根角钢放在法兰卷圆机上卷成螺旋形,在卷圆过程中要调整设备以卷成所需直径。

b. 将卷好的角钢画线割开,逐个找正找平后焊接、冲孔。

c. 除掉焊渣后刷铁红防锈漆两遍。

D. 铆接法兰。风管与法兰铆接前要认真校核规格,铆接后要做到风管折角平直、端面平行。

E. 翻边。翻边宽度 6~9mm,翻边要平整、宽窄一致。

F. 检查涂胶。对制作完的风管进行检查,对一些有必要的部位涂上密封胶。注意胶要涂在风管的正压侧。

(4) 焊接风管的制作:

① 应用范围

排烟风管和防火阀的过墙防护管均用 2.0mm 厚冷轧钢板制作,接缝时采用焊接。

② 操作要点

A. 选材。板材为 2.0nm 厚冷轧钢板,角钢规格按表 10-17 选取。

B. 下料合管。下料时尽量使用剪板机,实在无法使用时也可用气割,但必须将断面磨平。合管时使用角焊缝,板材需拼接时采用对接焊缝。

C. 法兰制作工序同前。

D. 焊接法兰。将法兰套在风管上,法兰伸出风管管口 5mm,沿风管管口周边进行满焊。

E. 刷漆。将成形风管除掉焊渣后刷漆,内侧刷烟囱漆两遍,外侧刷铁红防锈漆两遍。

(5) 质量标准

① 风管的规格、尺寸必须符合设计要求。

② 风管咬缝必须严密,宽度均匀,无孔洞、半咬口和胀裂等缺陷。直管的纵向咬缝应错开。

③ 风管焊缝严禁有烧穿、漏焊和裂纹等缺陷,纵向焊缝必须错开。

④ 外观质量应达到折角平直,圆弧均匀,两端面平行,无翘角,表面凹凸不大于 5mm;风管与法兰连接牢固,翻边平整,宽度不小于 6mm,紧贴法兰。

⑤ 风管法兰焊接应牢固,焊缝处不能设置螺孔。螺孔具备互换性。

⑥ 风管应按要求进行加固,加固应牢固可靠、整齐,间距适宜。

⑦ 不锈钢板风管表面应无划痕、刻痕、凹穴等缺陷。

⑧ 风管及法兰制作尺寸的允许偏差见表 10-19。

风管及法兰制作尺寸允许偏差 表 10-19

项 次	项 目		允许偏差(mm)	检 验 方 法
1	圆形风管外径	300mm	0	用尺量,互成 90 度的直径
		300mm	−1	
2	矩形风管大边	300mm	0	尺量检查
		300mm	−2	
3	圆形法兰直径		2 0	用尺量,互成 90 度的直径
4	矩形法兰边长		2 0	用尺量四边
5	矩形法兰两对角线之差		3	尺量检查
6	法 兰 平 整 度		2	法兰放在平台上,用塞尺检查
7	法兰焊缝对接处的平整度		1	

(6) 成品保护

① 制作金属风管所用板材的存放要合理。镀锌钢板表面要保持光滑洁净,不透钢板要立靠在木架上。

② 法兰按规格分类码放整齐,以免变形。

③ 风管应按系统编号分别码放在平整处,装车时轻拿轻放,卸车时平稳落地。

(7) 注意事项

① 制作法兰的角钢和焊接风管用的钢板要除锈彻底,然后刷防锈漆。法兰油漆未干时不可使用。

② 剪板机、咬口机、无法兰成形机等设备使用前要根据板材厚度调整好,以保证风管的加工精度。

③ 要正确使用液压铆钉机,铆接要牢固,不能出现铆钉脱落和漏铆现象。

④ 下料时要增强责任心,提高精度,避免在管件上出现孔洞。如果出现孔洞要根据情况用焊锡或密封胶密封。

⑤ 密封胶要涂在风管的正压侧,即送风管涂在内侧,回风和排风管涂在外侧。

3. 风管及部件安装

(1) 准备工作

① 安装现场的清理检查

安装部位的障碍物应已清理,地面无杂物。土建提供的标高基准线已画好,经核对无误。检查预留孔洞的位置和尺寸是否准确,如有问题提前解决。

② 风管垂直运输

风管的垂直运输可采用土建的外用运料升降机,升降机的使用方式和时间要遵循现场经理部的统一安排,并遵守操作规程。

③ 风管及材料的检查

风管运抵现场后,要逐件进行检查,发现有法兰变形或密封胶开裂者要立即修补,经完全修复后方可使用。经检查修补后向现场监理报验,经批准后方可安装。

对安装用的各种材料,如螺栓、螺母、法兰垫料等要进行检查,确保符合质量要求。

④ 施工用工具设备的检查

施工用电由专业电工配设,要确保接线正确,漏电保护装置灵敏可靠。

电钻、电锤等工具完好,梯子、架子要牢固可靠。

(2) 施工工艺

① 确定标高

按照施工图纸和土建基准线找出风管标高。要注意此时室内地面并不一定就是成形的地面,因此,必须以土建给的标高基准线来确定标高,切不可将室内地面当作楼层正负零来推算标高。

② 制作吊架

A．风管的标高位置确定后,按照系统所在空间位置,确定风管支、吊架形式。水平安装的风管采用图 10-2 吊架;穿楼板的竖风管采用图 10-3 支架。

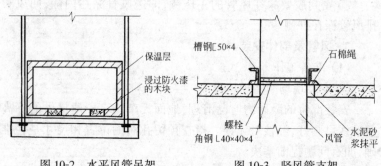

图 10-2　水平风管吊架　　　　图 10-3　竖风管支架

B．支、吊架制作前,型钢要进行调直,不能出现扭曲和弯曲;钢材切断和打孔时,应使用机械,不能使用氧气-乙炔气切割;吊杆圆钢应根据风管标高适当截取,与角钢头焊接牢固。

C．将焊渣清理干净后、除锈、刷防锈漆一遍、再刷灰调和漆一遍。

③ 设置吊点

根据工程的特点,采用膨胀螺栓法。

A．吊点的位置根据风管中心线对称设置,间距按表 10-20 选取。

B．安装膨胀螺栓的钻孔直径和深度要适度,膨胀螺栓的安装必须十分牢固。

C．在预应力钢筋最低处楼板上做有红色油漆标记。设置吊点时必须注意,不可在标记周围 400mm 以内施钻,以免打伤预应力钢筋。

426

支 · 吊 架 间 距　　　　　　　　　　**表 10-20**

矩形风管长边或圆形风管直径	水平风管间距	垂直风管间距	最少吊架数
≤400mm	不大于 4m	不大于 4m	2 付
>400mm、≤1000mm	不大于 3m	不大于 3.5m	2 付
>1000mm	不大于 2m	不大于 2m	2 付

D. 安装吊架

将吊杆安在所设吊点上，同时将膨胀螺栓拧紧口。安装吊杆时注意角钢头的方向要一致，以确保吊杆在一条线上。明露的吊杆不得拼接，暗装吊杆拼接时用搭接焊，搭接长度不少于 6cm，并应在两侧焊接，焊后除掉焊渣并补漆。

E. 风管连接

风管连接分角钢法兰连接和无法兰连接，两者的做法基本相同。

（*A*）垫法兰垫料：

a. 排烟风管的法兰垫为 3mm 厚石棉橡胶板，其他各种风管均用 8501 密封胶带。

b. 擦拭掉法兰表面的异物和积水，使法兰表面干燥。

c. 石棉橡胶板的使用。根据风管法兰角钢的规格，将石棉橡胶板裁成等宽的长条，把垫料贴在法兰上，并用电钻对应于螺栓孔钻孔后穿上螺栓。注意法兰四角的垫料接头应采用梯形或楔形连接，各部位的垫料均不得凸入风管内。

d. 8501 密封胶带的使用。从法兰的一角开始粘贴胶带，沿法兰均匀平整地粘贴，并在粘贴过程中用手将其按实。贴满一周后与起端交叉搭接，剪去多余部分，最后剥去隔离纸。

（*B*）连接法兰：

a. 角钢法兰。风管连接法兰时，按规定要求垫料，把两个法兰先对正，穿上几只螺栓并戴上螺母，暂时不要上紧。然后用尖冲塞进穿不上螺栓的螺孔中，把两个螺孔撬正，直到所有螺栓都穿上

427

后,再把螺栓拧紧。穿螺栓时要注意所有螺母应在同侧。紧螺栓时应沿对角线按十字交叉法逐步均匀地拧紧。

b. 对于无法兰风管,因为其连接形式是采用薄钢板法兰弹簧夹、四角加 90 度贴角,故操作起来比较简单。按规定要求垫料,把两个法兰对正,穿上四角螺栓并适当紧固,然后用无法兰风管专用弹簧夹将两个法兰卡死,再把四角螺栓拧紧。弹簧夹的长度要根据风管规格适当截取。

F. 风管安装

竖井内立风管和水平风管安装时要采用不同的方法。

(*A*)立风管由下向上逐层安装,在每层的楼板上设置支架承重,支架形式如图 10-3 所示。

(*B*)水平风管安装时要遵循先上后下、先里后外、先干管后支管的原则,各系统的安装起点要根据现场情况灵活确定。

a. 风管接长吊装。根据现场的空间位置,在地面将风管接长至 10～20m 左右,用麻绳捆绑结实,用倒链将其升至吊架上,把所有的横担和吊杆连接好后解开绳扣。起吊时要注意,当风管离地200～300mm 时,应停下来进行检查,确认倒链的受力点、绳索绳扣及风管本身没有问题后方可继续起吊。

b. 风管分节安装。对因场地限制不能接长吊装时,将风管分节用绳子拉到脚手架上,然后抬到支架上对正法兰逐节安装。

G. 部件安装

在风管连接安装时,应同时将调节阀、防火阀、止回阀和消声器等部件安在设计指定的位置上。各种风口留待装修阶段配合吊顶施工进行安装。

a. 各种部件法兰上一般没有螺栓孔,安装时要先依同规格风管法兰的螺孔位置钻眼,然后进行安装。

b. 调节阀安装时要处于完全开启状态,调节手柄要安在易于操作的位置。

c. 防火阀的方向要正确,易熔件在迎气流方向。

d. 止回阀的开启方向要与气流方向一致。安装在水平位置

和垂直位置的止回阀不可混用。

e. 折板消声器串联时,要注意其方向,确保气流顺畅。

f. 风口与风管的连接要严密牢固,边框与建筑装饰面贴实,外表面平整不变形。

g. 最后将一些系统的碰头处尺寸实测后进行制作安装,以形成完整的通风系统。

(3)质量标准

① 安装必须牢固,位置、标高和走向符合设计要求,部件方向正确,操作方便。防火阀检查孔的位置必须设在便于操作的部位。

② 支吊架的形式、规格、位置、间距及固定,必须符合设计要求和规范规定,严禁设在风口、阀门和检视门处。

③ 风管的法兰连接要对接平行、严密、螺栓紧固,螺栓露出长度适宜一致,法兰螺母在同一侧。

④ 风口安装的位置正确,外露部分平整美观,同一房间内标高一致,排列整齐。

⑤ 柔性短管松紧适宜,长度符合设计要求和规范规定,无开裂和扭曲现象。

⑥ 允许偏差见表10-21。

风管、风口安装的允许偏差　　　　　　表 10-21

项 次	项 目		允许偏差	检 验 方 法
1	风管	水 平 度　每 米	3mm	拉线、液体连通器和尺量检查
		总偏差	20mm	
2		垂 直 度　每 米	2mm	吊线和尺量检查
		总偏差	50mm	
3	风 口	水 平 度	5mm	拉线、液体连通器和尺量检查
		垂 直 度	2mm	吊线和尺量检查

4．通风机安装

(1)施工准备

① 安装文件

设计图纸和通风机技术资料齐全。

② 主要器具

导链、电锤、手磨砂轮机、铁锤、撬棍、水平尺、钢板尺、钢卷尺、活扳手、水准仪、转速表、测振仪、温度计、道木、棉纱、绳索具。

③ 开箱检查

A. 按图纸要求检查风机的名称、型号、规格、位号及电机型号、规格等。

B. 核对叶轮、底座和进出口部位的安装尺寸,要求与设计相符。

C. 风机进口和出口方向应与设计相符,叶轮旋转方向符合要求。

D. 风机外露部分各加工面应无锈蚀,转子的叶轮和轴颈、远望皮带轮等部位应无碰伤和明显变形。

E. 做好开箱检查记录,并经建设单位人员及有关人员签字。

④ 基础验收检查

A. 对基础进行外观检查,不得有裂纹、蜂窝、空洞、露筋等缺陷。

B. 按施工图纸要求对基础尺寸和位置进行复测,其允许偏差应符合下面要求:

a. 纵横中心线位置允许偏差为 ±20mm。

b. 基础标高偏差在 0~20mm 之间。

c. 基础平面外形尺寸允许偏差为 ±20mm。

d. 基础平面水平度每 m 范围允许偏差不大于 5mm,全长范围允许偏差不大于 10mm。

C. 基础复查合格后,由土建单位向安装单位办理中间交接手续。

(2) 施工工艺

① 基础放线及处理

按施工图根据机房的轴线划出风机安装中心线。根据土建

500mm 线,用水准仪测定 6 个减振器基础处不同平面标高,用手磨砂轮机修磨减振器基础处平面,使之平整且使各平面标高之间允许偏差不大于 2mm。

② 通风机吊装运输

利用土建施工塔吊将通风机从地面吊运至楼面,由起重工在铺好道木的路线上走滚杠,滚运至基础上。

③ 风机减振器安装

在风机基础上垫两根 10cm 厚木方,将风机对准安装基准线位置,临时放置在木方上。按安装要求摆放好 6 个减振器,然后挪开风机,在减振器 4 个固定孔处做好标记,在标记处用电锤钻孔,埋 M6 膨胀螺栓固定减振器。

④ 风机本体安装

将风机本体置于减振器上,用 M16 螺栓固定。在减振垫与风机框架底座之间垫铜皮或钢片调整风机水平度,用水平仪在主轴上测定纵向水平度,用水平仪在轴承座的水平中分面上测定横向水平度。调整好水平度,要使风机的叶轮旋转后,每次都不停留在原来的位置上,并不得碰壳。

⑤ 皮带轮找正

整体安装的通风机应进行风机与电动机三角皮带轮传动找正。用一根细线,使线的一端接触风机皮带轮外侧轮缘过中心的两端点,使线的另一端接触电机皮带轮外侧过中心的两轮缘端点,调整底座框架上电动机的位置和水平,使两皮带轮轮缘上的四点同在一条直线上,即可认为通风机的主轴中心线和电动机轴的中心线平行,两个皮带轮的中心线重合。

调整电机位置,使三角皮带松紧程度适宜。一般用手敲打已装好皮带的中间,稍有弹跳,或用手指压在两根皮带上,能压下 2cm 左右就算合格。

⑥ 通风机的电气,自控配管接线按施工图纸要求进行。

⑦ 通风机试运转

A. 准备工作

a. 将风机房打扫干净,检查清除风机内及风管内异物;

b. 检查通风机,看电动机两个皮带轮中心是否在一条直线上,风机固定螺栓是否拧紧;

c. 检查轴承处是否有足够的润滑油,否则需加够;

d. 用手盘车,通风机叶轮应无卡碰现象;

e. 检查电动机、通风机、风管接地线是否连接可靠;

f. 检查通风机调节阀门启闭是否灵活,定位装置是否牢靠。

B. 通风机的启动和运转:

a. 打开防排烟系统的防火阀,调节所有的百叶风口,使内外两层叶片处于全开状态。送风口的调节阀门关闭。

b. 点动电机,各部位应无异常现象和摩擦声响,方可进行运转。观察通风机的旋转方向是否正确。

c. 风机启动达到正常转速后,应首先调节进风口阀门,进行开度为 $0°\sim5°$ 之间的小负荷运转,达到轴承温升稳定。连续运转时间不应小于 20min。

d. 小负荷运转正常后,逐渐开大调节阀门,此时应测定电动机电流,不得超过额定值,直到规定的负荷为止,连续运转时间不应小于 2h。

e. 试运转中须在通风机皮带盘中心位置上用转速表测通风机转速。在轴承部位用测振仪测其振动幅度。

f. 按要求做好通风机试运转记录。

(3) 质量标准

① 通风机叶轮严禁与壳体碰擦。

② 试运转时,叶轮旋转方向须正确,经不少于 2h 的运转后,轴承温升不超过环境温度 4℃。

③ 通风机平面位移与安装基准线允许偏差为 $\pm10mm$,安装标高与安装基准标高允许偏差为 $\pm10mm$。

④ 风机和电动机皮带轮轮宽中心平面位移允许偏差不大于 1mm。

⑤ 整体安装风机的纵、横向水平度允许偏差均不大于 1/1000。

（4）成品保护

① 通风机在运输过程中要防止雨淋。

② 通风机吊装时,吊点应设在其底座框架上,不能将绳索捆绑在机壳和轴承盖的吊环上。尽量使吊绳长些,以免挤压机壳。如吊绳与风机有接触,应在棱角处垫放橡胶板等柔软材料,防止磨损机体及绳索被切断。

② 通风机未接风管前,进、出风口应用盖板盖住。

③ 通风机的进风与排气管和调节阀,应有单独的支撑。风管与风机连接时法兰面应对中贴平,不应硬拉致使设备受力。机壳不应承受其他机件的重量,防止机壳变形。

（5）注意事项

① 减振器安装除要求地面平整外,应注意各组减振器承受荷载的压缩量要均匀,不得偏心。严格按设计要求布置减振器的位置,安装后应采取保护措施,防止损坏。

② 通风机出口的接出风管应顺应叶轮旋转方向接出弯管。应保证出口至弯管的距离大于或等于风口长边尺寸的 1.5 倍。

③ 风机运转中皮带滑下或产生跳动,应检查两皮带轮是否找正,是否在一条中线上,或调整两皮带轮的距离。如皮带过长应更换。

④ 在关闭阀门的情况下,通风机运转时间不能过长,以免造成机壳过热。

⑤ 通风机挂皮带时不要把手指伸入皮带轮内,防止发生事故。皮带挂好后别忘了装好防护罩。

⑥ 吊装风机时,应检查吊装机具是否安全可靠,吊装物下严禁站人。

5. 风管及部件保温

（1）准备工作

① 确认现场土建结构已完工,无大量施工用水情况发生。

② 确认风管上方管道、电气、消防等专业施工基本结束,以免大量交叉作业破坏保温。

③ 风管系统安装完毕,经自检质量合格,并向监理报验合格,办理完隐蔽工程检查手续并记录。

④ 空调系统漏风量测试合格。

⑤ 施工所需各种材料已到场,其材质证明书与合格证书齐全,各项指标符合设计要求,向监理报验合格,准许使用。

⑥ 施工用的梯子、架子,照明灯具等经检查齐全可靠。

(2) 施工工艺

① 聚乙烯板保温工艺流程

A. 首先将风管表面擦拭干净,擦去表面的灰尘和积水,并使其干燥。

B. 根据风管尺寸裁剪保温材料

a. 保温材料下料时,要注意使其两个长边夹住短边,对正方形风管要使其上下边夹住两个立边。

b. 裁剪聚乙烯板时可以使用壁纸刀,刀片的长度要合适,并使其保持锋利,裁割时用力要均匀适度,断面要平整。

c. 对门厅、展厅等重要场所处的明露风管,为确保切割断面光洁美观,裁剪聚乙烯板时可使用手持砂轮切割机。

C. 在管外壁和聚乙烯板上分别均匀刷上 401 胶,稍候片刻待其微干后将其粘合。

D. 用橡胶锤轻打聚乙烯板,尤其是风管四角处,使其与风管粘牢。

E. 对保温外观进行检查,如有不合适之处及时修补。

② 铝箔玻璃棉板保温工艺流程

A. 首先将风管表面擦拭干净,擦去表面的灰尘和积水,并使其干燥。

B. 粘结保温钉:

a. 保温厚度为 40mm,选用 60mm 长的铝制保温钉。

b. 将 401 胶分别涂抹在风管外壁和保温钉的粘结面上,稍候片刻待其微干后将其粘上。

c. 保温钉的粘接密度为:风管侧面、下面各 12 只/m²;上面 9

434

只/m²。钉与钉间距不大于450mm,距风管边缘不大于75mm。

d. 粘钉24h后,轻轻用力拉扯保温钉,不松动脱落时,方可铺覆保温材料。

C. 裁剪铝箔玻璃棉板。裁板时使用钢锯条,要使保温材料的长边夹住短边,小块的保温材料要尽量使用在风管的上水平面上。

D. 铺覆铝箔玻璃棉板。

a. 将裁好的铝箔玻璃棉板轻轻贴在风管上,稍微用力使保温钉穿出玻璃棉板,经检查位置准确后,用保温钉压盖将其固定。压盖应松紧适度,均匀压紧。

b. 长出压盖的保温钉弯曲过来压平。

c. 保温钉铺覆时要使纵、横缝错开,板间拼缝要严密平整。

d. 对风管的法兰处要单独进行可靠的保温。

e. 对大边大于1200mm的风管,在保温外每隔500mm加打包带一道。打包带与风管四角结合处设短铁皮包角。

E. 粘铝箔胶带。玻璃棉板的拼缝要用铝箔胶带封严。胶带宽度平拼缝处为50mm,风管转角处为80mm。粘胶带时要用力均匀适度,使胶带牢固地粘贴在铝箔玻璃棉板面上,不得出现胀裂和脱落。

F. 缠玻璃丝布

a. 玻璃丝布的幅宽应为300～500mm,缠绕时应使其互相搭接一半,使保温材料外表形成两层玻璃丝布缠绕。

b. 通常裁出的玻璃丝布会有一边是毛边,使用时要注意必须将毛边压在里面,以利美观。

c. 玻璃丝布的甩头要用胶粘牢固定。

d. 对一些弯头、三通、变径管等处,缠绕时要注意布面平整、松紧适度,必要时可用胶将布粘牢在保温棉上。

G. 刷防火漆。最后在玻璃布面刷防火漆两遍。刷漆时要顺玻璃丝布的缠绕方向涂刷,涂层应严密均匀,并注意采取必要的防护措施,以免污染其他部位。

H. 保温外包镀锌铁皮。空调机房内的风管粘贴铝箔胶带后不再缠玻璃丝布,而是包镀锌铁皮。

a. 按风管保温后的尺寸裁剪铁皮,注意按搭接方式让出余量。

b. 铁皮要由下向上进行安装,搭接处采用自攻钉固定,自攻钉间距为120mm。

c. 弯头、三通、变径管等,保温后要保持原有形状,铁皮安装要圆弧均匀,搭接缝在风管的同侧。

d. 为保证铁皮安装外观平整,对大尺寸风管可采用与保温厚度等厚的木方钉成木框架,将铁皮用自攻钉固定在木框架上。

(3) 质量标准

① 保温材料的材质、规格及防火性能必须符合设计和防火要求。要查验材料的合格证明书。

② 风管与设备等的接头处以及易产生凝结水的部位,必须保温良好、严密、无缝隙。

③ 聚乙烯板保温应符合以下规定:粘贴牢固,拼缝用胶填嵌饱满、密实,拼缝均匀整齐、平整一致,纵向缝错开。

④ 玻璃棉板保温应紧贴风管表面、包扎牢固、松紧适度。

⑤ 玻璃丝布保护层应松紧适度,搭接宽度均匀,平整美观。

⑥ 镀锌铁皮保护层应搭接,顺水流方向,宽度适宜,接口平整,固定牢固,搭接宽度均匀,外形美观。

⑦ 风阀保温后要不妨碍操作,启闭标志明确、清晰。

⑧ 允许偏差见表10-22。

风管保温的允许偏差　　　　　　　　　　表 10-22

项　次	项　目	允许偏差	检 验 方 法
1	保温层平整度	5mm	用1m直尺和楔形赛尺检查
2	保温厚度	$+0.10\delta$ -0.05δ	用钢针刺入保温层和尺量检查

(4) 成品保护

① 堆放保温材料的场地一定要采取可靠的防水措施,要放在

436

室内并与地面架空。

②镀锌铁丝、玻璃丝布、保温钉及保温胶等材料要存入库房，随用随领，收工及时退库。

③管道试压时要注意检查，防止大量漏水浸泡保温材料。

④严禁在保温后的风管上上人走动。

(5) 应注意的问题

①保温的各工序都要做好检查，办妥手续。保温前和缠玻璃丝布前都要进行隐蔽检查，做好记录。

②粘保温钉时要适当考虑室内温度，给予充分的固化时间。保温钉未粘牢时要避免磕碰，以防脱落。

③玻璃丝布的甩头一定要粘牢，防止松散。

④刷防火漆时要采取可靠措施，避免污染墙面和地面。

下　篇

工程技术设施标准与服务标准

11 安全与防护设施标准

11.1 电梯井安全防护标准

电梯井口设高度为 1.2m 的金属防护门,电梯井防护栏的制作:横杆用 $\phi16$ 钢筋,立杆用 $\phi12@150$,刷红白调和漆两道,用 $\phi8$ 膨胀螺栓将自制固定件固定牢固。见图 11-1。

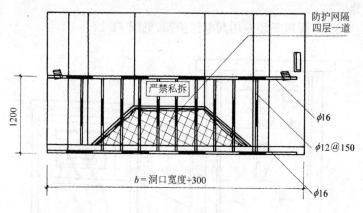

图 11-1 电梯井防护

电梯井内首层和首层以上每隔 4 层设一道水平安全网,安全网要封闭严密,安全网内不准有杂物。未经上级主管部门批准,电梯井内不准做垂直运输通道和垃圾通道,严禁私自动用、拆除防护栏和安全网。

11.2 电焊机安全防护标准

(1) 焊工未经安全考试合格者,不准独立操作,学习焊工必须有高级焊工带领下进行工作。

(2) 焊工经过安全教育,按规定穿好绝缘鞋、防护手套、防护镜等劳保用品,高空作业系好安全带。

(3) 必须一机一闸,焊机一次线线长不大于 5m,二次线采用 YHS 型橡皮护套铜芯多股软电缆,长度不大于 30m,双线到位,用线鼻子压接。

(4) 二次线要有合格的防护罩,焊机上严禁堆放其他物品。

(5) 在地下施工焊机底部要垫木板,室外施工焊机要有防雨措施。

(6) 电焊机安装专用漏电保护器,见图 11-2。

图 11-2　电焊机采用新型漏电保护器

(7) 施焊场地周围 10m 以内,不准堆放易燃、易爆品。施焊前要办理动火证,要有灭火器等防火灾措施。

11.3 外挂架安全防护标准

（1）结构混凝土强度达到设计强度等级的 70% 时，方可挂外挂架。

（2）外挂架采用 ⊏10 槽钢和 ∟60×5、∟40×4 的角钢制作，墙体预留孔为 φ32mm，勾头螺栓 M28，采用双母双垫固定，验收合格才能使用，见图 11-3。

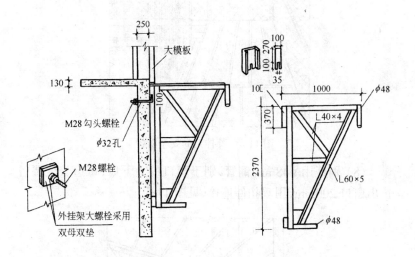

图 11-3　外挂架

（3）架子上严禁堆放材料，人员不得集中停留。

（4）使用塔吊提升或降落架子时必须用卡环吊运，不准用吊钩，任何人不准站在架子上升降。

（5）架子与窗口洞的连接必须按照先别后摘、先挂后拆的顺序进行。

（6）外挂架不得超过建筑物两个开间，最长不得超过 8m，宽度不超过 0.8~1m，焊接定型边框立杆间距不得超过 2.5m。

（7）外挂架外侧高出作业面不少于 1m，一般为 2m。挂立网并绑防护栏杆,加绑十字盖。安全网从上至下挂面封严,下端在脚手板下封死。相临的插口架应在同一平面,接头处应拉接,并用安全网封严。见图 11-4。

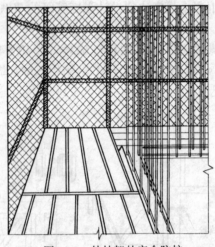

图 11-4　外挂架的安全防护

（8）别杆用 ϕ48mm 钢管,别于窗口的上下口,每边长度要各长出窗口 200mm,用双扣件连接,见图 11-5。

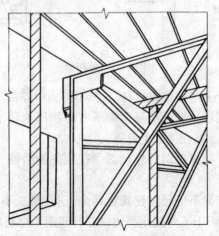

图 11-5　施工层的挂架组装

11.4 施工楼内照明标准

（1）人防工程、有高温、导电灰尘或灯具离地高度低于 2.4m 等场所的照明，电源电压不大于 36V。

（2）施工楼内，由 220V 电源配电箱，接至 220V 电压变 36V 变压器，接至楼内供照明使用。见图 11-6。

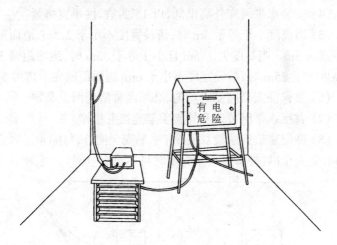

图 11-6 施工楼内采用低压照明

（3）在潮湿和易触及带电体场所的照明电源电压不得大于 24V。

（4）在特别潮湿的场所导电良好的地面、锅炉房或金属容器内工作的照明电源电压不得大于 12V。

（5）照明变压器必须使用双绕组型，严禁使用自耦变压器。

11.5 水平安全网防护标准

（1）多层、高层建筑施工时，首层必须根据楼层高度固定一道 3~6m 宽的安全网，每隔四层还要固定一道安全网，施工中要保证安全网完整有效，受力均匀，网内不得有杂物，两网搭接要严密，不得有缝隙。

（2）使用新安全网必须有产品质量检验合格证,使用旧安全网必须有允许使用说明书或合格的检验记录。

（3）安装时,在每个系结点上,边绳上与支撑物(架)靠紧,采用一根独立的系绳连接。系结点沿网边均匀分布,距离不得大于750mm。打结方便,连接牢固,又容易解开,受力后不会散脱。有筋绳的网在安装时,必须把筋绳连接在支撑物(架)上。

（4）安装水平网应外高里低,以 15°为宜,网不宜绑紧。

（5）当高度小于等于 5m 时,搭设宽度不小于 2.5m,地面至网底距离为 3m。当高度大于 5m 且小于等于 25m 时,地面距网 3m;当高度大于 25m 时,搭设宽度不小于 6m,地面距网底距离为 5m。

（6）要保证安全网受力均匀,必须经常清理网上杂物。

（7）首层水平网可以和外脚手架连接并搭接。

（8）高层建筑首层设双层 6m 水平安全网外,每隔 4 层固定一道 3m 宽安全网(外脚手架全封闭时可不设安全网)。见图 11-7。

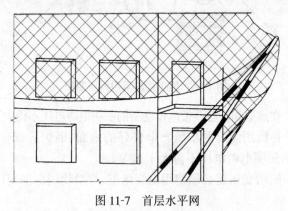

图 11-7　首层水平网

（水平距离 3~6m）

11.6　预留洞口安全防护标准

预留洞口防护用 ϕ16mm 钢筋焊制,刷红白调和漆。见图 11-8。

446

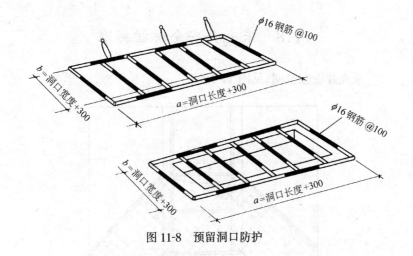

图 11-8 预留洞口防护

11.7 出入口安全防护标准

出入口设置安全通道,通道高度不低于 2.2m,宽度为 2m,通道顶用 5cm 厚木板铺严,两侧用密布网封严。见图 11-9。

图 11-9 安全出入口

11.8　采光井安全防护标准

采光井设安全网,见图 11-10。

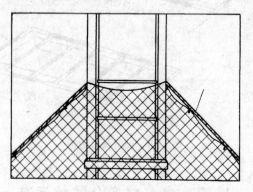

图 11-10　采光井处水平网防护

11.9　高压线和临街人行通道安全防护标准

在施工程周围高压线要进行安全防护,要编制防护方案,见图
11-11。

在施工程临街要做好过往行人安全防护通道,编制防护方案。

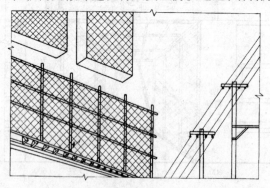

图 11-11　临街高压线防护网

12 临时设施标准

12.1 大门、围墙与围挡标准

（1）各项目部大门全部为公司统一标准,其构造做法及立面效果,见图12-1。门垛及大门均为钢框薄钢板制作。

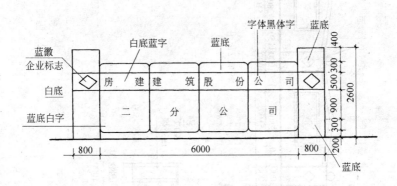

图 12-1 大门

（2）在繁华地段施工临街全部采用灯箱式围墙,具体构造做法,立面效果见图12-2。

（3）除繁华地段非邻街部位以外,其他部位围墙全部使用带有公司统一标志的钢围挡,其构造做法及立面效果见图12-3。

（4）大门外和围墙外均栽种花草进行绿化,作到黄土不露天,并专人负责修剪、浇水。大门、灯箱围墙与围挡每月进行一次清洗,保持良好的企业形象,达到环保的目的。

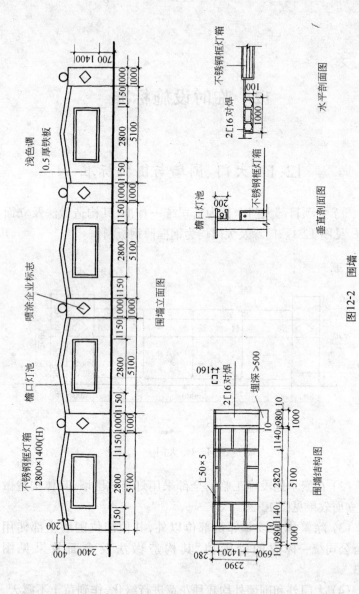

浅色调
0.5厚铁板

喷涂企业标志

檐口灯池

不锈钢框灯箱
2800×1400(H)

围墙立面图

不锈钢框灯箱

2Ը16对焊

水平剖面图

檐口灯池

不锈钢框灯箱

垂直剖面图

图12-2　围墙

不锈钢框灯箱

2Ը16对焊

埋深>500

L50×5

围墙结构图

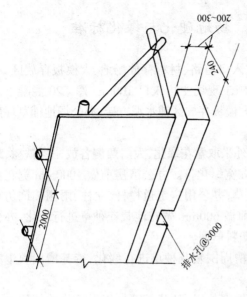

图12-3 临时围挡(专用钢围挡)

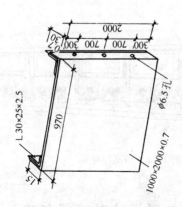

12.2 场地硬化与绿化标准

（1）施工现场主入口道路、材料存放场地、大模板存放区、办公区场地进行硬化，施工现场主出入口 100mm 厚 C20 混凝土浇筑，材料存放场地和大模板存放区铺水泥方砖，办公场地铺草坪砖进行硬化。

（2）现场大门口外采取盆花绿化，大门两侧各放一棵铁树，现场道路两侧设 600mm 宽绿化带。办公区房前做 1000mm 宽花池进行绿化。草坪砖栽草，办公用房走道栏杆、立柱、雨棚装饰仿真塑料花饰，现场厕所前做 600mm 宽花池栽花种草进行绿化，办公室、厕所屋顶铺仿真塑料草坪。

（3）基础施工基槽周围栽花种草进行绿化，待基槽回填土完毕后及时进行绿化。

（4）施工现场其他部位根据实际情况，将无硬化的部位均铺设草坪或采取覆盖的方法，真正做到黄土不露天，达到控制尘土飞扬、降尘、环保的目的，见图 12-4。（立杆埋深≥500mm）

图 12-4 局部绿化

12.3 施工现场临时房屋标准

（1）施工现场办公室和管理人员宿舍，采用可吊装式组合活

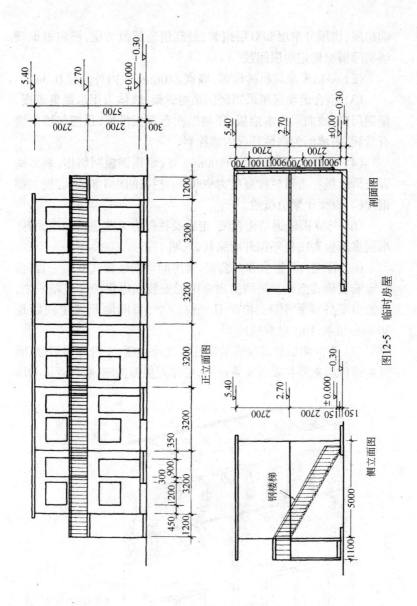

正立面图

剖面图

侧立面图

钢楼梯

图12-5 临时房屋

453

动房屋,房屋分单层和双层组装,最高组装层数2层,横向根据现场实际情况确定房屋间数。

(2)基础采取红机砖砌筑,墙宽240mm,室内外高差0.3m。

(3)组合活动房屋采用轻钢结构骨架,墙体采用水泥聚苯板,塑钢门窗,地面采用木地板,顶棚纸面石膏板吊顶,顶棚与墙面镶石膏线,内墙面为白色环保内墙涂料。

(4)室外走廊、雨棚为1100mm宽,角钢钢板网制作,表面铺设防滑胶垫。走道栏杆高度为900mm,栏杆间距100mm。设二部钢楼梯,以便于紧急疏散。

(5)外立面轻钢结构骨架、走廊及栏杆为天蓝色调和漆,墙体水泥聚苯板为白色环保外墙涂料,见图12-5。

(6)管理人员宿舍和办公室,每房间均安装窗式空调一台,会议室安装柜式空调。每间房内总电源安装漏电保护开关箱一个,电源由室外穿管引入,40W日光灯一个,每间隔断墙中间距地300mm安装10A电源插座。

(7)房间内后墙部位安装四柱暖气片供暖,支管伸出后墙,暖气主管后墙室外与暖气支管连接,并作好保温措施,暖气管道与房

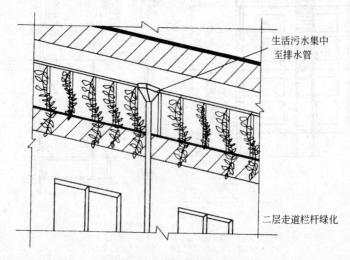

图 12-6　走道栏杆绿化

屋外立面颜色一致。

（8）房屋在组合吊装前必须对接近基础部位的轻钢结构用防腐剂作好防腐处理,防止使用时间长轻钢结构腐蚀。

（9）野外施工作好房屋接地、防雷措施。

（10）生活污水集中至排水管。走道栏杆用仿真塑料绿叶、塑料花进行绿化,见图12-6。

12.4 施工现场厕所标准

（1）厕所墙体250mm宽,设带纱扇标准木门窗,门窗刷墨绿色调和漆,男、女厕所分设。采用石棉瓦坡屋顶,外立面为白色。男女厕所均设置排风扇,室内主色调为白色,PVC板吊顶,墙面镶贴100mm×200mm主色调为白色内墙瓷砖,地面采用黄色防滑地砖,小便池面层采用耐腐蚀红色缸砖,设冲洗设施,厕所采用冲洗式蹲便器,蹲便器之间作1.8m高隔断,安装小门,隔断和小门材料为木制,面层为豆绿色宝丽板,阴阳角用白色铝合金包角,厕所内设置镜子和洗手盆,见图12-7。

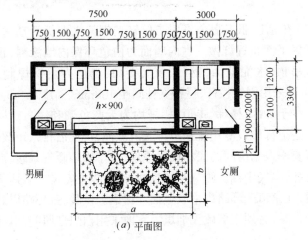

（a）平面图

图12-7 施工现场厕所（一）

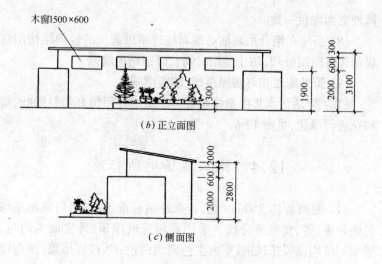

（b）正立面图

（c）侧面图

图 12-7　施工现场厕所（二）

（2）做 2 号砖砌巨型化粪池，化粪池必须定时清掏。

12.5　职工生活区标准

（1）生活区职工宿舍采用二层轻型钢架水泥板活动房屋，根据生活区平面布置订做。室内墙面为白色环保内墙涂料，顶棚为石膏板吊顶，水泥地面，钢门、窗。楼梯、走道为角钢焊制，宽度1m。走道采用钢管栏杆，栏杆立柱间距 100mm、高度 0.9m。楼梯设置不少于 2 部，楼梯、走道、栏杆均为天蓝色调和漆。二层生活污水在走道部位设专用排水道排入沉淀池，沉淀后排入市政管网。生活区夏季根据房间的大小设置壁扇，冬季安装暖气采暖，严禁生炉火，以防煤气中毒。暖气尽可能由采暖管网接入。不具备采暖管网时，北京市三环路内采取燃油环保锅炉供暖，三环路以外用燃煤锅炉供暖，必须用低硫无烟煤。室内采用白炽灯照明，电线配管暗敷。

（2）生活区要根据平面布置设职工食堂、浴室、厕所、生活用水间。职工食堂必须设隔油池。食堂见图 12-8,浴室见图 12-9。

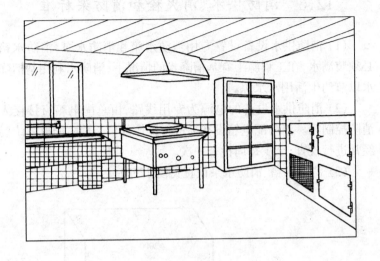

图 12-8　清洁卫生的食堂

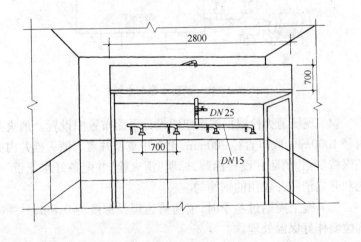

图 12-9　职工浴室

12.6　消防供水、消火栓和消防架标准

（1）消防供水设备设置专用消防水箱和消防水泵，消防水箱必须装满水，在工程施工有基槽降水的情况下，消防水利用基槽降水以节约生活用水水源。

（2）消防供水设备的电源为专用线路，由总配电箱直接接入消防控制箱。消防配电箱设在易进行操作部位。消防配电系统要经常进行检查，至少每周检查一次。

（3）消防水箱、消防水泵设置见图12-10。

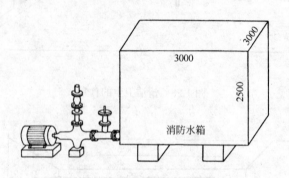

图12-10　消防水泵与水箱

（4）现场消火栓根据施工组织设计平面布置图设置。消火井内径1000mm，收口直径700mm，设专用重型井盖。消火栓井内必须保持清洁，消防井设置标牌，标明"消火栓"并配备好水龙带、水枪和开启消防井盖用的钢筋勾。

（5）施工周期过冬季时，消防管道埋设深度为0.8m，易受冻部位要作好保温处理。

（6）库房、木工房、易燃材料堆放场地、办公区、现场等均设消防架，消防架五五配置，灭火器每年进行检验，库房和施工使用明火场地必须设灭火器。消防器材架见图12-11。

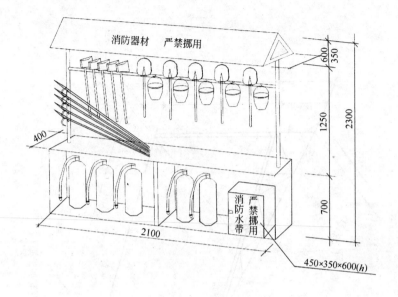

图 12-11　消防器材架

12.7 钢筋加工棚和木工加工棚

(1) 采用专用钢柱,棚顶专用钢架上面用石棉瓦,向一侧排水。

(2) 加工棚制作为组装式,采用螺栓连接,刷防锈漆,面层均为天蓝色调和漆。

(3) 钢筋加工棚为敞棚,木工加工棚为全封闭。

(4) 木工加工棚墙体采用 100mm 厚水泥聚苯板封闭,木门为 1000mm×2000mm(H),木窗为 1500mm×1200mm(H),窗台高度 900mm,墙体为白色外墙涂料,门窗为银灰色调和漆。

(5) 钢筋加工棚和木工加工棚为公司统一标准,由公司统一制作,各项目部周转使用,见图 12-12。

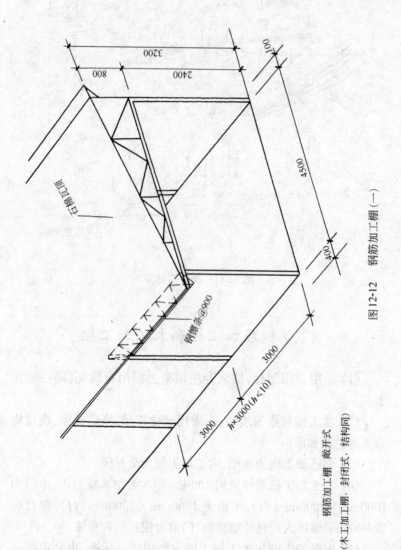

石棉瓦顶

钢檩条@900

3200

800

2400

100

4500

400

3000

3000

3000(h≤10)

3000

钢筋加工棚 敞开式

（木工加工棚，封闭式，结构同）

图12-12　钢筋加工棚（一）

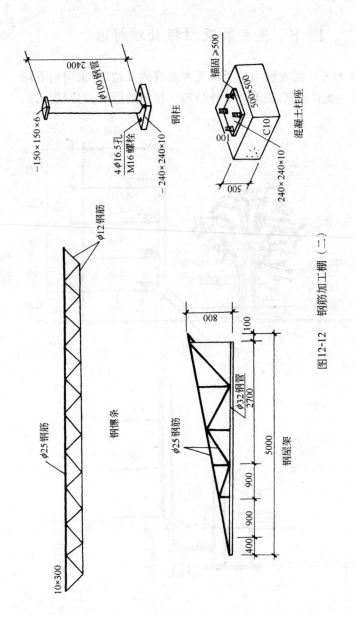

图 12-12　钢筋加工棚（二）

12.8 废弃物及垃圾处理标准

（1）对不可回收利用的无毒无害废弃物及垃圾,采用地下垃圾池,专用提升设置。提升设置外装饰一棵树的形状,起到提示施

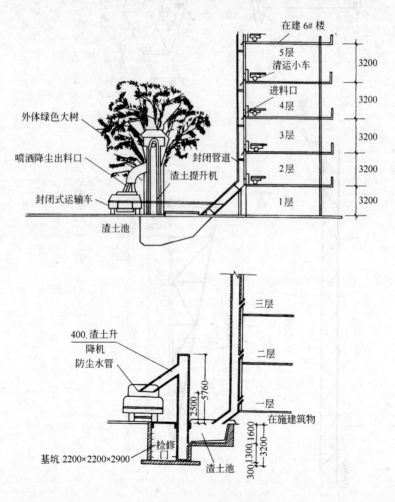

图 12-13 环保型渣土站

工人员加强环保的作用。内加设岩棉隔音层防止噪声。在垃圾出口设置淋水喷洒系统，达到降尘的目的。渣土站系统图见图12-13。

（2）对不可回收利用、可回收利用无毒无害废弃物和不可回收利用、可回收利用有毒有害废弃物，以及危险品废弃物，执行公司贯标文件废弃物管理程序的规定。

12.9 施工废水利用标准

（1）施工废水回收利用：在工程施工中对工程废水采取回收的方法，将施工废水排入专用回收水箱和消防水箱，水箱保持存水量，多余水通过溢水管至排水管道。

（2）地下废水回收通过回收水箱、变频水泵，主要用于施工混凝土养护用水、绿化用水、冲洗厕所、车辆冲洗、洒水降尘。

（3）对于不需要废水的工程，将施工冲洗废水通过沉淀池沉淀后回收利用，主要用于车辆冲洗、冲洗厕所、洒水降尘以节约水资源。见图12-14。

12.10 混凝土泵花坛标准

为降低混凝土泵噪声，美化施工现场，利于环保，混凝土泵采取半地下设置，在上面设置花坛，花坛为分块组合。见图12-15～图12-20。

12.11 宣传栏与公告栏标准

在安全出入口围挡上设安全宣传栏、公告栏，宣传栏宣传消防防火、防电、安全规定和挂图，公告栏公布施工的质量情况，安全情况，奖励与罚款情况等。见图12-21。

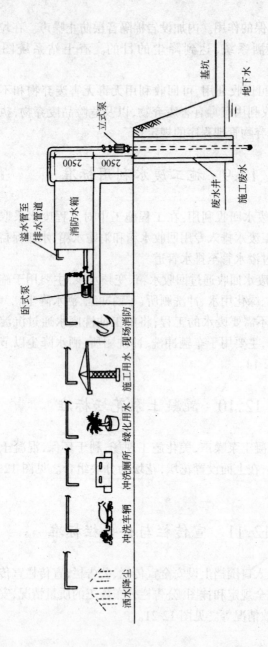

图 12-14　施工废水回收利用

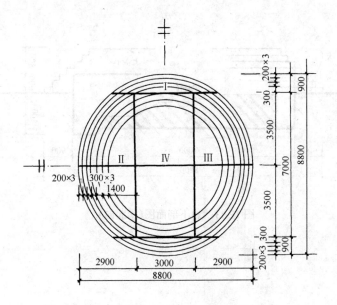

图 12-15 花坛平面图

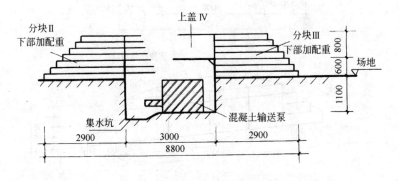

图 12-16 地下剖面图(东西向)

465

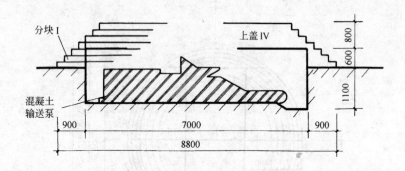

图 12-17　地下剖面图（南北向）

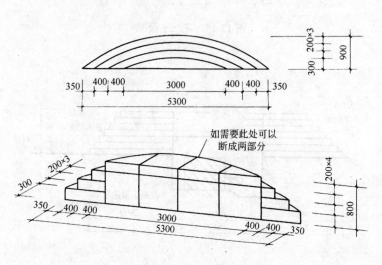

图 12-18　平面组合分块 I

466

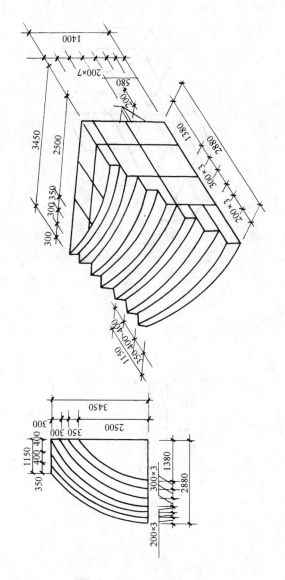

图12-19 平面组合：分块 II 分块 III（对称）

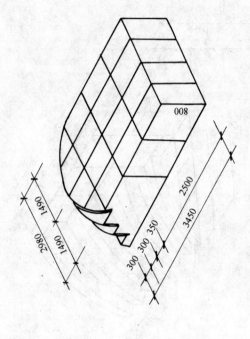

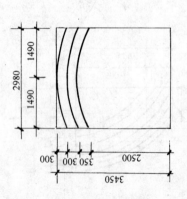

图12-20 平面组合：分块Ⅳ 上盖

说明：1.用∟30角钢制作，薄弱位置增加数量
2.台阶上面用φ6钢筋，间距300
3.适当位置安装小轮，可变向移动

468

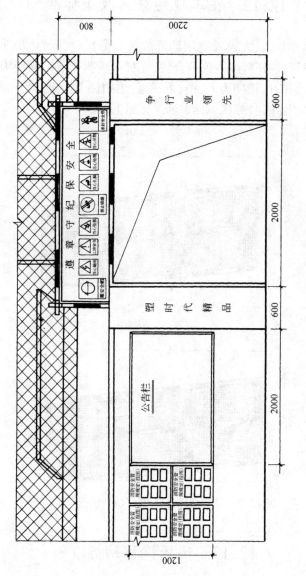

图12-21　安全出入口处的公告栏

12.12 施工现场分区做法标准

材料存放区、大模板与钢筋堆放区的分区栏杆制作说明:用 $\phi 40$ 的钢管,栏杆刷红白色调合漆,立杆高度为1.5m,间距为3m一挡,依次排开,槽杆为上、中、下三道,用扣件卡固定。用密布网封严,固定栓牢,挂好区域标识牌。见图12-22。

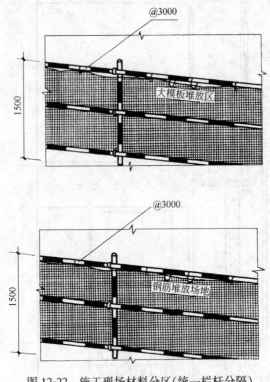

图12-22 施工现场材料分区(统一栏杆分隔)

12.13 现场搅拌站标准

(1)现场搅拌站,设全封闭式搅拌机棚以达到防尘、防噪声目

470

的,封闭搅拌机棚。见图 12-23。

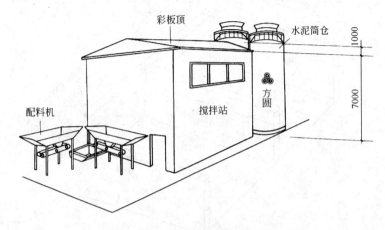

图 12-23　现场搅拌站
(钢框,钢屋架,外挂封闭围挡板)

(2) 砂、石存放场地做法:做砂、石存放池,墙宽 365mm,间隔4m 设 365mm×365mm 构造柱,转角处必须设置构造柱,墙高度2.4m,墙顶设 365mm×200mm 的圈梁。存放池底浇筑 100mm 厚C10 混凝土,向外做 1% 坡度用于排水。砂石存放池周围做排水道,将水排入现场沉淀池。见图 12-24。

(3) 混凝土现场搅拌

采用 100t 散装水泥罐(现场配备两个),水泥分批轮流使用,每批用完后清罐,装入散装水泥,采用自动上料、自动配料系统,Js1000型搅拌机。混凝土采用输送泵配合布料杆直接运送到使用部位。原材料必须符合设计和规范要求。水泥采用有资质证明和准用证的大厂水泥;砂石含泥量必须严格控制(砂石含泥量分别为 3%,1%);外加剂根据施工要求通过试验确定。原材料要经过试验室检验合格,并根据不同部位混凝土强度等级要求由试验室作出试配。施工配合比必须严格按试验室配合比通知单和砂、石含水率进行调整。配合比标牌要计算准确,挂在明显位置。见图 12-25。

471

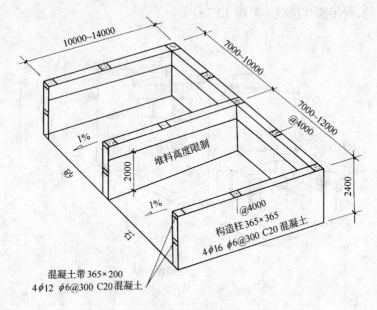

图 12-24　砂石存放池

（每个池容积约 200 立方米）

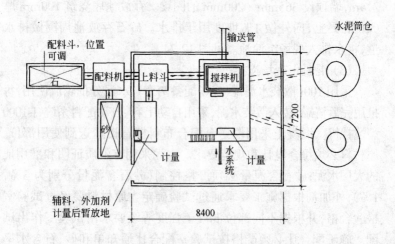

图 12-25　搅拌机流程图

472

12.14 氧气和乙炔气库房标准

(1) 在阴凉、通风、僻静处设氧气、乙炔气库房。
(2) 库房用钢筋焊制,房顶用石棉瓦。
(3) 氧气与乙炔气库房隔开。
(4) 库房安装铁门并上锁。
(5) 库房要有"严禁烟火""禁止吸烟"标志。
氧气、乙炔气库房见图 12-26。

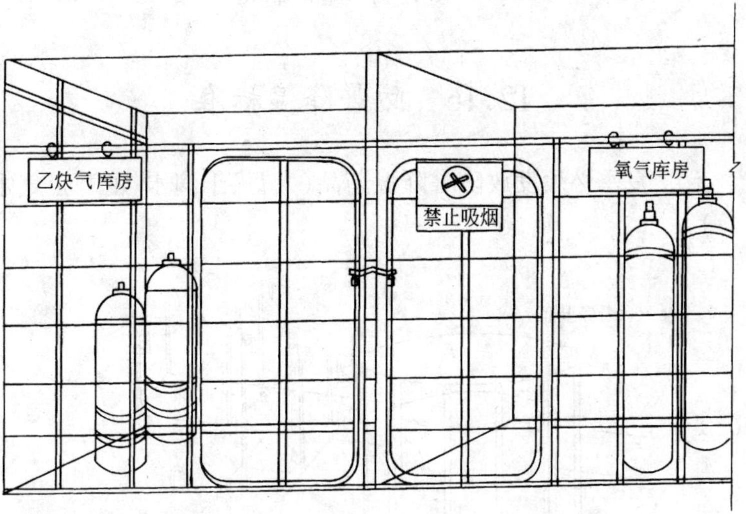

图 12-26 氧气、乙炔气库房

12.15 配电室与配电箱标准

(1) 施工现场设总配电室,安装门并上锁。
(2) 标准二级配电箱,设当心触电标牌。见图 12-27。

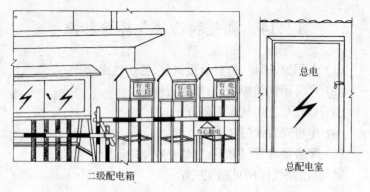

二级配电箱　　　　　　　　　　　　　总配电室

图 12-27　配电箱

12.16　防暑降温标准

1. 夏季必须发放防暑降温药品(人丹、十滴水、藿香正气水等)。

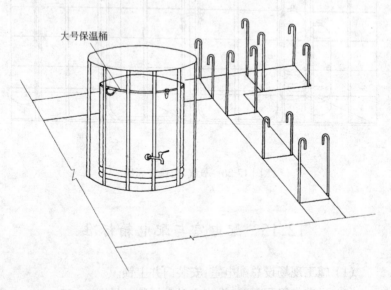

图 12-28　施工楼层上防暑保温桶

2．在楼层作业面设置专用保温桶,保证桶内长期有开水或绿豆汤。

3．保温桶垂直运输可放入特制的钢筋笼内,用塔吊吊到作业层。见图 12-28

4．由伙房负责供应开水和绿豆汤,对保温桶和饮水器具每天进行清洗消毒,保持卫生。

13 施工技术设施标准

13.1 施工现场测量控制桩及其保护标准

(1) 施工现场定位控制桩、定位桩和高程控制桩埋入地下,采用混凝土固定,埋深 1m,直径 350mm。

(2) 施工现场定位控制桩、定位桩和高程控制桩保护用焊制钢筋保护架,保护架刷红白油漆,用混凝土单独固定。见图 13-1。

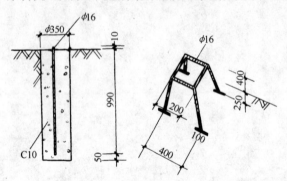

图 13-1 施工现场测量控制桩保护

13.2 挖槽运土车清扫与基槽围栏标准

(1) 挖槽运输车辆出现场大门前对车辆进行拍土、清扫,车斗封闭,轮胎冲洗。见图 13-2。

(2) 大门口向外延伸 15m 铺旧苫布,将运输车辆轮胎擦洗干净方能上路行驶,并设专人清扫公路。见图 13-3。

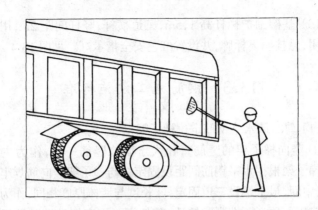

图 13-2 清扫车厢及车轮

图 13-3 运土车辆出场铺毡布(15m长)

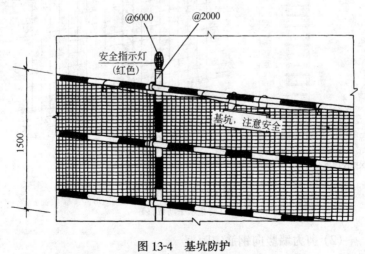

图 13-4 基坑防护

（3）基槽围护栏杆高 1.5m，三道横杆，竖杆间距 2m，用密布网封闭，悬挂明显标牌，并设置红色安全指示灯。见图 13-4。

13.3 钢筋施工设施标准

（1）剪力墙水平钢筋定位梯子架

① 竖向梯子架的竖筋直径大于墙体竖筋一级，作为主筋使用。梯子架根据水平钢筋间距设固定杆与梯子架竖向筋焊牢。最下端、中间、最上端设三道固定杆，长度与墙体厚度相同，作为模板顶杆使用。顶杆两端刷防锈漆，其他间距固定杆长向两端留出保护层厚度。

② 梯子架安装。先用水准仪测出第一道水平钢筋的位置。根据水准点标高安装梯子架，以保证水平钢筋平直。梯子架间距 1000～1500mm 为宜。见图 13-5。

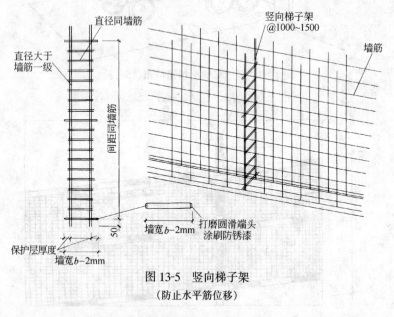

图 13-5 竖向梯子架
（防止水平筋位移）

（2）剪力墙竖向钢筋定距框

478

剪力墙竖向钢筋定距框根据竖向钢筋间距制作,能够很好控制竖向钢筋的间距及保护层厚度,有效控制钢筋位移。钢筋定距框自行焊制,可多次周转使用。见图 13-6。

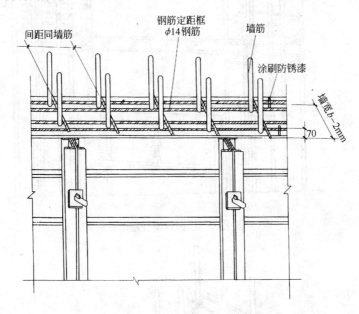

图 13-6 水平定距框

(防止大模板上口竖向钢筋位移,可反复使用)

(3) 门、窗口暗柱钢筋定位

① 根据门、窗洞口宽度制作暗柱钢筋定距框,门窗洞口宽度加上两端暗柱保护层厚度为两暗柱之间定距框长度。

②门、窗口暗柱钢筋定位框自行焊制,可多次周转使用。见图 13-7。

(4) 框架柱钢筋定位框

① 为了控制好框架柱竖向主筋位置,确保保护层厚度,柱子竖向钢筋采取柱子钢筋定位框,固定主筋的位置。见图 13-8。

② 框架柱钢筋定位框可多次周转使用。

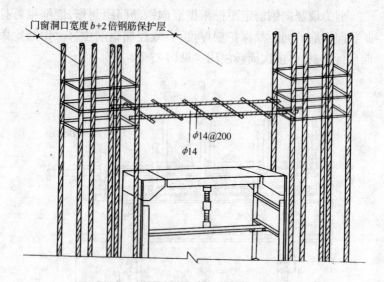

门窗洞口宽度 $b+2$ 倍钢筋保护层

$\phi14@200$
$\phi14$

图 13-7　门窗口暗柱定距框

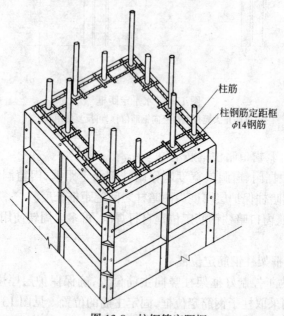

柱筋

柱钢筋定距框
$\phi14$钢筋

图 13-8　柱钢筋定距框
（防止柱筋位移,可反复使用）

（5）保护层垫块

① 基础底板钢筋较重，用 50mm×50mm×35mm 花岗岩垫块，垫块间距 800～1000mm，且不大于 1000mm，呈梅花形布置。见图 13-9。

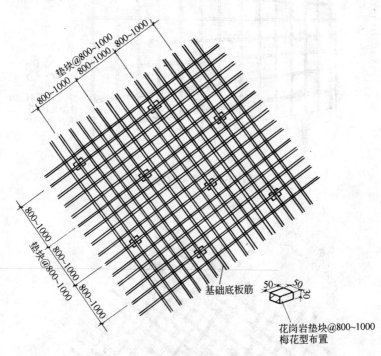

图 13-9　基础底板垫块

② 框架柱身、剪力墙体用轮式专用塑料垫块，根据钢筋直径和保护层厚度由厂家订购，轮式垫块间距 600～1000mm，且不大于 1000mm，呈梅花形布置。见图 13-10

③ 顶板用方块带凹槽专用塑料垫块，根据钢筋直径和保护层厚度由厂家订购，垫块间距 600～1000mm，且不大于 1000mm，呈梅花形布置。见图 13-11。

（6）板双层筋马镫

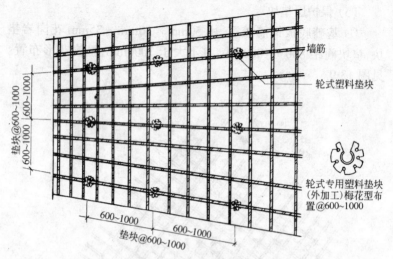

墙筋

轮式塑料垫块

轮式专用塑料垫块
（外加工）梅花型布
置@600~1000

垫块@600~1000

600~1000

600~1000

垫块@600~1000

图 13-10　柱身墙体垫块

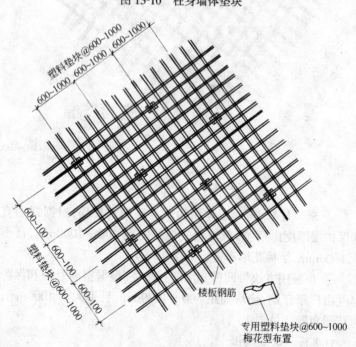

塑料垫块@600~1000

600~1000

600~1000

600~100

600~100

600~100

塑料垫块@600~1000

楼板钢筋

专用塑料垫块@600~1000
梅花型布置

图 13-11　楼板塑料垫块

482

基础底板、顶板双层筋马镫钢筋直径按照底板和顶板钢筋直径制作，通长设置，马镫腿间距600～800mm。马镫排放间距600～800mm，见图13-12。

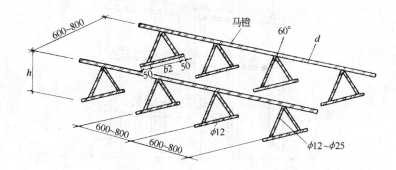

图 13-12　基础底板、楼板双层钢筋马镫
h—按基础底板,楼板厚度确定;d—同基础底板,楼板钢筋直径

（7）顶板钢筋保护

顶板钢筋绑扎完毕,在浇筑混凝土之前铺设马道,施工操作人员在马道上行走,避免施工人员蹬踩已绑扎好的钢筋防止位移。见图13-13。

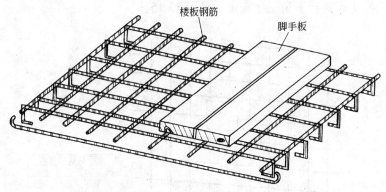

图 13-13　楼板钢筋保护
（浇筑混凝土前铺脚手板作为马道）

（8）钢筋绑扣绑丝头朝向结构内侧,避免绑丝朝向保护层造

成清水混凝土面层返锈现象。见图 13-14。

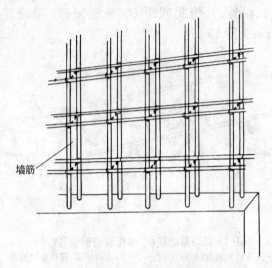

墙筋

图 13-14 钢筋绑扣朝向

(9) 钢筋工程检查采取挂牌制度,在钢筋质量检查牌上注明施工部位由质量检查员签字、钢筋施工班组签字、下道工序接收班组签字,并填写最终结论。最终结论合格后由质量检查员将牌摘掉,方可进行下道工序施工。见图 13-15。

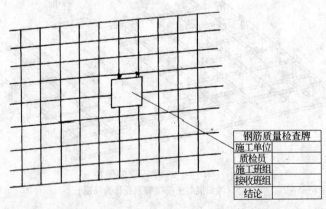

钢筋质量检查牌	
施工单位	
质检员	
施工班组	
接收班组	
结论	

图 13-15 钢筋检查标牌

484

13.4 大模板标准

（1）墙体大模板、135°角模板、90°角模，面板均采用6mm厚铁板制作。各种模板图见图13-16～图13-24。

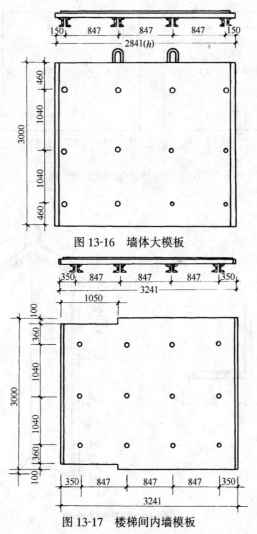

图 13-16 墙体大模板

图 13-17 楼梯间内墙模板

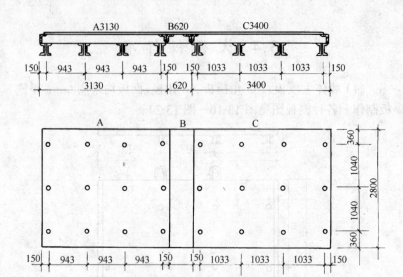

图 13-18 外墙(长墙)组合模板

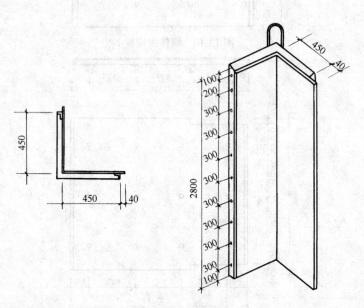

图 13-19 阳角模板

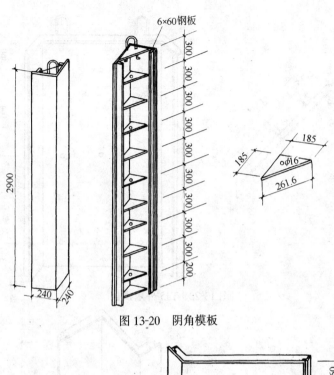

图 13-20　阴角模板

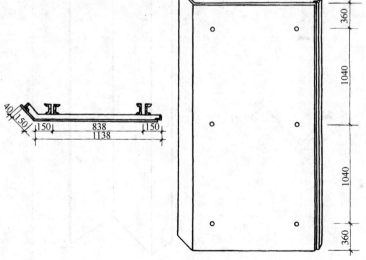

图 13-21　135°阴角模板

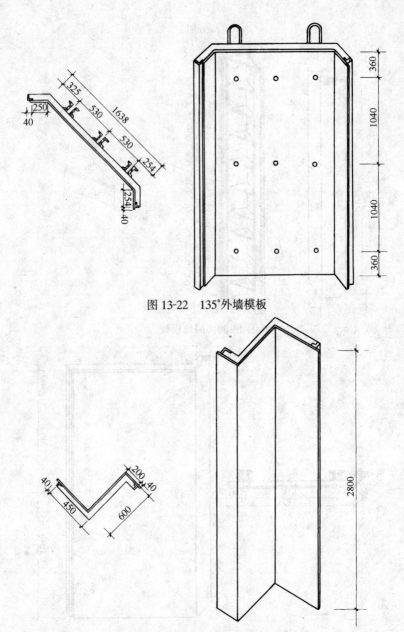

图 13-22　135°外墙模板

图 13-23　90°90°"S"型模板

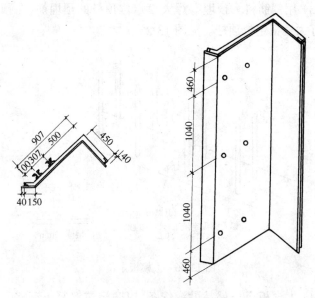

图 13-24　135°90°"S"型楼板

(2) 在楼层测量放线中分别放出墙外皮线,模板就位宽度线 186mm 线,距墙外皮 500mm 控制线,控制线供检查模板使用。见图 13-25。

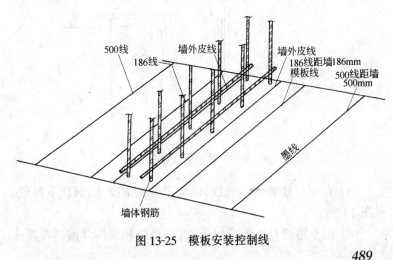

图 13-25　模板安装控制线

（3）用钢筋料头预埋好焊大模定位顶杆的预埋筋,在预埋筋上焊好大模板定位顶杆。见图13-26。

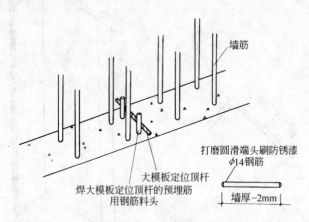

墙筋

打磨圆滑端头刷防锈漆
$\phi14$钢筋

大模板定位顶杆

焊大模板定位顶杆的预埋筋
用钢筋料头

墙厚－2mm

图13-26　大模板定位

（4）大模板企口处粘贴海绵条,以防浇筑混凝土漏浆。见图13-27。

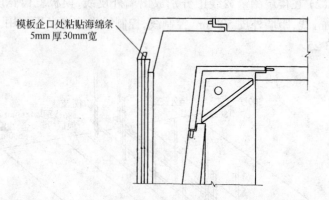

模板企口处粘贴海绵条
5mm厚30mm宽

图13-27　模板企口加海绵条

（5）在窗口位置打排气眼,以便于浇筑混凝土,窗模下排气。见图13-28。

（6）用专用铲刀将大模板表面、子母口和模板背面的混凝土清理干净,用棉丝将模板表面擦净,表面均匀涂刷脱模剂。见图13-29及图13-30。

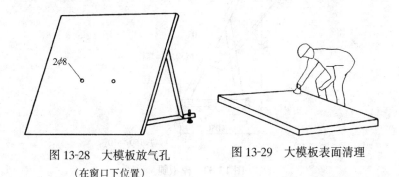

图 13-28 大模板放气孔
(在窗口下位置)

图 13-29 大模板表面清理

（7）大模板存放区场地要进行硬化,用专用围挡封闭,并在明显部位标有"大模板存放区非施工人员请勿入内"等安全标牌,大模板存放要求两块模板地面夹角 60°～75°板面对放。见图13-31。

图 13-30 大模板涂刷脱模剂

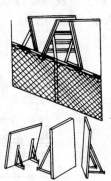

图 13-31 大模板存放
(要求两块模板对放,
防止风力造成模板倾倒)

（8）模板腿图见图 13-32。

（9）模板根据各工程制作,针对每个工程制作大模板制作、安装图。

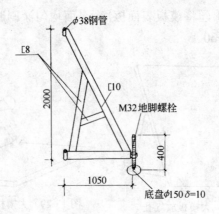

图 13-32　模板腿

13.5　施工缝模板标准

（1）顶板施工缝模板用 50 厚木板，根据钢筋间距、直径作成梳子形。见图 13-33。

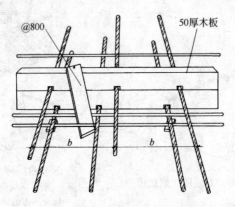

图 13-33　顶板施工缝梳子型模板

（2）墙体竖向施工缝用双层钢板网，后附脚手管拦挡，待混凝土浇筑完毕将脚手管取出。见图 13-34。

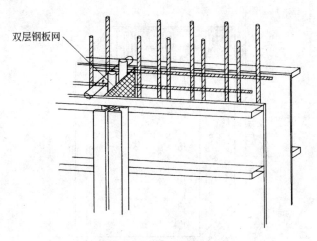

图 13-34　混凝土竖向施工缝

13.6　电梯井、门窗口及清水楼梯模板标准

（1）电梯井模板见图 13-35 及图 13-36。

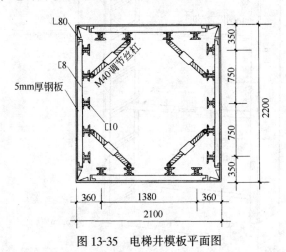

图 13-35　电梯井模板平面图

（2）门窗口模板见图 13-37～图 13-40。

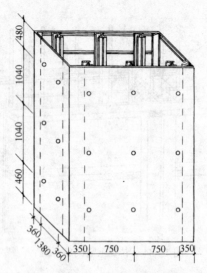

图 13-36　电梯井模板透视图

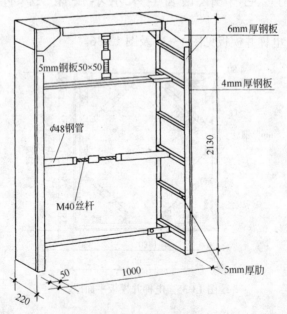

图 13-37　门口模板

494

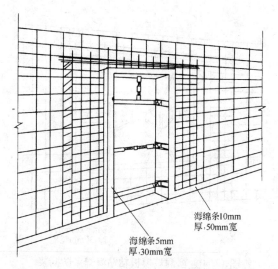

海绵条10mm
厚,50mm宽

海绵条5mm
厚,30mm宽

图 13-38　门洞口模板粘贴海绵条防漏浆
（用 401 胶粘贴）

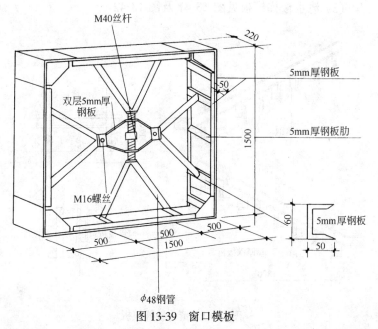

M40丝杆

双层5mm厚
钢板

M16螺丝

220

5mm厚钢板

5mm厚钢板肋

50

1500

500　500　500

500

1500

60

5mm厚钢板

50

φ48钢管

图 13-39　窗口模板

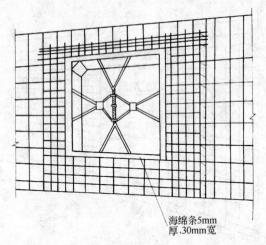

海绵条5mm
厚,30mm宽

图 13-40 窗洞口模板粘贴海绵条防漏浆

(用 401 胶粘贴)

(3) 清水楼梯模板见图 13-41 及图 13-42

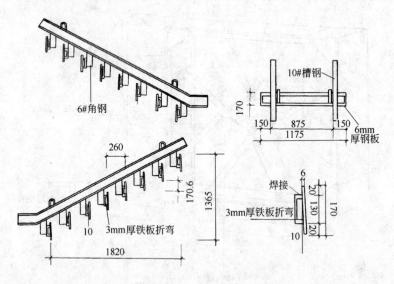

图 13-41 清水楼梯模板

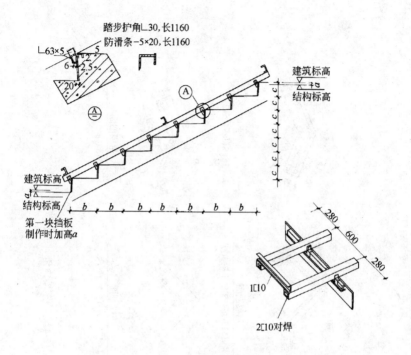

图 13-42　清水楼梯踏步模板

说明:只是踏步做清水,一次成活。休息平台要留 a 面层厚度。

13.7　钢塑模板标准

(1)墙内角、直角模板。见图 13-43。

(2)顶板阴角模板,柱连接角模。见图 13-44。

(3)标准块钢塑模板。见图 13-45。

(4)顶板支撑系统部件图。见图 13-46。

(5)顶板支撑系统图。见图 13-47。

(6)框架柱头模板图。见图 13-48。

(7)框架可调柱模板。见图 13-49,13-50。

497

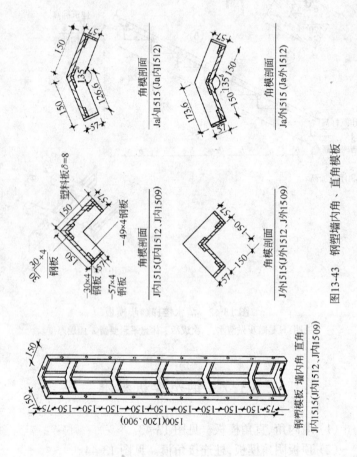

图13-43 钢塑墙内角、直角模板

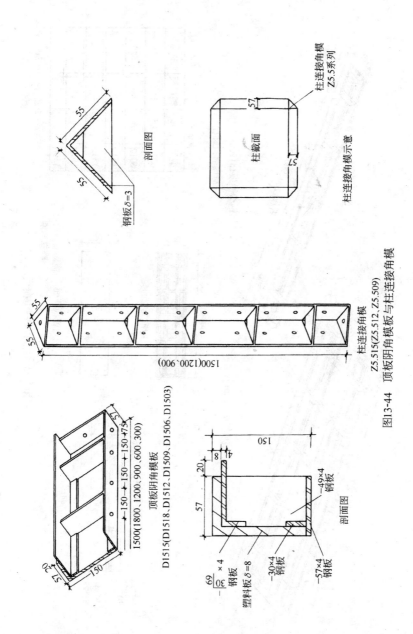

剖面图

钢板 δ=3

柱截面

柱连接角模
Z5.5系列

柱连接角模示意

柱连接角模
Z5.515(Z5.512、Z5.509)

顶板阴角模板
D1515(D1518、D1512、D1509、D1506、D1503)
1500(1800、1200、900、600、300)

1500(1200、900)

剖面图

钢板

塑料板 δ=8

−30×4
钢板

−57×4
钢板

−49×4
钢板

图13-44　顶板阴角模板与柱连接角模

499

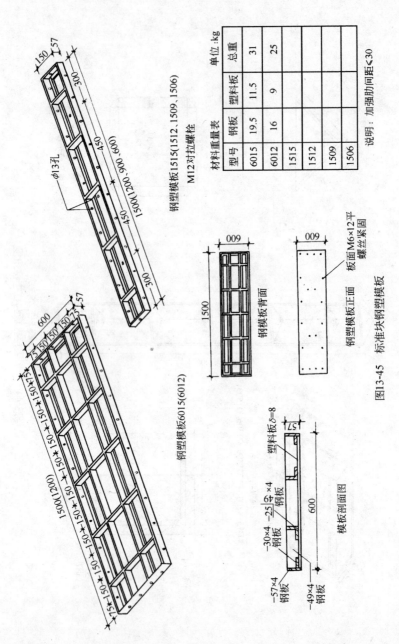

钢塑模板1515(1512、1509、1506)
M12对拉螺栓

φ13孔

钢塑模板6015(6012)

钢模板背面

钢塑模板正面

板面M6×12平
螺丝紧固

模板剖面图

塑料板δ=8
钢板
钢板
钢板
钢板

材料重量表

单位：kg

型号	钢板	塑料板	总重
6015	19.5	11.5	31
6012	16	9	25
1515			
1512			
1509			
1506			

说明：加强肋间距＜30

图13-45 标准块钢塑模板

500

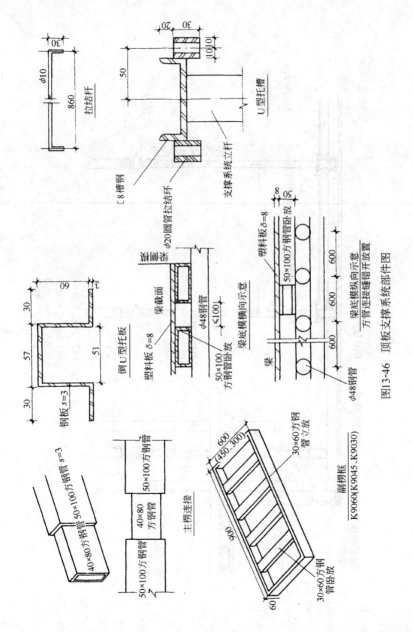

图13-46 顶板支撑系统部件图

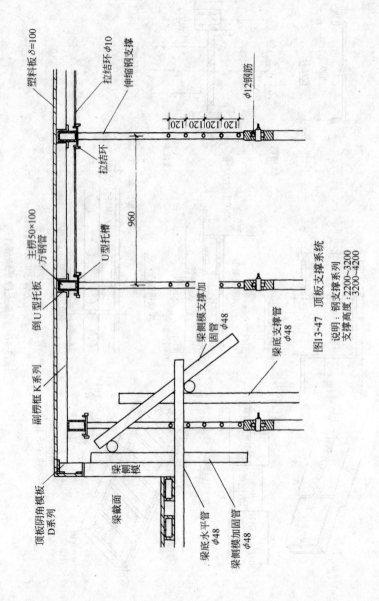

塑料板 δ=100

拉结环 φ10

伸缩钢支撑

φ12钢筋

120 120 120 120 120

拉结环

U型托槽

主楞50×100
方钢管

倒U型托板

副楞框 K系列

960

梁侧模支撑加
固管 φ48

梁底支撑管 φ48

图13-47 顶板支撑系统

说明：钢支撑系列
支撑高度：2200~3200
3200~4200

顶板阴角模板
D系列

梁侧模

梁截面

梁底水平管
φ48

梁侧模加固管
φ48

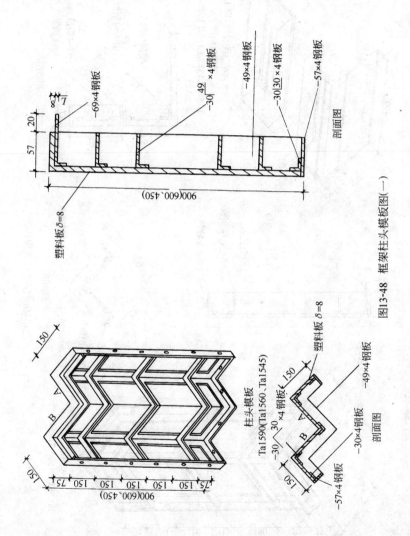

图13-48 框架柱头模板图(一)

剖面图

—69×4 钢板

$\frac{49}{30}$ ×4钢板

—49×4钢板

—30□30 ×4钢板

—57×4钢板

塑料板 δ=8

900(600、450)

柱头模板
Ta1590(Ta1560、Ta1545)

塑料板 δ=8

—30×30×4钢板

—49×4钢板

—30×4钢板

—57×4钢板

剖面图

900(600、450)

75 150 150 150 150 75

503

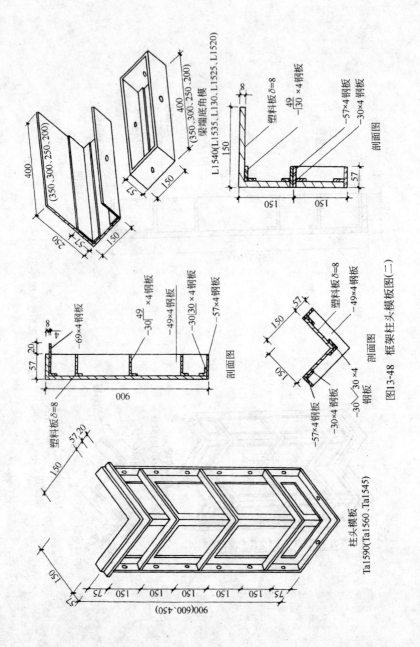

梁端底角模

L1540(L1535、L130、L1525、L1520)

塑料板 δ=8
$\dfrac{49}{30}$×4 钢板
—57×4 钢板
—30×4 钢板
剖面图

—69×4 钢板
塑料板 δ=8
$\dfrac{49}{30}$×4 钢板
—49×4 钢板
—30$\dfrac{30}{}$ ×4 钢板
—57×4 钢板
剖面图

塑料板 δ=8
—49×4 钢板
—57×4 钢板
—30×4 钢板
—30$\diagdown$30 ×4 钢板
剖面图

柱头模板
Ta1590(Ta1560、Ta1545)

图13-48 框架柱头模板图(二)

504

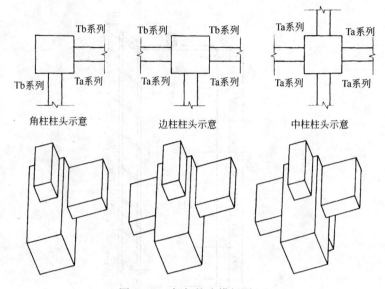

图 13-48　框架柱头模板图(三)

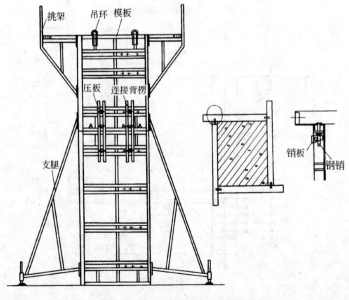

图 13-49　可调柱支模示意图

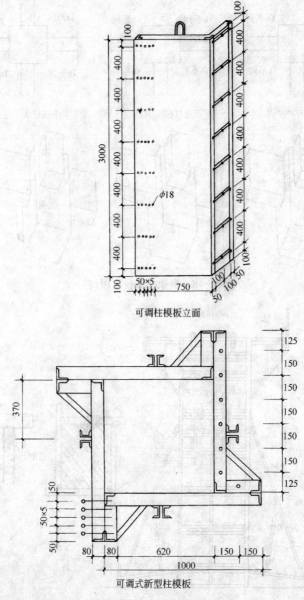

可调柱模板立面

可调式新型柱模板

图 13-50　可调柱模板

13.8 顶板模板缝处理及清理标准

(1) 顶板模板缝粘贴板缝胶带。见图 13-51。

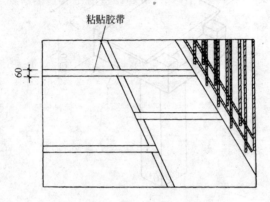

图 13-51 楼板模板板缝胶带

(2) 在钢筋绑扎完毕浇筑混凝土之前,用强力吹风机或气泵将模板内锯末等杂物清除干净。见图 13-52。

图 13-52 清除模板内杂物
(用强力吹风机或用气泵)

13.9 市政过街天桥模板标准

(1) 人行过街天桥柱模板。见图 13-53。

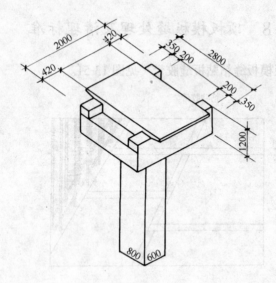

人行天桥柱1

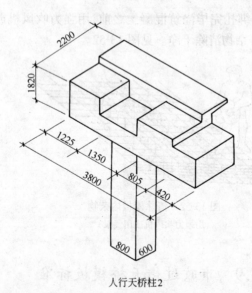

人行天桥柱2

图 13-53 过街天桥柱模板(一)

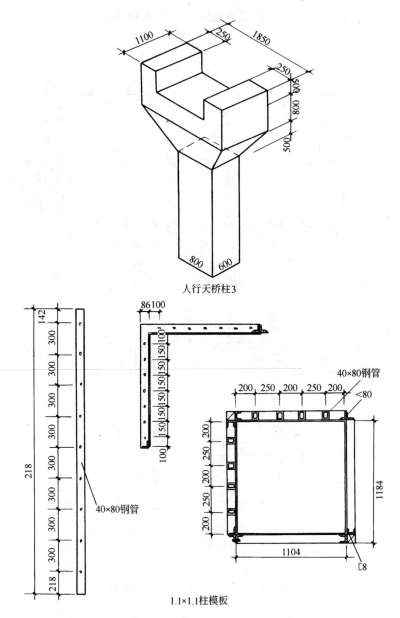

人行天桥柱3

40×80钢管

40×80钢管

1.1×1.1柱模板

图 13-53 过街天桥柱模板(二)

（2）人行过街天桥盖梁底模板。见图 13-54。

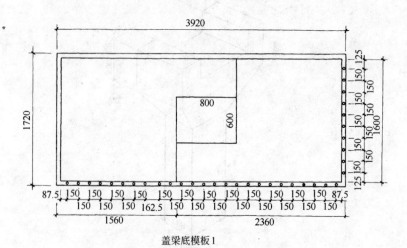

盖梁底模板1

盖梁底模板2

图 13-54　人行过街天桥盖梁底模板

（3）人行过街天桥盖梁侧模板。见图 13-55。

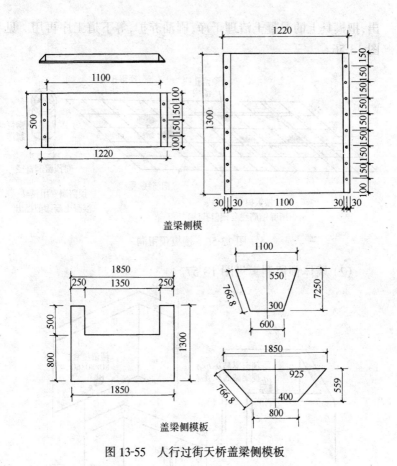

盖梁侧模

盖梁侧模板

图 13-55　人行过街天桥盖梁侧模板

13.10　穿墙套管预留洞标准

（1）在主体施工中,厨厕间在支好顶板模板时,先在模板上弹线,确定钢筋的位置,然后画出专业管洞的位置,用红漆画在模板上,管径预留条多大画多大,专用模具用标准的钢管制作。钢筋工绑钢筋时把画的预留洞让开。预留洞设加强筋。在钢筋检验合格后,把专用模具放入预留洞内固定,待混凝土浇筑完并初凝后取出,把模具上的混凝土清理干净,刷油养护,等下道工序再用。见图 13-56。

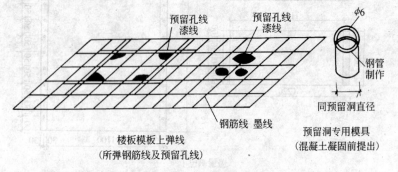

楼板模板上弹线
(所弹钢筋线及预留孔线)

预留洞专用模具
(混凝土凝固前提出)

图 13-56　楼板预留洞

(2)墙体预留洞。见图 13-57。

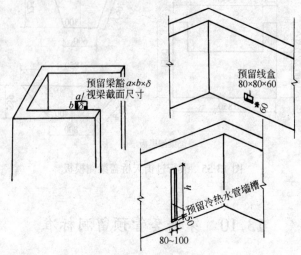

墙上预留洞
(浇筑混凝土前用聚苯板填堵预留洞不断钢筋)

图 13-57　墙体预留洞

(3)穿楼板套管。见图 13-58。

(4)地下室止水穿墙螺栓。见图 13-59。

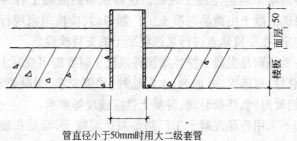

管直径小于50mm时用大二级套管
管直径大于50mm时用大一级套管

图 13-58 穿楼板套管

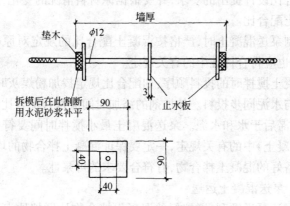

图 13-59 地下室止水穿墙螺栓

13.11 泵送混凝土标准

（1）泵送混凝土的供应

泵送混凝土的连续不间断地、均衡地供应，能保证混凝土泵送施工顺利进行。泵送混凝土要按照混凝土配合比要求拌制好，使泵送时不产生堵塞。泵送混凝土施工前要周密组织。

（2）泵送混凝土的拌制

泵送混凝土宜采用预拌混凝土，在商品混凝土厂制备，用混凝土搅拌运输车运送至施工现场。这样制备的混凝土容易保证质量。泵送混凝土由商品混凝土工厂制备时,应按国家现行标准的有关规定,在交货地点进行泵送混凝土的交货检验。

在委托商品混凝土搅拌站预拌混凝土时要提出混凝土的强度等级、总量、塌落度、外加剂、水泥品种、早强要求、缓凝要求、抗渗要求、初凝时间、终凝时间、混凝土供应速度等要求。

如不采用商品混凝土工厂制备泵送混凝土,而是在现场设混凝土搅拌站供应泵送混凝土,混凝土一定要机械搅拌。

拌制泵送混凝土前要全面检查原材料的质量,一定要符合混凝土配合比设计提出的要求,并要根据原材料情况的变化,及时调整混凝土配合比。

拌制泵送混凝土时,严格按混凝土配合比的规定对原材料进行计量,也应符合标准中的有关规定。

混凝土搅拌时的投料顺序:如配合比规定掺加粉煤灰时,则粉煤灰要与水泥同步投料。外加剂的添加时间应符合配合比设计的要求,宜滞后于水和水泥。泵送混凝土最小搅拌时间要符合标准《预拌混凝土》中的有关规定,一定要保证混凝土拌合物的均匀性,保证制备好的混凝土拌合物,有符合要求的可泵性。

(3) 泵送混凝土运送

为保证泵送顺利,搅拌好的混凝土拌合物从搅拌地点到泵送处的运输非常重要。用搅拌运输车运送预拌混凝土,在搅拌站集中生产的预拌混凝土,由于采用先进的生产工艺和设备,秤量准确,搅拌均匀,使预拌混凝土的质量较高。用搅拌运输车运输途中,搅拌筒以 $3\sim6r/min$ 的缓慢速度转动,不断搅拌混凝土拌合物,以防止其产生离析。

泵送混凝土的运送延续时间有一定限制,要在混凝土初凝之前能顺利浇筑。与搅拌站签订商品混凝土合同必须提出混凝土初凝、终凝时间要求和混凝土供应速度要求。掺加外加剂时,可按实际采用的配合比和运输时的气温条件测定混凝土的初凝时间,此时泵送混凝土的运输延续时间,以不超过所测得的混凝土初凝时间的 1/2 为宜。

混凝土泵最好连续作业,这不但能提高其泵送量,而且能防止输送管堵塞。要保证混凝土泵连续作业,则泵送混凝土的供应量要能满足要求,每台混凝土泵所需配备的混凝土搅拌运输车的台数,按下式计算:

$$N_1 = \frac{Q_1}{60 V_1} \left(\frac{60 L_1}{S_0} + T_1 \right)$$

式中　N_1——混凝土搅拌运输车台数(台);

　　　Q_1——每台混凝土泵的实际平均输出量(m^3/h),按下式计算:

$$Q_i = Q_{max} \cdot \alpha_1 \cdot \eta$$

　　　Q_{max}——每台混凝土泵的最大输出量(m^3/h);

　　　α_1——配管条件系数,取 0.8~0.9;

　　　η——作业效率,根据混凝土搅拌车向混凝土泵供料的间断时间;拆装混凝土输送管和供料停歇等情况,可取 0.5~0.7;

　　　V_1——每台混凝土搅拌运输车的容量(m^3);

　　　L_1——混凝土搅拌运输车的往返距离(km);

　　　S_0——混凝土搅拌运输车平均行车速度(km/h);

　　　T_1——每台混凝土搅拌运输车的总计停歇时间(min)。

用混凝土搅拌运输车运输,在装料前必须将搅拌筒内积水倒净,否则会改变混凝土的配合比,使混凝土质量得不到保障。出于同样的原因,混凝土搅拌运输车在行驶过程中、给混凝土泵喂料前和喂料过程中严禁随意往搅拌筒内加水。

混凝土搅拌运输车在向混凝土泵喂料前,宜以中、高速旋转搅拌筒,以确保混凝土拌合物均匀。在进行喂料时,搅拌筒反转卸料应配合泵送均匀进行,且应使混凝土拌合物保持在集料斗内高度标志线以上。如果搅拌筒中断喂料,应以低转速搅拌混凝土拌合物。喂料完毕,应及时清洗搅拌筒并排尽积水。严禁将质量不符合泵送要求的混凝土拌合物入泵。

为筛除粒径过大的集料或异物,防止其入混凝土泵产生堵塞,在混凝土泵进料斗上应设置网筛,并设专人监视喂料。

混凝土搅拌运输车自重约12t载重15t(6m³混凝土),总重约27t。混凝土搅拌运输车的现场行驶道路应满足重车行驶要求。为尽量避免车辆交会,宜设置循环行车道。在出入口处,宜设置交通安全指挥人员,以保证搅拌运输车出入畅通和安全。夜间施工时,在出入口和运输道路上应有良好的照明,危险区域应设警戒标志。

(4) 混凝土泵台数

根据一台混凝土泵的实际平均输出量、混凝土浇筑数量和施工作业时间,计算需要混凝土泵的台数:

$$N_2 = \frac{Q}{T \cdot Q_1}$$

式中 N_2——混凝土泵数量(台);

  Q——混凝土浇筑数量(m²);

  Q_1——每台混凝土泵的实际平均输出量(m³/h);

  T_0——混凝土泵送施工作业时间(h)。

对重要工程或整体性要求较高的工程,混凝土泵所需台数,要有一定的备用泵。

(5) 输送管的布置

在泵送过程中(尤其是向上泵送时)泵送一旦中断,混凝土拌合物会倒流产生背压,由于存在背压,在重新启动混凝土泵时,阀的换向会发生困难;由于产生倒流,泵的吸入效率会降低;还会使混凝土拌合物的质量发生变化,易产生堵塞。为避免产生倒流和背压,在输送管的根部近混凝土泵出口处要增设一个截止阀。见图 13-60。

(6) 配管设计

516

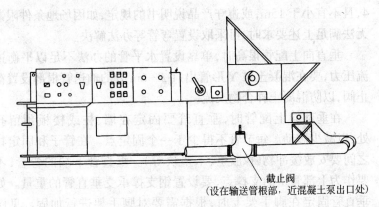

截止阀
（设在输送管根部，近混凝土泵出口处）

图 13-60 泵送混凝土

混凝土泵送管要根据工程特点、施工现场情况和制定的混凝土浇筑方案进行配管。配管设计的原则是满足工程要求，便于混凝土浇筑和管段装拆，尽量缩短管线长度，少用弯管和软管。选用没有裂纹、弯折和凹陷等缺陷且有出厂证明的输送管。在同一条管线中，应采用相同管径的混凝土输送管，同时采用新、旧管段时。应将新管段布置在近混凝土出口、泵送压力较大处；管线尽可能布置成横平竖直。

配管设计要绘制布管简图，列出各种管件、管连接环和弯管、软管的规格和数量，提出备件清单。

垂直向上配管时，混凝土泵的泵送压力不仅要克服混凝土拌合物在管中流动时的粘结力和摩擦阻力，同时还要克服混凝土拌合物在输送高度范围内的重力。在输送过程中，在混凝土泵的分配阀换向吸入混凝土时或停泵时，混凝土拌和物的重力将对混凝土泵产生一个逆流压力，该逆流压力的大小与垂直向上配管的高度成正比，配管高度愈高，逆流压力愈大。该逆流压力会降低混凝土泵的容积效率，为此需在垂直向上配管下段与混凝土泵之间配置一定长度的水平管，利用水平管中混凝土拌合物与管壁之间的摩擦阻力来平衡混凝土拌合物的逆流压力或减少逆流压力的影响。垂直向上配管时，地面水平管长度不宜小于垂直管长度的1/

517

4,且不宜小于15m,或遵守产品说明书的规定,如因场地条件限制无法满足上述要求时,可采取设置弯管等办法解决。

　　垂直向上配管很高时,单靠设置水平管的办法不足以平衡逆流压力,要在混凝土泵 Y 形管出口 3～6m 处的输送管根部设置截止阀,以防混凝土拌合物反流。

　　在垂直向上配管时,垂直管要固定在墙、柱或楼板预留孔处,以减少震动。每节管不得少于一个固定点。在管子和固定物之间要安放缓冲物(橡胶垫、木垫块等)。垂直管下端的弯管,不要作为上部管道的支撑点,要设置钢支撑承受垂直管的重量。如垂直管固定在脚手架上时,根据需要对脚手架进行加固。见图13-61。

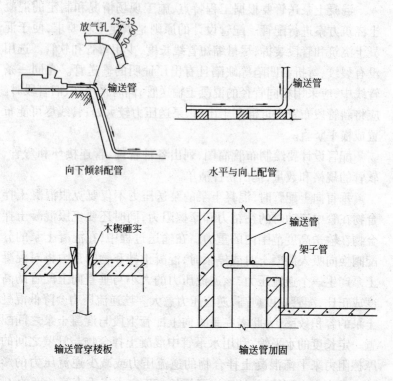

向下倾斜配管　　　　　水平与向上配管

输送管穿楼板　　　　　输送管加固

图 13-61

在浇筑地下构筑物、基础底板或桩基承台、大型设备基础等工程中经常遇到向下倾斜配管,向下倾斜配管在泵送过程中混凝土拌合物会由于自重而自由下落,使输送管中形成空段,或因自流过程中产生离析而使输送管堵塞。在进行向下倾斜配管设计和泵送过程中,都要保证输送管内始终充满混凝土拌合物,防止混凝土拌合物因自重产生自流现象。

在向下倾斜的管段内,混凝土拌合物因自重下流现象的产生,与输送管倾斜的角度、混凝土的塌落度、输送管管径等有关。在一般的情况下,当配管的倾斜角度大于 4°～7°时,大塌落度的混凝土拌合物就有可能在倾斜管段内产生因自重向下滑流。此时应在倾斜管的上端设排气阀,当下倾斜管段内有空气时,先将排气阀打开,压送排气,当下倾斜管段内充满混凝土拌合物,从排气阀排出砂浆时,再关闭排气阀进行正常压送。当高差 h 大于 20m 时,还应在倾斜管下端设 L=5h 长度的水平管,依靠水平管段的混凝土摩擦阻力来抵抗混凝土拌合物的自重下滑力,防止在倾斜管段内因自重产生自流。如因条件限制无法满足上述要求时,可利用增设弯管或环形管等办法来满足 5h 长度的要求。

水平泵管每间隔 4m 设混凝土墩固定水平管段,在混凝土墩预埋固定螺栓,用专用卡具固定,在固定时混凝土墩和卡具与输送管之间垫橡胶垫。

为了不使管路支设在新浇筑的混凝土上面,进行管路布置时,要使混凝土浇筑移动方向与泵送方向相反。在混凝土浇筑过程中,只需拆除管段,而不需增设管段。

对于输送管,在炎热季节宜用湿罩布、湿草袋等加以遮盖,避免阳光照射;在严寒季节宜用保温材料包裹,防止管内的混凝土拌合物受冻,并保证混凝土拌合物的入模温度。

要定期检查管道,每周至少一次,特别要检查弯管等部位的磨损情况,以防爆管。

要充分考虑布料问题,合理设置布料杆,使其能够覆盖整个需要浇筑的混凝土结构平面,以均匀、迅速进行布料。

13.12 混凝土浇筑与振捣标准

(1) 剪力墙体、框架柱混凝土应分层浇筑,每层混凝土浇筑厚度不大于振捣棒作用部分有效长度的 1.25 倍,即使用 50 棒混凝土浇筑厚度不大于 47.5cm,使用 30 棒混凝土浇筑厚度不大于 33.75cm。设置标明每层浇筑厚度的尺杆,控制每层浇筑厚度(见图 13-62)。要配备手把灯、手电等照明器具。

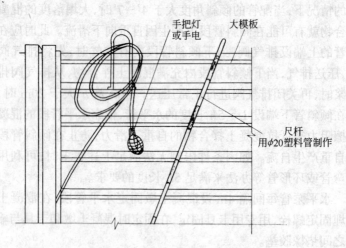

图 13-62 混凝土分层控制工具

(2) 为保证墙体窗下混凝土浇筑密实,采取模板挂附着振捣器措施配合混凝土振捣棒使用。见图 13-63～图 13-67。

墙体上口混凝土表面根据上层 50cm 水平控制点用木抹子找平。顶板混凝土按标高控制点拉线,用铝合金杠尺刮平、木抹子搓平。找平时严禁将表面灰浆集中作为混凝土使用,以免影响混凝土质量。在浇筑部位搭设操作平台。混凝土由人工入模,以保证浇筑厚度,预防浇筑落差过大和泵送混凝土压力过大破坏模板的垂直度和稳定性。顶板混凝土浇筑采用赶浆法平行于次梁方向推进。

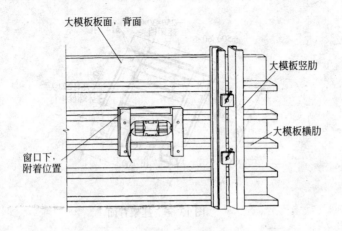

大模板板面，背面

大模板竖肋

大模板横肋

窗口下，
附着位置

图 13-63　附着平板振捣器

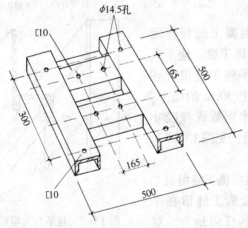

φ14.5孔

[10

165

500

300

165

[10

500

图 13-64　挂架正面

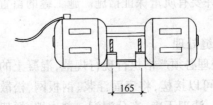

165

图 13-65　附着平板振捣器

521

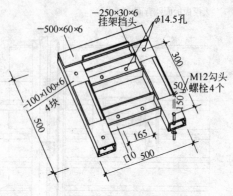

图 13-66　挂架背面

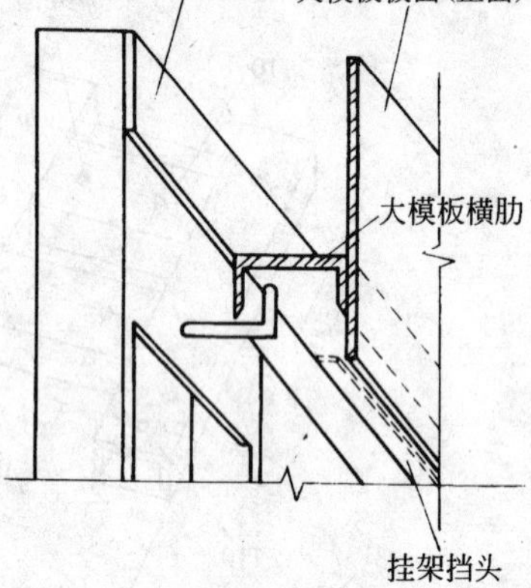

（3）混凝土施工缝的留置

抗渗混凝土底板连续浇筑，不留施工缝。地下人防墙体水平施工缝留置在基础板以上 30cm 的墙上。留一道止水钢板或橡胶止水条施工缝。见图 13-68 和图 13-69。

（4）顶板施工缝留设

单向板施工缝留在平行于短边的任何地方。双向板施工缝留置要征得设

图 13-67　挂架与大模板安装图

计单位同意，并要有质量保证措施。施工缝的留置必须符合设计和规范规定。

（5）施工缝处理

施工缝处理必须严格执行现行规范，混凝土的抗压强度达到 1.2MPa 后才可以接槎，将表面浮浆、钢板网、松散石子和酥软的混凝土剔凿掉，清理干净，充分湿润。剪力墙、框架柱混凝土浇筑

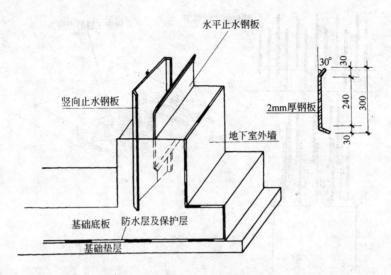

图 13-68 止水钢板

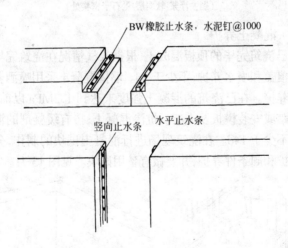

图 13-69 止水条

前,先浇筑厚度为 5～10cm 与结构混凝土同配合比的水泥砂浆,做到随浇筑随铺,用铁锹入模。见图 13-70。

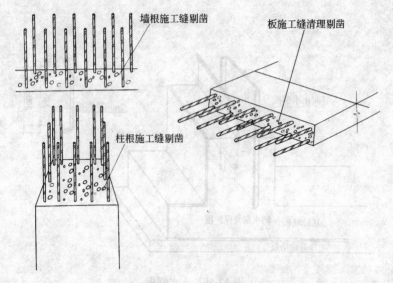

墙根施工缝剔凿

板施工缝清理剔凿

柱根施工缝剔凿

图 13-70　施工缝处理

（剔去浮浆 软弱层 见石子密实处）

（6）混凝土养护

对已浇筑完毕的顶板混凝土,根据天气情况在浇筑完毕 12h 以内加以覆盖和喷水养护,不少于 7d。墙体混凝土采用喷洒养护剂方法进行养护。在已浇筑的混凝土强度未达到 1.2MPa 以前,不得在其上踩踏或安装模板及支架。抗渗混凝土、掺有缓凝剂的混凝土养护时间不少于 14d。在浇筑现场进行混凝土试块的制作,分别进行标准养护和同条件养护,并要做有备用试块。见图 13-71。

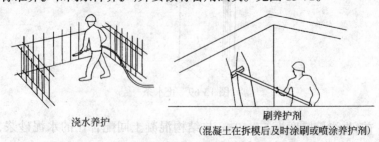

浇水养护

刷养护剂

（混凝土在拆模后及时涂刷或喷涂养护剂）

图 13-71　混凝土养护

524

13.13　混凝土质量验收标准

混凝土剪力墙、框架柱出模后,由工地钢筋质量检查员和钢筋工长、木工质量检查员和木工工长、混凝土质量检查员和混凝土工长共同对浇筑的混凝土墙体和框架柱垂直度、平整度、净高、净宽、观感等进行检查验收,确定每段墙体、框架柱合格情况。检查结果要做好记录,并在墙上盖上混凝土质量检查专用章。见图 13-72。

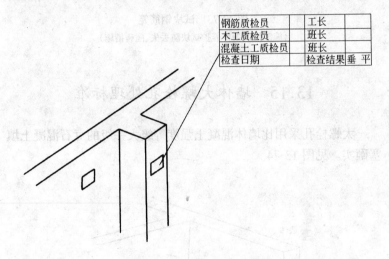

钢筋质检员		工长	
木工质检员		班长	
混凝土工质检员		班长	
检查日期		检查结果	垂　平

图 13-72　混凝土质量检查章

13.14　同条件养护试块标准

(1) 混凝土同条件养护试块放在专用笼子里。将笼子放在浇筑部位不容易丢失并能防磕碰的地方用锁锁好,以防试块丢失或难以辨别。养护笼见图 13-73。

(2) 要根据温度的变化加强对施工部位和同条件养护试块的养护工作。其他工种不准使用混凝土养护笼子。

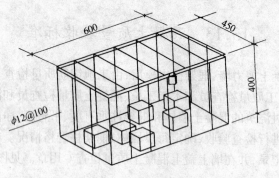

图 13-73　试块钢筋笼

（施工层同条件养护试块防丢失、磕碰措施）

13.15　墙体大螺栓孔处理标准

大螺栓孔采用比墙体混凝土强度等级大一级的豆石混凝土填塞砸实。见图 13-74。

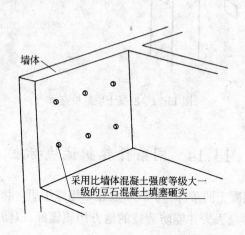

图 13-74　大螺栓孔处理

13.16 电线管与电线盒固定标准

(1)电线管出板时固定。见图 13-75。

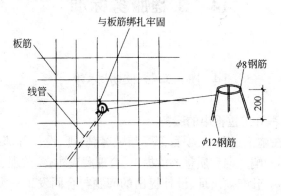

图 13-75 电线管出板时固定做法

(2)电线盒固定,加附加筋绑在墙体主筋上,与电盒点焊。见图 13-76。

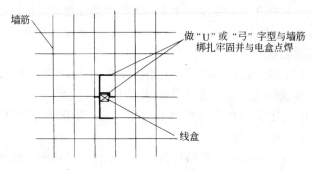

图 13-76 电盒固定做法

14 工程服务标准

14.1 工程服务标准

1. 工程施工过程中的服务

工程在施工过程中,项目部要与顾客、监理、设计等部门协调配合,在不影响工期和质量的前提下,合理解决顾客、监理、设计提出的问题。当顾客、监理、设计提出的问题与合同发生冲突时,项目经理应与顾客、监理、设计等协调配合,双方达成一致后办理洽商手续,确保顾客满意,并详细填写在施工程过程服务记录。

2. 工程回访

(1) 工程竣工验收备案以后,必须做好工程回访工作,由公司计划经营科每年年初制定本年度的工程回访计划。工程回访包括季节性回访,技术性回访和保修期内回访,由所施工项目经理组织对工程项目进行回访。

(2) 工程回访必须填写专用回访表格,由用户签字确认,对工程中存在的问题要作好详细记录,作为保修的依据。

(3) 回访表格要认真填写和签字,一式两份,项目部存留一份,返回公司一份存档。

(4) 对工程修整情况做好详细记录,由用户和项目经理签定后返回公司一份存档。

(5) 凡对项目部所施工程不按规定时间进行回访者,对项目部、项目经理给以 1000 元罚款,并补充回访。

3. 工程保修

(1) 公司所施工的工程凡在保修期内均实行由项目经理负责

对本项目部所施工程在保修期内出现的质量问题，及时进行无条件保修、终身维修。

（2）保修期限是依据建设部（2000）第 80 号令《房屋建筑工程质量保修办法》第七条的内容规定，与顾客签订工程保修合同，合同文本交项目经理部和计划经营科各一份。在保修期内出现的质量问题依据产品质量保修卡无条件修复，属于人为造成的质量问题根据用户要求，在规定的时间里只收取直接材料费和人工费予以修理。

（3）保修内容以外的质量问题和终身维修中的质量问题，根据用户要求和物业管理部门的要求予以修复，只收取直接材料费和人工费。

（4）设立保修服务部，设专业维修人员，在接到用户电话后 2 小时内赶到现场，及时进行修复。如问题较大要与用户约定时间，在约定时间内进行修复。设保修联系人电话和公司电话。

（5）维修人员对维修部位填写工程质量保修卡，并有用户意见和物业意见签字盖章，一式二份，交回公司一份存档，项目部保存一份。

（6）对不执行质量保修和故意拖延维修时间及对用户提出不合理要求，影响公司社会信誉的项目经理和维修人员，每人罚款 500~1000 元。

（7）维修人员必须衣装整齐，进入用户进行维修时必须用统一用语提醒用户，"请保管好您的贵重物品，在我们进行维修服务时进行监督。"

（8）除上述要求以外，要符合公司服务程序文件 QB/FJ—Q19—2002 的规定要求。

14.2 住户使用说明书

1. 金龙公寓 1 号住宅楼

（1）前言

尊敬的用户您好！

感谢您选择由房建集团直属二处承建的金龙公寓 1 号住宅

楼。我单位根据建设部[1998]102号文件《商品住宅实行质量保证书使用说明书制度的规定》和北京市质监总站[第82号]以及我单位多年售后服务的经验,为了您能方便、舒适的居住,我们将本工程的结构、性能和有关标准及您在二次装修中应注意的事项做如下说明,请您在繁忙的工作之余,仔细阅读,按说明使用。

① 工程概况

工程名称:　　　金龙公寓1号住宅楼

建设单位:　　　北京市金融街建设开发公司

设计单位:　　　北京建筑设计研究院

监理单位:　　　中国国际工程咨询公司

施工单位:　　　北京房山区建筑企业集团总公司直属二处

开设工日期:　　1998.7.15—1999.9.30

工程质量:　　　优良

结构形式:　　　地下框支,地上剪力墙(全现浇钢筋混凝土)

户型、层数:　　地下二层、地上十三层,每层八户、四种户型见附图

总高度:　　　　38.6m

抗震等级:　　　抗震烈度为8度设防,地下抗震等级Ⅰ级、地上Ⅱ级

② 房屋各主要部位及使用功能介绍

主要部位包括:

A. 居住部分(地上)

B. 公共部分(地面、电梯厅、走道间、楼梯间地面、吊顶照明、管道井、消防、屋顶)

C. 地下部分(地下一层、地下二层、地下车库)

(2) 居住部分

① 外墙:该工程外墙为彩色喷涂,由于结构为清水混凝土取消了抹灰,您不必担心用后抹灰层脱落伤人。

② 空调板:每户外墙部设计安装了空调专用的空调板,并有不锈钢护栏。

③ 空调管线孔:直通室内的空调管线孔洞及空调专用插座。

④ 沉降观测点:在首层转角处设有用于楼房沉降观测用的水准点。

⑤ 内墙:内隔墙室内墙面为耐水腻子涂料,该涂料可擦洗,可以作为您二次装修墙面时的基层,不必刮下重做。

⑥ 阳台:铝合金推拉门,塑钢窗,门窗扳把向上开启,向下关闭。提醒您阳台内不要放太多杂物,因为阳台板每平方米只能承受150公斤的压力,如超负荷堆放,将会造成坠裂事故。

⑦ 地面顶板:您的客厅、居室为水泥地面,考虑您二次装修,已预留出您铺石材、木地板等装修材料的尺寸。

⑧ 门:您的户门已安装好,为"天海牌"防盗安全门,门上有门铃,眼孔,门锁二个(一个锁左右方向,一个锁上下方向)。

⑨ 窗:户窗为白色塑钢窗,推拉式,单扇双扇附纱窗,白色玻璃中门的白色扳把,向上扳为窗户开启推拉,向下扳窗户关闭。

⑩ 卫生间:每户一主一客两个。地面防滑地砖,墙面彩色面砖。卫生器具包括坐便器、水箱、柱形洗手盆、台下洗脸盆、浴缸、方形淋浴盆、水龙头(带最新设计的空心把手,一压下关闭,抬起放水,左扳抬起热水,右扳抬起为冷水)、单杆金属提拉排水纽(压下排水,拉起关闭)以及相应的给排水管件,全部五金件均做了镀铬抛光处理,墙面装有洗衣机用防水插座,配有镜前灯、吸顶灯、安全节能灯、PVC吊顶。顶部装有高效低噪声通风器,以保持室内清新,地面设有地漏及木柜子,窗户上有下拉式纱窗,在框后部有固定用的小卡子(使用时请轻拉轻放,以免回弹过急,造成损坏)。请您注意地面已做防水,为聚氨酯涂抹二道。

⑪ 厨房:地墙面做法与卫生间相同,顶板为白腻子。全套厨柜,不锈钢洗菜盆,大理石台面,灶台预留好,煤气管道已进户,上部吊柜预留孔洞与通风道相连,为抽油烟专用,安装烟风管道时,请按手示方向把木板轻轻拿下来。

⑫ 室内采暖:室内暖气片为760和460型铸铁散热片。为方便您的二次装修,所有暖气片都采用了挂墙式安装。提醒您家中

的小孩及其他人员不要随便去拧暖气片端头的"放气阀和白色塑料阀门,以免漏水或伤人。

⑬ 供水:室内供冷热水,水表位于走道一侧的单扇铁门内(总管道中),每户一热一冷二块水表,抄表在外即可完成,避免进入室内。

⑭ 排水:卫生间地漏、浴缸、坐便器、洗手盆等都与排水管道相通,下水经过排水管道流入室外化粪池、汇入市政管网。使用时请您千万不要往这些器具里扔垃圾,杂物等,以免堵塞,影响整个系统的正常使用。另外,在浴缸旁有一个铁门,它是为排水管道清通和今后的维修而设置的,请不要把它堵死,并保护好。

⑮ 室内电气:您户门旁的墙面上安有电气控制箱。箱体上部为预付费插卡式电表,下部为室内各电气回路总开关,黑色扳把向上为开,向下为关。灯具为普通白炽灯泡。距地在 300mm 处留有电话、电视、电视天线及各种电器的插座接口,二孔为电视天线,三孔为电视机,五孔为各种电器具等之用。三孔插座左零右火,中地线。地面 1.4m 处有控制室内灯具的白色面板开关。每户装有对讲器,通过它您可以与楼下的来访者对话,能起到安全防范作用。

(3) 公共部分

① 电梯间:电梯共四部,地上二部地下二部,二部乘人,二部消防专用,地面为饰面砖,贴立体花岗石地砖(首层为大理石),石膏板吊顶。

② 步行楼梯间:步行楼梯踏步设有预埋角铁防滑条,是一次成型的清水楼梯,双向坡道上有木扶手,休息平台有声控延时开关,墙面为白色内墙涂料。

③ 管道井:在每户走道间一侧,有铁门两樘。单扇的为住户冷热水表及煤气管道而设置的;双扇的是为住户电气,电话,电视配电管线及控制箱而设置的。

④ 小管道井:电梯对面的小管道井内设有水龙头及地漏,为清洁卫生用。

⑤ 消防:您的户门与防火门之间的走道间及电梯前庭的吊顶上都装有烟雾探测器(白色塑料扣碗)消防喷淋探头(金属)和扬声器。

⑥ 各出口的蓝色安全出口标志上装有应急灯(断电时自动亮)。电梯对面墙上有红色消防紧急报警按钮(发生火灾时请压下)和消防箱(内有水龙带,灭火栓,水枪,报警器)。遇火灾时请取下水龙带,接好消火栓口,装上水枪,按消防按钮。如果枪口,水压过大,最好二个人握持,并通知有关部门。火警电话:119。

⑦ 防火门是阻止火灾的一道屏障,一旦发生火灾可以形成封闭的避难前室,阻断火势蔓延。装有闭门器和顺序器。

⑧ 屋面:按设计要求已做 APP 卷材防水,经有关部门验收无渗漏符合国家验收规范。屋面设有排气孔。所有供暖管道都暗放于半通行管沟里,并做了保温。外设维修、检查铁门。雨水为内排式通过每户雨水管流入室外。屋面设施有电梯间,消防水箱间,暖气膨胀水箱间,沿建筑物四周设有防雷网线,最高处设有电视共用天线。该屋面设计为不上人屋面,故提醒您保护好这些设施。

(4) 地下部分

① 热气站:位于地下一层南部。由市政管道引来的热能由此处的设备进行热交换,供应本楼用户的热水和暖气。

② 高压配电室:位于地下一层西部,从电梯旁门的钢梯下去即到,电源由市政供电局两路 10kV 高压供电,内设 500kVA 变压器,高压柜等设施。非工作人员禁止入内。

③ 自行车库:位于地下一层的东北部在地面上东北角设出入口,顺坡道下去即到。

④ 消防泵房:位置在电梯厅北部。内有 4 台消防泵(离心泵),二台消火栓用,二台喷淋用。自动起停,当遇有火灾时,各层消火栓均由地下消防泵和屋顶消防水箱联合供水,以保证其有足够的压力,自喷灭火系统与消火栓给水系统合用室外消防水池,由喷洒泵从地下供水至 13 层。非工作人员禁止入内。

⑤ 供水设备房:位于地下二层的东北部三台给水泵(两用一备)。有给水水箱和相应的增压稳压控制设备。1~4 层冷水直接引自市政管网,自下向上供水,5~13 层由地下给水泵打压至 13 层,再向下供水。非工作人员禁止入内。

⑥ 净水设备：在给水管道上装有紫外线饮用水净化器。

⑦ 东部空余部分设有停车位，可通过汽车坡道上到地面。

⑧ 通风机房：在车库的西北部，用于备战和排烟换气。非工作人员禁止入内。

⑨ 地下车库：地下车库为二层框架，车辆通过本楼西南角处的入口顺坡道可直接上下。地面为水泥地面，防火卷帘门。顶部设有照明设备、烟感器、温感器、喷淋探头、通风管件、应急灯等。它为您的车辆停放提供了可靠的安全保证。

(5) 住户室内二次装修应注意的问题

您室内进行二次装饰时，请遵守北京市房地局京房修字[94]第009号文关于[城市公有房屋装饰管理暂行规定]及国家有关规定：要挑选有资质、有信誉的家装队伍，不要用路边的"游击队"，在此基础上必须与家装公司签订《北京市家庭居室装饰工程施工合同》，以此来保证您的家装质量和家庭安全。

① 卫生间、厨房已按设计要求装饰完毕。如果您要更换某些器具或改变墙地面材料，必须采取保护措施，并报物业管理部门批准。不得破坏防水层和相邻住户的隔墙、通风道等。由此产生的下层住户漏水渗水及其他质量问题及相应损失由住户自行负责。二次装修时的垃圾请按物业指定地点清运，地漏、洗水盆及坐便器等不要被杂物堵死，以免造成整个系统堵塞。

② 室内电气不得私自拆改，不得在原楼板上剔沟埋线，改装的线路不得裸露，必须加管保护。不得增加用电负荷、使用大功率电器设备，以免造成短路，甚至引起火灾。因为引入您室内的线路为 3 线 $10mm^2$ 塑铜线，您所住房屋配电负荷为 7kW。在这里提醒您管路的铺设基本是和开关插座垂直方向的。

③ 暖气管道：它是一个完整统一的供暖系统。请不要私自拆卸、移动、更换、增减散热片数，以免影响整个供暖系统内的平衡和各住户取暖效果。装饰时不要把它包死，更不要当做支撑，在上面踩踏。冬季取暖前，请检查一下阀门和管道是否有滴、渗水现象，若有请及时与物业联系维修，不要自行拆卸。

④ 地面顶板:铺贴地面时,请不要往地面上大量洒水,因地面没做防水。禁止在上面剔沟与凿洞,减少地面厚度,因为里面分布有电气管线。铺贴大理石等石材时,厚度不要超过 10mm。如地面荷载过大,会出现开裂事故,给您和下层的住户带来不安全隐患。装修时所用的材料,不要集中码放,尤其是水泥砂子、饰面砖等,要均匀码放。如因以上原因造成质量安全事故,由住户自行负责。

⑤ 内外承重墙、隔墙:二次装修时禁止在承重墙上随意剔凿、打洞、破坏结构。因为它是自下而上承载建筑物重量的墙体,并且还有保温板与外墙紧贴,一旦破坏将影响整个建筑物正常使用寿命及居室的保温性能。隔墙如有变动,也应将方案送到物业管理部门审批。

⑥ 门窗:您居住的户门是具有防盗、隔声、保温功能的安全门,无需更换。室内门洞已留,您自己选择。窗户为塑钢窗,请不要自行拆卸其配件,不要让小孩子靠近窗边玩耍。遇有风雨天气请提前关好门窗,防止玻璃损坏、窗扇变形和伤及他人。

⑦ 煤气管道:厨房内的灶台已设好,煤气管道已引入您的室内。装修时,请不要把管道堵死,更不要移动管道位置或拆卸阀门。一旦煤气泄露,可能引起爆炸,危及人身财产安全。请使用前认真了解这方面的知识,做到正确使用。

(6) 公共设施

本楼的公共设施较多,对您和他人及整个楼房的安全起着重要的保护作用,请您告诉家中的小孩及其他人,不要随意动用这些设施。

① 电梯厅、走道间的烟感器:一旦烟尘接近它,就会报警,并自动淋水,但如果玻璃管被破坏,会引起大量漏水。

② 如果孩子好奇,压下火灾报警器,引起误报,其后果也非常严重。消防箱内器材如果被挪动、损坏,一旦火灾出现,将无法发挥它的威力。

③ 各出口的防火门:如果在搬运家具或装修材料时,防火门上的闭门器,顺序器被破坏,一旦发生火灾,火势将直接进入住户室内,后果不堪设想。

④ 走道间、电梯厅吊顶上装的扬声器,供物业和消防控制专用,它是在发生火灾时,用于正确疏散人群,避免二次灾难的。一旦失灵,将会给人群带来灾害。

⑤ 电梯主要是乘人之用,您在搬运装修材料或其他物品时,千万不要超载,易燃、易爆等危险品禁止带入。

⑥ 步行楼梯配有木棱扶手,声控延时灯。您在搬运大件物品或材料时,不要损坏这些设施,不要在墙上乱涂、乱画影响环境。如果灯不亮、踏步缺棱掉角、扶手不稳,将会给老人、儿童及他人带来不便或危险。

⑦ 地下给水、消防、通风、热力、配电、车库等公共设备较多,各种专业设备已验收合格。请正确使用,闲人免进。

以上公共设施,请大家共同维护,共同监督管理。

(7) 居住楼层平面图

① 平面布置图。见图 14-1。

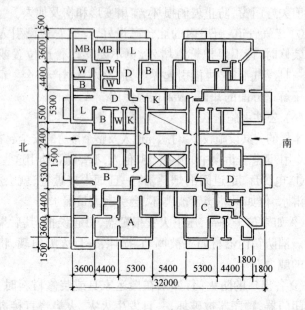

图 14-1 平面布置图

② 隔墙示意图。见图 14-2。

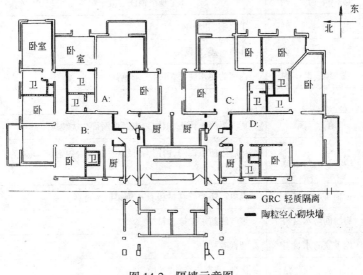

图 14-2　隔墙示意图

2. 华威四区 25 号楼

(1) 工程概况

结 构 形 式	全现浇钢筋混凝土结构
总 高 度	57.4m
层 数	地下 2 层,地上 18 层,屋面有电梯机房、水箱间各一层
户 型	每层为 10 套住房,分三室一厅,一室一厅,两室一厅,共计 180 套
混凝土墙厚度	外墙为 300mm、250mm、200mm,内墙为 250mm、200mm、160mm
顶 板 厚 度	110mm
外墙内保温及材料	GRC 板 60mm 厚
内隔墙厚度及材料	GRC 圆孔板 60mm 厚
混凝土等级	人防设备层 C30,1~8 层 C35,9~18C30(该楼地面每平方米承受 150 公斤压力)

结 构 形 式	全现浇钢筋混凝土结构
钢 筋 类 型	Ⅰ级钢、Ⅱ级钢
抗 震 等 级	Ⅱ级抗震,8°设防
外 墙 装 饰	内墙为耐水腻子,外墙为彩色弹涂
地 面	现浇混凝土顶板(因初装未做地面待二次装修)
门 窗 材 料	户门为防盗钢门,内门为纤维板门,外墙为铝窗,间道为乙级防火门
屋 面 防 水 材 料	聚氯乙烯橡胶卷材和 JJ91 钢柔防水材料
厨厕间防水材料	聚胺脂防水涂抹材料
地下室防水材料	沥青卷材
工 程 质 量	优良、北京市结构"长城杯"工程

(2) 屋面使用注意事项

① 屋面设有排水坡向和排水口,防水材料及水泥方砖保护层,涂红色油漆的铁箅子是雨水流入地下的一个关口,请您在雨前或雨后及时清理,以免杂物流入造成堵塞,水积压在屋面久了会造成渗水。

② 安装天线或其他工作时,请不要放过重物品,更不能用铁器等凿、剔、砍、砸屋面任何部位,那样会破坏防水层造成渗水。

③ 请不要将杂物弃入屋面的烟风道口,那样做会影响用户室内的排风、排烟效果。

(3) 居室使用注意事项

① 外墙及阳台

它的颜色及材料为蓝色浮雕弹涂,墙体厚度为 200mm,内部有钢筋骨架,外部为混凝土包裹。该工程的结构质量不但得到了国家建设部、市建委以及有关部门领导的表扬,而且连外国专家也

538

称赞该结构质量为世界一流。因外墙清水混凝土,没有抹灰,减少了抹灰层脱落伤人的后顾之忧。

在这里,我们需要提醒您,如果您在安装空调护窗栏时,切不可随意打眼,因墙内面还有一道保温板,更不要在外墙面随意剔凿,破坏墙体涂料和震裂保温板。我们提醒您除首层外,其他层不要装防盗窗,层层装上反而起不到防盗的作用。如果打洞时,请参照我们所示的墙体配筋图,更不可随意切断钢筋。

该楼阳台为悬挑结构,如同人体胳膊平举一样,所以您在堆放杂物时,严禁超载,它直接关系到下层住户的人身安全。另外,阳台也是消防人员救火的一个通道,请您使用时千万注意。

② 内墙面

我们选用了新型的耐水腻子,该材料手感好,抓结力强,任水浸泡不开裂,不起皮,不脱落。您在装修时,可直接在上面贴面砖、壁纸,不用刮下来重做基层,减少了室内的垃圾。

该工程内外墙体,我单位在施工时,为保证结构尺寸和保护层的位置,增加了许多先进的科技方法,各部位尺寸都严于国家标准,室内的面积有所增大。在这里,我们提醒您,尽量不要在墙体上打洞,因为它具有很重要的支撑作用,开的洞越大、越多,墙体本身的抗震能力就会随之减弱。装修时,请参照墙体钢筋示意图打眼,该做防腐的做防腐,洞口用 1∶3 水泥砂浆和膨胀水泥堵好,所有的材料最好选用环保型。

③ 内隔墙

它的作用在室内如同柜子里的隔板一样,它不但具有隔音隔声的效果,而且还具有家庭人员之间学习娱乐休息等互不干扰的作用。您在装修时,尽量不要拆除它,因为墙内还有线管、插座等。另外,我们在维修时也发现个别用户在隔墙打洞或下埋件时,把相邻的住户内的装饰也破坏坏了,引起了不必要的纠纷;还有个别用户把墙角给碰坏,造成不必要的浪费。所以我们奉劝您留下这道避风的屏障。

④ 地面与顶板

不论您居住在哪一层,室内都有两个相邻的世界。抬头是您的顶板,低头是您的地面,这两个板面也直接关系到您的下层和上层之间的生命财产以及整个楼房的安危。所以我们特别提醒您,在装修时一定要注意:

A.因为您现在居住的地面每平方米只能承受150kg的压力。

B.严禁各种材料集中堆放、码放。

C.严禁在顶板上开洞、剔凿、埋设管线。

D.严禁在地面上剔沟、打洞,减少地面的厚度。严禁使用超厚的大理石等地面装饰材料。

E.水泥堆放以每平方米计算,两袋为宜,沙子按每立方米1600kg计算。各种地砖按箱子外包装的重量计算。

F.各种杂物请随时清理,用袋装运至楼外指定地点。

⑤ 厨房、厕浴间

该楼内的厨、厕间现已按设计装饰完毕,如需改动,请注意以下几个问题:

A.厨房地面上做了防水层,但没有地漏(下水),防水层为聚氨脂材料,请您不要在地面上洗衣服,洗菜,更不要在地面上猛砸猛敲。如果您需用换砖,务必不要去掉原来的地砖,应在上面轻剔拉毛,如防水层破裂,水会直接渗入下层住户。

B.厨、厕间烟风道的饰面砖最好不要换掉,因为它在隔墙部位并且有水电管道插座开关等。剔凿打洞会破坏整个墙体和上下层的墙体及烟风道,造成质量问题和人身事故。

⑥ 门窗使用中不要猛拉猛推,如果有不动的感觉,请检查一下轨道是否有杂物,轴承镙丝是否有松动,窗的卡片和舌头是否松动和错位,密封胶是否有脱落的部位。室内木门下那道缝不要堵严,以便使室内空气流通,室内湿度过大对木质品会产生收缩变形现象。安装防盗门时,请注意焊接质量及位置,墙体的四角不要破坏。做地面时,不要把门锯掉(地面做法我单位施工时已预留)。地下室的密闭门在进出或施工时更要注意,它是为人防而设置的,

不要碰破。

（4）公共部分使用与爱护

① 公共部分包括楼梯、扶手、防火门、消防前厅、走道间。该楼备有二部电梯，一部供居民上下楼之用，一部供消防之用。在楼梯间出入口和各户走道间设有 M14 型乙级防火门，一旦室内有火情，请用户及时报警拨打电话 119，并关好防火门和上部的闭门器以防火势蔓延。另外，您在装修或搬家具时，请爱护楼梯的踏步（台阶）、扶手、玻璃、油漆、四周墙壁、门、开关等，不要在此处堆放杂物。如果停电，大家都要从这里经过，尤其是上年纪的老人和儿童，为了他人的安全和整个建筑物的安全，请爱护公共设施。

② 禁止用砖头等物砸砍室外沉降观测点，竣工后如物业管理部门没有此项专业人员，我单位将定期进行沉降观测并做好记录归档。

（5）电气工程

① 概况

本工程为居民住宅，每一层共分 10 户，楼顶为电梯机房、水箱间。

A. 供电系统分为两路供应，一路动力，一路照明，分别引自小区变电所。本楼配电室设在设备层，人防层设有污水泵、消防泵，电源引自配电室动力柜。标准层以上每层设总计量箱一个，电源引自配电间。在每一层中，还分别设有户盘，由层箱控制。公用部分照明电源引自配电室，采用双路互投，当险情发生时，自动切换投入。

B. 弱电系统包括电视、电话，进户都设在首层，标准层以上每层分别设有电视、电话组线箱，电视电话出线口设至到每户的居室内。

C. 消防系统进户箱设至在首层值班室内。消防泵设在人防层，分自动和手动两种控制，标准层以上每层均设有消防栓箱，箱内设有消防报警按钮，加压送风机设至在楼顶水箱间。

D. 本建筑物为三级防雷系统，楼顶设有避雷线。所有突出建筑物的金属构件均与避雷线可靠焊接，利用柱内主筋作为引下线。在室外距地坪标高 50cm 处,设有 4 个检测点,接地体为一 40cm×4cm 镀锌扁铁,环建筑物一周深埋地下。

E. 本楼每个单元均设有户箱,有 3 个回路,分照明、普通插座、空调插座。在施工过程中,我公司电气专业人员,严格依照图纸及有关电气施工规范敷设管线。工程竣工安装调试后,检验合格,确保用电的安全。

② 二次装修与注意事项

广大用户喜迁新居,对原楼的简易装修不够满意可进行二次装修,但应该提醒您的是,在进行高级装修时,应注意保护原有楼的电气设施和做到正确的使用,以确保您的安全。

A. 二次装修时,禁止擅自改动主线路,图纸设计线路敷设的最大容量,三居室为不超过 3.5kW,两居室的不超过 2kW,故严禁使用大功率电气设备,以免线路超负荷运行,损伤线路。

B. 居室内地上 300mm 装有安全型插座,插孔带有安全门,使用时必须同时压下安全门,方可使用。禁止违章使用。插启插头拉扯电线易造成插座面板松动脱落。

C. 厨房、卫生间开关插座为防溅型,不可随意更换,若想更换或移位必须找专业人员敷管稳盒后再安装防溅型面板。禁止不筑线盒,不敷设线管,直接抹灰压线安装。

D. 若装饰墙裙、插座线盒,因被遮挡需移位安装时,须找专业电工,把附加另接的电线穿阻燃管保护后再行安装,禁止乱接乱拉电线,不做保护,造成火灾及人身财产隐患。

E. 插座、开关、线盒线管走向一般为垂直上下敷设,故禁止在线盒上下剔凿、打洞、钉射钉,以免损伤线路,造成短路伤人事故。

F. 禁止在顶板或地面上凿沟敷线。

G. 对于本楼的公共电气设施,敬请广大用户共同维护,爱护楼梯、走廊的公共灯具、开关,所设的开关为电子延时开关,每按动一次接通照明,延时 3~5min 后,自动切断。禁止长时间按住不放或插别木棍以达到长明效果。如长期这样使用,将缩短开关使用寿命或导致毁坏。

H. 顶板灯头盒四周均设有线管,在更换吊灯时,尽量在远离灯盒处打眼,不要在线盒附近,以免伤及电线。

(6) 水暖卫工程

① 概况

本工程室内设有给水、排水系统管道及设备、消防系统设施、卫生洁具、暖气、雨水管道。

地下设备层为管道层,人防层设有生活水泵、消防水泵、排污泵及通风设备等。

A. 给水系统

全楼分两套系统供水。1~4层各户生活用水直接连接市自来水管道,供水立管截门控制设置设在设备层内。5~18层各户由屋顶水箱供水,供水立管控制截门设在18层的厨房内,距地面1.6m处。

生活供水泵共计两台,一用一备,设于人防层东北角处。水源接市自来水公司管网,经水泵送至屋顶水箱。出水管道上安装通往各户的截门。此截门不得随意关闭或开启,保证各户正常用水。

B. 消防系统

全楼设有消防用水管网系统。消防泵共计两台:一台待用,一台备用,位于人防层东北角。消防立管上设有蝶阀式截门,截门的扳把顺管方向为开。

每层设有消防箱三个,屋顶电梯机房外侧设有消防箱一个。箱内设消火栓、水枪、消防水带(25m)及消防按扭。消防用具不得随意乱动。

C. 暖气系统

本工程暖气管为焊接钢管,暖气片为高频焊翅管型。暖气管道入口设有总控制截门(位于设备层东侧,走道下边),18层走道间设有控制截门。暖气供水方向由18层至1层,每支暖气立管上下端(上端在18层、下端在设备层)都有控制截门。

1~18层、设备层及人防层路干管末端都装有自动排气阀。

在设备层东侧的暖气管道入口总截门不得随意开关,以防崩裂,并应定期维修。

各用户暖气片供水支管截门用于调节室内温度,顺时针为关,逆时针为开。截门不得带压维修,以防崩裂。

D. 排水系统

排水分为两个系统。1层为一个系统,2~18层为另一系统。

每户厨房和厕所分别设排水立管各1根,两室内排水分别与之立管连接。在第1、4、7、11、13、16、18等层中立管距地面1m处设检查口,作维修用。

E. 雨水排放

雨水为内排式,管道上设有检查口。

F. 防雷系统

楼顶安装有避雷线、避雷网,接地引线、接地体安装合格。经检测接地电阻小于1Ω,符合国家规范。保证本建筑物防雷击。

② 二次装修注意事项

A. 在楼顶上安装附属设备时不得破坏楼面防水层。作业人员不得拉、扯、蹬、踩或损伤避雷网。

B. 各户装修时,不得封死给水管道截门和暖气支水管道截门,并留出必要维修空间。

C. 各户厨房、卫生间装修时,应盖好地漏铁篦子、卫生间坐便器盖子。避免施工垃圾进入,堵塞管道。

D. 室内暖气片和暖气支管上不得蹬踩或放置重物,以免管道断裂。暖气系统不得自行拆装。

③ 使用功能

A. 本工程厨、厕间所使用的配件,如水龙头、洗衣机水嘴、脸盆、坐便进水的八字门等,开、关为90°转动即可。

B. 各户给水截门开关方向,顺时针方向转动为关,逆时针方向转动为开。

C. 坐便与水箱之间为连体型,坐便冲洗时,把箱内拉线调好,手拉动即可冲洗。

D. 公共房间有截门的地方,不许堆积物品,以防维修不便。

公共房间所有的截门,也为顺时针方向关,逆时针方向开。支管气门在维修当中,必须把控制支管的截门关上,否则会发生跑水现象。

E. 消防箱内各物件不得随意动用。如发生火灾,安装水带后,用箱内小锤敲打消防按钮玻璃,敲碎后消防水泵自动启动,水压上升。如没电,水泵不能启动,屋顶水箱内存有消防水,截门打开可用(截门位于屋顶电梯房北侧顶板下)。

14.3 工程质量保修卡和住宅质量保证书

1. 工程质量保修卡

(1) 前言

随着现代社会文明的发展,消费意识的提高,人们的消费观也在改变,不仅仅是关心产品的生产质量,而且越来越关心的是售后服务质量,所以服务已是现代产品满足顾客使用要求的重要组成部分。我们应把服务提高到在产品的合理使用寿命期内保证主体结构安全和使用功能的高度来对待,为社会提供高质量的产品,同时提供一流的服务。

我们的经营宗旨是:创建一流的精品,提供一流的服务。

(2) 承诺

尊敬的用户:

凡在25#楼居住并持有我单位印制的质量保修卡,我单位服务部将做以下保修承诺:

① 保修期限是根据《建设工程质量管理条例》的规定确定的。

② 在此基础上我们将延长保修期限和保修范围,地基基础和主体结构工程,为设计规定的该工程合理使用年限装修,工程保修三年,水、暖、卫、电设备工程保修三年,防水工程保修六年。在保修期出现的质量问题我单位将无条件修复(除人为造成)。

③ 属于人为造成的,我单位将会在规定时间,以最优惠的价格予以修理。

④ 为了避免人为造成的质量问题,请详阅使用说明中的注意事项。

⑤ 我单位在华威四区设立长期服务部,专业人员齐全,配有相关材料和配件,水、暖、卫、电工程保证在 8 小时内修复,土建工程保证在 48 小时修复。

服务部地址:报觉寺小区

联系电话:67783371

联系人:王剑

呼机:68367788 呼 9389

(3) 房建建筑股份有限公司第二分公司工程质量保修卡

施工单位保修内容如下:

① 屋面漏雨;

② 烟道、排气孔道、风道不通;

③ 室内地面空鼓、开裂、起砂、面砖松动、有防水要求的地面漏水;

④ 内外墙及顶棚抹灰、面砖、墙纸油漆等饰面脱落,墙面浆活起碱脱皮;

⑤ 门窗开关不灵或缝隙超过规范规定;

⑥ 厕所、厨房、盥洗室地面泛水、倒坡积水;

⑦ 外墙板漏水、阳台积水;

⑧ 水塔、水池,有防水要求的地下室漏水;

⑨ 室内上下水、供热系统管道漏水、漏气、暖气不热、电器电线漏电、照明灯具坠落,插座、开关面板脱落;

⑩ 钢筋混凝土、砖石砌体结构及其他承重结构变形、裂缝超过国家规范和设计要求。

使用单位有下列情况者不属于施工单位保修范围:

① 私自移动门窗口造成影响结构质量的;

② 私自改做厕浴间装修,造成地面渗漏的;

③ 排水系统人为造成堵塞;

④ 私自增加电气设备,超过设计允许负荷,造成线路、电表损坏的。

房建集团直属二处工程质量保修卡

工 程 名 称	
住 户 姓 名	
楼门号、入住时间	
质量情况及部位	
维 修 记 录	
维 修 日 期	
维 修 人 签 字	
用户意见建议	
物业意见和建议	

此卡盖章有效

住户使用说明书和产品质量保修卡见图 14-3。

图 14-3　住户使用说明书和产品质量保修卡

2. 住宅质量保证书

金龙公寓 1 号楼住宅质量保证书见图 14-4。其内容如下：

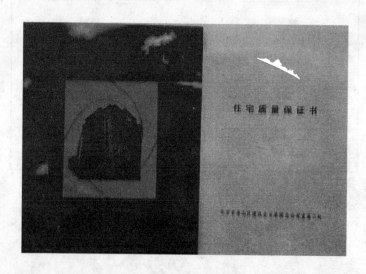

图 14-4　住宅质量保证书

尊敬的用户：

您好，感谢您选择由房建集团直属二处承建的金龙公寓 1# 住宅楼。

为了维护您的合法权益，确保您的生活质量，凡在金龙公寓 1# 楼居住并持有我单位印制的质量保证书的单位或个人，我单位服务部将做以下保修承诺，希望得到您的合作和监督。

一、依据

1. 建设部[1998]102 号文件关于印发《商品住宅实行住宅质量保证书和住宅使用说明书制度的规定》的通知。

2. 中华人民共和国建筑法。

3. 中华人民共和国消费者权益保护法。

4. 结合本栋住宅实际情况。

二、质量验收

1. 开发建设单位：北京市金融街建设开发公司对工程组织施工、监理、设计、开发四方验收。

2. 施工总承包单位：北京市房山区建筑企业集团总公司直属二处的工程质量保证和验收。

3. 监理单位：中国国际工程咨询公司签字验收。

4. 设计单位：北京建筑设计研究院单位签字验收。

5. 根据我公司申报的工程质量等级西城区质量监督站的工程质量核定，本工程质量核定等级为优良。

6. 我公司和北京市金融街建设开发公司物业管理部门已做了交接验收。

三、保修范围和期限

在保修期内，在正常使用条件下，土建工程及水、暖、电等设施发生质量问题按以下范围和期限进行保修，并承担所需费用。

四、保修答复和处理期限

我单位自接到用户的报修要求后，本着"急用户所急"的态度，水、电工种不超过 12 小时，土建工种在三日内予以保修，力争 10 日内完成。

保 修 项 目	保 修 期 限
1. 屋面防水	3 年
2. 墙面、厨房和卫生间地面、地下室、管道渗漏	1 年
3. 墙面、顶棚抹灰层脱落	1 年
4. 地面空鼓、开裂、大面积起砂	1 年
5. 门窗翘裂、五金件损坏	1 年
6. 管道堵塞	2 个 月
7. 供暖系统和设备	一个采暖期
8. 卫生洁具	1 年
9. 灯具、电器开关	6 个 月
10. 地基、基础和承重主体结构	在合理使用寿命年限内
11. 国家对住宅工程另有规定	按 国 家 规 定

对紧急问题可组织抢修。

对因气候因素无法在 10 日内彻底保修者,先进行保证生活条件的措施性处理,一旦具备条件立即组织处理,并向住户说明、解释清楚。

五、保修起始日期

从住户根据购房合同有关规定正式办理入住手续(取得入住通知单)之日起,开始计算。

六、不在保修范围

对因自然灾害、不可抗拒力造成的质量损害、对购房者拆、改、修和使用不当而造成的质量问题不在保修范围内。

七、其他:对超过规定期限或超出保修范围者,我们在力所能及条件下,可进行维修服务,按规定收取成本费和较优惠的人工费。

八、监督和投诉

凡有关人员对保修工作推脱、拖拉、敷衍处理、不负责、为难用户者,用户可向物业部门及我公司投诉。

投诉电话:89384502
投诉部门:服务部
联系人:赵玉贤
我单位保修电话:66064441
联系人:许忠　　呼机:64011188-9295
办公地点:朝阳区劲松西里

保　修　卡

用户姓名	合同号	楼门号、入住时间	备　　注

保　修　记　录

时　间	保修内容	用户签字	维修人签字	物业意见和建议

地　　址:朝阳区劲松
电　　话:66064441　　　　此卡盖章有效
联系人:许忠
呼　　机:64011188-9295

14.4 工程质量保修协议

甲方：

乙方：

甲乙双方于＿＿年＿月＿日签署了＿＿＿＿＿＿工程合同，为保证该合同范围内乙方承建的工程在一定使用期限内正常使用，维护建筑工程所有者、使用者的合法权益，明确双方权利与义务，甲乙双方经协商签订本协议。乙方在质量保修期内按照《中华人民共和国建筑法》、《建设工程质量管理条例》和《房屋建筑工程质量保修办法》及本保修协议承担工程质量保修责任。

1. 质量保修范围和内容

具体质量保修内容双方约定如下：

本工程保修范围为＿＿＿＿＿＿＿＿＿＿＿＿＿＿合同承包范围内以及其他双方另有约定的项目。

2. 质量保修期限

质量保修期从工程竣工验收合格后移交之日计起，分单项竣工验收的工程，按单项工程分别计算质量保修期。

保修期限内因乙方工程质量问题而保修的，相应保修期从修复之日起计算，时间顺延。

各分项工程质量保修期如下：

（1）房屋建筑的地基基础工程和主体结构工程为设计文件规定的该工程的合理使用年限；

（2）装修工程为＿2＿年；

（3）防水工程（屋面、外墙、厨房、卫生间等）为＿5＿年；

（4）电气安装、给排水安装、设备安装工程为＿2＿年；

（5）采暖、空调及制冷系统工程为＿2＿个采暖期或供冷期；

（6）其他特殊要求的工程，其保修期限由甲方和乙方另行议定。

3. 质量保修责任

（1）竣工验收后移交前由于乙方质量问题造成各部位、整体或单体损坏、脱落、变质、丢失等,均由乙方承担赔偿和修复责任。

(2) 在保修期内,由于乙方的质量问题或者其他原因,受到报纸、电视、网络等媒体的曝光或政府有关主管部门的通报批评,均会给本工程及甲方的社会形象造成损失,每次由甲方扣除乙方1~5万元违约金,从乙方工程质量保修金中扣除。

(3) 在质量保修期内由于乙方工程质量原因给甲方或业主造成的直接和连带损失,由乙方承担赔偿和保修责任,所需费用从工程质量保修金中扣除。

(4) 属于保修范围内的项目,乙方同意接到甲方或业主通知后派人及时赶到现场进行修理,并保证保修质量,否则甲方有权委托他人修理,所需费用从工程质量保修金中扣除。

(5) 乙方需指定专人在现场负责维修工作。

在乙方人员到达之前,甲方可采取适当的应急措施,费用由乙方承担。具体时间如下:

① 给排水、供电设施及线路出现故障,乙方须在接到通知后4小时内赶到现场,6小时内完成维修工作。

② 其他情况,乙方须在接到通知后24小时内赶到现场,48小时内完成维修工作。

(6) 维修过程中,甲方应给予乙方必要的协助。

4．保修质量

乙方负责保修的质量,工程保修项目完成后须经业主或甲方代表验收签字方可。工程保修项目应保证在六个月内不出现同类问题,否则,即使保修期满也应继续维修。

因乙方施工质量问题,乙方维修两次后,同一部位再出现类似问题,甲方扣除乙方每次每项违约金1000元,同时,甲方有权委托他人修理,由此引起的费用和责任由乙方承担。

5．质量保修金支付与返还

(1) 合同范围内的所有项目均由乙方负责维修。甲方扣取本合同结算总价的10%作为保修金。即____元,保修到期按甲方公司规定的手续和表格经有权人签字后返还,但防水工程质量问题引起的维修和罚款,甲方保留追索的权利,保修保证金的返还并不免除乙方在保修期外的保修责任。

(2) 在保修期内,本工程由于质量问题造成客户索赔及退房的经济损失全部由乙方单位承担,此经济损失经客户、甲方共同签字认可后,凭原始单据从保修金中扣除。

(3) 如本工程在保修期内实际发生的维修费用、罚款及甲方损失的总费用超过保修金和保修保证金时,甲方有权继续向乙方追索,乙方应在接到甲方通知后 15 天内将差额补齐。

6. 其他

双方约定的其他工程质量保修事项:

(1) 工程完工后的维修所需用人工、材料、周转材料、机械等全部所需的费用均由乙方自行解决,如借用甲方的按甲方内部价格收取费用。

(2) 本工程质量保修协议,由甲、乙双方在签署施工合同时一并签署,作为施工合同附件,其有效期限至保修期满。

甲方(签章): 乙方(签章):

签字: 签字:

时间: 年 月 日 时间: 年 月 日

北京房建建筑有限公司第二分公司分包

合同保修款结算审核表 表 14-1

工 程 名 称			合 同 编 号	
供 方 全 称			分包项目名称	
合 同 价			结 算 价	
返 还 额			分包方确认(签章)	
简要说明		附件要有验收单、结算资料和计算表		
项目部意见	技术负责人		库房材料	
	项目经理			
公司复审 意 见				
	材料部主管		技术部主管	
	财务部主管		经营部主管	
	主管经理			

分包工程(供货)保修结算情况表   表 14-2

合同名称：　　　　　　　供方名称：
合同编号：　　　　　　　保修期履行情况：
保修时间：　　　　　　　返修质量履行情况：

序　号	费　用　名　称	金　额　(元)	简 要 说 明
1	合同价		
2	增减价		
3	保修款结算中应扣款		
4	返还额		
	其中：		
其他需要说明的事项			

工程代修复费用扣款表   表 14-3

工程名称		修理项目	

分包队伍名称：

工　程　量	
工　料　总　价	

详细说明用工、材料价等：

计算人		现场修复负责人		项目负责人	

公司核定：

材料科		预算科		技术科	

备注：